ERGEBNISSE AUS DER PRODUKTIONSTECHNIK

Max Busch

Intelligente Produktionsplanungsprozesse im Werkzeugbau

Herausgeber:
Prof. Dr.-Ing. T. Bergs
Prof. Dr.-Ing. Dipl.-Wirt. Ing. G. Schuh
Prof. Dr.-Ing. C. Brecher
Prof. Dr.-Ing. R. H. Schmitt

Band 28/2022

WZL | RWTH AACHEN UNIVERSITY

Fraunhofer IPT

Bibliografische Information der Deutschen Nationalbibliothek
Die Deutsche Nationalbibliothek verzeichnet diese Publikation in der Deutschen Nationalbibliografie; detaillierte bibliografische Daten sind im Internet über https://portal.dnb.de abrufbar.

Max Busch:

Intelligente Produktionsplanungsprozesse im Werkzeugbau

1. Auflage, 2022

Gedruckt auf holz- und säurefreiem Papier, 100% chlorfrei gebleicht.

Apprimus Verlag, Aachen, 2022
Wissenschaftsverlag des Instituts für Industriekommunikation und Fachmedien an der RWTH Aachen
Steinbachstr. 25, 52074 Aachen
Internet: www.apprimus-verlag.de, E-Mail: info@apprimus-verlag.de

Druck: CPI Druckdienstleistungen GmbH, Ferdinand-Jühlke-Straße 7 | 99095 Erfurt

ISBN 978-3-98555-095-1

D 82 (Diss. RWTH Aachen University, 2022)

Intelligente Produktionsplanungsprozesse im Werkzeugbau

Intelligent Production Planning Processes in the Tooling Industry

Von der Fakultät für Maschinenwesen
der Rheinisch-Westfälischen Technischen Hochschule Aachen
zur Erlangung des akademischen Grades eines
Doktors der Ingenieurwissenschaften
genehmigte Dissertation

vorgelegt von

Max Busch

Berichter:

Univ.-Prof. Dr.-Ing. Dipl.-Wirt. Ing. Günther Schuh
apl. Prof. Dr.-Ing. Wolfgang Boos

Tag der mündlichen Prüfung: 30. März 2022

Vorwort

Die vorliegende Dissertation ist zentrales Ergebnis meiner Arbeit als wissenschaftlicher Mitarbeiter am Lehrstuhl für Produktionssystematik des Werkzeugmaschinenlabors WZL der Rheinisch-Westfälischen Technischen Hochschule (RWTH) Aachen. Mein besonderer Dank gilt Professor Günther Schuh, Inhaber des Lehrstuhls für Produktionssystematik, für die Betreuung meiner Dissertation. Meine fachliche und persönliche Weiterentwicklung während meiner Promotionszeit ist auf ein außergewöhnlich innovatives und herausforderndes Arbeitsumfeld zurückzuführen, das maßgeblich von ihm geprägt wird. Mein weiterer Dank gilt Professor Wolfgang Boos für die Übernahme des Korreferats. Ebenso bedanke ich mich bei Professor Kai-Uwe Schröder als Vorsitzenden der Prüfungskommission und Professor Georg Jacobs für die Übernahme des Beisitzes.

Basis dieser Arbeit bilden zahlreiche Industrie- und Konsortialprojekte in der Branche Werkzeugbau, welche ich zusammen mit Kolleginnen und Kollegen der WBA Aachener Werkzeugbau Akademie GmbH bearbeiten durfte. Für die mir übertragene Verantwortung und Möglichkeiten zur Weiterentwicklung möchte ich ganz herzlich Professor Wolfgang Boos und Dr. Tobias Hensen danken. Durch das Unternehmensnetzwerk der WBA konnte ich zahlreiche spannende Projekte und interessante Unternehmen kennen lernen. Der kontinuierliche Kontakt zu den Unternehmen hat mir zudem ermöglicht, das Thema meiner Dissertation zu erarbeiten und zu validieren. Dafür bedanke ich mich insbesondere bei Herrn Frank Blase von der igus GmbH.

Ein besonderer Dank gilt meinen ehemaligen Kollegen am WZL, die mich begleitet haben und von denen viele zu Freunden wurden. Meinen Oberingenieuren, Dr. Michael Salmen und anschließend Dr. Christoph Kelzenberg, danke ich für die Diskussionen erster Ideen sowie für das Feedback in der Abschlussphase dieser Arbeit. Für seine motivierende Art, die zahlreichen gemeinsamen Projekte und alles was ich von ihm lernen konnte danke ich Dr. Thilo Schultes. Tim Graberg danke ich für seine immerwährende Hilfe und Unterstützung sowohl im Rahmen dieser Arbeit als auch in allen anderen gemeinsamen Projekten und Aktivitäten. Esben Schukat, Tom Möller und Christoph Ebbecke danke ich für die langjährige Freundschaft und die gemeinsam verbrachte Zeit am Campus. Vielen Dank an Dr. Felix Stracke, Dr. Julian Boshof, Dr. David Görtz, Jens Helbig, Dr. Johan De Lange, Jan Wiese, Tim Ochel, Niklas Kessler, Julian Schweins und Christoph Frey für zahlreiche spannende Diskussionen und Anregungen. Für ihren enormen Einsatz möchte ich mich bei meinem ehemaligen Team studentischer Mitarbeiter bedanken, welches besonders von Matthias Mertens, Max Motz, Mohamed Akdidach und Alexander Schollemann geprägt wurde.

Der wichtigste Dank gilt meiner Familie und meiner Partnerin Nina, die während der Promotionszeit zahlreiche Entbehrungen hinnehmen mussten und mich fortlaufend mit Rückhalt und Rücksichtnahme unterstützt haben. Ihr habt mir die Erstellung dieser Arbeit ermöglicht.

Köln, im Februar 2022 Max Busch

Kurzzusammenfassung

Die produzierende Industrie in Deutschland gilt als leistungsstarker Bestandteil der Wirtschaft und ist zudem ein weltweit geschätzter Partner für komplexe und hochtechnologische Produkte. Derzeit sind die produzierenden Unternehmen in Deutschland gefordert ihre Wettbewerbsposition zu sichern. Neben kurzfristigen Nachfrageschwankungen sind die Unternehmen langfristigen, strukturell ergreifenden und übergeordneten Trends ausgesetzt. So führen eine zunehmende Globalisierung, Individualisierung und Nachhaltigkeit zu neuen unternehmerischen Herausforderungen – besonders in der Produktionsplanung. Denn ausgelöst durch diese Trends, wachsen globale Supply Chains bei einer steigenden Produkt- und Fertigungskomplexität sowie einem zunehmenden Zeit- und Kostendruck. Im Rahmen der Produktionsplanung wird dadurch die Planungskomplexität und der Planungsaufwand deutlich gesteigert. Dieses gilt in besonderem Maße für produzierende Unternehmen der Branche Werkzeugbau. Anders als bei vielen (Serien-)Produktionsunternehmen ist der Werkzeugbau durch eine Einzel- und Kleinserienfertigung mit einer geringen produkt- und prozessseitigen Wiederholhäufigkeit geprägt.

Die Digitalisierung, als ein weiterer umfassender Trend, bietet hierbei Potenziale zur Adressierung der steigenden Planungskomplexität sowie des Aufwandes. Der Einsatz neuer Technologien wie der Künstlichen Intelligenz ermöglicht eine Beherrschung der Planungskomplexität und des Planungsaufwands durch die automatisierte Auswertung einer großen Anzahl von Prozessdaten. Unternehmen der Branche Werkzeugbau müssen sich solchen Technologien annähern und diese in der Produktionsplanung integrieren, um ihre Wettbewerbsfähigkeit zu erhalten.

Im Rahmen dieser wissenschaftlichen Arbeit wurde eine Methodik zur Auslegung intelligenter Produktionsplanungsprozesse im Werkzeugbau entwickelt. Die Methodik setzt ein neues Verständnis der Produktionsplanungsprozesse mit intelligenten Eigenschaften voraus, welches hergeleitet, vorgestellt und als notwendige Zielposition definiert wird. Zur Erreichung dieser Zielposition wird die unternehmensspezifische Auslegung der notwendigen Produktionsplanungsprozesse beschrieben. Dabei unterteilt sich die Methodik in eine Analyse-, Auslegungs- und Implementierungsphase mit spezifischen Schritten. Zudem werden innerhalb der Methodik nicht nur die Produktionsplanungsprozesse betrachtet, sondern diese in einen ganzheitlichen Zusammenhang mit der Organisation der Fertigungseinheiten und den (Planungs-)Ressourcen gesetzt. Neben der wissenschaftlichen Herleitung und Erarbeitung der Methodik wurde diese in der Praxis angewendet und validiert. Als Fallbeispiele wurden der interne Werkzeugbau der igus GmbH sowie ein weiterer interner Werkzeugbau eines anonymisierten Unternehmens betrachtet.

Der wissenschaftliche Beitrag dieser Arbeit besteht in der praxisnahen Beschreibung eines Vorgehens zur Auslegung und Implementierung intelligenter Produktionsplanungsprozesse sowie in dem ganzheitlichen Verständnis intelligenter Eigenschaften und Prozesse. Es liegt nun an den Werkzeugbaubetrieben die Ergebnisse dieser Arbeit zu nutzen, um ihre Produktionsplanung neu zu gestalten und ihre Wettbewerbsfähigkeit zu sichern.

Abstract

The manufacturing industry in Germany is considered a high-performance element of the national economy and is also a worldwide trusted partner for complex and high-tech products. Currently, manufacturing companies in Germany are challenged to continue to secure their competitive position. In addition to short-term fluctuations in demand, companies are faced with long-term, structurally affecting and overarching trends. Increased globalization, individualization and sustainability are leading to new business challenges – especially in production planning. These trends have triggered the growth of global supply chains with increasing product and manufacturing complexity as well as increasing time and cost pressure. In the context of production planning, this significantly increases the planning complexity and the planning effort. This applies in particular to manufacturing companies in the tooling industry. In opposite to many (serial) production companies, tool making is characterized by single and small series production with a low repetition rate on the product and process side.

Digitization, as another comprehensive trend, offers potential to address the increased planning complexity and effort. The use of new technologies such as artificial intelligence makes it possible to control planning complexity and planning effort through the automated evaluation of a large number of process data. Companies in the tooling industry need to embrace such technologies and integrate them into production planning in order to maintain their competitiveness.

In this scientific work, a methodology for the design of intelligent production planning processes in tool making was developed. The methodology postulates a new understanding of production planning processes with intelligent characteristics, which is derived, presented and defined as a necessary target position. In order to achieve this target position, the company-specific design of the necessary production planning processes is being described. Thereby the methodology is divided into an analysis, design and implementation phase with specific steps. The methodology also considers not only the production planning processes, but integrates these processes with the organization of the production units and the (planning) resources. In addition to the scientific deduction and development of the methodology, the methodology was applied and validated in practice. The internal tool shop of igus GmbH as well as another internal tool shop of an anonymized company were analyzed as case studies.

The scientific contribution of this work is the practice-oriented description of a methodology for the design and implementation of intelligent production planning processes as well as the holistic understanding of intelligent characteristics and processes. It is now up to companies in the tool making industry to use the results of this work to redesign their production planning and to secure their competitiveness.

I Inhaltsübersicht

II Inhaltsverzeichnis

III Abbildungsverzeichnis

IV Tabellenverzeichnis

V Formelzeichen und Abkürzungen

Abkürzung	Einheit	Beschreibung
AG		Aktiengesellschaft
AI		Artificial Intelligence
Apr.		April
APS		Advanced Planning and Scheduling
Aufl.		Auflage
AV		Arbeitsvorbereitung
AWFM		Aachener Werkzeug- und Formenbau Management
Bd.		Band
BDE		Betriebsdatenerfassung
Bew.		Bewertung
bspw.		beispielsweise
bzw.		beziehungsweise
ca.		circa
CAD		Computer Aided Design
CAM		Computer Aided Manufacturing
CAx		Computer Aided x
CIM		Computer Integrated Manufacturing
CNC		Computerized Numerical Control
CPS		Cyber-physisches System
CPPS		Cyber-physisches Produktionssystem
CRISP-DM		Cross Industry Standard Process for Data Mining
d. h.		das heißt
dig.		digital
DIN		Deutsches Institut für Normung
DLZ		Durchlaufzeit
DWH		Data Warehouses

e. V.	eingetragener Verein
EDM	Enterprise Data Management
EuK	Einzel- und Kleinserie
ERP	Enterprise Resource Planning
EDA	Exploratory Data Analytics
evtl.	eventuell
et al.	et alii (lateinisch: und weitere)
etc.	et cetera (lateinisch: und die übrigen Dinge)
f.	folgende Seite
ff.	folgende Seiten
Feb.	Februar
FIFO	First-In-First-Out
GF	Geschäftsführung
ggf.	gegebenenfalls
GmbH	Gesellschaft mit beschränkter Haftung
GW	Gewichtung(-sfaktor)
Hrsg.	Herausgeber
i. A. a.	in Anlehnung an
IEC	International Electrotechnical Commisssion
IEEE	Institute of Electrical and Electronics Engineers
IKT	Informations- und Kommunikationstechnologie
int.	intelligent(er)
IoP	Internet of Production
IoT	Internet of Things
iPPS	Intelligente Produktionsplanung und -steuerung
IPT	Fraunhofer-Institut für Produktionstechnologie
ISO	International Organization for Standardization
IT	Informationstechnik
Jan.	Januar

Jg.	Jahrgang
Jun.	Juni
KDD	Knowledge Discovery in Databases
KI	Künstliche Intelligenz
KMU	Kleine und mittlere Unternehmen
KOZ	Kürzeste Operationszeit
LOZ	Längste Operationszeit
LVS	Lagerverwaltungssystem
MAS	Multi-Agenten-System
MES	Manufacturing Execution System
Mrd.	Milliarde(n)
MRP	Material Requirement Planning
MS	Meilenstein
NC	Numeric Control
NP	Nichtdeterministisch polynomielle Zeit
Nr.	Nummer
OE	Organisationseinheit
PDM	Product Data Management
PM	Projektmanagement
PP	Produktionsplanung
PPS	Produktionsplanung und -steuerung
prod.	produzierende
PWC	PricewaterhouseCoopers
RWTH	Rheinisch-Westfälische Technische Hochschule
s.	siehe
S.	Seite
S.-fit	Segmentierungsfit
SCADA	Supervisory Control and Data Acquisition
SCM	Supply Chain Management (System)

SP	Strategische Planung
SPS	Speicherprogrammierbare Steuerung
StGMM	St. Galler Management Modell
Strat.	Strategisch(e)
u. a.	unter anderem
VDI	Verband Deutscher Ingenieure
VDMA	Verband Deutscher Maschinen- und Anlagenbau
Vgl.	vergleiche
WMS	Warehouse Management System
WZL	Werkzeugmaschinenlabor WZL der RWTH Aachen
z. B.	zum Beispiel
z. T.	zum Teil

1 Einleitung

Im ersten Kapitel wird einleitend die Problem- und Zielstellung dieser wissenschaftlichen Arbeit vorgestellt. Begleitend wird erläutert, wie mittels anerkannter Forschungsmethoden die Zielstellung erreicht wird und wie die Struktur dieser Arbeit zur Lösungsfindung gestaltet ist.

1.1 Ausgangssituation

Die produzierende Industrie gilt in Deutschland als zentraler Bestandteil der Wirtschaft. Mit einem Anteil an der Bruttowertschöpfung der deutschen Wirtschaft von rund 24 % leistet das produzierende Gewerbe einen elementaren Beitrag zum deutschen Wohlstand.[1] Auch im internationalen Vergleich zählt die deutsche Industrie zu den erfolgreichsten. So war Deutschland über viele Jahre hinweg „Exportweltmeister“ gemessen an der Bilanz der jährlichen Handelsleistung.[2] Mit ihren komplexen und hochtechnologischen Produkten und Dienstleistungen haben sich deutsche produzierende Unternehmen ein weltweites Renommee für technologischen Vorsprung aufgebaut.[3] Weitere Wettbewerbsvorteile, die der deutschen Industrie zugeschrieben werden, sind eine hohe Qualität und Zuverlässigkeit selbst bei technisch anspruchsvollen Projekten.[4]

Aktuell stehen produzierende Unternehmen jedoch vor einer Vielzahl von neuen und sich stetig verschärfenden Herausforderungen. Neben kurzfristigen Schwankungen in der Nachfrage auf der Marktseite sehen sich produzierende Unternehmen derzeit langfristigen, strukturell ergreifenden und übergeordneten Trends ausgesetzt.[5] Diese übergeordneten Trends sind *Globalisierung*, *Individualisierung* sowie *Nachhaltigkeit* und umfassen die gesellschaftliche und politische Umwelt der Unternehmen.[6] Besonders in der Planung der Produktion führen diese Trends zu neuen Herausforderungen, da sie die Planungskomplexität und -aufwände deutlich steigern (siehe Abbildung 1).[7] Dabei sind diese Auswirkungen auf drei wesentliche Gründe zurückzuführen, welche durch die Trends entstehen bzw. verschärft werden.

---

[1] Vgl. Statistisches Bundesamt (Bruttowertschöpfung prod. Gewerbe), 2019.

[2] Vgl. Statistisches Bundesamt (Außenhandelssaldo Deutschland), 2019.

[3] Vgl. Belitz; Eickelpasch (Deutsche Industrie im Wandel), 2015, S. 7.

[4] Vgl. McKinsey; VDMA (Zukunftsperspektive deutscher Maschinenbau), 2014, S. 44f.; Möller; Drees (Produktionsstandort Deutschland), 2011, S. 19ff.

[5] Vgl. Westkämper; Löffler (Einführung in Strategien der Produktion), 2016, S. 4.

[6] Vgl. Govindan et al. (Social Sustainability), 2021, S. 7ff.; Schuh et al. (Internet of Production), 2020, S. 2; Bauernhansl; Miehe (Industrielle Produktion), 2020, S. 23; Boos et al. (Nachhaltigkeit im Werkzeugbau), 2020, S. 8f.; Boos et al. (Digitale Transformation), 2019, S. 6f.; Lanza et al. (Global Production Networks), 2019, S. 1; Bauernhansl (Datenbasierte Produktionsoptimierung), 2018, S. 108; Kemper et al. (Vernetzte Produktionssysteme), 2012, S. 1f.

[7] Vgl. Cadavid et al. (Machine Learning in PPC), 2020, S. 1531; Boos et al. (Planen und Steuern im Werkzeugbau), 2019, S. 19f.; Kröger et al. (Änderungsauswirkungen in der Produktion), 2019, S. 530; Brambring (Datenintegrität der Produktionssteuerung), 2017, S. 2; Nyhuis et al. (Herausforderungen der PPS), 2016, S. 3.

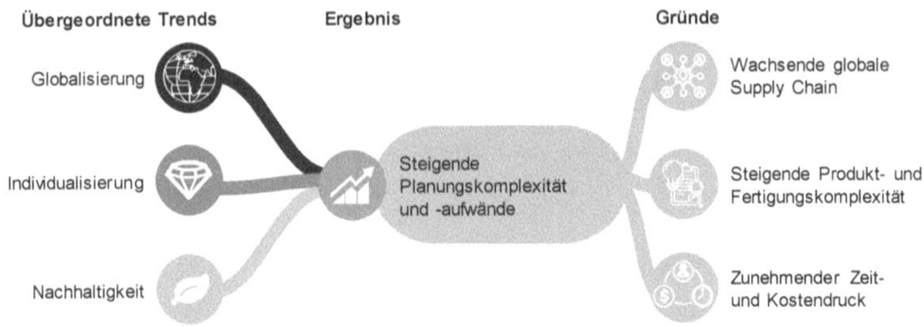

Abbildung 1: Übersicht relevanter Trends und Gründe der Planungskomplexität[8]

So agieren deutsche produzierende Unternehmen bereits seit einigen Jahren in internationalen Wertschöpfungsnetzwerken und bilden globale Unternehmenskooperationen, was zu einer hohen Komplexität in der Produktionsplanung und -steuerung führt.[9] Es ergibt sich eine Vielzahl an Möglichkeiten zur Ver- und Aufteilung von Aufträgen auf eigene oder externe internationale Fertigungsressourcen. Jedoch bedingen solch Wertschöpfungsnetzwerke auch bi-direktionale Abhängigkeiten sowie eine globale Verfügbarkeit von Ressourcen, Informationen und Service. Besonders mittelständische Unternehmen stehen vor der Herausforderung, die sich ergebenden rechtlichen, organisatorischen und sprachlichen Barrieren zu überwinden.[10]

Neben einer globalen Supply Chain als Komplexitätstreiber durch vielfältige Fertigungsangebote und Abhängigkeiten steigen die Planungsaufwände durch eine höhere Produkt- und Fertigungskomplexität. Die gesteigerte Komplexität lässt sich besonders an der steigenden Variantenvielfalt indizieren.[11] Diese ist auf die Kundenforderungen nach individualisierten Produkten zurückzuführen.[12] Zudem werden aktuell vermehrt nachhaltige Produkte vom Kunden nachgefragt.[13] Neue, nachhaltige Produktmaterialien können unerprobte Fertigungsverfahren bedingen.

Nicht zuletzt steigt in der Produktion besonders in den vergangenen Jahren der Zeit- und Kostendruck. Um am Markt wettbewerbsfähig zu bleiben, werden Produkte in immer kürzeren Zyklen auf den Markt gebracht.[14] Dies setzt kürzere Entwicklungs- und Lieferzeiten voraus und

---

[8] Eigene Darstellung

[9] Vgl. McKinsey; VDMA (Zukunftsperspektive deutscher Maschinenbau), 2014, S. 22f.; Friedli; Schuh (Grenzen der Wettbewerbsfähigkeit), 2012, S. 13; Fleisch (Netzwerkunternehmen), 2001, S. 1f.

[10] Vgl. Kranzusch et al. (Herausforderungen für den Mittelstand), 2019, S. 3ff.; Kay et al. (Mittelstand im globalen Wettbewerb), 2014, S. 32f.

[11] Vgl. Schuh et al. (Product Production Complexity), 2017, S. 344.

[12] Vgl. Bauernhansl; Miehe (Industrielle Produktion), 2020, S. 22f.; Sauermann et al. (Databased Prediction), 2019, S. 463f.; BMWi (Potenziale Industrie 4.0 im Mittelstand), 2015, S. 46; Kletti; Schumacher (Anforderungen an die Produktion), 2014, S. 2.

[13] Vgl. Pastoors (Markt für nachhaltige Produkte), 2018, S. 1f.; Eigner et al. (Nachhaltige Produktentwicklung), 2018, S. 257ff.

[14] Vgl. Schuh et al. (Agile Produktentwicklung), 2017, S. 31; Bauernhansl; Miehe (Industrielle Produktion), 2020, S. 23.

steigert den Zeitdruck sowohl in der Entwicklung als auch in der Produktion. Dies gilt sowohl für Standard- bzw. Serienprodukte als auch für kundenindividuelle Unikate. Die Produkte sind im Zuge der Globalisierung zudem einem starken Preiskampf ausgesetzt. Vor allem aus dem osteuropäischen und asiatischen Raum können Mitbewerber durch niedrigere Faktorkosten Druck auf europäische Unternehmen ausüben.[15] Ein weiterer Aspekt zur Verschärfung des Kostendrucks liegt in der Forderung nach Nachhaltigkeit sowohl von den Produkten selber als auch in ihrer Herstellung.[16] Dabei lassen sich Initiativen wie aufwendige Zertifizierungen oder moderne, energieeffiziente Fertigungsmaschinen nur bedingt im Verkaufspreis erfassen.

Ein weiterer Trend, der auf die gesamte Arbeitswelt und die Gesellschaft einwirkt, ist die Digitalisierung. Der Trend der Digitalisierung beschreibt dabei die ganzheitliche digitale Umwandlung analoger Informations- und Kommunikationskanäle. Dabei bildet der Trend der Digitalisierung einen Gegensatz zu den oben beschriebenen Trends. Denn die Digitalisierung trägt nicht zur Erhöhung der Planungskomplexität bei, sondern bietet umfassende Potenziale zur Adressierung dieser.[17] Eine solche Lösung benötigt die Industrie, da das bisherige Verständnis von Produktionsplanung an seine Grenzen stößt.[18]

Innerhalb des Trends Digitalisierung weist die Technologie der künstlichen Intelligenz (KI) ein besonders hohes Potenzial für die zukünftige Wertschöpfung im produzierenden Gewerbe auf.[19] Innerhalb der nächsten fünf Jahre ist mit dem Einsatz der KI im produzierenden Gewerbe in Deutschland eine zusätzliche Bruttowertschöpfung in Höhe von ca. 31,8 Mrd. Euro verbunden.[20] Dies entspricht etwa einem Drittel des gesamten Wachstums des produzierenden Gewerbes in Deutschland innerhalb dieses Zeitraums. Größere Unternehmen mit einer Serienproduktion haben die Potenziale bereits erkannt und begonnen, diese zu adressieren, da sie die Durchführung ihrer aktuellen Produktionsplanung als nicht zukunftsfähig betrachten.[21] So investieren große Konzerne, wie auch die Daimler AG und die Robert Bosch GmbH, seit einigen Jahren hohe finanzielle Mittel in die Erforschung und Nutzbarmachung von KI für kognitive Aufgaben.[22] Mit Fokus auf eine bessere Planbarkeit und eine höhere Informationsverfügbarkeit

[15] Vgl. Grodzicki; Skrzypek (Cost-Competitiveness in Value Chains), 2020, S. 276f.; Brecher; Kozielski (Produktionstechnik für Hochlohnländer), 2011, S. 48ff.

[16] Vgl. Aurich et al. (Nachhaltigkeit in der Produktion), 2018, S. 233f.

[17] Vgl. Cadavid et al. (Machine Learning in PPC), 2020, S. 1532; Sendler (Industrie 4.0 in Deutschland), 2016, S. 67; Bauernhansl (Vierte Industrielle Revolution), 2014, S. 19f.

[18] Vgl. Schuh et al. (Production Planning through AI), 2019, S. 116; Boos et al. (Planen und Steuern im Werkzeugbau), 2019, S. 33; Friedli; Schuh (Wettbewerbsfähigkeit der Produktion), 2012, S. 8ff.

[19] Vgl. Buxmann; Schmidt (Ökonomische Effekte von KI), 2019, S. 24f.; BCG (AI Transformations), 2019, S. 6ff.; Kreutzer; Sirrenberg (Künstliche Intelligenz verstehen), 2019, S. 108f.

[20] Vgl. VDI/VDE (Potenziale der Künstlichen Intelligenz), 2018, S. 5.

[21] Vgl. Scherwitz et al. (Digitale Transformation der PPS), 2020, S. 255; Nyhuis et al. (Herausforderungen der PPS), 2016, S. 5.

[22] Vgl. Buxmann; Schmidt (Ökonomische Effekte von KI), 2019, S. 22f.

entlang der Wertschöpfungskette schätzen Industrieunternehmen die Bedeutung von intelligenten Funktionen in der Produktionsplanung als besonders hoch ein.[23]

Doch nicht nur in der industriellen Serienproduktion von Gütern existieren die beschriebenen schwierigen und unstetigen Randbedingungen, welche auf die Planung einwirken. Vor allem für Unternehmen, die als Zulieferer für Serienproduzenten agieren, verschärfen sich die Rahmenbedingungen zunehmend.[24] Als Teil einer Wertschöpfungskette erhalten die Unternehmen Informationen über Markt- und Kundenanforderungen zu einem späteren Zeitpunkt.[25] Als Hersteller kundenindividueller Werkzeuge, zum effizienten Einsatz in der Serienproduktion mit einer hohen Funktions- und Variantenvielfalt, kommt der Branche Werkzeugbau eine Schlüsselrolle in der Prozesskette der produzierenden Industrie zu. Werkzeugbaubetriebe befinden sich in der Wertschöpfungskette zwischen der Produktentwicklung und der Serienproduktion und müssen mittels technologisch-komplexer Fertigungsprozesse Werkzeuge herstellen, die sowohl die hohen Produktanforderungen als auch einen effizienten Serienproduktionsprozess, wie bspw. einen Blechumform- oder Spritzgussprozess, begünstigen. Mit derzeit ca. 3.800 Werkzeugbaubetrieben[26] und insgesamt ca. 69.500 Mitarbeitern[27] erwirtschaftet die Branche Werkzeugbau in Deutschland über 5 Milliarden Euro[28]. Anders als in der Serienproduktion ist die Herstellung von Werkzeugen durch eine Einzel- und Kleinserienfertigung geprägt. Die branchenspezifischen Herausforderungen für die Produktionsplanung im Werkzeugbau sind daher insbesondere die geringe produkt- und prozessseitige Wiederholhäufigkeit.[29, 30] Um dennoch die Wertschöpfung hinsichtlich einer kurzen Durchlaufzeit und hohen Termintreue zu optimieren, bildet eine schnell reagierende Produktionsplanung aller am Herstellungsvorgang beteiligten Prozesse die Grundlage einer effizienten Produktion. Dies ist aufgrund der sich verändernden Rahmenbedingungen schwer möglich.[31] Daher muss der Werkzeugbau die Herausforderungen annehmen und seine Leistungserstellung und seine Produktionsplanung verbessern. Digitale Technologien, wie die Künstliche Intelligenz, bieten hierzu große Potenziale.

1.2 Problemstellung

Zur Adressierung der steigenden Planungskomplexität und -aufwände bieten sich dem Werkzeugbau die Potenziale der Digitalisierung durch den Einsatz digitaler Technologien sowie

23 Vgl. Scherwitz et al. (Digitale Transformation der PPS), 2020, S. 254f.; Krüger; Fleischer (WGP-Standpunkt: KI in der Produktion), 2019, S. 9f.

24 Vgl. BMWi (Potenziale Industrie 4.0 im Mittelstand), 2015, S. 54.

25 Vgl. Braz et al. (Bullwhip Effect in Supply Chains), 2018, S. 378; BMWi (Potenziale Industrie 4.0 im Mittelstand), 2015, S. 58.

26 Vgl. Boos et al. (World of Tooling), 2018, S. 33.

27 Vgl. VDMA (Präzisionswerkzeuge 2018), 2019, S. 3.

28 Vgl. Boos et al. (World of Tooling), 2018, S. 16.

29 Vgl. Boos et al. (Planen und Steuern im Werkzeugbau), 2019, S. 12.

30 Siehe auch Kapitel 2.4.5.2

31 Vgl. Nyhuis et al. (Herausforderungen der PPS), 2016, S. 10; Boos et al. (Planen und Steuern im Werkzeugbau), 2019, S. 10.

durch die horizontale und vertikale Vernetzung von Prozessen, IT-Systemen und Fertigungsressourcen. Diese Art der Vernetzung mit Hilfe digitaler Technologien wird auch als digitale Vernetzung bezeichnet.[32] Die sich ergebende prozessübergreifende Nutzung von Daten ermöglicht im Werkzeugbau die Verbesserung der Transparenz und eine Erhöhung der Effizienz durch eine optimierte Auslastung und Nutzung vorhandener Ressourcen. Lerneffekte versprechen zudem eine verbesserte Beherrschung der im Werkzeugbau steigenden Komplexität. Auf diese Weise kann die digitale Vernetzung von Produkten, Maschinen, Menschen und Prozessen im Rahmen der Planungsvorgänge genutzt werden.[33]

Jedoch ist diese Weiterentwicklung des Planungsverständnisses nicht der Status quo in der Branche Werkzeugbau. Bezogen auf den Reifegrad ergeben sich unterschiedliche Stufen der ganzheitlichen Produktionsplanung (siehe Abbildung 2). Werkzeugbaubetriebe lassen sich hinsichtlich ihrer Produktionsplanung in fünf charakteristische Reifegradstufen unterteilen.[34]

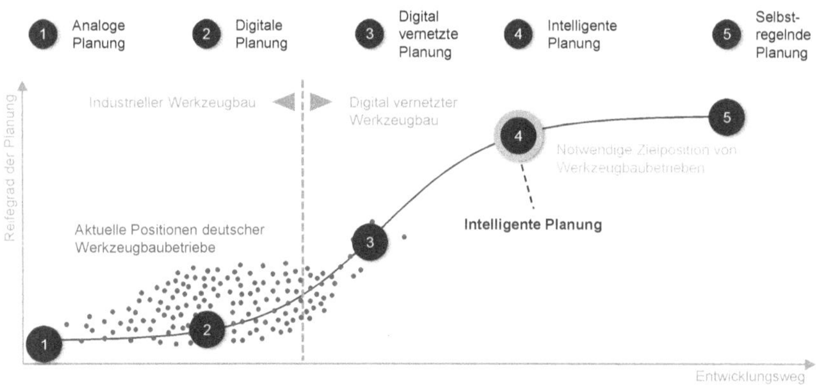

Abbildung 2: Entwicklung der Produktionsplanung im Werkzeugbau[35]

Als traditionelles Planungsverständnis wird die *analoge Planung* verstanden, welche die erste Stufe des Entwicklungswegs darstellt. Innerhalb der analogen Planung werden die Prozesse der Produktionsplanung manuell und somit ohne Unterstützung durch Datenverarbeitungssysteme ausgeführt. Als nächste Entwicklungsstufe folgt die *digitale Planung*. Zwischen der analogen und digitalen Planung lässt sich der durchschnittliche Werkzeugbaubetrieb einordnen. Im Rahmen der digitalen Planung werden Planungsprozesse mithilfe von digitalen Hilfsmitteln wie einfacher Planungs- oder Kalkulationssoftware durchgeführt. Die Weiterentwicklung bildet

[32] Siehe Kapitel 2.2.1 für eine detaillierte Begriffsdefinition und -abgrenzung

[33] Vgl. Boos et al. (Planen und Steuern im Werkzeugbau), 2019, S. 32.

[34] Die folgenden Beschreibungen der Reifegradstufen erfolgen nach BOOS, welcher in einer Studie die Planung im Werkzeugbau detailliert betrachtet und charakterisiert hat. Vgl. Boos et al. (Planen und Steuern im Werkzeugbau), 2019, S. 32f.

[35] Vgl. Schuh et al. (Production Planning through AI), 2019, S. 116; Boos et al. (Planen und Steuern im Werkzeugbau), 2019, S. 33.

eine *digital vernetzte Planung*, mittels welcher eine erhöhte Transparenz auf interner und externer Seite durch einen größeren Umfang an Daten und Informationen geschaffen wird. Dies wird durch den Einsatz von Planungssystemen mit Schnittstellen zu weiteren Systemen erreicht, durch die zusätzliche Prozesse integriert werden können. Als notwendige Zielposition von Werkzeugbaubetrieben entlang des Reifegrads der Planung ist eine *intelligente Planung* anzustreben, da diese für die Branche die nächste Entwicklungsstufe bildet. Innerhalb dieser wird aufbauend auf der digital vernetzten Planung die Abschätzung und grobe Vorhersage von Produktionsabläufen durch den Einsatz automatisierter Prozesse im Rahmen des Planungsprozesses realisiert. Im Fokus steht die Berechnung zukünftiger Prozesszustände auf Basis von Planungs- und weiteren Datenverarbeitungssystemen. Als abschließende Stufe ist eine *selbstregelnde Planung* aufzuführen, welche durch den Einsatz künstlicher Intelligenz eine autonome Bewertung von Planungsvorgängen vornehmen kann und auf dieser Basis notwendige Aktionen ausführt. Diese finale Entwicklungsstufe bietet die höchsten Effizienzpotenziale, aber ist aktuell nur schwer mit technologischen Mitteln zu erreichen. Zudem befinden sich die meisten Werkzeugbaubetriebe in unteren Reifegradstufen, sodass eine schrittweise Weiterentwicklung zu empfehlen ist.

Auf Basis des Verständnisses der Marktentwicklung (siehe Kapitel 1.1) sowie der vorgestellten Reifegradstufen lässt sich die aktuelle Problemstellung von Werkzeugbaubetrieben in Bezug zu ihrer Produktionsplanung ableiten. Der Markt, in dem Unternehmen der Branche Werkzeugbau agieren, ist geprägt von strukturellen Trends, welche die Komplexität in der Supply Chain, des Produkts und der Fertigung steigern sowie den Kosten- und Zeitdruck erhöhen. In Verbindung mit den charakteristischen Randbedingungen des Werkzeugbaus, wie bspw. die geringe Wiederholhäufigkeit von Aufträgen, ergibt sich im Branchendurchschnitt eine geringe Termintreue.[36, 37] Langfristig kann dies die Wettbewerbsposition der Unternehmen schwächen. Jedoch ergeben sich aus den Entwicklungsmöglichkeiten der Produktionsplanung hohe Potenziale, um sowohl den Auswirkungen der Trends als auch den Randbedingungen zu begegnen. Die Entwicklungsmöglichkeiten lassen sich dabei, wie in Abbildung 2 dargestellt, in mehrere Reifegradstufen einteilen. Dabei versäumen es die Werkzeugbaubetriebe derzeit, die sich ergebenden Potenziale einer weiterentwickelten Produktionsplanung zu nutzen. Dies kann darauf zurückgeführt werden, dass es den Werkzeugbaubetrieben sowohl an dem Verständnis der intelligenten Planung, als notwendige Zielposition, aber auch an einem systematischen Vorgehen zur Erreichung dieser. Die sich daraus ergebende Problemstellung besteht in der Herausforderung für Werkzeugbaubetriebe, selbstständig die Produktionsplanung weiterzuentwickeln und eine höhere Reifegradstufe zu erreichen. Ihnen mangelt es an einem Leitfaden mit konkreten Handlungsanweisungen und branchenspezifischen Perspektiven.

1.3 Zielsetzung der Arbeit

Die intelligente Planung bildet die notwendige Zielposition der Produktionsplanung für Unternehmen der Branche Werkzeugbau, um weitere Effizienzpotenziale zu ergreifen. Daher ist die

[36] Vgl. Boos et al. (Planen und Steuern im Werkzeugbau), 2019, S. 7.

[37] Siehe Kapitel 2.4.5.2 für eine detaillierte Beschreibung der Randbedingungen im Werkzeugbau

resultierende *übergeordnete Zielsetzung* dieser wissenschaftlichen Arbeit die Unterstützung der Branche Werkzeugbau zur Realisierung der sich ergebenden Potenziale intelligenten Produktionsplanungsprozesse. Weder in der Theorie noch in der Praxis besteht derzeit ein adressatengerechter und ganzheitlicher Lösungsansatz, welcher intelligente Produktionsplanungsprozesse auslegt und dabei auf die Besonderheiten des Werkzeugbaus eingeht. Die sich ergebende *konkrete Zielsetzung* dieser wissenschaftlichen Arbeit ist die Entwicklung einer Methodik zur Auslegung intelligenter Produktionsplanungsprozesse im Werkzeugbau, welche die Anforderungen der Branche Werkzeugbau aufgreift und lösungsgerecht adressiert (siehe Abbildung 3).[38]

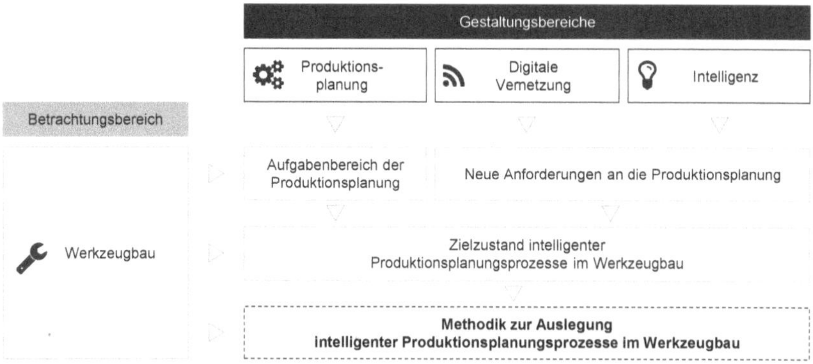

Abbildung 3: Gestaltungs- und Betrachtungsbereich sowie Zielsetzung der Arbeit[39]

Gemäß KUBICEK soll für einen zielgerichteten Forschungsprozess eine grundlegende Forschungsfrage definiert werden, um den Betrachtungs- und Lösungsbereich einzugrenzen.[40] Im Rahmen dieser wissenschaftlichen Arbeit gilt die *handlungsleitende Forschungsfrage*:

Forschungsfrage

Wie müssen intelligente Produktionsplanungsprozesse im Werkzeugbau ganzheitlich ausgelegt werden?

Zur Detaillierung und als Unterstützung bei der Beantwortung der handlungsleitenden Forschungsfrage werden in Kapitel 3.4 weitere Forschungsfragen entwickelt.

1.4 Forschungsansatz der Arbeit

Diese Arbeit gliedert sich in den Kontext wissenschaftlicher Forschung, wobei das grundlegende Verständnis wissenschaftlicher Forschung sowie die genaue Einordung der Arbeit im Folgenden dargelegt wird. Dazu wird zunächst der Begriff *wissenschaftliche Forschung* defi-

[38] Eine Methodik ist eine zielgerichtete Vorgehensbeschreibung bestehend aus Modellen, Methoden und Hilfsmitteln (siehe Kapitel 4.1).

[39] Eigene Darstellung

[40] Vgl. Kubicek (Heuristischer Bezugsrahmen), 1976, S. 24ff.

niert und eine Übersicht der Wissenschaftssystematik gegeben. Anschließend werden ein Forschungsansatz, als übergreifender Leitrahmen, sowie eine Forschungsmethodologie, welche den Forschungsprozess strukturiert, ausgewählt.

Wissenschaftliche Forschung wird als ein Prozess definiert, welcher nach BINDER UND KANTOWSKY „eine neue Wirklichkeit" für den Forschenden und die Forschungsgemeinde zum Ergebnis hat.[41] Eine Detaillierung dieses Ergebnisses erläutert zudem AHLSTRÖM konkret als „Beitrag zum Wissen", welcher auf einer Neuheit basieren muss.[42] Dem Forschungsergebnis liegt dazu ein Forschungsansatz zugrunde, welcher die Erarbeitung und vor allem den spezifischen Forschungsprozess dieser wissenschaftlichen Arbeit beschreibt und beeinflusst.

Zur folgenden Herleitung und Entwicklung des verwendeten Forschungsansatzes wird die am Lehrstuhl für Produktionssystematik des Werkzeugmaschinenlabors WZL der RWTH Aachen gängige Vorgehensweise verwendet. Diese basiert auf dem Verständnis von ingenieurwissenschaftlicher Forschung als einem kontinuierlichen Lern- und Erkenntnisprozess mit starkem Fokus auf praktische Anwendungen, in welchem „näher zu untersuchende Probleme auf dem Hintergrund von Erfahrungswissen theoretisch gefasst und präziser definiert werden".[43] Die erfolgreiche Anwendung der Vorgehensweise wurde bereits in vorangegangenen Arbeiten bewiesen, wie bspw. von KELZENBERG[44], SCHULTES[45], SALMEN[46], KUHLMANN[47], PITSCH[48], KOMOREK[49] und ZISKOVEN[50]. In der folgenden Darstellung des Forschungsansatzes wird daher auch auf die Vorarbeiten des Werkzeugmaschinenlabors WZL der RWTH Aachen verwiesen.

Als Grundlage jedes Forschungsansatzes gilt ein einheitliches Verständnis der übergreifenden Wissenschaftssystematik, in welchem Forschungsprozesse durchgeführt werden. Daher wird nachstehend eine Einordnung des Forschungsvorhabens dieser wissenschaftlichen Arbeit in das Spektrum der Wissenschaften vorgenommen. Die Einordnung beruht dabei auf dem Ansatz von ULRICH UND HILL, welche die Wissenschaft in die zwei Unterbereiche *Formalwissenschaften* und *Realwissenschaften* aufteilen (siehe Abbildung 4).[51]

[41] Vgl. Binder; Kantowsky (Technologiepotentiale), 1996, 3 f.
[42] Vgl. Ahlström (Research Process), 2016, S. 47.
[43] Vgl. Kubicek (Heuristischer Bezugsrahmen), 1976, S. 14.
[44] Vgl. Kelzenberg (Datenstrukturmodell im Werkzeugbau), 2020.
[45] Vgl. Schultes (Digitale Vernetzung mit Lieferanten), 2020.
[46] Vgl. Salmen (Digital vernetzter Shopfloor), 2016.
[47] Vgl. Kuhlmann (Corporate Tooling), 2017.
[48] Vgl. Pitsch (Kompetenzfeldbasierte Vernetzung), 2014.
[49] Vgl. Komorek (Kollaborative Wertschöpfung), 2014.
[50] Vgl. Ziskoven (Getaktete Fertigung im Werkzeugbau), 2013.
[51] Vgl. Ulrich; Hill (Wissenschaftstheoretische Grundlagen), 1976, S. 305.

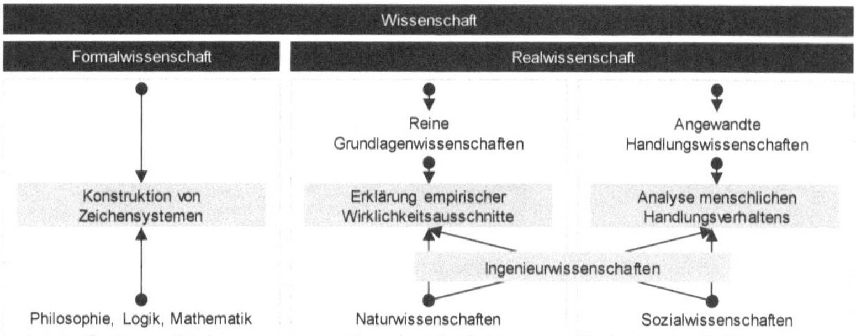

Abbildung 4: Wissenschaftssystematik nach ULRICH[52]

Die *Formalwissenschaften* setzen zum Erkenntnisgewinn auf analytische Aussagen und beziehen sich auf nicht-reale Objekte, wie Zahlen oder Zeichen.[53] Das Ziel besteht in der Konstruktion eines Regelwerks, welchem die nicht-realen Objekte untergeordnet sind. Die Herleitung der Aussagen des Erkenntnisgewinns folgt den Regelwerken und der Analyse der logischen Kohärenz.[54] Der Formalwissenschaft sind die Philosophie, die Logik und die Mathematik zuzuordnen.[55] Die Aussagen der *Realwissenschaften* sind im Gegenteil dazu Abbilder bzw. Ausschnitte der Realität, die auf empirischen Ergebnissen und Aktivitäten basieren.[56] Neben der logischen Herleitung und Kohärenz dieser synthetischen Aussagen aus der Wirklichkeit ist eine Überprüfung der Fakten erforderlich, um die Richtigkeit der Aussagen sicherzustellen.[57] Eine weitere Unterteilung der Realwissenschaften findet sich in Grundlagenwissenschaften und in angewandte Handlungswissenschaften. Die Grundlagenwissenschaften versuchen Wirklichkeitsausschnitte empirisch zu erklären und darauf basierend Modelle zu entwickeln.[58] Die Disziplinen der Naturwissenschaften, also bspw. Physik, Chemie und Biologie, zählen zu den Grundlagenwissenschaften. Die angewandten Handlungswissenschaften haben hingegen ein praktisches Ziel. Ihnen werden die Sozialwissenschaften zugeordnet, wie Soziologie oder Betriebswirtschaftslehre. Obwohl die Ingenieurwissenschaften als Realwissenschaften weder den Grundlagenwissenschaften noch den Handlungswissenschaften vollständig zugeordnet werden können, kann diese Arbeit aufgrund ihres Praxisbezuges und der kategorischen Unterstützung menschlichen Handelns den Handlungswissenschaften zugeordnet werden. Eine weitere Klassifizierung der Ingenieurwissenschaften erfolgt durch KÖNIG, welcher die

[52] I. A. a. Ulrich; Hill (Wissenschaftstheoretische Grundlagen), 1976, S. 305.
[53] Vgl. Schanz (Wissenschaftstheoretische Grundfragen), 1987, S. 2039.
[54] Vgl. Schanz (Wissenschaftstheoretische Grundfragen), 1987, S. 2039.
[55] Vgl. Ulrich; Hill (Wissenschaftstheoretische Grundlagen), 1976, S. 305.
[56] Vgl. Ulrich; Hill (Wissenschaftstheoretische Grundlagen), 1976, S. 305.
[57] Vgl. Schanz (Wissenschaftstheoretische Grundfragen), 1987, S. 2039.
[58] Vgl. Ulrich; Hill (Wissenschaftstheoretische Grundlagen), 1976, S. 305.

Wissenschaften in die drei Bereiche *Geisteswissenschaften*, *Handlungswissenschaften* und *Naturwissenschaften* unterteilt.[59, 60]

Geisteswissenschaften	Handlungswissenschaften	Naturwissenschaften
▪ Geschichte ▪ Literatur ▪ Philosophie ▪ usw.	▪ Sozialwissenschaften ▪ Technikwissenschaften ▪ Medizin ▪ usw.	▪ Physik ▪ Chemie ▪ Biologie ▪ usw.

Abbildung 5: Einordnung der Wissenschaften nach KÖNIG[61]

Die gewählten Kategorien unterscheiden sich zwar von ULRICH, jedoch gleicht sich die Beschreibung der Ziele der Ingenieurwissenschaften. Diese nennt KÖNIG als die Gestaltung eines praktischen Ziels, die Erkennung eines kognitiven Ziels und das Bestehen eines sozialen Ziels.[62] Das praktische Ziel ist der Wissensgewinn in der technischen Praxis. Das kognitive Ziel beschreibt die Produktion und Überprüfung von technikwissenschaftlichem Wissen. Das soziale Ziel besteht in der Institutionalisierung mehrerer Wissenschaftsdisziplinen. Die Grenzen dieser Zieldimensionen sind fließend und decken sich mit der Beschreibung nach ULRICH.

Um einen systematischen und zielgerichteten Wissensgewinn zu gewährleisten, lassen sich Forschungsansätze zur Strukturierung des Forschungsprozesses einsetzen. Forschungsansätze, können weder gut oder schlecht sein, sondern unterscheiden sich nur in ihrer Eignung zur Erzielung optimaler Ergebnisse.[63] Zur Gestaltung eines Forschungsansatzes gelten drei grundlegende Faktoren: Zugang zu Informationen und Daten, institutionelle Faktoren wie Forschungsumgebungen und Ressourcen sowie Fähigkeiten und Interessen des Forschenden.[64] Unter Berücksichtigung dieser Faktoren soll die letztendliche Erkenntnisperspektive definiert werden. Vorwissenschaftliche und wertgebundene Annahmen dieser Arbeit, auch als Paradigma bezeichnet, werden durch die Darstellung der Auffassungen des Forschers als Teil des Vorverständnisses dieser Arbeit erläutert.[65] Ausschlaggebende Paradigmen in der Betriebswirtschaftslehre sind der faktortheoretische Ansatz nach GUTENBERG[66], der entscheidungstheoretische Ansatz nach HEINEN[67] und der Systemansatz nach ULRICH[68].

---

[59] Vgl. Kornwachs; König (Wissen und Wissensintegration), 2010, S. 63.

[60] Im Sammelwerk nach KORNWACHS wird der Begriff „Technikwissenschaften" synonym zu den „Ingenieurwissenschaften" verwendet. Vgl. Kornwachs et al. (Technisches Wissen), 2010, S. 12f.

[61] Vgl. Kornwachs; König (Wissen und Wissensintegration), 2010, S. 63.

[62] Vgl. Kornwachs; König (Wissen und Wissensintegration), 2010, S. 65f.

[63] HOMANS beschreibt diese Aussage wie folgt: "People who write about methodology often torget that it is a matter of strategy, not of Morals.There are neither good nor bad methods but only methods that are more or less effective under particular circumstances." Vgl. Ahlström (Research Process), 2016, S. 68; Homans (Industrial Sociology), 1949.

[64] Vgl. Ahlström (Research Process), 2016, S. 72ff.

[65] Vgl. Kuhn (Struktur wissenschaftlicher Revolutionen), 1988, S. 25.

[66] Vgl. Gutenberg (Grundlagen der Betriebswirtschaftslehre), 1951, S. 3.

[67] Vgl. Heinen (Entscheidungsorientierte Betriebswirtschaftslehre), 1971, S. 89ff.

[68] Vgl. Ulrich; Hill (Wissenschaftstheoretische Grundlagen), 1976, S. 307f.

Zur Strukturierung des Wissengewinns und der Erkenntnisperspektive wird in dieser wissenschaftlichen Arbeit der Ansatz nach ULRICH als grundlegender Forschungsansatz gewählt. Der Ansatz nach ULRICH zeichnet sich durch seine Praxisnähe und seine Offenheit in Bezug auf die Lösungsfindung aus.[69] Zudem weist er durch seine integrative Gestaltung eine starke Nähe zu den Ingenieurwissenschaften auf und wurde aus diesen Gründen bereits erfolgreich bei anerkannten Forschungsvorhaben eingesetzt.[70] Zusätzlich wird der Forschungsprozess wesentlich durch die Forschungsmethodologie definiert.[71] In dieser wird die Spezifizität der Grundlegung des Erkenntnisprozesses zur Entwicklung neuer Lösungen und zum Erarbeiten neuen Wissens festgelegt. Der Erkenntnisgewinn beginnt laut POPPER jedoch mit einem oder mehreren wesentlichen Problemen, die durch angewandte Handlungswissenschaften gelöst werden sollen.[72]

Im Rahmen dieser Arbeit kann die explorative Forschung als Forschungsmethodologie angewandt werden.[73] Hierbei werden maßgeblich analytische Lösungen und theoretische Aussagen auf Basis von systematischem Erfahrungswissen erarbeitet. In der vorliegenden Arbeit wird der Systemansatz nach ULRICH als grundlegende Wissenschaftstheorie und forschungsmethodischer Ansatz der explorativen Forschung gewählt (siehe Abbildung 6).

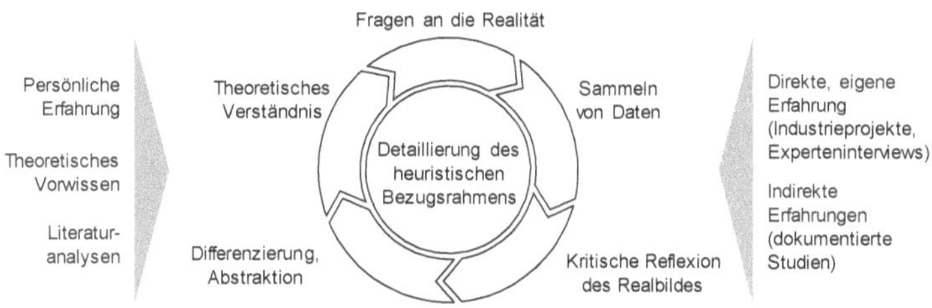

Abbildung 6: Forschungsmethodisches Vorgehen[74]

Die Erarbeitung wissenschaftlicher Aussagen im Kontext der explorativen Forschung erfolgt durch einen geleiteten Lernprozess. Dieser basiert auf systematischem Erfahrungswissen und erlaubt einerseits die Gewinnung weiteren Erfahrungswissens und andererseits die Umsetzung des Wissens in theoretische Aussagen.[75]

[69] Vgl. Ulrich; Hill (Wissenschaftstheoretische Grundlagen), 1976, S. 308f.

[70] Vgl. Kelzenberg (Datenstrukturmodell im Werkzeugbau), 2020; Begovic (Smart Services im Werkzeugbau), 2018; Kuhlmann (Corporate Tooling), 2017; Hensen (Auslegung industrieller Werkzeugbaubetriebe), 2017; Salmen (Digital vernetzter Shopfloor), 2016.

[71] Vgl. Salmen (Digital vernetzter Shopfloor), 2016, S. 7; Pitsch (Kompetenzfeldbasierte Vernetzung), 2014, S. 6f.

[72] Vgl. Popper (Logik der Sozialwissenschaften), 1975, S. 104.

[73] Vgl. Komorek (Kollaborative Wertschöpfung), 2014, S. 6; Pitsch (Kompetenzfeldbasierte Vernetzung), 2014, S. 6f.

[74] Vgl. Tomczak (Forschungsmethoden), 1992, S. 84; Kubicek (Heuristischer Bezugsrahmen), 1976, S. 14.

[75] Vgl. Kubicek (Heuristischer Bezugsrahmen), 1976, S. 13.

Die explorative Forschung setzt zudem einen heuristischen Bezugsrahmen in den Mittelpunkt des Forschungsprozesses. Der heuristische Bezugsrahmen beschreibt dabei das Vorverständnis des Autors in Bezug auf die Problemstellung.[76] Durch den heuristischen Bezugsrahmen als Mittelpunkt des Forschungsprozesses wird das Vorverständnis des Autors dargestellt und ein Leitfaden für die Problemlösung festgelegt.[77] Ein theoretisches Problem oder Phänomen, welches „nicht genügend verstanden bzw. unzureichend beherrscht wird", ist der Ausgangspunkt der Entwicklung eines heuristischen Bezugsrahmens und wird in dieser Arbeit in Kapitel 1.2 als hergeleitete Problemstellung thematisiert.[78]

Abbildung 7: Heuristischer Bezugsrahmen[79]

Die Bearbeitung des definierten Problems und Forschungsziels basiert zudem grundlegend auf dem Erfahrungswissen des Autors. Im Zusammenhang mit der Beschäftigung als wissenschaftlicher Mitarbeiter am Lehrstuhl für Produktionssystematik in der Abteilung Unternehmensentwicklung am Werkzeugmaschinenlabor WZL der RWTH Aachen wurde das Erfahrungswissen des Autors aufgebaut. In zahlreichen Industrie- und Forschungsprojekten wurde praxisnahes Wissen zu verschiedenen strategischen und technologischen Themen der Branche Werkzeugbau gesammelt. Zudem wurde in Lehr- und Weiterbildungsveranstaltungen ein starker Fokus auf die Digitalisierung der Produktion gelegt. Der Gestaltungsbereich Produktionsplanung war Gegenstand in einer Vielzahl von Aufgaben. Weitere Grundlagen zur Produktion und Prozessentwicklung wurden durch das Maschinenbaustudium ergänzt.

1.5 Aufbau der Arbeit

Diese Arbeit folgt dem Forschungsansatz nach ULRICH mit definierten Phasen der angewandten Forschung, aus welchem sich zudem der strukturelle Aufbau dieser Arbeit ableitet. Abbildung 8 stellt die Phasen der angewandten Forschung nach ULRICH sowie die Übertragung auf die vorliegende wissenschaftliche Arbeit dar, welche sich in sieben Kapitel gliedert.

[76] Vgl. Tomczak (Forschungsmethoden), 1992, S. 84.

[77] Vgl. Tomczak (Forschungsmethoden), 1992, S. 84.

[78] Vgl. Tomczak (Forschungsmethoden), 1992, S. 84.

[79] Eigene Darstellung; i. A. a. die Beschreibung von Merkmalen heuristischer Bezugsrahmen nach KUBICEK. Vgl. Kubicek (Heuristischer Bezugsrahmen), 1976, S. 17ff.

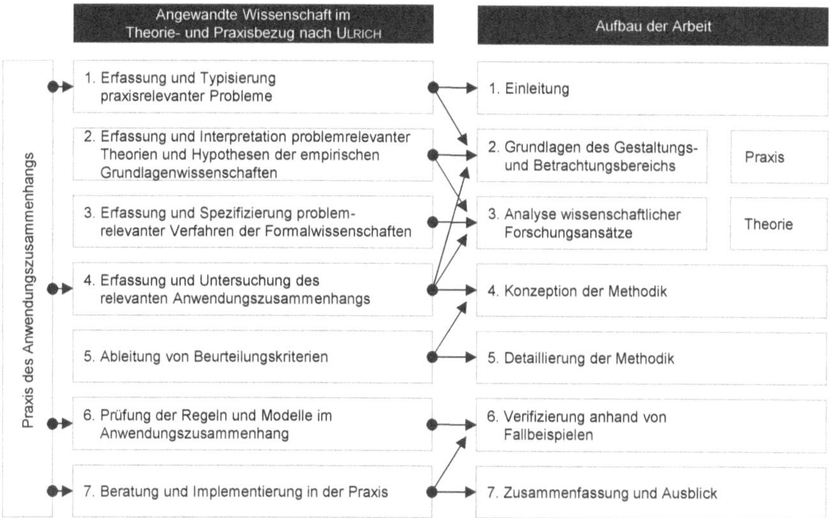

Abbildung 8: Aufbau der Arbeit gemäß den Phasen nach ULRICH[80]

Der Kern ist dabei die Identifikation eines in der Praxis vorhandenen und relevanten Problems. Durch wissenschaftstheoretische Untersuchungen, die in Bezug zum Anwendungszusammenhang stehen, wird dieses Problem geprüft, sodass es im Anschluss möglich ist, Beurteilungskriterien sowie Gestaltungsregeln und -modelle abzuleiten. Nach Überprüfung dieser für eine Praxistauglichkeit können sie für eine Implementierung vorbereitet werden.[81]

Im *ersten Kapitel* der Arbeit wird ausgehend von der konkreten Beschreibung der Problemstellung die Zielstellung in Form der Forschungsfrage abgeleitet und beschrieben. Diese wird anschließend in den Kontext wissenschaftlicher Forschung eingegliedert und es wird der zugrundeliegende Forschungsansatz vorgestellt. Es folgt die Darstellung des Aufbaus der Arbeit.

Das *zweite Kapitel* dient der Darstellung und Beschreibung der zum Verständnis dieser Arbeit relevanten Grundlagen bezüglich des Gestaltungsbereichs Produktionsplanung und des Betrachtungsbereichs Werkzeugbau. Zur Produktionsplanung werden einleitend die Grundlagen der Produktion und die Einordnung von Planungsaufgaben in das Produktionsmanagement gegeben. Auf Basis des Verständnisses der Produktionsplanung werden die Begriffe der digitalen Vernetzung und Intelligenz als Kerneigenschaften des Gestaltungsbereichs Produktionsplanung definiert. Anschließend wird der Werkzeugbau als Betrachtungsbereich vorgestellt. Es wird ein Überblick über die Branche gegeben und auf die aktuellen Herausforderungen eingegangen. Zum Abschluss des Kapitels wird der Handlungsbedarf aus der Praxis abgeleitet.

[80] Eigene Darstellung; I. A. a. Ulrich (Management), 1984, S. 193.

[81] Vgl. Ulrich (Management), 1984, S. 193.

Im *dritten Kapitel* werden aktuelle bestehende wissenschaftliche Ansätze mit Bezug zum Handlungsbedarf aus der Praxis und zur abgeleiteten Forschungsfrage analysiert. Einleitend werden dazu ein Bewertungs- und Anforderungssystem aufgestellt, welche eine geeignete Methodik klassifizieren. Anschließend werden relevante Ansätze vorgestellt und beschrieben sowie anhand des aufgestellten Bewertungssystems standardisiert evaluiert. Auf Grundlage der Bewertung kann abschließend der Handlungsbedarf aus der Theorie beschrieben werden und ermöglicht die Detaillierung der Forschungsfrage.

Das *vierte Kapitel* beschreibt die Herleitung und Einführung einer Methodik zur Auslegung intelligenter Produktionsplanungsprozesse im Werkzeugbau als Lösungskonzept des Handlungsbedarfs aus Theorie und Praxis. Dabei wird das aufgestellte Bewertungs- und Anforderungssystem berücksichtigt. Zur Schaffung eines einheitlichen Verständnisses einer notwendigen Lösungshypothese werden die Grundlagen von Systemen, Modellen und Methoden dargestellt. Als nächstes wird der Zielzustand intelligenter Produktionsplanungsprozesse entwickelt und der handlungsleitende Ordnungsrahmen aufgestellt.

Das *fünfte Kapitel* dient der Detaillierung des Lösungskonzepts. Die Phasen und Schritte der Methodik werden entwickelt. Die drei Phasen Analyse, Auslegung und Implementierung beinhalten mehrere Methodikschritte sowie Teilschritte, welche ausführlich beschrieben werden. Die zu Beginn vorgestellten Grundlagen werden kontinuierlich in die Methodenentwicklung integriert.

Im *sechsten Kapitel* erfolgt die Validierung der entwickelten Methodik im Anwendungszusammenhang. Die Methodik wird dazu in zwei konkreten praktischen Szenarien angewendet. Die Ergebnisreflexion zeigt im Anschluss die Korrektheit der Methodik und deckt möglichen weiteren Forschungsbedarf auf.

Das *siebte Kapitel* schließt diese wissenschaftliche Arbeit mit einer Zusammenfassung der Forschungsergebnisse ab. Des Weiteren wird ein Ausblick auf die Einwirkung der Ergebnisse auf den Betrachtungsbereich gegeben.

2 Grundlagen des Gestaltungs- und Betrachtungsbereichs

Im zweiten Kapitel werden die Grundlagen des Gestaltungs- und Betrachtungsbereichs erläutert, um ein einheitliches Verständnis der Ausgangssituation und Zielsetzung dieser wissenschaftlichen Arbeit zu erlangen (siehe Abbildung 9). Gemäß dem angewandten Forschungsvorgehen nach ULRICH deckt dies die ersten zwei Phasen ab (vgl. Kapitel 1.4).

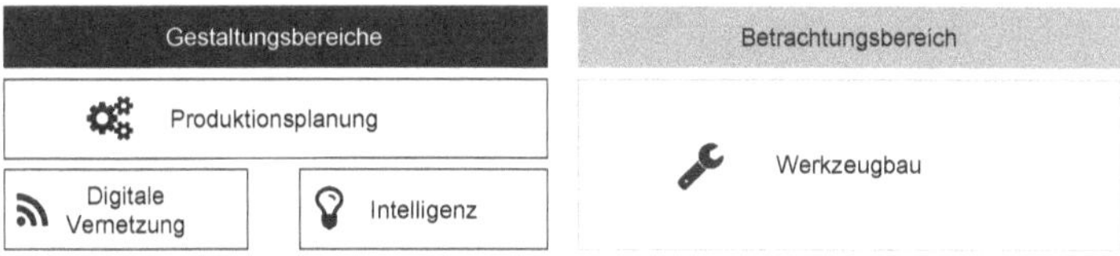

Abbildung 9: Übersicht der Inhalte des Betrachtungs- und Gestaltungsbereichs[82]

Zunächst werden die Gestaltungsbereiche dieser Arbeit beginnend mit der Produktionsplanung detailliert erläutert. Nachfolgend wird die Intelligenz, als erforderliche zukünftige Eigenschaft, definiert und beschrieben. Da die Intelligenz in diesem Kontext vor allem auf der digitalen Vernetzung als zentrale Grundlage basiert, wird diese vorab ebenfalls eingeführt. Anschließend folgt eine detaillierte Beschreibung des Betrachtungsbereichs Werkzeugbau, in welcher die Branche übergreifend vorgestellt und die Wertschöpfung beschrieben wird. Zum Abschluss des Kapitels wird der Handlungsbedarf aus der Praxis für diese Arbeit abgeleitet.

2.1 Produktionsplanung

Die Produktionsplanung stellt den übergeordneten Gestaltungsbereich dieser wissenschaftlichen Arbeit dar. Dazu werden alle relevanten Begriffe rund um Produktion und Produktionsplanung eingeführt und voneinander abgegrenzt.

2.1.1 Begriffsdefinition und -abgrenzung

In diesem Unterkapitel werden die Begriffe *Produktion*, *Produktionssystem* und *Produktionsplanung* sowie deren Klassifizierungen im gegebenen Kontext dargestellt und voneinander abgegrenzt (siehe Abbildung 10). Dabei beziehen sich die Beschreibung der Aufgaben und die Abgrenzungen der Begriffe auf ein aktuelles und praxisnahes Verständnis.

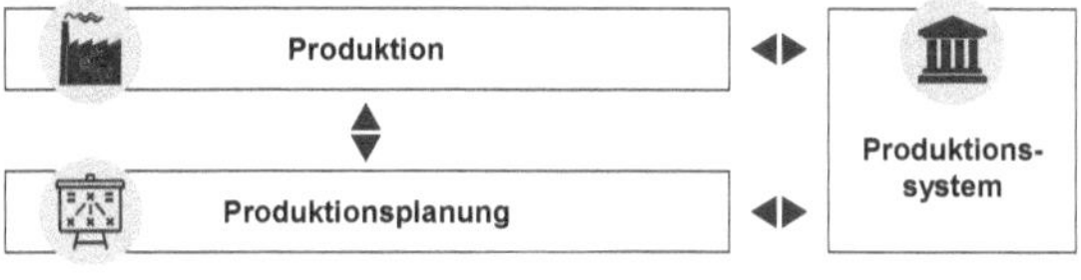

Abbildung 10: Begriffsabgrenzung im Produktionsbereich[83]

[82] Eigene Darstellung

[83] Eigene Darstellung

Im Kontext der industriellen Produktion bestehen auch weitere Begrifflichkeiten wie bspw. das *Produktionsmanagement*.[84] Da solche Begriffe im Kontext dieser wissenschaftlichen Arbeit nicht fokussiert werden, wird an dieser Stelle nicht weiter auf sie eingegangen.

2.1.1.1 Begriffsdefinition Produktion

Der Begriff *Produktion* beschreibt die Herstellung von Produkten.[85] Eine grundlegende und detailliertere Definition des Begriffs Produktion erfolgt durch GUTENBERG, welcher Produktion als Form- und Substanzveränderungen bestimmter Grund- oder Ausgangsstoffe zur Erzeugung von Produkten neuer Eigenschaften definiert.[86] Für eine Erweiterung des Begriffs lässt sich die Definition nach GÖSSINGER verwenden. Dieser benennt die Produktion als eine in einem „betrieblichen System oder Subsystem vollziehende, auf Wiederholung angelegte, systematische Bildung von Faktorkombinationen im Sinne einer Anwendung von technischen und konzeptionellen Verfahren". Das Ziel dieser Anwendung der Faktorkombination ist die nutzensteigernde Veränderung von materiellen und immateriellen Gütern.[87] Darüber hinaus existieren zahlreiche weitere Definitionen der Produktion in der Literatur.[88] Beinahe einheitlich wird der Begriff vereinfacht als ein Input-Output-System mit integriertem Transformationsprozess definiert, wie auch in den beiden genannten Definitionen.[89, 90] Eine solche Vereinfachung ist in Abbildung 11 dargestellt. Folgend werden die Produktionsfaktoren als Input-Größe des Systems sowie der Transformations- oder auch Produktionsprozess gesondert vorgestellt. Die Produkte als Output-Größe werden nicht weiter differenziert, da sie jeglicher Art sein können.

Abbildung 11: Produktion als Input-Output-System[91]

Es besteht eine Vielzahl von Produktionsfaktoren, die in der industriellen Produktion eingesetzt werden. Grundlegend lassen sich diese Produktionsfaktoren den drei Elementarfaktoren *Werkstoffe*, *Betriebsmittel* und *menschliche Arbeitsleistung* zuordnen.[92] Dieses Verständnis

[84] Vgl. Schuh; Schmidt (Produktionsmanagement), 2014, S. 4; Stremme (Internationales strategisches Produktionsmanagement), 2000, S. 26.

[85] Vgl. Herrmann (Kreatives Prozessdesign), 2012, S. 13.

[86] Vgl. Gutenberg (Grundlagen der Betriebswirtschaftslehre), 1951, S. 3ff.

[87] Vgl. Corsten; Gössinger (Produktionswirtschaft), 2009, S. 1f.; Günther; Tempelmeier (Produktion und Logistik), 2009, S. 6.

[88] Vgl. Corsten; Gössinger (Produktionswirtschaft), 2009, S. 1.

[89] Vgl. Boysen (Variantenfließfertigung), 2005, S. 5.

[90] AIGNER beschreibt die Produktion mathematisch und baut auf dem Verständnis der Produktion als Input-Output-System auf. Vgl. Aigner et al. (Production Function Models), 1977, S. 21ff.

[91] Vgl. Boysen (Variantenfließfertigung), 2005, S. 5; Sonntag (Gutenberg-Produktionsfunktion), 2004, S. 2ff.; Kistner (Produktions- und Kostentheorie), 1993, S. 1.

[92] Vgl. Gutenberg (Grundlagen der Betriebswirtschaftslehre), 1951, S. 3ff.

wurde durch GUTENBERG bereits im Jahr 1951 begründet, wenngleich erste erfasste Beschreibungen bereits bei SMITH im 18. Jahrhundert genannt wurden, und ist weiterhin allgemeingültig.[93] Die drei Elementarfaktoren werden nachstehend erläutert:[94]

- **Werkstoffe:** Werkstoffe beschreiben Güter, welche während der Produktion eingesetzt werden und unmittelbar durch den Transformationsprozess in die herzustellenden Produkte eingehen. Beispiele für solche Werkstoffe sind Rohstoffe, Bauteile/-gruppen oder auch Energie, welche bei der Produktion verbraucht wird.
- **Betriebsmittel:** Betriebsmittel bezeichnet solche Güter, die bei der Produktion eingesetzt werden, jedoch nicht direkt in das Produkt eingehen. Sie sind eine Grundvoraussetzung der Produktion. Es existieren abnutzbare Betriebsmittel, wie bspw. (Produktions-)Maschinen, und nicht abnutzbare Betriebsmittel, wie bspw. Gebäude.
- **Menschliche Arbeitsleistung:** Die menschliche Arbeitsleistung lässt sich in die objektbezogene und dispositive Arbeitsleistung unterteilen. Objektbezogene Arbeiten stehen in einem direkten Zusammenhang mit dem Transformationsprozess. Dispositive Arbeitsleistungen definieren administrative und unterstützende Tätigkeiten.

In der Praxis können die Transformations- oder Produktionsprozesse in diversen Formen auftreten. Ein Prozess ist laut Definition die Bündelung von zusammenhängenden Aktivitäten mit dem Ziel einer gerichteten Transformation.[95] Die Produktionsprozesse lassen sich anhand von ausgewählten Kriterien in Produktionstypen klassifizieren.[96] Die Verwendung von Produktionstypen kann der Analyse und Beantwortung typischer Entscheidungsprobleme rund um die Produktion dienen.[97] Weitere Verwendungszwecke der Typisierung von Produktionsprozessen zu Produktionstypen sind in detaillierter Form in den Werken von KERN beschrieben.[98]

Typisierung der Produktion

Zur Typisierung und möglichst exakten Abbildung der Produktion in der Realität werden systematische und strukturierte Merkmale benötigt. Entsprechend des Verständnisses der Produktion als Input-Output-System wird in dieser Arbeit zwischen einsatz-, prozess- und programmbezogenen Merkmalsgruppen differenziert.[99] Programmbezogene Merkmale beschreiben den Output der Produktion. Prozessbezogene Merkmale charakterisieren den Transformationsprozess der Produktion. Einsatzbezogene Merkmale beziehen sich auf die eingesetzten Ressourcen. Die Zuordnung der prozess- und einsatzbezogenen Merkmale auf

93 Vgl. Smith (Wealth of Nations), 2012, S. 8ff.

94 Im Werk nach PARRY werden inhaltlich vergleichbare Elemente definiert, die sich den Kategorien von GUTENBERG zuteilen lassen. Vgl. Parry et al. (Goods, Products and Services), 2011, S. 19ff.

95 Vgl. Becker (Prozessoptimierung), 2008, S. 7; Lowenthal (Reengineering the Organization), 1994, S. 85.

96 Vgl. Günther; Tempelmeier (Produktion und Logistik), 2009, S. 10; Domschke et al. (Produktionsplanung), 1997, S. 5.

97 Vgl. Günther; Tempelmeier (Produktion und Logistik), 2009, S. 10.

98 Vgl. Kern (Produktionswirtschaft), 1979, S. 1636f.

99 Vgl. Günther; Tempelmeier (Produktion und Logistik), 2009, S. 10.

das Input-Output-Systemverständnis ist nicht bei jedem Merkmal akkurat, aber zulässig. In Tabelle 1 werden die für diese Arbeit relevanten Merkmale in übersichtlicher und strukturierter Form dargestellt.[100] Die Merkmale sind innerhalb der jeweiligen beschriebenen Gruppen in thematische Untergruppen eingeteilt. Zudem weisen die Merkmale unterschiedliche Ausprägungen auf. Eine Auflistung von weiteren Merkmalen ist in den Werken von GÜNTHER UND TEMPELMEIER[101], CORSTEN UND GÖSSINGER[102] sowie KERN[103] vorzufinden.

<table>
<tr><th colspan="3">Merkmale</th><th colspan="8">Ausprägungen</th></tr>
<tr><td rowspan="3">Programmbezogene Produktionstypen</td><td>Produkteigenschaften</td><td>Zusammensetzung der Güter</td><td colspan="4">Einteilige Produkte</td><td colspan="4">Mehrteilige Produkte</td></tr>
<tr><td rowspan="2">Programmeigenschaften</td><td>Anzahl der Produktarten</td><td colspan="4">Einproduktproduktion</td><td colspan="4">Mehrproduktproduktion</td></tr>
<tr><td>Übereinstimmung der Produkte</td><td colspan="2">Massenfertigung/ Sortenfertigung</td><td colspan="2">Serienfertigung</td><td colspan="2">Einzel- und Kleinserienfertigung</td><td colspan="2">Einmalfertigung</td></tr>
<tr><td rowspan="6">Prozessbezogene Produktionstypen</td><td rowspan="3">Struktur der Produktiveinheiten</td><td>Organisatorische Anordnung</td><td colspan="2">Fließfertigung</td><td colspan="2">Reihenfertigung</td><td colspan="2">Inselfertigung</td><td colspan="2">Werkstattfertigung</td></tr>
<tr><td>Automatisierungsgrad</td><td colspan="2">Nichtautomatisierte Fertigung</td><td colspan="3">Halbautomatisierte Fertigung</td><td colspan="3">Vollautomatisierte Fertigung</td></tr>
<tr><td>Zeitliche Abstimmung</td><td colspan="4">Abgestimmte Produktion</td><td colspan="4">Nicht abgestimmte Produktion</td></tr>
<tr><td rowspan="2">Struktur der Stückprozesse</td><td>Kontinuität des Materialflusses</td><td colspan="4">Kontinuierliche Produktion</td><td colspan="4">Diskontinuierliche Produktion</td></tr>
<tr><td>Ziel der Arbeitsgänge</td><td colspan="4">Einstufige Produktion</td><td colspan="4">Mehrstufige Produktion</td></tr>
<tr><td>Zuordnung von Stückprozessen und Produktiveinheiten</td><td>Reihenfolge der Produktiveinheiten je Stückprozess</td><td colspan="4">Reihenfolgeidentische Produktion</td><td colspan="4">Reihenfolgeverschiedene Produktion</td></tr>
<tr><td>Einsatzbezogene Produktionstypen</td><td></td><td>Anteile der Einsatzgüterarten</td><td colspan="2">Materialintensive Produktion</td><td colspan="2">Anlagenintensive Produktion</td><td colspan="2">Arbeitsintensive Produktion</td><td colspan="2">Informationsintensive Produktion</td></tr>
</table>

Tabelle 1: Typisierung der Produktion[104]

Die Grundlage einer Klassifizierung ist die Bildung von Produktionstypen, welche mit möglichst wenigen Merkmalen beschrieben werden. Diese Merkmale geben die Eigenschaften der Realität wieder und werden auch unter dem Begriff Elementartyp zusammengefasst. Die Kombination dieser Elementartypen führt zu Kombinationstypen, womit eine klare Abgrenzung im Anwendungsbereich ermöglicht wird.[105]

[100] Die Auswahl zeigt die wesentlichen Merkmale, die in der Literatur verwendet werden. Weitere Merkmale sind auf einem höheren Detaillierungsgrad an dieser Stelle nicht notwendig.

[101] Vgl. Günther; Tempelmeier (Produktion und Logistik), 2009, S. 10ff.

[102] Vgl. Corsten; Gössinger (Produktionswirtschaft), 2009, S. 28ff.

[103] Vgl. Kern (Produktionswirtschaft), 1979, S. 1636ff.

[104] Die Abbildung stellt eine Aggregation aus den Definitionen mehrerer Autoren dar. Vgl. Corsten; Gössinger (Produktionswirtschaft), 2009, S. 28ff.; Günther; Tempelmeier (Produktion und Logistik), 2009, S. 10ff.; Kern (Produktionswirtschaft), 1979, S. 1636ff.

[105] Vgl. Kern (Produktionswirtschaft), 1979, S. 1646.

Eine Unterscheidung der Elementartypen erfolgt durch Produkteigenschaften und die Zusammensetzung der Güter, die sich in einteilige und mehrteilige Produkte unterteilen lässt. Einteilige Produkte unterscheiden sich von mehrteiligen dadurch, dass die Herstellung aus nur einem Rohteil erfolgt.[106] Weiterhin ist die Unterscheidung in der Anzahl an Produktarten möglich. Eine steigende individuelle Kundennachfrage veranlasst die Herstellung unterschiedlicher Produktvarianten, die in identischen Arbeitsbereichen hergestellt werden.[107] In der Literatur ist das Merkmal der Produktübereinstimmung auch unter Auflagengröße oder Repetitionstyp zu finden.[108] Die hier gewählte Differenzierung hinsichtlich der Produktübereinstimmung unterscheidet zwischen Massen- und Sortenfertigung, Serienfertigung, Einzel- und Kleinserienfertigung und Einmalfertigung.[109] Die Massenfertigung beschreibt „eine ständig, zeitlich nicht begrenzte Produktion eines Gutes in großen Mengen". Die Sortenfertigung stellt einen Sonderfall der Massenproduktion dar, bei der „mehrere Varianten eines Grundproduktes" auf einer Produktionsanlage gefertigt werden.[110] Bei der Serienfertigung werden identische Produkte mit definierter Menge auf einer Anlage produziert. Die Herstellung anderer Produkte bedarf einer Umrüstung. Einzelprodukte sind Produkte, die an individuelle Kundenaufträge gebunden sind.[111] Dabei kann die Einzelproduktion weiter aufgeteilt werden in die Einmalfertigung und in die Einzel- und Kleinserienfertigung. In der Einmalfertigung wird ein, zumeist kundenindividuelles, Produkt nur einmal gefertigt. In der Einzel- und Kleinserienfertigung handelt es sich ebenfalls um auftragsspezifische Produkte, jedoch mit einer geringen Stückzahl. Beide Fertigungsarten sind daher entkoppelt von spezifischen Anlagen und Vorrichtungen.

Prozessbezogene Merkmale beinhalten unter anderem die organisatorische Anordnung. Dieses Merkmal beschreibt die Anordnung von Betriebsmitteln in der Produktion. Es wird in die Fließfertigung, Inselfertigung, Reihenfertigung und Werkstattfertigung unterschieden. In der Fließfertigung sind die Fertigungsressourcen streng nach dem Materialfluss angeordnet. Dies ist auch bei der Reihenfertigung der Fall, jedoch sind die Fertigungsressourcen nicht verknüpft. Bei der Inselfertigung werden die Fertigungsressourcen einem Produkt oder einer Produktgruppe zugeordnet. Die Werkstattproduktion zeichnet sich durch eine nicht eindeutige Bearbeitungsreihenfolge aller Produkte in den Ressourcen des Produktionssystems aus.[112] Ein weiteres prozessbezogenes Merkmal ist der Automatisierungsgrad. Dieser kann in nichtautomatisierte Fertigung, halbautomatisierte Fertigung und vollautomatisierte Fertigung unterschieden werden. Die zeitliche Abstimmung beschreibt, inwieweit zwischen den Produktionsschritten zeitliche Bindungen bestehen. Ist eine zeitliche Abstimmung zwischen aufeinanderfolgenden Produktionseinheiten vorhanden, so wird von einer Taktfertigung gesprochen.[113]

---

[106] Vgl. Günther; Tempelmeier (Produktion und Logistik), 2009, S. 11.

[107] Vgl. Boysen (Variantenfließfertigung), 2005, S. 15.

[108] Vgl. Boysen (Variantenfließfertigung), 2005, S. 16.

[109] Die Begriffe „Produktion" und „Fertigung" werden in der Literatur sowie in dieser wissenschaftlichen Arbeit synonym verwendet.

[110] Vgl. Günther; Tempelmeier (Produktion und Logistik), 2009, S. 11f.

[111] Vgl. Günther; Tempelmeier (Produktion und Logistik), 2009, S. 12.

[112] Vgl. Corsten; Gössinger (Produktionswirtschaft), 2009, S. 31.

[113] Vgl. Kern (Produktionswirtschaft), 1979, S. 1641.

Weiterhin kann die Produktion anhand der Kontinuität des Materialflusses in kontinuierliche und diskontinuierliche Produktion unterteilt werden. Die Kontinuität des Materialflusses ist davon abhängig, ob Objekte während des Produktionsprozesses mit oder ohne Unterbrechung transportiert werden.[114] Nach PINEDO wird die Kontinuität und Diskontinuität auch „paced“ oder „unpaced“ genannt.[115] Anhand der Anzahl der Arbeitsgänge wird zwischen einer einstufigen und einer mehrstufigen Produktion unterschieden.[116] Zudem findet eine Unterscheidung hinsichtlich der Produktionsreihenfolge statt, die dann als identisch bezeichnet wird, wenn jeder Auftrag in einem Produktionssystem dieselbe Reihenfolge in Bezug auf die Arbeitsschritte befolgt.[117] Eine weitere Einteilung ist abhängig von den Anteilen der Einsatzgüterarten, die eine material-, anlagen-, arbeitsintensive oder informationsintensive Produktion bedingen.[118]

2.1.1.2 Begriffsdefinition Produktionssystem

Das *Produktionssystem* wird als ein Ordnungsrahmen im Produktionsumfeld verstanden. Dabei soll das Produktionssystem die in der Praxis komplexen Produktionsumgebungen vereinfachen, strukturieren und modellieren.[119] Dies ist notwendig, um ein ganzheitliches Verständnis über die Produktion zu erhalten, um die Herstellung von Produkten sicherzustellen.[120] Folglich ist ein Produktionssystem ein System, das strukturell aus allen einzelnen miteinander in Verbindungen stehenden elementaren Arbeitssystemen besteht.[121] Ein Arbeitssystem ist dabei die „kleinste selbstständig arbeitsfähige Einheit in einem Produktionssystem“.[122]

In der Literatur finden sich diverse Ansätze, die einen Modellierungsrahmen eines Produktionssystems zur Verfügung stellen.[123] Nach DYCKHOFF lässt sich ein Produktionssystem in ein Input-Output-System unterteilen mit einer Vielzahl an Umwelteinflüssen und Rahmenbedingungen. Diese bestehen bspw. aus dem wirtschaftlichen, sozio-technischen oder rechtlichen Umfeld eines Unternehmens, sowie einer Innenstruktur, welche die Arbeitssysteme vernetzt.[124] Zur praktischen Anwendung schlägt DYCKHOFF einen Regelkreis mit verschiedenen

[114] Vgl. Günther; Tempelmeier (Produktion und Logistik), 2009, S. 20.

[115] Vgl. Pinedo (Planning and Scheduling), 2009, S. 117ff.

[116] Vgl. Corsten; Gössinger (Produktionswirtschaft), 2009, S. 29.

[117] Vgl. Pinedo (Planning and Scheduling), 2009, S. 23f.

[118] Vgl. Kern (Produktionswirtschaft), 1979, S. 1644.

[119] Vgl. Dyckhoff (Betriebliche Produktion), 1994, S. 3.

[120] Vgl. Nyhuis (Produktionssysteme), 2008, S. 20.

[121] Vgl. Dangelmaier (Produktionstheorie), 2017, S. 70.

[122] Vgl. Günther; Tempelmeier (Produktion und Logistik), 2009, S. 7.

[123] Weitere anerkannte Definitionen wie bspw. nach EVERSHEIM und NYHUIS ähneln der Definition von DYCKHOFF bzw. erweitern diese. Vgl. Nyhuis (Produktionssysteme), 2008, S. 20; Cisek et al. (Wandlungsfähige Produktionssysteme), 2002, S. 442; Rogers; Bottaci (Modular Production Systems), 1997, S. 148; Eversheim (Flexible Produktionssysteme), 1992, S. 2058; Smith (Knowledge-based Production Management), 1992, S. 8.

[124] Vgl. Dyckhoff (Betriebliche Produktion), 1994, S. 4ff.

Ebenen, Management und Leistung vor, um kontinuierlich die Produktion und alle Akteure verwalten zu können.[125, 126]

Eine weitere Möglichkeit zur Modellierung der Produktionsumgebung erfolgt nach CISEK und NYHUIS.[127] CISEK schlägt die grundlegende Strukturierung der Produktion in *Organisation*, *Prozesse* und *Ressourcen*. Die *Organisation* ist die Strukturierung und Zuordnung von Arbeitssystemen in einer Aufbau- und Ablauforganisation. Die *Prozesse* sind die Bündelung und Ablaufgestaltung aller Produktionsaktivitäten. Die *Ressourcen* sind alle eingesetzten Betriebsmittel. NYHUIS erweitert diese Definition durch die Vernetzung der drei Bereiche durch Planungs- und Steuerungssysteme. Zudem stellt er den *Prozess* in den Mittelpunkt der Produktion, welcher durch die *Organisation* und die *Ressourcen* unterstützt werden, indem sie einzelnen Prozesselementen zugeordnet werden (siehe Abbildung 12).[128]

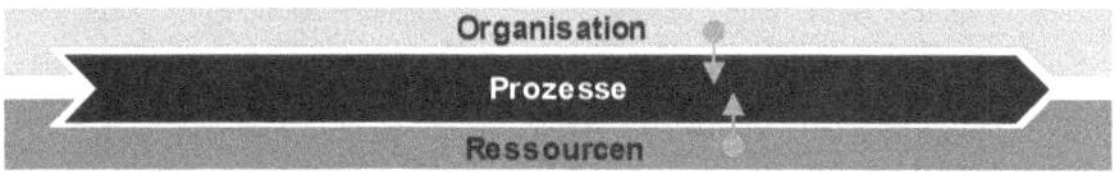

Abbildung 12: Elemente eines Produktionssystems nach NYHUIS[129]

2.1.1.3 Begriffsdefinition Produktionsplanung

Im Folgenden wird der Begriff *Produktionsplanung* definiert und erläutert. Dazu ist es notwendig, zunächst den allgemeinen Begriff *Planung* einzuführen und zu erklären.

Planung

Der Begriff *Planung* ist philologisch auf das lateinische Wort *planus* zurückzuführen, was flach, glatt sowie klar und überschaubar bedeutet.[130] In Deutschland wurde die Planung in der Betriebswirtschaftslehre in den 1920er-Jahren erstmals umfassend von LEHMANN erarbeitet und definiert.[131] Bis heute wurden zahlreiche Definitionen für den Planungsbegriff in der Literatur publiziert und auch im praktischen Sprachgebrauch bestehen unterschiedliche Auffassungen zum Verständnis. Grundsätzlich lassen sich die Definitionen des Planungsbegriffs in zwei übergeordnete Klassen einteilen. Die eine Klasse beschreibt Planung als Institution, die andere als Funktion. Bei der institutionellen Definition wird die Planung als Teil einer wirtschaftlichen Unternehmung betrachtet, der bestimmte Funktionen zur Sicherstellung der Handlungsfähigkeit der Unternehmung erfüllen muss. In Tabelle 2 wird ein Ausschnitt auf die wichtigsten

---

[125] Vgl. Dyckhoff (Betriebliche Produktion), 1994, S. 7.

[126] Auch NYHUIS schlägt zur Regelung von Störungen (bzw. „Turbulenzen“) eine Art Regelkreis vor, um eine wirtschaftliche Produktion sicherzustellen. Vgl. Nyhuis (Produktionssysteme), 2008, S. 21.

[127] Vgl. Nyhuis (Produktionssysteme), 2008, S. 20; Cisek et al. (Wandlungsfähige Produktionssysteme), 2002, S. 442.

[128] Vgl. Nyhuis (Produktionssysteme), 2008, S. 20ff.

[129] I. A. a. Nyhuis (Produktionssysteme), 2008, S. 23.

[130] Vgl. Ropella (Synergie als Ziel), 1989, S. 9; Gälweiler (Unternehmensplanung), 1974, S. 15.

[131] Vgl. Ropella (Synergie als Ziel), 1989, S. 10; Rau (Unternehmungsplanung), 1985, S. 21; Lehmann (Industrielle Kalkulation), 1925, S. 52.

Definitionen gegeben, um die terminologische Vielfalt zu verdeutlichen. Anschließend werden charakteristische Eigenschaften abgeleitet und zu einer schlüssigen Definition zusammengeführt, die den Planungsbegriff im Rahmen dieser wissenschaftlichen Arbeit beschreibt.

Autor (Jahr)	Definition
GUTENBERG (1958)	Planen bedeutet (...) eine Ordnung entwerfen, nach der sich bestimmte Geschehnisse vollziehen sollen bzw. nach der sich die Personen zu richten haben, die dieser Ordnung unterworfen sind.
ANTHONY (1965)	Planning means (...) deciding what to do.
ALBACH (1968)	Unter Planung versteht man ... die gegenwärtige Vorwegnahme zukünftiger unsicherer Ereignisse.
SZYPERSKI/WINAND (1974)	Planung ist ein willensbildender, informationsverarbeitender, prinzipiell systematischer Entscheidungsprozess mit dem Ziel, zukünftige Entscheidungs- oder Handlungsspielräume problemorientiert einzugrenzen und zu strukturieren. Planung wird von dazu legitimierten Planern (Planungsträgern) durchgeführt.
GROCHLA (1972)	Planen bedeutet (...) die gedankliche Vorwegnahme zukünftigen wirtschaftlichen Handelns unter Beachtung des Rationalitätsprinzips; Hauptmerkmale der Planung sind also Zukunftsbezogenheit und Rationalität.
WILD (1974)	Planung ist ein systematisch-methodischer Prozess der Erkenntnis und Lösung von Zukunftsproblemen.
ULRICH (1975)	Mit Planen wird ein gedankliches Sichbefassen mit der Zukunft gemeint, im Gegensatz zum Prognostizieren jedoch nicht nur im Sinne des Vorausdenkens zukünftiger Ereignisse, sondern des Festlegens zukünftiger Handlungen.
KOSIOL (1976)	Planen bedeutet eine Vorstufe zum Handeln. Es umfasst alle dem Tätigkeitsvorgang vorangehenden Überlegungen über die erstrebten Ziele und Absichten, Mittel und Wege zu ihrer Erreichung und die endgültig ausgewählte Durchführung. (...) Ihr eigentlicher Sinn liegt darin, gestaltend in das inner- und außerbetriebliche Geschehen einzugreifen und bestimmte Entscheidungen zu verwirklichen.
HAHN (1985)	Der gesamte Entscheidungsprozess – also stets zukunftsbezogener Willensbildungsprozess – kann als Planungsprozess angesehen werden. Planung im weiteren Sinne beinhaltet das Fällen von Führungsentscheidungen auf der Basis systematischer Entscheidungsvorbereitung zur Bestimmung künftigen Geschehens (...).
ROPELLA (1989)	Auf der Basis der bisher angestellten Zweckmäßigkeitsüberlegungen lässt sich damit Planung definieren als ein durch eine oder mehrere Personen vorzunehmender, in mehreren Phasen ablaufender, informationsverarbeitender, gedanklicher Entwurfs- und Entscheidungsprozess, der zukünftige Realisationshandlungen durch eine prospektive Analyse der Ziele, Mittel und Ressourcen vorbereitet.
ADAM (1993)	Unter Planung sind Maßnahmen und Überlegungen zu verstehen, durch die es möglich wird, aus einer Anzahl von Alternativen zur Lösung eines Problems – Differenz zwischen Ist und Soll – die im Hinblick auf ein Ziel günstige Alternative herauszufinden.

Tabelle 2: Übersicht von Planungsdefinitionen[132]

Die Übersicht der Planungsdefinitionen zeigt zum einen die Vielfalt und offenbart die sehr unterschiedlichen Auffassungen des Planungsbegriffs. Dennoch lassen sich aus den Definitionen charakteristische Merkmale ableiten, welche von mehreren Definitionen aufgegriffen werden (siehe Tabelle 3). Die zentralen Merkmale bestehen im *Prozesscharakter* für *gestalterische Tätigkeiten,* die einen hohen *Zukunftsbezug* haben und *rationalen Argumenten* folgen.

[132] Siehe REIHLEN für weitere Beschreibungen des Begriffs *Planung.* Vgl. Reihlen (Entwicklungsfähige Planungssysteme), 1997, S. 11ff.

Merkmale	Beschreibung
Zukunftsbezug	Eine Entscheidung wird als Planung deklariert, wenn diese zeitlich vor Eintritt jener Periode getroffen wird, auf die sie sich bezieht.
Rationalität	Planung ist ein rationaler, an Zielen orientierter Prozess. Rationalität wird jedoch durch die an der Planung Beteiligten und deren persönlichen, verhaltensbestimmten Einflüssen begrenzt.
Gestaltungs-charakter	Planung beschränkt sich nicht nur auf Prognosen, sondern soll vielmehr den Rahmen der in der Zukunft zu treffenden Entscheidungen bilden. Die Planung im Sinne von Vorentscheidungen begrenzt zukünftige Handlungsmöglichkeiten und hat damit Gestaltungscharakter.
Prozesscharakter	Die Planung stellt einen kontinuierlichen sich wiederholenden Prozess dar, der durch Vor- und Rückkopplungen in Form eines Regelkreises die einzelnen, interdependenten Entscheidungen im Unternehmen systematisch verbinden soll.

Tabelle 3: Charakteristische Merkmale der Planung[133]

Mithilfe dieser allgemeinen Merkmale lässt sich eine allgemeine Definition formulieren.

Definition Planung

Der Begriff Planung bezeichnet einen Entwurfs- und Entscheidungsprozess, welcher Informationen und Zielvorgaben analysiert und bewertet sowie auf dieser Basis zukünftige Handlungen erarbeitet.

Planung zählt seit jeher zu den wesentlichen Merkmalen des Menschen.[134] Es finden sich in fast allen Bereichen der Gesellschaft planerische Tätigkeiten.[135] Neben Planungsaktivitäten im gesellschaftlichen Zusammenhang war und ist die Planung von unternehmerischen Aktivitäten unabdingbar für die Vorausschau auf Auswirkungen und Erfolg sowie für die Einhaltung bzw. Erreichung unternehmerischer Ziele.[136] Daher ist die Planung zu einem unentbehrlichen Instrument für den Unternehmenserhalt geworden.[137] Nachstehend wird die Planung auf Basis der erfolgten Begriffsdefinition im Kontext der Produktion erläutert.

Produktionsplanung

Im Kontext der Produktion bezeichnet der Begriff *Produktionsplanung* folglich die Festlegung von termin-, kapazitäts- und mengenbezogenen Faktoren und Vorgängen für Fertigungs- und Montageprozesse eines Produktionssystems unter Berücksichtigung logistischer und wirtschaftlicher Zielsetzungen.[138]

Im Anwendungsgebiet der Produktion muss die gegebene Definition der Planung jedoch erweitert werden, um das wachsende Anforderungsprofil für ein zeitgemäßes Produktionsmanagement zu erfüllen. Ein wesentlicher Bestandteil zur Sicherstellung der Einhaltung der Planung fehlt. Dieser besteht in der kontinuierlichen Überwachung und Kontrolle der Produktion

133 I. A. a. Goeldel (Gestaltung der Planung), 1997, S. 11ff.

134 Vgl. Hahn; Klausmann (Betriebswirtschaftliche Planung), 1989, S. 407.

135 Vgl. Mag (Planung), 1993, S. 3.

136 Vgl. Fandel (Unternehmensplanung), 1983, S. 479.

137 Vgl. Häusler (Planung als Zukunftsgestaltung), 1970; Horváth (Controlling), 1994, S. 159.

138 Vgl. Wiendahl (Betriebsorganisation für Ingenieure), 2014, S. 278; Schuh et al. (Grundlagen der PPS), 2012, S. 29; Dangelmaier (Theorie der Produktionsplanung und -steuerung), 2009, S. 15.

hinsichtlich der erarbeiteten Planung.[139] Dieser Prozess wird auch als Steuerung bezeichnet. Im Gegensatz zur Begrifflichkeit der Planung wurde eine standardisierte Definition des Begriffes Steuerung in der DIN IEC 60050-351 festgelegt: „Steuerung ist ein Vorgang in einem System, bei dem eine oder mehrere variable Größen als Eingangsgrößen andere variable Größen als Ausgangsgrößen aufgrund der dem System eigenen Gesetzmäßigkeiten beeinflussen."[140]

Das übergreifende Konzept der Produktionsplanung- und -steuerung (PPS) wurde in den 1980er-Jahren vor allem durch Hackstein geprägt, der die gesamtheitliche Planung und Steuerung der Produktion in den Mittelpunkt stellt.[141] Dabei werden sowohl direkte Bereiche, wie bspw. die Fertigung und Montage, als auch indirekte Bereiche wie die Konstruktion betrachtet. Um dem stetigen strukturellen Wandel und dem gesteigerten Anforderungsprofil gerecht zu werden, wurde der Begriff PPS phasenweise erweitert. Im Laufe der Erweiterung des Begriffs PPS wurden sukzessive vor- und nachgelagerte Bereiche der Produktion berücksichtigt, was eine ganzheitliche Betrachtung der Auftragsabwicklung entlang der Supply Chain erlaubt.[142] Neueste Änderungen beinhalten die Weiterentwicklung der PPS durch die Digitalisierung und die einhergehende Vernetzung industrieller Strukturen. Demzufolge lässt sich die PPS heute als eine operative, zeitliche, mengenmäßige und räumliche Planung, Steuerung und Kontrolle aller Vorgänge, die in der Produktion zur Herstellung von Gütern dienen, auffassen. Innerhalb der PPS lassen sich fünf Zielgrößen, *hohe Termintreue*, *kurze Durchlaufzeiten*, *niedrige Bestände*, *hohe Kapazitätsauslastung* und *hohe Flexibilität*, identifizieren.[143]

Zur zeitlichen Strukturierung der Produktionsplanung lassen sich verschiedene Ebenen identifizieren. Einer anerkannten Einteilung nach kann die Produktionsplanung anhand des Betrachtungszeitraums in Planungsebenen mit unterschiedlichen Zielen aufgeteilt werden:[144]

- **Strategische Planung:** Die strategische Planung hat einen langfristigen Betrachtungszeitraum, der sich über mehrere Jahre erstrecken kann. Dabei werden bspw. Entscheidungen über das Produktspektrum und die Produktionsstandorte getroffen.
- **Taktische Planung:** Die taktische Planung betrachtet einen Zeitraum von mehreren Monaten bis hin zu wenigen Jahren. Der Fokus liegt auf der Ausstattung des Unternehmens mit Personal und Maschinen sowie der Integration von Lieferanten.
- **Operative Planung:** Die operative Planung bestimmt die mengenmäßige und räumliche Planung des Produktionsvollzugs auf Wochen-, Tages- oder Stundenbasis. Es werden sowohl die Bereitstellung von Werkstoffen und Personal als auch die Produktionsprozesse beplant. Die operative Planung hat darüber hinaus Schnittstellen zur Produktionssteuerung.

---

139 Vgl. Wiendahl (Betriebsorganisation für Ingenieure), 2014, S. 278.

140 Vgl. Deutsche Institut für Normung e. V. (DIN IEC 60050-351), 2014.

141 Vgl. Hackstein (Produktionsplanung und -steuerung), 1984.

142 Vgl. Schuh (Einführung in die PPS), 2012, S. 3.

143 Vgl. Sihn et al. (Produktion und Qualität), 2016, S. 73; Schuh et al. (Grundlagen der PPS), 2012, S. 29; Pritschow et al. (Steuerung von Produktionssystemen), 1996, S. 10.

144 Vgl. Domschke et al. (Produktionsplanung), 1997, S. 2f.

2.1.2 Aufgaben der Produktionsplanung

Im Kontext der Produktion bestehen vielfältige Planungsaufgaben, um effiziente Prozessergebnisse sicherstellen zu können. Ein detailliertes Verständnis für die Aufgaben und Funktionen der Produktionsplanung in der betrieblichen Praxis wird folgend gegeben.

2.1.2.1 Ganzheitliches Verständnis der Aufgaben der Produktionsplanung

Nach FLEISCHMANN ET AL. sowie FLEISCHMANN UND MEYR lassen sich Planungsaufgaben der industriellen Produktion auf horizontaler und vertikaler Ebene unterteilen.[145] Eine parallele Darstellung dieser beiden Planungsebenen kann zweidimensional dargestellt werden und wird als Supply Chain Planning Matrix bezeichnet. In vertikaler Richtung wird die Planung in strategische, taktische und operative Planung unterteilt, die voneinander abhängig sind. Weiterhin werden diese in eine langfristige, mittelfristige und kurzfristige Planung gegliedert. Die Zuordnung der zeitlichen Intervalle zu den Ebenen ist in der Literatur unterschiedlich dargestellt.[146]

In Abbildung 13 fügt DÖRMER diesem Modell eine weitere Ebene hinzu, welche die unmittelbare Steuerung der Produktion beinhaltet.[147]

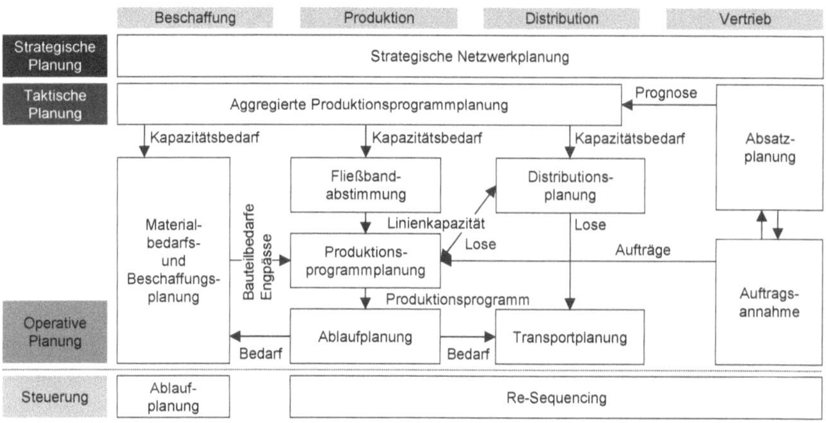

Abbildung 13: Übersicht Planungsebenen und -bereiche einer Supply Chain[148]

Da diese operative Planung als reine Planungsebene innerhalb der Matrix dargestellt wird, ist sie von der dispositiven Ebene abzugrenzen. Als Teil der Produktionssteuerung kann der Ablaufplan auch der operativen Planungsebene zugeordnet und als Teil der PPS angesehen

[145] Vgl. Fleischmann et al. (Planning in Supply Chains), 2012; Fleischmann; Meyr (Advanced Planning Systems), 2003.

[146] Vgl. Dörmer (Produktionsprogrammplanung), 2013, S. 31; Günther; Tempelmeier (Produktion und Logistik), 2009, S. 26f.; Fleischmann; Meyr (Advanced Planning Systems), 2003, S. 457ff.

[147] Vgl. Dörmer (Produktionsprogrammplanung), 2013, S. 31.

[148] Vgl. Dörmer (Produktionsprogrammplanung), 2013, S. 32; Fleischmann et al. (Planning in Supply Chains), 2012, S. 29; Volling (Auftragsbezogene Planung), 2009, S. 58.

werden, wobei die Einteilung der vorliegenden Arbeit den Schwerpunkt der Ablaufplanung darstellen soll.[149] In der horizontalen Ebene sind die Bereiche Beschaffung, Produktion, Distribution und Vertrieb angesiedelt.

Eine weitere populäre Ansicht von Planungsaufgaben wird im Rahmen des Aachener PPS-Modells nach SCHUH gegeben. Diese greift grundsätzlich die gleichen bereits genannten Aufgaben auf und strukturiert diese nach den Bereichen Netzwerkaufgaben, Kernaufgaben und Querschnittsaufgaben. Da sich die Inhalte der Aufgaben grundsätzlich ähneln bzw. identisch sind, soll an dieser Stelle nicht weiter auf das Modell eingegangen werden. Der Vollständigkeit halber ist eine Übersicht des Modells jedoch in Abbildung 14 gegeben.

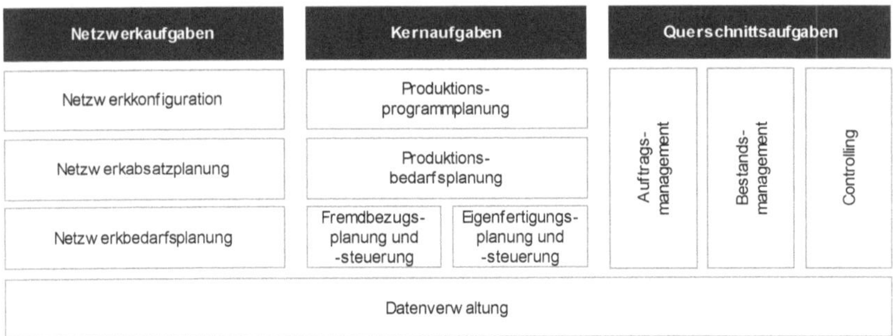

Abbildung 14: Übersicht Planungsebenen und -bereiche des Aachener PPS-Modells[150]

Da die Aufgaben der Produktionsplanung sehr vielfältig sind, wird im Folgenden eine Abgrenzung gegeben, welche Aufgaben der Planung im Rahmen dieser wissenschaftlichen Arbeit betrachtet werden

2.1.2.2 Abgrenzung des Aufgabengebiets der Produktionsplanung

Das Aufgabengebiet der Produktionsplanung, welches im vorigen Kapitel 2.1.2.1 eingehend dargestellt wurde, ist vielfältig und erstreckt sich über diverse zu beplanende Bereiche. Im Rahmen dieser wissenschaftlichen Arbeit soll eine Eingrenzung auf einen Teilbereich getroffen werden. Dieser steht im direkten Zusammenhang mit dem Betrachtungsbereich Werkzeugbau, welcher in Kapitel 2.4 detailliert erläutert wird. Dabei soll sich auf den sogenannten Kernbereich der eigentlichen Produktionsplanung fokussiert werden. Während in einem umfassenden Verständnis auch produktionsübergreifende Aufgaben betrachtet werden, soll besonders die Produktionsprogrammplanung, Mengenplanung, Termin- und Kapazitätsplanung, Auftragsfreigabe und Auftragsüberwachung betrachtet werden. Diese bilden den Kernbereich der PPS und sind als Ablauf in Abbildung 15 dargestellt.

[149] Vgl. Geiger (Multikriterielle Ablaufplanung), 2005, S. 19f.

[150] Vgl. Schuh et al. (Grundlagen der PPS), 2012, S. 21.

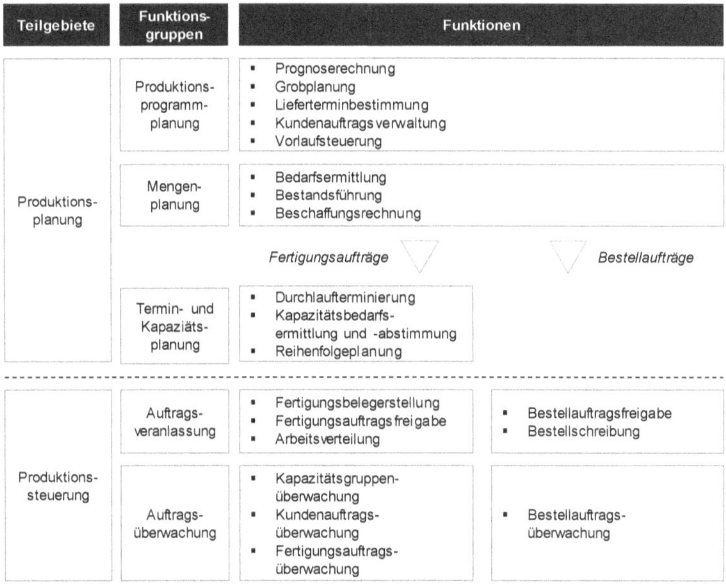

Abbildung 15: Aufgaben und Struktur der Produktionsplanung und -steuerung[151]

Nachstehend werden die Funktionsgruppen kurz vorgestellt:[152]

- **Produktionsprogrammplanung:** Die Produktionsprogrammplanung legt die Arten und Mengen der herzustellenden Produkte fest.
- **Mengenplanung:** Die Mengenplanung ermöglicht die ortsgerechte Verfügbarkeit von benötigten Materialien mit einer definierten Menge und Qualität. Eine Unterteilung findet in Materialbedarfsplanung, Beschaffung, Lagerung und Transportwesen statt.
- **Termin- und Kapazitätsplanung:** Produktionsaufträge werden verfügbaren Kapazitäten zugeordnet, um abhängig von der Durchlaufzeit der jeweiligen Aufträge einen Plan zu erstellen, der die Einhaltung von Lieferterminen sicherstellt.
- **Auftragsfreigabe:** Die Auftragsfreigabe beschreibt die Veranlassung von Fertigungsaufträgen und externen Bestellungen sowie die operative Verteilung auf Ressourcen.
- **Auftragsüberwachung:** Nach der Auftragsfreigabe werden die Aufträge und Bestellungen sowie die Kapazitäten der Fertigungsressourcen kontinuierlich kontrolliert.

Die in Abbildung 15 dargestellten Aufgaben bilden im weiteren Verlauf dieser wissenschaftlichen Arbeit den abgegrenzten und adressierten Aufgabenbereich. Dabei wird zudem nicht weiter zwischen dem Begriff Produktionsplanung und PPS differenziert. Sondern es wird lediglich der Begriff Produktionsplanung verwendet, welcher verschiedene Ebenen, wie auch

[151] Vgl. Hackstein (Produktionsplanung und -steuerung), 1989, S. 5; Schomburg (EDV-gestützte PPS-Systeme), 1980, S. 18.

[152] Vgl. Hackstein (Produktionsplanung und -steuerung), 1984, S. 5ff.

die Steuerung, beinhaltet. In Kapitel 5.2.2 werden die gezeigten Aufgaben zudem wieder aufgegriffen und für die Anwendung in der Methodik dieser Arbeit detailliert spezifiziert.

2.1.3 Historische Entwicklung der Produktion und der Produktionsplanung

Auf Basis der Begriffsdefinitionen und Aufgabenbeschreibungen wird der historische Kontext der Produktion hergestellt, aus welchem sich die Notwendigkeit erschließt, bestehende Planungsparadigmen kontinuierlich anzupassen und weiterzuentwickeln. Die Evolution der Produktion erfolgt nicht nur aktuell, sondern war auch in der Vergangenheit zu beobachten.

Seit der Existenz der Menschheit beschäftigen sich die Menschen mit der Weiterentwicklung der Herstellungsprozesse von Waren und Gütern. Die ersten Überlieferungen für die Gestaltung der Arbeit zur Herstellung von Gütern wurden bereits von PLATO im antiken Griechenland verschriftlicht, welcher erklärte, dass Menschen unterschiedliche Fähigkeiten besitzen und sich daher auf unterschiedliche Arbeiten spezialisieren und ihre Erzeugnisse untereinander tauschen sollten.[153] Diese Idee wurde im Laufe der Jahrhunderte weiterentwickelt und im Mittelalter entstanden handwerkliche Zünfte, die sich auf die Herstellung von einzelnen Produkten spezialisierten sowie entsprechendes Know-how entwickelten und weitergaben.[154] Die Durchführung der Arbeit war sehr handwerklich geprägt und in Form von sogenannten Manufakturen organisiert, in denen sich Handwerker zwar auf ein Produktspektrum fokussierten, für dieses aber alle notwendigen Arbeitsschritte ausführten.[155] Erst im späten 18. Jahrhundert entstanden in England die ersten Fabriken, die zusammen mit dem Einsatz von neuen Technologien wie der Dampfmaschine die Industrialisierung einleiteten.[156] Durch die neu zur Verfügung stehende Energiequelle wurde eine deutliche Produktivitätssteigerung im Gegensatz zur bislang hauptsächlich genutzten Muskel-, Luft- und Wasserkraft erzielt. Zu der Zeit wurde durch SMITH der wirtschaftstheoretische Gedanke der Arbeitsteilung entwickelt. SMITH propagierte, Produktionsprozesse in Teilschritte zu zerlegen und diese von spezialisierten Arbeitskräften durchführen zu lassen anstatt den gesamten Produktionsprozess von einer Arbeitskraft.[157] Die effiziente Durchführung aller Teilschritte erforderte nun eine optimierte Produktionsplanung, um die Teilschritte sinnvoll abstimmen und alle Mitarbeiter auslasten zu können. Das Resultat der Arbeitsteilung äußerte sich in einer erhöhten Produktivität und gilt heute als grundlegendes Paradigma in der Produktion. Diese sogenannte Industrialisierung der Produktion wird als *erste industrielle Revolution* bezeichnet. Am Ende des 19. Jahrhunderts folgten weitere technologische wie organisatorische Errungenschaften. Die elektrische Energie und elektrische Antriebskraft wurden nutzbar gemacht sowie das Telefon entwickelt, wodurch die Neugestaltung von Fabriken ermöglicht wurde.[158] Durch TAYLOR wurde die Organisation von Arbeit im

[153] Vgl. Plato (The Republic), 2013.

[154] Vgl. Caspari (Ökonomie und Wirtschaft), 2018, S. 24f.

[155] Vgl. Bolte et al. (Entwicklungstendenzen der Gesellschaft), 1975, S. 38.

[156] Vgl. Headrick (Technology), 2009, S. 91ff.

[157] Vgl. Smith (Wealth of Nations), 2012.

[158] Vgl. Reinhart (Handbuch Industrie 4.0), 2017, S. XXXI.

industriellen Produktionsumfeld durch die Trennung geistiger und körperlicher Arbeit weiterentwickelt.[159] TAYLOR beschreibt dabei die Aufteilung von Arbeiten in einzelne Vorgänge und Handgriffe, die Trennung von Hand- und Kopfarbeit sowie die räumliche Ausgliederung aller planenden, steuernden und kontrollierenden Aufgaben aus dem Bereich der Fertigung.[160] Der Fahrzeughersteller Ford verinnerlichte das Konzept von TAYLOR und organisierte dahingehend seine Fahrzeugproduktion. Zusammen mit dem Fließband wurde so die Massenfertigung des Ford Modells T im frühen 20. Jahrhundert ermöglicht.[161] Für die Produktionsplanung stieg die Komplexität weiter, da durch die Einführung der Fließfertigung und der damit einhergehenden notwendigen Berücksichtigung von Taktzeiten steigende Anforderungen verbunden sind. Diese Phase der Rationalisierung wird auch als *zweite industrielle Revolution* bezeichnet. In den 1960er- und 1970er-Jahren folgte die Weiterentwicklung von Elektronik und Computern. Die Produktionsprozesse wurden zunehmend durch den Einsatz von neuen Informations- und Kommunikationstechnologien (IKT) automatisiert.[162] Neben der Automatisierung von Produktionsprozessen wurden Datenverarbeitungssysteme eingeführt, die eine bisher unerreichte Produktivität ermöglichten. Die Grundlage wurde in den späten 1960er Jahren durch das Material Requirement Planning (MRP) System geschaffen.[163] Dieses diente zur Planung des Materialbedarfs innerhalb der Produktion. Die kontinuierliche Ergänzung des MRP um weitere Funktionalitäten führte zur Etablierung von Enterprise Resource Planning (ERP) Systemen, wobei der Begriff ERP erstmals in den 1990er verwendet wurde.[164] Die ERP-Systeme stellen eine digitale Abbildung zahlreicher Geschäftsprozesse dar.[165] Diese allumfassende Automatisierung in der Serienproduktion wird auch als *dritte industrielle Revolution* bezeichnet.

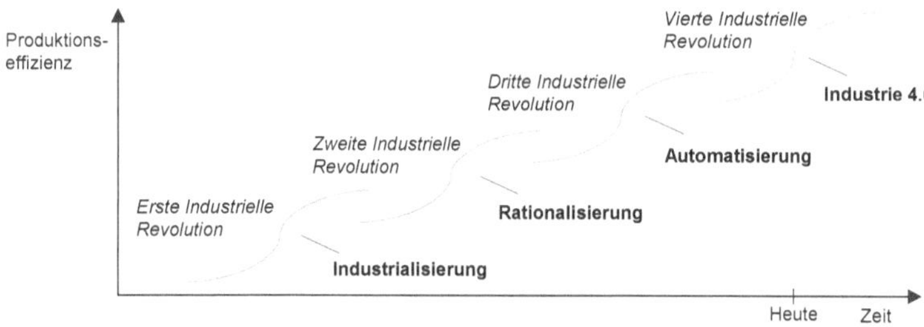

Abbildung 16: Entwicklung der Produktion[166]

Aktuell befindet sich die Produktion wieder in einem Evolutionsschritt, der durch die Globalisierung und eine zunehmende Digitalisierung eingeleitet wurde und als *vierte industrielle Revolution* bezeichnet wird (siehe Abbildung 16). Eine weitere anerkannte Bezeichnung ist der

[159] Vgl. Taylor; Roesler (Grundsätze wissenschaftlicher Betriebsführung), 2013.

[160] Vgl. Picot et al. (Grenzenlose Unternehmung), 2001, S. 239f.

[161] Vgl. Redlich; Wulfsberg (Wertschöpfung in der Bottom-up-Ökonomie), 2011, S. 28f.

[162] Vgl. Bauernhansl (Vierte Industrielle Revolution), 2014, S. 7.

[163] Vgl. Jacobs; Weston (Enterprise Resource Planning), 2007, S. 358.

[164] Vgl. Jacobs; Weston (Enterprise Resource Planning), 2007, S. 360f.

[165] Vgl. Buzacott et al. (Produktionsplanung und -steuerung), 2010, S. 229.

[166] Vgl. Kagermann et al. (Zukunftsprojekt Industrie 4.0), 2013, S. 17.

Begriff *Industrie 4.0*, welcher vereinfachend eine vollumfänglich digital vernetzte Produktionsumgebung und produktive Nutzung von Daten bezeichnet.[167]

2.2 Digitale Vernetzung

In dieser Arbeit bildet die *digitale Vernetzung* eine wesentliche Voraussetzung für intelligente Produktionsplanungsprozesse. Nachstehend wird der Begriff digitale Vernetzung eingeführt und definiert. Zunächst wird der Gesamtkontext der Digitalisierung vorgestellt, in den sich die digitale Vernetzung einordnet. Abschließend werden technologische Befähiger vorgestellt und es wird der Anwendungsbezug der digitalen Vernetzung in der Industrie hergestellt.

2.2.1 Begriffsdefinition und -abgrenzung

Um den Begriff digitale Vernetzung zu erklären, ist eine Betrachtung des Begriffs *Digitalisierung* sowie des Begriffs *Industrie 4.0* sinnvoll. Die digitale Vernetzung beschreibt die digitale vertikale und horizontalen Vernetzung von Prozessen und gilt zentraler Befähiger der Digitalisierung sowie von Industrie 4.0. Die genannten Begriffe *Digitalisierung*, *digitale Vernetzung* sowie *Industrie 4.0* sind als aktuelle, gesellschafts- und unternehmensübergreifende Trends zu verstehen. Diese globalen Trends basieren dabei auf technologischen Befähigern, welche die Trends weiterentwickeln und zur Verbreitung beitragen. Eine Übersicht und Abgrenzung der Begrifflichkeiten sind in Abbildung 17 gegeben.

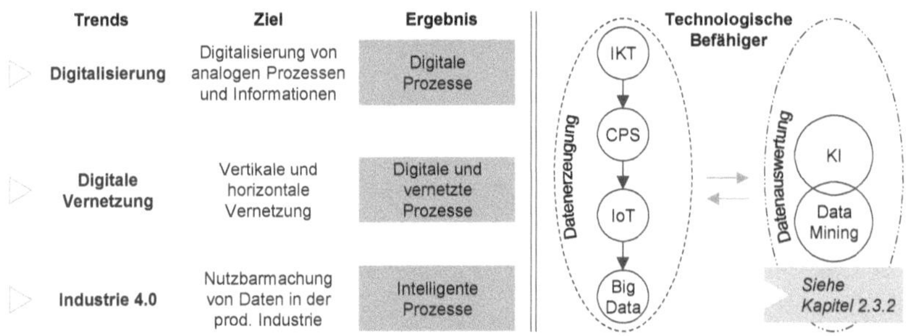

Abbildung 17: Abgrenzung der Begrifflichkeiten im Kontext der digitalen Vernetzung[168]

Die technologischen Befähiger lassen sich in die beiden Kategorien Datenerzeugung und Datenauswertung unterteilen. Zur Datenerzeugung werden *Informations- und Kommunikationstechnologie (IKT)*, *cyber-physische Systeme (CPS)*, *Internet of Things (IoT)* sowie *Big Data* eingesetzt. Die Datenauswertung beinhaltet *Data Mining* und *Künstliche Intelligenz (KI)*. Die genannten technischen Befähiger bilden eine reduzierte Auswahl auf die Anwendung und Integration in der produktionstechnischen Umgebung. Nachstehend werden die Trends vorge-

[167] Eine detaillierte und abgrenzende Erläuterung des Begriffs Industrie 4.0 sowie des aktuellen Wandels erfolgt in Kapitel 2.2.1.3.

[168] Eigene Darstellung

stellt und die technologischen Befähiger zur Datenerzeugung beschrieben. Die technologischen Befähiger zur Datenauswertung werden detaillierter im Kapitel 2.3.2 aufgegriffen, da sie eng mit dem Themenbereich der *Intelligenz* verwandt sind.

2.2.1.1 Begriffsdefinition Digitalisierung

Der Begriff Digitalisierung bezeichnet heute den globalen Trend der digitalen Transformation von Wirtschaft, Gesellschaft und Staat. Ursprünglich bezeichnet der Begriff Digitalisierung jedoch die technische Umwandlung von analogen Signalen in digitale Signale.[169] Heute wird der Begriff jedoch immer seltener mit dieser Bedeutung in Verbindung gebracht.

Das Ziel der Digitalisierung ist die Vereinfachung und Verbesserung von Kommunikation und Informationsverfügbarkeit durch Umwandlung von analogen Prozessen und Funktionen in digitale Formen.[170] Dabei ist dieser Trend übergreifend und vollumfänglich, sodass er alle Aspekte der Gesellschaft, der Wirtschaft und der Politik ergreift. Die Grundlage für diesen Trend wurde mit der Erfindung des Computers zu Beginn der dritten industriellen Revolution geschaffen.[171] In dieser Phase der industriellen Entwicklung begann bereits die Digitalisierung der Wertschöpfungskette, wodurch zu Beginn der vierten industriellen Revolution bereits ein Großteil der Prozesse entlang der Wertschöpfungskette durch Software unterstützt wurde. Eng verknüpft mit der Entwicklung des Computers ist auch die Erfindung des Internets. Diese wichtige Technologie stellt die Grundlage für die Vernetzung von Computern und Menschen dar.[172] Das Internet wandelt den Trend der Digitalisierung zu einem Trend der Digitalen Vernetzung.

Im produktionstechnischen Umfeld wird die Digitalisierung mit dem Begriff *Industrie 4.0* in Verbindung gebracht. Dabei kann Industrie 4.0 vereinfacht als die Applikation von Digitalisierung in der Produktion verstanden werden mit dem speziellen Fokus auf der Nutzung von Daten. Eine ausführliche Definition des Begriffsverständnisses erfolgt nachstehend in Kapitel 2.2.1.3. Zunächst soll auf die digitale Vernetzung eingegangen werden, da diese der zentrale Befähiger und Grundlage für die Trends Digitalisierung und Industrie 4.0 ist.

2.2.1.2 Begriffsdefinition Digitale Vernetzung

Während die Digitalisierung vornehmlich die Anwendung digitaler Technologien beschreibt, bezeichnet die digitale Vernetzung die Verknüpfung von einzelnen Elementen eines Systems. Dies gilt als grundlegende Voraussetzung für jegliche Anwendung im Kontext der Digitalisierung wie bspw. Kommunikationsplattformen. Der Begriff *Vernetzung* bezeichnet das Herstel-

[169] Vgl. Salmen (Digital vernetzter Shopfloor), 2016, S. 60; Fricke (Digitaltechnik), 2007, S. 2.

[170] Vgl. Keuper et al. (Digitalisierung und Innovation), 2013, S. 5.

[171] Vgl. Sendler (Einleitung in Industrie 4.0), 2016, S. 5.

[172] Vgl. Sendler (Einleitung in Industrie 4.0), 2016, S. 5.

len oder die Erweiterung von Wirkbeziehungen zwischen einzelnen Elementen eines Systems.[173] Solche Elemente können bspw. Maschinen, IT-Systeme, Zulieferer, Kunden oder Mitarbeiter sein. Die Verknüpfung dieser Elemente erfolgt in der Regel über IT-Systeme, welche die Kommunikation bzw. den Austausch von Daten zwischen den Elementen ermöglichen.[174]

Im Produktionsbereich kann bei der digitalen Vernetzung in die *vertikale Vernetzung* und die *horizontale Vernetzung* unterschieden werden (siehe auch Kapitel 2.2.3 für eine detaillierte Beschreibung der Anwendung).[175] Die *vertikale Vernetzung* ermöglicht eine durchgängige Kommunikation in einem Unternehmen durch ein innerbetriebliches Netzwerk.[176] Hierbei werden die verschiedenen IT-Systeme, die einem Produktionssystem zugehörig sind, in eine Hierarchieebene eingeteilt, um sie zu einer ganzheitlichen Lösung zusammenzufassen. Der Betrachtungshorizont beschränkt sich somit auf das Unternehmen selbst.[177] Weiterhin wird durch die vertikale Vernetzung ein flexibles, dezentralisiertes und vor allem organisiertes Unternehmensnetzwerk geschaffen, das als cyber-physisches Produktionssystem (CPPS) bezeichnet wird.[178] Folglich kann durch die vertikale Vernetzung eine erhebliche Produktivitätssteigerung mit gleichzeitiger Ressourcenoptimierung erzielt werden. Im Gegensatz dazu umfasst die *horizontale Vernetzung* die Ausweitung der vertikalen Vernetzung über die Unternehmensgrenzen hinaus auf mehrere Unternehmen, sodass ein Wertschöpfungsnetzwerk entsteht.[179] Die Vernetzung über Unternehmensgrenzen hinaus erlaubt es, Produktivitäts- und Flexibilitätsvorteile zu nutzen sowie Profit- und Umsatzsteigerungen zu realisieren.[180] Unternehmensübergreifende Prozesse können in Abstimmung mit den übrigen Wertschöpfungspartnern zeitoptimierend koordiniert werden.[181]

2.2.1.3 Begriffsdefinition Industrie 4.0

Im produktionstechnischen Umfeld wird der Trend *Digitalisierung* häufig mit dem Begriff *Industrie 4.0* in Verbindung gebracht, welcher ursprünglich auf eine Forschungsinitiative der Bundesregierung aus dem Jahr 2011 zurückgeht.[182] Industrie 4.0 stellt dabei ein Kernelement der Hightech-Strategie dar, um Deutschland als Produktionsstandort weiter zu etablieren. Konkret umschreibt der Begriff, wie bereits in Kapitel 2.1.3 beschrieben, die Phase der vierten Industriellen Revolution und baut auf den Bestandteilen der dritten industriellen Revolution

---

[173] Vgl. Gabler Wirtschaftslexikon (Stichwort „Vernetzung"), 2021.

[174] Vgl. VDI/VDE (Cyber-Physical Systems), 2013, S. 4.

[175] Die vertikale und horizontale Vernetzung wird auch als innere und äußere Vernetzung bezeichnet.

[176] Vgl. BMWi (Potenziale Industrie 4.0 im Mittelstand), 2015, S. 11f.; Kagermann et al. (Zukunftsprojekt Industrie 4.0), 2013, S. 23f.

[177] Vgl. Kagermann et al. (Zukunftsprojekt Industrie 4.0), 2013, S. 23.

[178] Vgl. Kleinemeier (Unternehmenssteuerungs-Netzwerke), 2017, S. 219; Bauernhansl et al. (WGP-Standpunkt: Industrie 4.0), 2016, S. 10; Schuh et al. (Cyber-physische Systeme), 2014, S. 278.

[179] Vgl. Kagermann et al. (Zukunftsprojekt Industrie 4.0), 2013, S. 24.

[180] Vgl. VBW (Dienstleistungspotenziale), 2014, S. 10.

[181] Vgl. VBW (Dienstleistungspotenziale), 2014, S. 10.

[182] Vgl. BMWi (Industrie 4.0 und Digitale Wirtschaft), 2015, S. 2; Kagermann et al. (Industrie 4.0), 2011.

auf.[183] Bestandteil von Industrie 4.0 ist auch der Trend zur Digitalisierung in der Produktion. Dieser umfasst die intelligente, echtzeitfähige, horizontale und vertikale Vernetzung von Maschinen, Objekten, Menschen und IKT Systemen zur dynamischen Beherrschung komplexer Systeme.[184]

So ist unter Industrie 4.0 im Allgemeinen die Möglichkeit einer Echtzeit-Vernetzung von Ressourcen, Diensten und Menschen in der Produktion zu verstehen.[185] Hierbei ist die Digitalisierung, als allgemeine Vernetzung der Industrie, die Voraussetzung für Industrie 4.0 und keinesfalls mit dieser gleichzusetzen. Der entscheidende Unterschied besteht darin, dass es innerhalb der Industrie 4.0 möglich ist, die Datenverarbeitung in Echtzeit sowie die intelligente selbstgesteuerte Reaktion vernetzter Ressourcen in der Produktion zu nutzen.[186] Die RWTH Aachen hat zur Verdeutlichung der Entwicklung von Industrie 4.0 ein Reifegradmodell erarbeitet, welches in Abbildung 18 gezeigt wird.

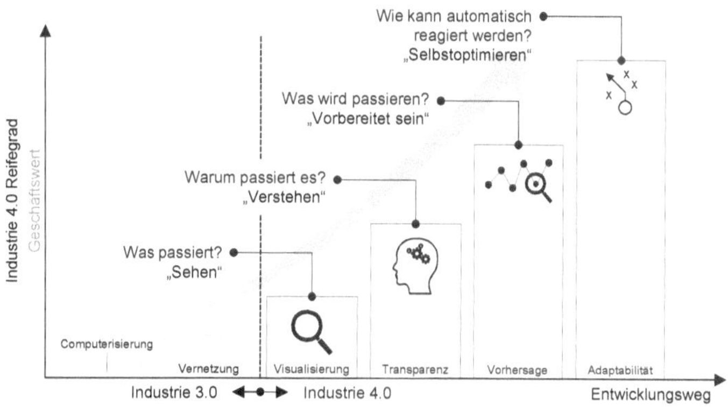

Abbildung 18: Reifegradmodell von Industrie 4.0[187]

Der erste Entwicklungsschritt von Industrie 4.0 besteht aus der digitalen *Visualisierung* relevanter Vorgänge in der Produktion.[188] Dies baut auf der Computerisierung und Vernetzung der Produktion auf. Es wird zunächst eine digitale Sammlung aller relevanten Daten entlang wertschöpfender Prozesse durch Sensor- und Übertragungstechnik durchgeführt.[189] Daraufhin erfolgt im Schritt *Transparenz* die Aufbereitung von Daten zu Informationen. Dazu wird durch die Identifizierung von Wirkzusammenhängen in den aufgenommenen Daten ein Verständnis über

[183] Vgl. Jasperneite (Internet und Automation), 2012.

[184] Vgl. Schuh et al. (Industrie 4.0: Implement it!), 2018, S. 6.

[185] Vgl. Bauernhansl et al. (WGP-Standpunkt: Industrie 4.0), 2016, S. 6.

[186] Vgl. Bauernhansl et al. (WGP-Standpunkt: Industrie 4.0), 2016, S. 6; Jasperneite (Internet und Automation), 2012.

[187] I. A. a. Schuh et al. (Industrie 4.0 Maturity Index), 2017, S. 16.

[188] Vgl. Schuh et al. (Industrie 4.0: Implement it!), 2018, S. 34.

[189] Vgl. Boos et al. (Smart Tooling), 2016, S. 9f.

produktionstechnische Vorgänge und deren Hintergründe ermöglicht.[190] Der dritte Schritt beschreibt die *Vorhersage*, welche dem Unternehmen durch identifizierte Wirkungszusammenhänge die Prognose zukünftiger Zustände und ihrer Eintrittswahrscheinlichkeiten ermöglicht.[191] Dadurch sind Unternehmen in der Lage, die Möglichkeit vorhergesagter Ereignisse einzuschätzen und je nach Bedarf Folgemaßnahmen einzuleiten.[192] Diese drei ersten Schritte sind Grundlage für die *Adaptabilität*, welche den vierten und letzten Schritt des Reifegradmodells der Industrie 4.0 umfasst. Eine Kombination der Schritte eins bis drei befähigt, durch die Verknüpfung verschiedener Prozesse und Systeme, selbstoptimierend zu arbeiten.[193] Die erfüllten Entwicklungsschritte befähigen schließlich, Daten in Echtzeit aufzunehmen, zu interpretieren und auch bei Bedarf automatisch ausgeführte Maßnahmen einzuleiten. Dadurch reduziert sich die Aufgabe des Menschen auf die Überwachung und den bedarfsgerechten Eingriff in das System.

Demzufolge wird mit Industrie 4.0 das Ziel der Einführung intelligenter Produktionssysteme, die auf Implementierung selbstoptimierter Prozesse und Systeme basieren, verfolgt. Erreicht wird dies durch die Nutzung von cyber-physischen Systemen (CPS) und durch die konsequente Implementierung des Internets der Dinge und Dienste. Diese beiden sowie weitere Begriffe werden nachfolgend spezifiziert. Die Implementierung von Industrie 4.0 hat nicht nur Einfluss auf das Aufgabenspektrum der Mitarbeiter haben, sondern auch auf zukünftig benötigte Kompetenzen.[194] Grundsätzlich lässt sich daher zusammenfassen, dass im Kontext von Industrie 4.0 Hierarchien, Kompetenzen und Mitarbeiterfunktionen in produzierenden Unternehmen einem Wandel unterliegen werden.

2.2.2 Technologische Befähiger

Die Einführung intelligenter Produktionsprozesse kann nur über technologische Befähiger realisiert werden. Diese sind nach Abbildung 17 in Systeme der Datenerzeugung und Datenauswertung zu kategorisieren. Zur Datenerzeugung werden verschiedene technologische Befähiger eingesetzt.[195] Die relevantesten werden im Folgenden vorgestellt und spezifiziert.

Informations- und Kommunikationstechnologie

Informations- und Kommunikationstechnologien befassen sich mit der Speicherung, Verarbeitung und der Kommunikation von Daten und beeinflussen somit den Grad der Vernetzung und den Fortschritt der Digitalisierung.[196]

[190] Vgl. Boos et al. (Smart Tooling), 2016, S. 10.

[191] Vgl. Schuh et al. (Industrie 4.0: Implement it!), 2018, S. 34; Liebowitz (Big Data and Business Analytics), 2013, S. 100.

[192] Vgl. Boos et al. (Smart Tooling), 2016, S. 10.

[193] Vgl. Schuh et al. (Industrie 4.0 Maturity Index), 2017, S. 18.

[194] Vgl. Reinhart (Produktion von Morgen), 2017, S. 54.

[195] Eine Einführung von Methoden zur Datenauswertung erfolgt im späteren Kapitel 2.3.2.

[196] Vgl. Krcmar (Informationsmanagement), 2015, S. 8.

Die Digitalisierung hat in der Produktion ihren Beginn in den 1960er-Jahren mit der Entwicklung der Computerized Numerical Control (CNC) Technologie.[197] In den folgenden Jahren sind immer weitere Anwendungen in der Produktion mithilfe der Digitalisierung unterstützt worden. Im Gegensatz zu den Technologien in der Produktion haben sich, speziell um die Jahrtausendwende, die IKT als Grundlage der Vernetzung deutlich schneller entwickelt. Verdeutlicht wird der Anstieg des Vernetzungsgrades durch die IKT in Abbildung 19.

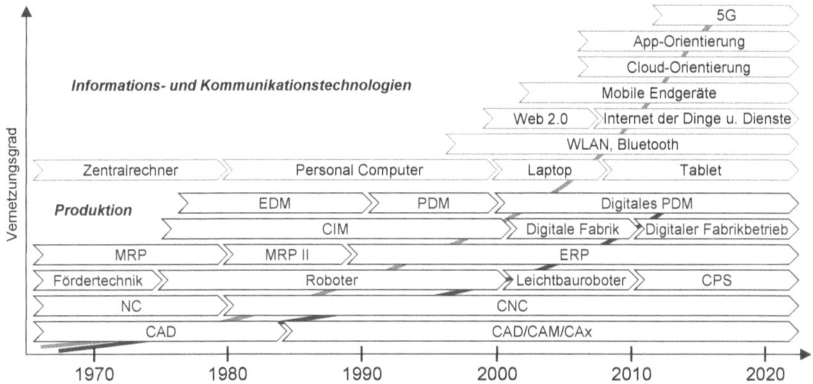

Abbildung 19: Entwicklung der Informations- und Kommunikationstechnologien[198]

So sind vor allem Technologien wie das WLAN und das Internet der Dinge und Dienste zu nennen, welche neue Möglichkeiten der Vernetzung und den Weg zur vierten industriellen Revolution geschaffen haben.[199] Steigende Rechenleistungen, das 5G Netz sowie die Mobilität der Technologien ermöglichen den positiven Entwicklungsprozess der Vernetzung.[200]

Cyber-physische-Systeme

Cyber-physische-Systeme (CPS) sind technische Objekte, Geräte oder Anlagen und stehen für die Verbindung zwischen der physischen (z. B. Maschinen) und virtuellen Welt (Softwaresysteme).[201] Dies gelingt mittels der Erweiterung der physischen Systeme um Sensoren, Aktoren und Software.[202] Die Software ist mit der Fähigkeit zur Datenverarbeitung ausgestattet und stellt eine Schnittstelle zur Kommunikation dar.

---

[197] Vgl. Bauernhansl et al. (WGP-Standpunkt: Industrie 4.0), 2016, S. 6.

[198] I. A. a. Bauernhansl et al. (WGP-Standpunkt: Industrie 4.0), 2016, S. 7.

[199] Vgl. Bauernhansl et al. (WGP-Standpunkt: Industrie 4.0), 2016, S. 6.

[200] Vgl. Bauernhansl et al. (WGP-Standpunkt: Industrie 4.0), 2016, S. 6.

[201] Vgl. BMWi (Potenziale Industrie 4.0 im Mittelstand), 2015, S. 9; Geisberger; Broy (agendaCPS), 2012, S. 17; acatech (Cyber-Physical Systems), 2011, S. 17.

[202] Vgl. Reinhart (Handbuch Industrie 4.0), 2017, S. XXXIV.; Bauernhansl (Vierte Industrielle Revolution), 2014, S. 11f.

Somit können CPS über die Sensoren ihre Umwelt erfassen, aufgenommene Daten analysieren und mittels der Aktoren eigenständig mit den physischen Systemen interagieren. Zusätzlich besteht die Möglichkeit der Kommunikation mit Netzwerken.[203] Aufgrund dieser Fähigkeiten bilden CPS eine befähigende Rolle und einen Kernbestandteil der Industrie 4.0.[204] Werden CPS in Produktionsnetzwerke aus Maschinen, Anlagen und Produktionsbetrieben integriert, wird der Verbund als cyber-physisches Produktionssystem (CPPS) beschrieben. Mittels bereitgestellter Mensch-Maschine Schnittstellen kann zwischen Mensch und CPS interagiert werden. Beispielhafte Schnittstellen stellen Spracheingaben, Sprachausgaben und Touchdisplays dar.[205]

Internet der Dinge und Dienste

Das Internet der Dinge und Dienste, in dem Menschen und Objekte gleichermaßen in Echtzeit kommunizieren können, wird als weitere Grundlage für Innovationen im Zuge der vierten industriellen Revolution angesehen.

Geprägt wurde der Begriff „Internet of Things“ (IoT), zu Deutsch „Internet der Dinge“, durch ASHTON.[206] Das Internet der Dinge geht über die Verknüpfung von Objekten hinaus und stellt ein vernetztes System autonom kommunizierender Gegenstände und Prozesse dar.[207] Besondere Eigenschaften stellen die Selbstorganisation und die zunehmende Verknüpfung von physischen Systemen mit der virtuellen Welt dar.[208] Somit ist das Internet der Dinge eine digitale Repräsentation der physischen Umwelt in einer internetähnlichen Struktur.[209] Hieraus resultiert, dass die Vernetzung von interagierenden CPS, die in einem Verbund zusammengefasst sind, als Internet der Dinge bezeichnet werden kann.[210]

Das Internet der Dienste stellt eine Erweiterung dar und basiert ebenfalls auf der Verknüpfung von sowohl CPS als auch dem IoT. So können einzelne Funktionalitäten der CPS abgebildet und in Form von Diensten bereitgestellt werden.[211] Diese Dienste oder auch Services werden softwareseitig bereitgestellt und können auch unternehmensübergreifend genutzt werden.

Big Data

Der Begriff Big Data beschreibt große und stark wachsende Datenmengen, die aufgrund ihrer Größe, Komplexität oder Unstrukturiertheit nicht mehr mit herkömmlichen Mitteln der Datenverarbeitung auszuwerten sind.[212] Im Zusammenhang mit der digitalen Vernetzung, bspw.

203 Vgl. Vogel-Heuser et al. (Handbuch Industrie 4.0), 2017, S. 12.

204 Vgl. acatech (Cyber-Physical Systems), 2011, S. 11.

205 Vgl. Bauernhansl et al. (Industrie 4.0 in Produktion), 2014, S. 16.

206 Vgl. Ashton (That "Internet of Things" Thing), 2009; Weiser (Computer for the 21st Century), 1991.

207 Vgl. Brand (Internet der Dinge), 2009, S. 13f.

208 Vgl. Mattern; Flörkemeier (Internet der Dinge), 2010, S. 107f.

209 Vgl. Kagermann et al. (Zukunftsprojekt Industrie 4.0), 2013, S. 85.

210 Vgl. acatech (Cyber-Physical Systems), 2011, S. 5.

211 Vgl. Bauernhansl et al. (WGP-Standpunkt: Industrie 4.0), 2016, S. 32.

212 Vgl. Niebler; Lindner (Datenbasiert entscheiden), 2019, S. 9.

durch CPS und das IoT, entstehen im Unternehmenskontext große Datenmengen, die analysiert werden können, um Wissen bzw. einen nutzbaren Mehrwert zu schaffen.

Um eine Abgrenzung zu normalen Datenmengen zu schaffen, können mehrere charakteristische Eigenschaften verwendet werden und auf ihre Erfüllung geprüft werden. Dabei wird sich am 5-V-Modell orientiert.[213] Zu den fünf V´s zählen Velocity, Variety, Volume, Veracity, Value. Velocity steht für die zunehmende Geschwindigkeit der Datenverarbeitung. Variety beschreibt die Vielzahl an unterschiedlichen Datenquellen und Datenformaten. Volume steht für eine rasant ansteigende Datenmenge. Veracity charakterisiert die benötigte Zuverlässigkeit der Daten und die Datenqualität. Value umfasst die notwendige Werthaltigkeit und den Informationsgehalt der Daten. Treffen die genannten fünf „Vs" in hohem Maße zu, wird von Big Data gesprochen.[214] Die wachsende Anzahl an Datenquellen und das einhergehende Ansteigen des Datenvolumens, der unterschiedlichen Datenformate und des Bedarfs an Auswertung in nahezu Echtzeit tragen zur Relevanz von Big Data bei. Denn durch die reine Speicherung großer Datenmengen kann ein Unternehmen keinen Mehrwert erzielen. Sondern die Daten müssen weiterverarbeitet und analysiert werden, um Informationen und Wissen zu generieren.

2.2.3 Anwendung der vertikalen und horizontalen Vernetzung

Auf Basis des Begriffsverständnisses technologischer Befähiger der digitalen Vernetzung wird die Anwendung der digitalen Vernetzung beschrieben. Dabei wird zum einen auf die *vertikale Vernetzung* als auch auf die *horizontale Vernetzung* im Unternehmenskontext eingegangen.

Die digitale Vernetzung und Industrie 4.0 können laut der Definition der Unternehmungsentwicklung aktiv und bewusst eingesetzt werden, um Verbesserungen im Unternehmen hervorzurufen.[215] Laut dem Beratungsunternehmen PWC bestehen diesbezüglich deutliche Unterschiede innerhalb der Erwartungen verschiedener Länder.[216] So setzen bspw. Unternehmen aus Deutschland und Japan vor allem darauf, Produktivität und Produktqualität zu steigern, während Unternehmen aus China vermehrt den Fokus auf Kosteneinsparung legen, um die Wettbewerbsfähigkeit sicherzustellen. Weiterhin ermittelte PWC die erwarteten quantitativen Effekte durch die digitale Vernetzung und Industrie 4.0. So erwarten die Unternehmen im industriellen Sektor einen Anstieg der jährlichen Einnahmen von durchschnittlich 2,9 %. Gleichzeitig wird geschätzt, dass sich die Kosten um jährlich 3,6 % senken lassen.[217] Branchenunabhängig wird eine Produktivitätssteigerung von 50 % prognostiziert.[218] Um die Potenziale zu adressieren, müssen sich die Unternehmen gezielt vertikal und horizontal vernetzen. In Abbildung 20 ist eine schematische Darstellung der horizontalen und vertikalen Vernetzung zu finden.

[213] Vgl. Gadatsch; Landrock (Big Data), 2017, S. 2f.; Fasel; Meier (Big Data), 2016, S. 6.

[214] Vgl. Gadatsch; Landrock (Big Data), 2017, S. 2f.

[215] Vgl. Hohmann (Methoden der Unternehmensentwicklung), 2012, S. 20.

[216] Vgl. PWC (2016 Global Industry 4.0 Survey), 2016, S. 1ff.

[217] Vgl. PWC (2016 Global Industry 4.0 Survey), 2016, S. 4.

[218] Vgl. Bauernhansl et al. (Industrie 4.0 in Produktion), 2014, S. 105.

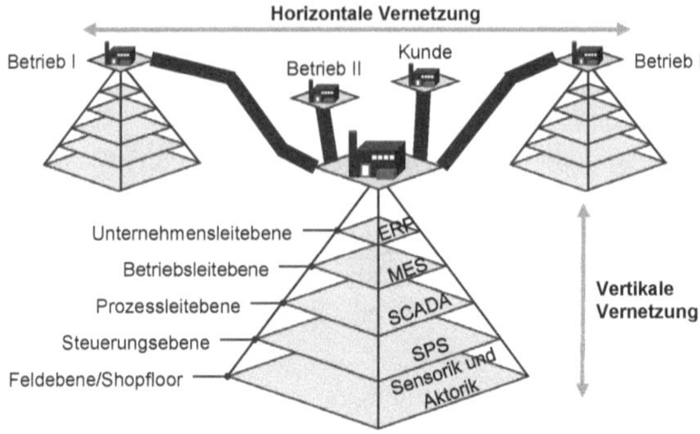

Abbildung 20: Digitale Vernetzung im Produktionsumfeld[219]

Vertikale Vernetzung

Die *vertikale Vernetzung* fokussiert die Verknüpfung der sogenannten Hierarchieebenen, die sich aus *Unternehmensleit-, Betriebsleit-, Prozessleit-, Steuerungs- und Feldebene* zusammensetzen.[220] Die Dimensionen der Hierarchieebenen werden in der Literatur auch als Automatisierungspyramide bezeichnet.[221]

Unter der *Unternehmensleitebene* werden alle Prozesse zusammengefasst, die der langfristigen Sicherung der Wettbewerbsposition des Unternehmens dienen.[222] Zur Unterstützung werden häufig ERP-Systeme genutzt, die vor allem im Gebiet der Personal- und Produktionsplanung erhebliche Vorteile mit sich bringen.[223] Damit können bereits bestehende Ressourcen genutzt werden, um bei der Planung betriebswirtschaftlicher Kernaufgaben schnellere und vor allem effizientere Ergebnisse zu erzielen. Die *Betriebsleitebene* umfasst das operative Tagesgeschäft und damit jene Prozesse, die im täglichen Unternehmensbetrieb unabdingbar sind. Hierunter fallen vor allem die Produktionsplanung und Terminüberwachung. Optimiert wird diese Ebene durch die zusätzliche Anwendung von Manufacturing Execution Systems (MES), die als Fertigungsmanagementsysteme mit direkter Anbindung an Produktionsautomatisierungslösungen die Feinplanung durchführen können.[224] MES stellen somit ein Bindeglied zwischen ERP- und Shopfloorebene dar, da durch sie eine Echtzeitkontrolle der Produktions- und Logistikprozesse ermöglicht wird.[225] Die mittlere Ebene der Automatisierungsebene wird durch

219 I. A. a. Dumitrescu (Chancen für den Standort), 2016, S. 206.

220 Vgl. Bauernhansl et al. (WGP-Standpunkt: Industrie 4.0), 2016, S. 11; VDI/VDE (Cyber-Physical Systems), 2013, S. 4.

221 Vgl. Bauernhansl et al. (WGP-Standpunkt: Industrie 4.0), 2016, S. 11; VDI/VDE (Cyber-Physical Systems), 2013, S. 4.

222 Vgl. Heinrich et al. (Grundlagen Automatisierung), 2015, S. 4f.

223 Vgl. Schuh et al. (Geschäftsmodell-Innovation), 2017, S. 19.

224 Vgl. Siepmann; Graef (Industrie 4.0), 2016, S. 50; Heinrich et al. (Grundlagen Automatisierung), 2015, S. 5; Geisberger; Broy (agendaCPS), 2012, S. 56f.

225 Vgl. Geisberger; Broy (agendaCPS), 2012, S. 249.

die *Prozessleitebene* geschaffen.[226] Sie setzt sich aus den Aufgaben der kurzfristigen Produktionsplanung zusammen und umfasst dabei sowohl die Einsatzplanung von Maschinen und Anlagen als auch die des Personals. Umgesetzt wird diese Planung durch Supervisory Control and Data Acquisition (SCADA) Systeme, die die technischen Prozesse steuern und überwachen.[227] Die Steuerung verschiedener Prozesse durch Generierung und Analyse von Daten beinhaltet die ***Steuerungsebene***, die hierfür speicherprogrammierbare Steuerung (SPS) nutzt.[228] Über die SPS werden durch die Steuerungsebene verschiedene Eingangssignale ausgewertet und verarbeitet.[229] Zudem werden die entsprechenden Ergebnisdaten der Feldebene gemeldet, die die letzte Ebene darstellt und die Aktoren und Sensoren umfasst.[230] Durch die Datenerfassung und -aufbereitung und die reaktionsschnelle Datenübertragung stellt es eine Verbindung zu übergeordneten Ebenen der Produktion dar.[231]

Horizontale Vernetzung

Im Folgenden wird horizontale Vernetzung von Unternehmen mit Kunden und Lieferanten betrachtet. Dazu bedingt die horizontale Vernetzung vor allem die Integration von Datenverarbeitungssystemen und die anschließende Nutzung von Daten über die gesamte Supply Chain.[232]

In Bezug auf die Vernetzung mit dem Kunden bieten sich mehrere Möglichkeiten zur Weiterentwicklung innovativer Geschäftsmodelle durch die Weiterentwicklung bestehender Leistungen (siehe Abbildung 21).[233]

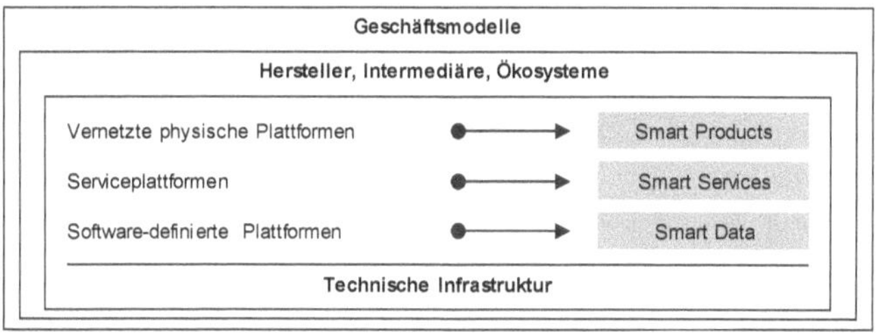

Abbildung 21: Übersicht der Entwicklung durch die horizontale Vernetzung[234]

[226] Vgl. Siepmann; Graef (Industrie 4.0), 2016, S. 50.

[227] Vgl. Schuh et al. (Geschäftsmodell-Innovation), 2017, S. 19; Heinrich et al. (Grundlagen Automatisierung), 2015, S. 5.

[228] Vgl. Heinrich et al. (Grundlagen Automatisierung), 2015, S. 5.

[229] Vgl. Siepmann; Graef (Industrie 4.0), 2016, S. 50.

[230] Vgl. Schuh et al. (Geschäftsmodell-Innovation), 2017, S. 19; Heinrich et al. (Grundlagen Automatisierung), 2015, S. 4f.

[231] Vgl. Heinrich et al. (Grundlagen Automatisierung), 2015, S. 5.

[232] Vgl. Dumitrescu (Chancen für den Standort), 2016, S. 204.

[233] Vgl. Schuh et al. (Industrie 4.0 Maturity Index), 2017, S. 42.

[234] I. A. a. acatech (Smart Service Welt), 2014, S. 23.

Diese Geschäftsmodelle bedingen eine neue Definition der Rolle des Kunden. Dieser ist nicht mehr reiner Konsument, sondern tritt mit dem Anbieter in Interaktion und fordert individuelle Dienstleistungen in Kombination mit physischen Produkten.[235] Ein Beispiel für diese Weiterentwicklung stellt das „Product-as-a-Service“ Modell dar, dessen Charakteristikum es ist, dass ein Produktzugang im Austausch gegen eine Nutzungsgebühr ermöglicht wird.[236] Rolls Royce führte bspw. das Modell „Power by the hour“ ein.[237] Es wird daher nicht das Produkt an sich erworben, sondern die Nutzung, Wartung und Reparatur, sodass der Kunde ausschließlich den Betrag für die Dienstleistungen erbringt. Voraussetzung für solche Geschäftsmodelle sind *Smart Products*, *Smart Services* und *Smart Data*. Der Begriff *Smart Products* beschreibt Produkte, die nicht nur aus Hardwarekomponenten bestehen, sondern auch Sensorik, Speichermedien und vernetzte Software beinhalten. Sie sind in der Lage, Daten, bspw. von ihrer Nutzung durch den Kunden, aufzunehmen, zu verarbeiten und zu übermitteln. *Smart Services* nutzen Daten, bspw. aus Kundenprozessen, die über eine Plattform zur Verfügung gestellt werden, um dadurch eine Verbesserung zu herkömmlichen Dienstleistungen darzustellen oder stellen neue Dienstleistungen dar.[238] *Smart Data* bezeichnet eine Datenmenge, welche durch Methoden der Datenanalyse verarbeitet wurden, um Informationen und Aussagen herauszustellen. Basis für die technische Infrastruktur der Geschäftsmodelle sowie der genannten Teilelemente bildet die moderne IKT. Eine weitere Voraussetzung für die Vernetzung mit dem Kunden ist die Schaffung eines digitalen Ökosystems. Dies ist nur möglich, wenn die daran beteiligten Unternehmen ihre Daten bereitwillig zur Verfügung stellen. Dies kann bspw. durch Intermediäre unterstützt werden, die den Vertrauensaufbau fördern und Kooperationen ausgestalten.[239]

Die Vernetzung mit dem Lieferanten erfolgt technologisch in vergleichbarer Weise mit dem Ziel des Aufbaus von flexiblen und wandlungsfähigen Wertschöpfungssystemen. Dadurch sollen Datenaustausch und -nutzung ermöglicht werden, um die Leistungserstellung zu optimieren. Es entstehen Kosteneinsparungen besonders bei hochkomplexen, kundenindividuellen Produkten und entsprechend komplexen Wertschöpfungsprodukten.[240]

2.3 Intelligenz

Der Begriff *Intelligenz* ist in der Wissenschaft kontrovers diskutiert, da er in Zeiten der Digitalisierung und der fortschreitenden Entwicklung von selbstlernenden Systemen eine neue Bedeutung erhält. Zum ganzheitlichen Verständnis des Begriffs Intelligenz im Kontext der Anwendung im Produktionsumfeld werden zusätzlich die Begriffe Künstliche Intelligenz und intelligente Prozesse eingeführt. Abschließend erfolgt eine Einordung und weitere Abgrenzung durch die Beschreibung der Leistungsbestandteile der Künstlichen Intelligenz.

[235] Vgl. acatech (Smart Service Welt), 2014, S. 17ff.

[236] Vgl. acatech (Smart Service Welt), 2014, S. 4f.

[237] Vgl. Schuh et al. (Industrie 4.0 Maturity Index), 2017, S. 43.

[238] Vgl. acatech (Smart Service Welt), 2014, S. 22f.

[239] Vgl. acatech (Smart Service Welt), 2014, S. 24.

[240] Vgl. Bauernhansl et al. (WGP-Standpunkt: Industrie 4.0), 2016, S. 6ff.

2.3.1 Begriffsdefinition und -abgrenzung

Im folgenden Unterkapitel wird der allgemeine Begriff Intelligenz sowie die Künstliche Intelligenzen und es erfolgt eine Herleitung zum von intelligenten Prozessen.

2.3.1.1 Begriffsdefinition Intelligenz

„Intelligenz ist die Fähigkeit zum Denken."[241] Diese recht einfache Aussage vermittelt bereits eine für viele verständliche, wenn auch ungenaue Definition von *Intelligenz*. In der Wissenschaft ist der Begriff Intelligenz bisher nicht einheitlich beschrieben und definiert. Eine weitere ebenso grundlegende wie allgemeingültige Definition gibt der DUDEN, welcher die Intelligenz wie folgt beschreibt und Attribute ergänzt: „Die Intelligenz ist die Fähigkeit [des Menschen], abstrakt und vernünftig zu denken und daraus zweckvolles Handeln abzuleiten."[242] Dieser Definition folgt auch RINDERMANN.[243] Die Definition weist mit der Fähigkeit des abstrakten Denkens und der Ableitung zweckvollen Handelns zwei wichtige Charakteristika von Intelligenz auf. NEGNEVITSKY erweitert das Begriffsverständnis um die Eigenschaften der Lernfähigkeit, Anpassungsfähigkeit und logisches Denken.[244, 245] Daraus entwickelt sich die Fähigkeit, Probleme zu verstehen, zu lösen und Entscheidungen zu treffen.[246]

Da im Rahmen dieser wissenschaftlichen Arbeit die Anwendung und Übertragung der Intelligenz auf Produktionsplanungsprozesse fokussiert wird, empfiehlt es sich, das Verständnis der Intelligenz weiter zu schärfen. Die Eigenschaften von Intelligenz lassen sich kategorisieren, was die Anwendung und das Verständnis erleichtern. Zur Kategorisierung, Entwicklung und Bewertung von Intelligenz bestehen zahlreiche Modelle und Ansätze.[247] Besonders nennenswerte und populäre Modelle sind die nach EYSENCK[248], STERNBERG[249], FUNKE[250] und GARDNER[251]. Das Konzept nach STERNBERG ist an dieser Stelle von höherer Relevanz, da es sowohl

[241] Vgl. Rindermann (Internationale Schulleistungsstudien), 2006, S. 70.

[242] Vgl. Duden (Stichwort „Intelligenz"), 2021.

[243] Neben der einleitenden Definition nach RINDERMANN hat dieser den Begriff Intelligenz vergleichbar zum Duden erweitert: „Unter (kognitiver) Intelligenz soll nun verstanden werden: die komplexe Fähigkeit zum denkgestützten Lösen von Aufgaben und Problemen in Situationen, die für die Person neu und nicht allein durch Wissensabruf erfolgreich bearbeitbar sind, die Fähigkeit zum induktiv und deduktiv-logisch schlussfolgernden Denken, die Fähigkeit zum abstrakten Denken und die Fähigkeit zu Verständnis und Einsicht – zum Erkennen und zur Herstellung von Strukturen, Beziehungen, Sinn-Zusammenhängen und Bedeutungen." Vgl. Rindermann (Intelligenz), 2004, S. 372.

[244] Vgl. Negnevitsky (Artificial Intelligence), 2005.

[245] Weitere Herleitungen der Eigenschaften sowie Quellennachweise finden sich in der Abhandlung über Intelligenz nach EUEN. Vgl. Euen (Intelligenz und kognitive Kompetenzen), 2015, S. 28f.

[246] Vgl. Euen (Intelligenz und kognitive Kompetenzen), 2015, S. 29.

[247] Weitere Modelle und Ansätze sind GARDNER, ROST oder EYSENCK zu entnehmen. Vgl. Gardner (Multiple Intelligences), 2011; Rost (Intelligenz), 2010; Eysenck (Human Intelligence), 1986.

[248] Vgl. Eysenck (Human Intelligence), 1986.

[249] Vgl. Sternberg (Successful Intelligence), 1997.

[250] Vgl. Funke (Was ist Intelligenz?), 2009.

[251] Vgl. Gardner (Multiple Intelligences), 2011.

im pädagogischen Bereich als auch in der Betriebs- und Organisationspsychologie sehr verbreitet ist.[252] Zudem lässt sich das Modell nach STERNBERG im Kontext der Prozessbetrachtung dieser Arbeit sehr gut adaptieren (siehe 2.3.1.3).[253, 254]

Nach STERNBERG ist die Intelligenz ein vielfaches Set an Fähigkeiten, das sich permanent weiterentwickelt. Das von ihm beschriebene sogenannte *triarchische Modell* setzt sich aus den Bereichen *analytischer, kreativer und praktischer Intelligenz* zusammen (siehe Abbildung 22).

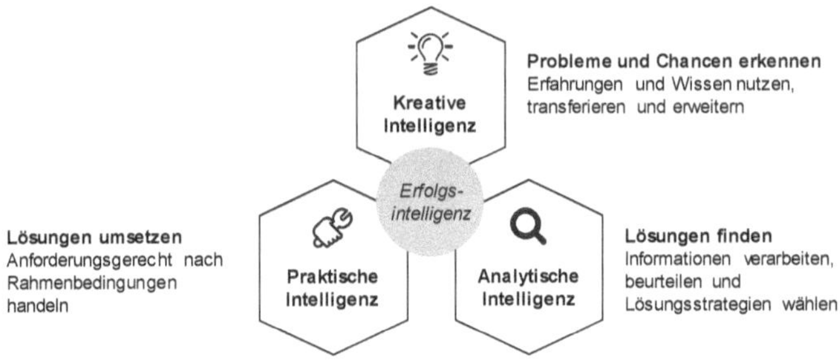

Abbildung 22: Erfolgsintelligenz nach STERNBERG[255]

Die analytische Intelligenz beschreibt die Fähigkeit zum Verständnis und zur Auswertung komplexer Sachverhalte.[256] Die kreative Intelligenz befähigt den Menschen, sich für neue Inhalte und Themen zu motivieren sowie zwischen Wichtigem und Unwichtigem zu filtern.[257] Zuletzt bestimmt die praktische Intelligenz die Fähigkeit eines Menschen, mit bestimmten Rahmenbedingungen zurechtzukommen.[258] Dieses Modell für Intelligenz wurde von STERNBERG 2014 auch als „Erfolgsintelligenz“ bezeichnet. STERNBERG selbst erklärte: „Successful intelligence is your ability to figure out what you want to do with your life and to succeed in doing it given the constraints of the environment in which you live“.[259] Ihm zufolge ist der Begriff Intelligenz also vor allem nicht durch isolierte Fähigkeiten definiert, welcher durch klassische Benotung

[252] In einer Abhandlung prüft STERNBERG seine eigene Theorie und geht auf vergleichbare Modelle zur Beschreibung von Intelligenz ein. Vgl. Sternberg (Theory of Successful Intelligence), 2005.

[253] BRUCKER-KLEY ET AL. baut auf dem populären Verständnis von STERNBERG auch und wendet die Charakteristika auf Prozesse an. Vgl. Brucker-Kley et al. (Prozessintelligenz), 2018, S. 11f.

[254] Neben der Vertiefung auf den Intelligenz-Begriff nach STERNBERG wird auf weitere grundlegende Modelle verwiesen. Ein weiteres anerkanntes Modell zu Kategorisierung von Intelligenz ist die Praktische Intelligenz nach WORTHMANN. Diese ist jedoch schwer im Anwendungskontext dieser Arbeit einsetzbar. Vgl. Worthmann (Einleitung in die Praktische Intelligenz), 2019, S. 1ff.

[255] I. A. a. Brucker-Kley et al. (Prozessintelligenz), 2018, S. 11.

[256] Vgl. Sternberg (Successful Intelligence), 1997, S. 128ff.

[257] Vgl. Sternberg (Successful Intelligence), 1997, S. 137ff.

[258] Vgl. Sternberg (Successful Intelligence), 1997, S. 141ff.

[259] Vgl. Sternberg (Interview on Successful Intelligence), 2014.

oder Tests bestimmt werden kann, sondern vielmehr das Konstrukt von Entscheidungen, das dazu führt, dass eine Person ihre Ziele erreicht.[260]

2.3.1.2 Begriffsdefinition Künstliche Intelligenz

Die einheitliche Definition des Begriffs *Künstliche Intelligenz* (KI) ist nach umfassender Literaturrecherche schwer möglich (siehe Tabelle 4).

Autor (Jahr)	Definition
McCarthy et al. (1955)	The science and engineering of making intelligent machines, especially intelligent computer programs.
Bellman (1978)	[The automation of] activities that we associate with human thinking, activities such as decision-making, problem solving, learning (...).
Rich (1983)	Artificial intelligence (AI) is the study of how to make computers do things which, at the moment, people do better.
Encyclopedia Britannica (1991)	AI is the ability of digital computers or computer-controlled robots to solve tasks that are normally associated with the higher intellectual processing capabilities of humans.
Görz und Wachsmuth (1995)	Künstliche Intelligenz ist eine wissenschaftliche Disziplin, die das Ziel verfolgt, menschliche Wahrnehmungs- und Verstandsleistung zu operationalisieren und durch Artefakte, kunstvoll gestaltete technische – insbesondere informationsverarbeitende – Systeme verfügbar zu machen.
Furnham (2009)	Die moderne Definition von KI ist die Erforschung und Konstruktion intelligenter Systeme (intelligent agents), die ihre Umwelt wahrnehmen und handeln, um ihre Erfolgschancen zu maximieren.
Poole et al. (2010)	KI umfasst die Synthese und Analyse von computationalen Agenten, die intelligent agieren.
Mainzer (2016)	Ein System heißt intelligent, wenn es selbstständig und effizient Probleme lösen kann. Der Grad der Intelligenz hängt vom Grad der Selbstständigkeit, dem Grad der Komplexität des Problems und dem Grad der Effizienz des Problemlösungsverfahrens ab.
van Duin und Bakhshi (2018)	Artificial Intelligence is the science of making machine do things that would require intelligence if done by man.
Kreutzer und Sirrenberg (2019)	Künstliche Intelligenz bezeichnet die Fähigkeit einer Maschine, kognitive Aufgaben auszuführen, die wir mit dem menschlichen Verstand verbinden. Dazu gehören Möglichkeiten zur Wahrnehmung sowie die Fähigkeiten zur Argumentation, zum selbstständigen Lernen und damit zum eigenständigen Finden von Problemlösungen.

Tabelle 4: Übersicht von Definitionen für Künstliche Intelligenz[261, 262]

Die ersten Versuche, den Begriff Künstliche Intelligenz zu definieren, sind, wie die Bezeichnung selbst, auf McCarthy zurückzuführen.[263] Auf der Grundlage folgten unzählige weitere

[260] Vgl. Sternberg (Interview on Successful Intelligence), 2014; Sternberg (Successful Intelligence), 1997, S. 128.

[261] Vgl. McCarthy et al. (Proposal on AI), 1955, S. 1; Bellman (Introduction to Artificial Intelligence), 1978, S. 3; Rich (Artificial Intelligence), 1983, S. 1; Encyclopædia Britannica (Stichwort „Artificial Intelligence“), 1991; Görz; Wachsmuth (Einleitung zur Künstlichen Intelligenz), 1995, S. 1; Furnham (Psychology Ideas), 2009, S. 34; Mainzer (Was ist KI?), 2016, S. 3; Poole; Mackworth (Artificial Intelligence), 2010, S. 3; van Duin; Bakhshi (Artificial Intelligence), 2018, S. 6; Kreutzer; Sirrenberg (Künstliche Intelligenz verstehen), 2019, S. 3.

[262] Eine Übersicht weiterer vergleichbarer Definitionen ist auch in der Abhandlung von Richter et al. zu finden. Vgl. Richter et al. (Künstliche Intelligenz und Anwendungsfelder), 2019, S. 35f.

[263] Vgl. Buxmann; Schmidt (Grundlagen der Künstlichen Intelligenz), 2019, S. 3f.

Definitionen für diesen Begriff. Nach der Analyse von Tabelle 4, mit den geschichtlich relevantesten Definitionen, bestätigt sich, dass keine kohärente Definition der KI existiert. Dies ist dadurch zu begründen, dass sich die Autoren der Definitionen auf unterschiedliche Bereiche der KI fokussieren, wodurch es nur zu einer teilweisen Überschneidung der Definitionen kommt. Aus der Betrachtung aller Definitionen lässt sich ableiten, dass die Künstliche Intelligenz ein System zur Nachahmung menschlichen Handelns nachbildet. Dabei werden sogenannte intelligente Agenten eingesetzt, welche Aufgaben ausführen. Die intelligenten Agenten arbeiten zusammen und lösen gemeinsam ihnen gestellte Aufgaben.[264] Ein solcher Agent setzt dabei auf ihm zur Verfügung gestelltes Wissen und lernt selbstständig aus der Durchführung seiner Aufgaben (siehe Abbildung 23).

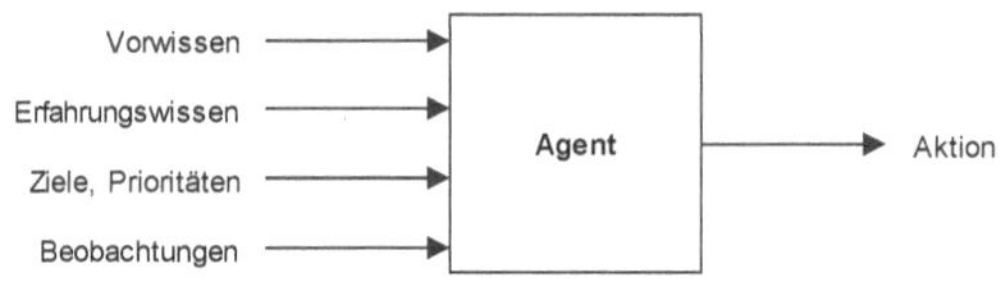

Abbildung 23: Intelligenter Agent[265]

Neben der ausführenden Betrachtung von KI bestehen auch philosophische Betrachtungsweisen, um KI zu klassifizieren. Nach RUSSEL UND NORVIG kann KI in vier Kategorien unterschieden werden.[266] So kann eine KI menschliches Handeln (1), menschliches Denken (2), rationales Handeln (3) oder rationales Denken (4) mit jeweils unterschiedlichen Optimierungsschwerpunkten nachbilden.[267] Eine weitere Unterscheidung erfolgt durch die schwache und starke KI-Hypothese.[268] Unter der schwachen KI-Hypothese wird die Behauptung verstanden, dass Maschinen interagieren können, als seien sie selbst intelligent. Die starke KI-Hypothese beschreibt im Gegenteil, dass Maschinen selbst in der Lage seien zu denken und somit das Denken nicht nur simulieren. Die schwache KI-Hypothese wird von den meisten akzeptiert, die starke hingegen steht in der Forschung im Allgemeinen nicht im Vordergrund. Es wird als irrelevant angenommen, ob der Denkprozess nur anschaulich oder tatsächlich passiert, da das Resultat des Prozesses im Fokus steht.[269]

2.3.1.3 Begriffsdefinition Intelligente Prozesse

Nach der Betrachtung der *Intelligenz* und der *künstlichen Intelligenz* gilt es, einen Übertrag auf Prozesse durchzuführen, um ein Verständnis für die Anforderungen an intelligente Planungsprozesse zu erhalten.

---

[264] Vgl. Ertel (Grundkurs Künstliche Intelligenz), 2008, S. 10.

[265] I. A. a. Schmidt-Schauß; Sabel (Methoden der Künstlichen Intelligenz), 2013, S. 4.

[266] Vgl. Russell; Norvig (Artificial Intelligence), 2010, S. 2.

[267] Vgl. Russell; Norvig (Artificial Intelligence), 2010, S. 2ff.

[268] Vgl. Schmidt-Schauß; Sabel (Methoden der Künstlichen Intelligenz), 2013, S. 8.

[269] Vgl. Schmidt-Schauß; Sabel (Methoden der Künstlichen Intelligenz), 2013, S. 8.

Ein anerkanntes Verständnis für intelligente Prozesse gilt nach BRUCKER-KLEY ET AL., welche das Modell der Erfolgsintelligenz nach STERNBERG auf Geschäftsprozesse übertragen haben (siehe Abbildung 24).[270]

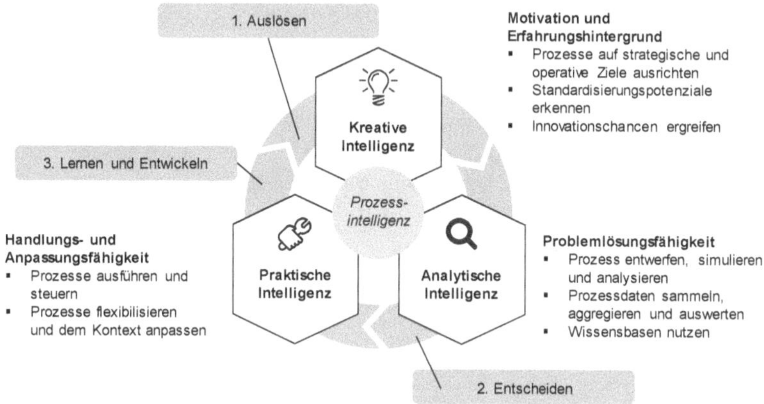

Abbildung 24: Erfolgsintelligenz als Grundlage der Prozessintelligenz[271]

Folgende Eigenschaften des Erfolgsintelligenzmodells befähigen die sinnvolle und logisch korrekte Anwendung auf einen organisatorischen Kontext und konkret auf Geschäftsprozesse:[272]

- **Lernkurve:** Intelligenz ist nach STERNBERG nicht statisch, sondern die Fähigkeiten entwickeln sich kontinuierlich weiter. Dies ist durch ein Prozessmanagement berücksichtigt, das auf eine kontinuierliche Verbesserung ausgerichtet ist.
- **Erfahrung und Wissensmanagement:** Die Erzielung sinnvoller Prozessergebnisse basiert auf Wissen, welches in der Durchführung von Prozessaufgaben angewandt wird. Das Wissen muss systematisch angereichert werden und zudem in jedem Prozessschritt zur Verfügung stehen.
- **Informationsverarbeitung:** Die Informationsverarbeitung beschreibt grundlegend die Ausrichtung von Modellen, Systemen und Prozessen hinsichtlich der Verarbeitung von Prozessdaten. Es wird davon ausgegangen, dass Daten sich im Prozess weiterentwickeln und müssen daher individuell betrachtet und verarbeitet werden.
- **Kontext:** Ein zentrales Element ist die Berücksichtigung des Kontextes bzw. der Rahmenbedingungen von Prozessen. Denn die Umwelt hat einen Einfluss auf die Durchführung und Ergebnisse von Prozessaufgaben. Der Kontext nicht jedoch nicht veränderbar, da er durch die Umwelt vorgegeben wird.

[270] Vgl. Brucker-Kley et al. (Prozessintelligenz), 2018.

[271] I. A. a. Brucker-Kley et al. (Prozessintelligenz), 2018, S. 12.

[272] Vgl. Brucker-Kley et al. (Prozessintelligenz), 2018, S. 11f.

Für die spätere Entwicklung intelligenter Planungsprozesse gelten die beschriebenen Definitionen und des Verständnisses der Erfolgsintelligenz nach STERNBERG und der Übertragung auf Prozesse nach BRUCKER-KLEY ET AL.

2.3.2 Einordung und Leistungsbestandteile von KI

Im Kontext von Künstlicher Intelligenz werden häufig weitere Begriffe wie bspw. Data Mining genannt. Um die Begriffe voneinander abzugrenzen, wird einleitend eine Übersicht über die Begriffe *Machine Learning*, *Data Mining* und *Statistik* gegeben mit begleitenden wissenschaftlichen Disziplinen (siehe Abbildung 25). Zudem wird die KI in den Kontext dieser Begriffe eingeordnet. Anschließend erfolgt eine detaillierte Beschreibung der Leistungsbestandteile der zentralen Begriffe KI und Data Mining.

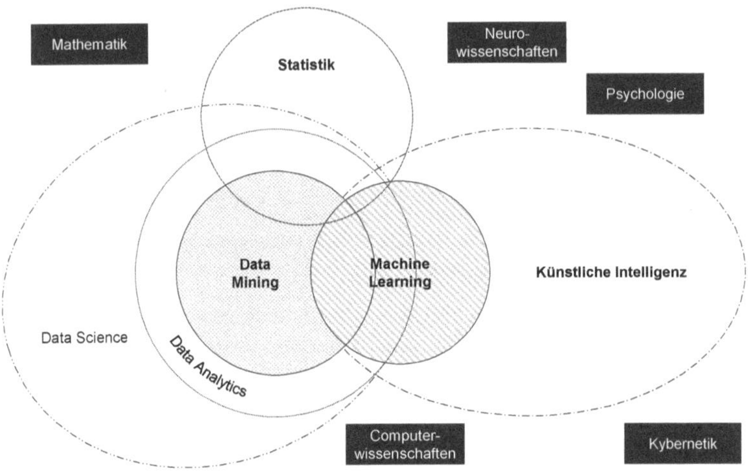

Abbildung 25: Einordung der Begrifflichkeiten im Kontext Künstlicher Intelligenz[273]

Wie in der Abbildung zu sehen ist, stellen die Begriffe in den Rechtecken bestimmte Wissenschaften dar, deren Teilgebiete in den Kreisen zu finden sind. Die Schnittmenge dieser Begriffe wird durch die Überschneidung der Kreise dargestellt. Unter KI wird ein Konstrukt verstanden, welches einem Computer die Fähigkeit verleiht, menschlich bzw. rational zu denken und zu handeln. Machine Learning ist ein Teilgebiet der KI und ist definiert als das Werkzeug zur Steigerung der problemorientierten Lösungsfähigkeit von Computern. Hierunter wird die Programmierung von Algorithmen zur optimierten Modifikation von Leistungskriterien unter Verwendung von Trainingsdaten und Erfahrungen verstanden.[274] ML stellt neben den Verfahren der Statistik ein Werkzeug des Data Mining dar, welches die Wissensgenerierung als Ziel hat.[275] Die Statistik verwendet Beobachten und zufällige Erscheinungen der realen Welt zur

[273] I. A. a. Dean (Big Data, Data Mining and Machine Learning), 2014, S. 56.

[274] Vgl. Alpaydin (Maschinelles Lernen), 2008, S. 3.

[275] Siehe Kapitel 2.3.2.2.

Gewinnung und Auswertung quantitativer Informationen. Es lassen sich somit zwei Teilgebiete der Statistik unterscheiden, Deskriptive Statistik umfasst das Beschreiben und Suchen, Induktive Statistik das Schließen.[276]

In der nachstehenden Abbildung 26, welche sich in der vorliegenden Form an der wissenschaftlichen Aufarbeitung nach Schuh und Reinhart orientiert, sind die Unterschiede, Gemeinsamkeiten sowie die Definitionen dargestellt.[277] Die Diagonale von links oben nach rechts unten beschreibt jeweils eine Definition. Unter der Diagonalen sind Überschneidungen der Begriffe dargestellt. Über der Diagonalen werden die Unterschiede der Begriffe beschrieben.

	KI	**ML**	**DM**	**Statistik**
KI	KI umfasst die Synthese und Analyse von computationalen Agenten, die intelligent agieren	ML ist ein weiteres Teilgebiet zur Erschaffung intelligenter Systeme, wie Robotik, Sprache etc.	DM ist die kommerzielle Anwendung von KI-Verfahren, um aus großen Datenbanken Wissen zu gewinnen	Statistik hat als Formal- und Realwissenschaft Einfluss auf die KI
ML	ML ist ein Teilgebiet der KI	ML beschreibt das Schaffen von Algorithmen zur Optimierung von Leistungskriterien unter Nutzung von Daten	ML fokussiert die effiziente Lösung einer Aufgabe, während DM die Wissensextraktion in Form von Mustererkennung fokussiert	Statistik ist ein formalisiertes Teilgebiet der Mathematik, während ML die Umsetzung u. a. auch statistischer Grundsätze anstrebt
DM	DM hat sich als Teilgebiet der KI entwickelt zur Schaffung von Wissen aus großen, realen Datenmengen	Im DM werden die Methoden und Verfahren des ML auf große Datenmengen angewendet	DM verfolgt das Ziel der Wissensgenerierung durch das Auffinden von nicht trivialen Mustern und Zusammenhängen	Statistik ist ein formalisiertes Teilgebiet der Mathematik, während DM die Statistik teils unter Anwendung von ML-Verfahren verwendet
Statistik	Statistik beeinflusst den Bereich der KI stark durch vorhandene Verfahren	ML verwendet Verfahren der Statistik	Exploratory Data Analytics (EDA) entstammt der Statistik und ist ein Verfahrensgeber des DM	Statistik fokussiert die Gewinnung quantitativer Informationen von zufälligen Erscheinungen der realen Welt aufgrund von Beobachtungen

Legende: Definition, Schnittmenge, Abgrenzung

Abbildung 26: Abgrenzung von KI zu verwandten Begrifflichkeiten[278]

Zur Verdeutlichung der Ziele und Anwendung der übergeordneten Begriffe KI und Data Mining, werden die jeweiligen Leistungsbestandteile im Folgenden aufgeschlüsselt. Auf die weitere

[276] Vgl. Grabmeier; Hagl (Statistik), 2016, S. 6.

[277] Schuh und Reinhart recherchieren in ihrer Abhandlung aktuell relevante und anerkannte Definitionen der Begriffe und formulieren dadurch einen Vorschlag zur Abgrenzung. Vgl. Schuh; Reinhart (Data Mining Definitions), 2019, S. 877.

[278] Vgl. Schuh; Reinhart (Data Mining Definitions), 2019, S. 877.

Detaillierung der Statistik wird an dieser Stelle verzichtet, da sie keine weitere Relevanz im Rahmen dieser Arbeit hat.

2.3.2.1 Leistungsbestandteile von KI

Der Begriff *Künstliche Intelligenz* wurde bereits zu Beginn des Kapitels erläutert. Es wurde aufgezeigt, dass im Kontext von Künstlicher Intelligenz häufig viele weitere Begriffe genannt werden, zu welchen bspw. auch das Machine Learning zählt. Zur weiteren Vertiefung des Begriffs KI wurde in Abbildung 27 eine Übersicht erstellt, in welcher der Oberbegriff KI in seine Leistungsbestandteile aufgeteilt wird.

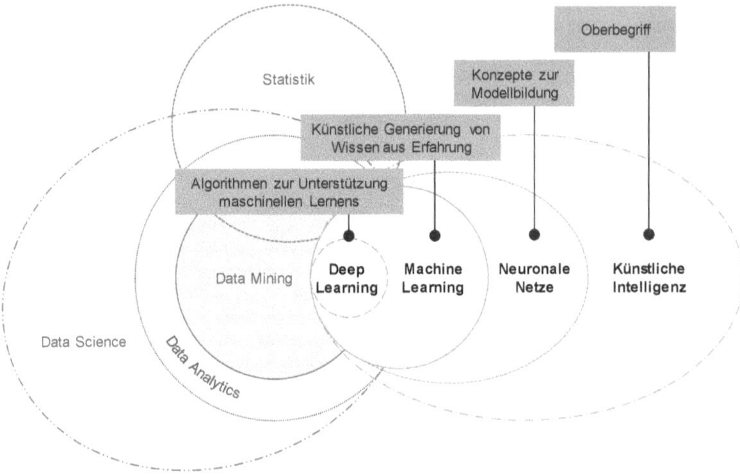

Abbildung 27: Leistungsbestandteile von KI[279]

Die in Anlehnung an Abbildung 26 erstellte Übersicht verdeutlicht, dass es sich bei den Themengebieten *neuronale Netze*, *Machine Learning* und *Deep Learning* um Leistungsbestandteile der Künstlichen Intelligenz handelt.[280]

Ein wesentliches Element der künstlichen Intelligenz bilden die *neuronalen Netze*. Ursprünglich stammt der Begriff aus den Neurowissenschaften, in welchen ein neuronales Netz die Verbindung zwischen Neuronen, also Nervenzellen, beschreibt.[281] Im Rahmen der Computertechnologie wird versucht, solche natürlichen Netze mittels Hard- und Software nachzustellen, wobei der Aufbau des menschlichen Gehirns als Orientierung dient. Die so entstehenden Netze sind in Schichten, sogenannten Layern, aufgebaut. Die hierarchisch überlagerten Schichten arbeiten jeweils mit dem Output der vorgelagerten Schicht. Die erste Schicht, auch

[279] Vgl. Kreutzer; Sirrenberg (Künstliche Intelligenz verstehen), 2019, S. 4.
[280] Vgl. Kreutzer; Sirrenberg (Künstliche Intelligenz verstehen), 2019, S. 4.
[281] Vgl. Kreutzer; Sirrenberg (Künstliche Intelligenz verstehen), 2019, S. 4f.

Input-Layer genannt, kann im menschlichen Kontext z. B. mit den Seh- oder Hörnerven verglichen werden, die die erste Sinnesinstanz darstellen. Die nachgelagerten, zu Tausenden eingesetzten Schichten bzw. Hidden-Layers verarbeiten die Daten. Mit jedem Schichtwechsel lernt das KI System hinzu, bis die letzte Schicht, der Output-Layer, die Ergebnisse ausgibt.[282] Mittels neuronaler Netze können sehr komplexe, nicht-lineare Abhängigkeiten abgebildet werden, welche durch das neuronale Netz über Trainingsdaten erlernt werden.[283] Neuronale Netze stellen somit ein aus der Natur motiviertes Konzept zur Modellbildung dar.

Künstliche Intelligenz soll sich eigenständig entwickeln und lernen, um auf Basis von Erfahrungen noch bessere Ergebnisse und neues Wissen zu generieren.[284] Dies soll durch *Machine Learning* ausgedrückt werden. Das System adaptiert im Sinne von Machine Learning Prozessen eigenständig verbesserte Algorithmen. Diese sogenannten selbst-adaptiven Algorithmen, die in der Lage sind, eigenständig zu lernen, benötigen große Datenmengen, um antrainiert zu werden. Ziel ist eine eigenständige Bearbeitung von Aufgaben durch eine „Maschine" ohne externes Eingreifen eines Programmierers. Es können verschiedene Arten des Lernens von Maschinen unterschieden werden. Detaillierte Erläuterungen sind unter anderem bei BUXMANN UND SCHMIDT zu finden.[285]

Ein Begriff, der besonders in der jüngeren Zeit häufig genannt wird, ist das *Deep Learning*. Bei diesem Ansatz handelt es sich, wie Abbildung 27 verdeutlicht, um ein Teilgebiet des Machine Learning. Der Ansatz des Deep Learning nutzt als Grundlage ebenfalls neuronale Netze.[286] Deep Learning zeichnet sich durch die Fähigkeit aus, große Datenmengen zu verarbeiten bei gleichzeitig niedriger Datenvorverarbeitung durch den Menschen. Die Ergebnisse gestalten sich zudem häufig genauer als bei herkömmlichen maschinellen Lernansätzen. Denn durch die große Anzahl an genutzten Schichten in den Netzen und eine weitaus komplexere innere Struktur können auch tief liegende Muster und Korrelationen erkannt werden. Diese hohe Anzahl an Schichten im neuronalen Netz wird durch die Bezeichnung „Deep" verdeutlicht.[287]

2.3.2.2 Leistungsbestandteile von Data Mining

Der Begriff des Data Mining (DM) wird in der Literatur unterschiedlich verwendet. Grundsätzlich kann mit Data Mining die „Anwendung geeigneter Methoden zur Entdeckung von Strukturen und Beziehungen in großen Datenmengen" beschrieben werden.[288] Wird der Vergleich zur induktiven Statistik vorgenommen, so stellen keine im Vorfeld formulierten und zu überprüfende Hypothesen die Ausgangslage einer Untersuchung dar. Stattdessen wird versucht, die

---

[282] Vgl. Rouse et al. (Artificial Neural Network), 2020.

[283] Vgl. Lackes (Neuronale Netze), 2020.

[284] Vgl. Buxmann; Schmidt (Grundlagen der Künstlichen Intelligenz), 2019, S. 7f.; Gentsch (Künstliche Intelligenz), 2018, S. 38f.

[285] Vgl. Buxmann; Schmidt (Grundlagen der Künstlichen Intelligenz), 2019, S. 9ff.

[286] Vgl. Buxmann; Schmidt (Grundlagen der Künstlichen Intelligenz), 2019, S. 12.

[287] Vgl. Kreutzer; Sirrenberg (Künstliche Intelligenz verstehen), 2019, S. 8.

[288] Vgl. Bankhofer; Vogel (Datenanalyse und Statistik), 2008, S. 253.

durch die Daten bereitgestellten Informationen zur Theorieentwicklung zu nutzen. Im Produktionsumfeld enthalten Prozessdaten oft umfangreiche und wettbewerbsrelevante Informationen, welche die nicht immer offensichtliche Charakteristik von Produktionsprozessen abbilden können.[289] Somit stellen Prozessdaten neben dem menschlichen Expertenwissen einen wichtigen Schlüssel zum Verständnis von Prozessen dar. Mittels Data Mining Prozessen kann dieses Prozesswissen aus den Daten ermittelt werden. Drei in der Literatur häufig diskutierte Methoden des Data Mining sind *Data Mining in Knowledge Discovery in Databases* (KDD), *Data Mining-Prozess nach SEMMA* und der Data Mining Prozess *Cross Industry Standard Process for Data Mining* (CRISP-DM).[290] In dieser Arbeit wird detaillierter auf den CRISP-DM als eines der am häufigsten verwendeten Vorgehen in der Industrie eingegangen.[291] So bildet der CRISP-DM auf der einen Seite einen Zusammenschluss von bereits etablierten Vorgehen, wie dem KDD, zum anderen dient er auch als Ausgangspunkt für Weiterentwicklungen und neue Ansätze. Da der KDD die Grundlage für den CRISP-DM bildet, wird dieser einleitend kurz vorgestellt.

Data Mining Methode KDD

Besondere Bedeutung ist der Einordnung von DM nach FAYYAD ET AL. zuzuschreiben.[292] In der Wissenschaft und Industrie wird der Begriff „Data Mining" und „Knowledge Discovery in Databases" (dt. Wissensgenerierung in Datenbanken) zum Teil synonym verwendet. Nach FAYYAD ET AL. stellt Data Mining lediglich einen Teilprozess des KDD dar.[293] Die dem DM zugesprochene Wissensgenerierung aus Daten wird hier dem ganzen KDD Prozess zugeordnet. In diesem Zusammenhang kann Data Mining als Teilprozess wie folgt detailliert werden: „Data Mining ist ein Schritt im KDD-Prozess, der in der Anwendung von Datenanalyse- und Entdeckungsalgorithmen besteht, die unter akzeptablen Einschränkungen der Recheneffizienz eine bestimmte Aufzählung von Mustern (oder Modellen) über die Daten erzeugen."[294]

Wie bereits durch die deutsche Übersetzung des KDD als „Wissensgenerierung in Datenbanken" deutlich wurde, umschreibt der KDD den „gesamten Prozess der interaktiven und iterativen Entdeckung und Interpretation von nützlichem Wissen aus Daten".[295] Abbildung 37 beschreibt die neben den Data Mining ebenfalls zugehörigen weiteren Schritte des KDD. Der KDD wird nach FAYYAD ET AL. in fünf einzelne Schritte unterteilt.[296] Ziel ist hierbei die Generierung neuen Wissens.

---

[289] Vgl. Wieland; Fischer (Data-Mining-Projekte in Produktionsprozessen), 2013.

[290] Vgl. Cleve; Lämmel (Data Mining), 2014; Gabriel et al. (Data Warehouse and Data Mining), 2011; Cios et al. (Data Mining), 2007.

[291] Vgl. Kurgan; Musilek (Knowledge Discovery and Data Mining Process Models), 2006, S. 5.

[292] Vgl. Fayyad et al. (Knowledge Discovery in Databases), 1996, S. 41.

[293] Vgl. Han et al. (Data Mining), 2012, S. 8; Bankhofer; Vogel (Datenanalyse und Statistik), 2008, S. 16; Fayyad et al. (Knowledge Discovery in Databases), 1996, S. 41.

[294] Vgl. Fayyad et al. (Knowledge Discovery in Databases), 1996, S. 41.

[295] Vgl. Bankhofer; Vogel (Datenanalyse und Statistik), 2008, S. 253f.

[296] Vgl. Fayyad et al. (Knowledge Discovery in Databases), 1996, S. 41.

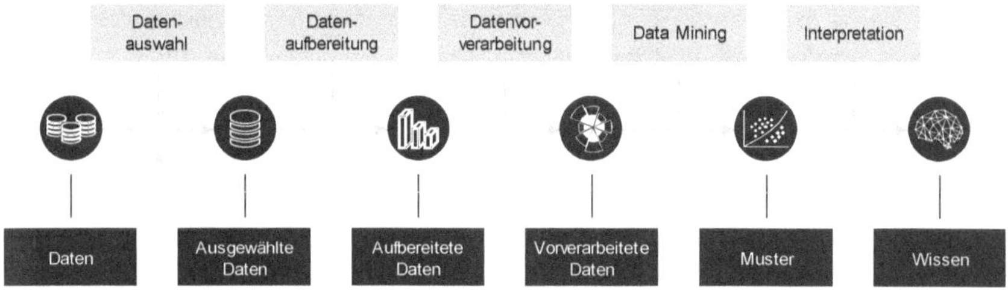

Abbildung 28: Übersicht des Prozesses Knowledge Discovery in Databases[297]

Die Wissensgenerierung beginnt mit der *Datenauswahl*. In diesem ersten Schritt werden nach der Aufstellung von Analysezielen relevante Daten definiert. Diese werden, wenn nötig, aufgenommen, gesichtet und beschrieben. Sind die ausgewählten Daten zur weiteren Analyse bereitgestellt, müssen die Daten in einem zweiten Schritt *Datenaufbereitung* aufgearbeitet werden. Die Daten werden im Zuge dieses Vorgehens hinsichtlich definierter Anforderungen an die Datenqualität, die zur Erreichung des Analyseziels nötig sind, untersucht und wenn nötig bereinigt. Bevor der bereits beschriebene Schritt des Data Mining beginnt, muss zumeist noch eine *Datenvorverarbeitung* durchgeführt werden. Im Rahmen derer können Daten transformiert, also zusammengeführt oder gemäß der Zielsetzung der Untersuchung auf ein angemessenes Maß reduziert werden.[298] Die bis zu diesem Zeitpunkt durchgeführten Arbeiten beschreiben auf dem Weg der Wissensgenerierung nur einen kleinen inhaltlichen Fortschritt, stellen jedoch einen großen zeitlichen Aufwand dar. Im Schritt *Data Mining* findet die Selektion und Anwendung der Data-Mining Methoden statt. Mittels des Schrittes *Interpretation* sollen final Muster erkannt und neues Wissen generiert werden. Allgemein handelt es sich beim KDD nicht um einen sequenziellen Prozess. Es sind jederzeit Rückkopplungen zwischen den Schritten möglich.[299] Somit wird nochmals deutlich, dass das Data Mining in einen iterativen und interaktiven Gesamtprozess eingebunden ist. Neben der manuellen Abarbeitung der im KDD beschriebenen Schritte ist auch eine Automatisierung möglich.[300]

Da das Data Mining einen wesentlichen Prozessschritt im KDD darstellt, wird nachfolgend dieser nochmals detaillierter betrachtet. Im Wesentlichen lässt sich das Data Mining in vier Anwendungsbereiche unterteilen.[301] Diese sind in Abbildung 29 dargestellt. Es handelt sich um Segmentierung, Klassifikation, Vorhersage und Assoziation. Jedem Anwendungsbereich kann eine bestimmte Aufgabe zugeordnet werden. Bei der *Segmentierung* werden Gruppen anhand von ähnlichen Objekten gebildet, wohingegen bei der *Klassifizierung* die Klassenzugehörigkeit der Objekte anhand deren Merkmale bestmöglich identifiziert werden. Davon zu

297 Eigene Darstellung. Vgl. Bankhofer; Vogel (Datenanalyse und Statistik), 2008, S. 254; Fayyad et al. (Knowledge Discovery in Databases), 1996, S. 41.

298 Vgl. Bankhofer; Vogel (Datenanalyse und Statistik), 2008, S. 253.

299 Vgl. Runkler (Data-Mining-Prozess), 2010, S. 2.

300 Vgl. Schneider; Seelmeyer (Einfluss der Algorithmen), 2018, S. 21f.

301 Vgl. Bankhofer; Vogel (Datenanalyse und Statistik), 2008, S. 255f.

unterscheiden ist die *Vorhersage*. Im Rahmen dieser werden auf Basis einer funktionalen Beziehung die Werte einer abhängigen kontinuierlichen Variablen prognostiziert. Bei der *Assoziation* hingegen sollen mithilfe bestimmter Regeln strukturelle Zusammenhänge in Datenbasen erkannt werden.

	Aufgabenstellung	Wesentliche Methoden
Segmentierung	Bildung von Klassen aufgrund von Ähnlichkeiten der Objekte	▪ Clusteranalyse ▪ Neuronale Netze
Klassifikation	Identifikation der Klassenzugehörigkeit von Objekten auf der Basis gegebener Merkmale	▪ Diskriminanzanalyse ▪ Neuronale Netze ▪ Entscheidungsbäume
Vorhersage	Prognose der Werte einer abhängigen kontinuierlichen Variable auf Basis einer funktionalen Beziehung	▪ Regressionsanalyse ▪ Neuronale Netze ▪ Entscheidungsbäume
Assoziation	Aufdeckung von strukturellen Zusammenhängen in Datenbasen mithilfe von Regeln	▪ Assoziationsanalyse

Abbildung 29: Anwendungsbereich von Data Mining[302]

Abhängig vom Anwendungsbereich können verschiede Methoden angewandt werden. Bei der Anwendung der Methoden und dem Anlernen von Modellen (z. B. neuronalen Netzen) ist immer zu berücksichtigen, dass die bereitgestellten Daten jeweils in einen Trainingsdatensatz zum Anlernen des jeweiligen Modells und einen Testdatensatz unterteilt werden. Letzterer ist nötig, um die Qualität des trainierten Modells zu bewerten.

Data Mining Methode CRISP-DM

Das ursprüngliche Modell des Cross Industry Standard Process for Data Mining basiert auf mehreren Phasen, welche jeweils einzelne generische Aufgaben beinhalten und eine systematische Durchführung von Data Mining Projekten erlauben.[303] Der CRISP-DM setzt sich aus sechs Phasen zusammen, wobei diese nicht zwingend hintereinander ablaufen müssen und auch iterativ durchgeführt werden können (siehe Abbildung 30).[304]

[302] I. A. a. Bankhofer; Vogel (Datenanalyse und Statistik), 2008, S. 255.

[303] Vgl. Wieland; Fischer (Data-Mining-Projekte in Produktionsprozessen), 2013.

[304] Die weiteren Beschreibungen folgen gemäß CHAPMAN ET AL. Vgl. Chapman et al. (CRISP-DM 1.0), 2000, S. 10ff.

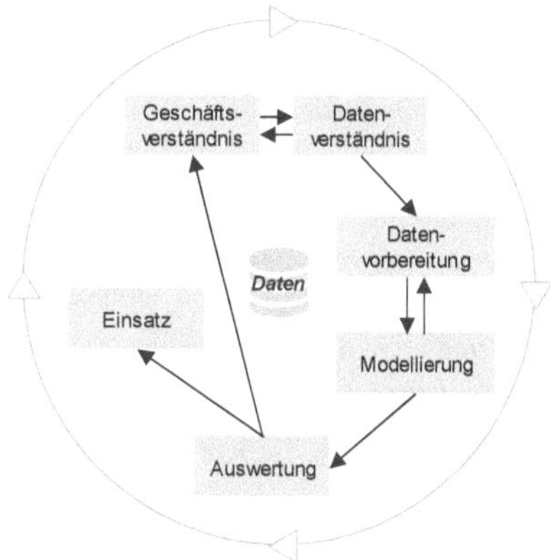

Abbildung 30: CRISP-DM Prozess[305]

In der Phase *Geschäftsverständnis* werden die konkreten Ziele und Anforderungen für das Data Mining festgelegt.[306] Die Formulierung von Problemen, Zielen und Ressourcen stellt die Basis der Phase dar. Das Schreiben eines Projektplans am Ende der ersten Phase ist hilfreich und unterstützt im weiteren Verlauf, da es sich um ein sogenanntes Masterdokument handelt, das in allen Phasen über den Stand der Analyse informiert. So sollten zum Ende der Phase die durchzuführenden Aufgabenstellungen mit den Data Mining Zielen und eine grobe Beschreibung der geplanten Vorgehensweise im Dokument enthalten sein.

In der Phase *Datenverständnis* wird ein erster Überblick über die vorhandenen Daten erarbeitet.[307] Auch die Qualität der Daten kann untersucht und im Anschluss bewertet werden. Im Rahmen dieser Phase findet zu Beginn eine Sammlung der Rohdaten statt, die im Folgenden beschrieben werden. Hierzu zählen die Beschreibung der Menge der Daten, welche Wertetypen diese haben und welchem Kodierungsschemata diese unterliegen. Anschließend kann eine erste Untersuchung der Daten mittels geeigneter Visualisierungstools und Tabellen vorgenommen werden, um sich einen ersten Eindruck über die Daten zu verschaffen und Hypothesen bilden zu können. Es müssen zudem eine Überprüfung der Datenqualität erfolgen und mögliche Datenfehler entfernt werden.

Im Rahmen der *Datenvorbereitung* wird der finale zu untersuchende Datensatz erstellt.[308] Hierbei handelt es sich um die zeitintensivste Phase, bei der bis zu 50 % bis 70 % der notwendigen Zeit eines Data Mining Projektes beanstandet werden können.[309] Zu den Aufgaben der Daten-

305 Vgl. IBM (CRISP-DM Guide), 2015, S. 1ff.; Chapman et al. (CRISP-DM 1.0), 2000, S. 10; Wirth; Hipp (CRISP-DM), 2000, S. 33.

306 Vgl. Chapman et al. (CRISP-DM 1.0), 2000, S. 16f.; Wirth; Hipp (CRISP-DM), 2000, S. 33.

307 Vgl. Chapman et al. (CRISP-DM 1.0), 2000, S. 20f.; Wirth; Hipp (CRISP-DM), 2000, S. 33.

308 Vgl. Chapman et al. (CRISP-DM 1.0), 2000, S. 23f.; Wirth; Hipp (CRISP-DM), 2000, S. 33f.

309 Vgl. Chapman et al. (CRISP-DM 1.0), 2000, S. 42.

vorbereitung gehören die finale Auswahl an Daten, die Bereinigung von Daten (bspw. Ergänzen von fehlenden Daten, Kodierungsinkonsistenzen etc.), Erstellen neuer Daten (bspw. Einfügen neuer Spalten zur verbesserten Analyse), Integrieren von Daten (z. B. Verbinden von Datensätzen) sowie das Formatieren der Daten (bspw. Anpassung des Formats für bestimmte Analysetechniken).

In der Phase *Modellierung* werden die zur Bewältigung der Aufgabenstellungen geeigneten Methoden des Data Mining auf den Datensatz angewandt.[310] Häufig finden in diesem Schritt eine erneute Betrachtung und Veränderung der Rohdaten statt, wodurch ein iterativer Prozess entsteht. Die Modellierungsphase kann in Bezug auf die gewählten Modellierungsverfahren unterschiedlich ausgeprägt sein.

Während der *Evaluierungsphase* sollte überprüft werden, ob die Ergebnisse der vorherigen Schritte des CRISP-DM Antworten auf die Fragestellungen und zu Beginn definierten Aufgabenstellungen geben.[311] Auch sollte hinterfragt werden, ob die Ergebnisse dem Unternehmenserfolg zugutekommen.

In der *Einsatz- oder Bereitstellungsphase* werden die neuen Erkenntnisse eingesetzt und angewandt, um den Unternehmenserfolg zu verbessern.[312] Dazu muss ein Vorgehen abgeleitet werden, um die Erkenntnisse nachhaltig im Unternehmen einzuführen. Ist ein solches Vorgehen erarbeitet, so muss dieses systematisch dokumentiert werden.

2.4 Werkzeugbau

Die Branche Werkzeugbau gilt als zentraler Befähiger in der Wertschöpfungskette der industriellen Serienproduktion.[313] Erst durch die Bereitstellung von notwendigen Betriebs- und Hilfsmitteln wird die effiziente Herstellung von Produkten in hoher Stückzahl ermöglicht.[314] Das folgende Unterkapitel beschreibt den für diese wissenschaftlichen Arbeit definierten Betrachtungsbereich Werkzeugbau. Beginnend wird ein Verständnis für alle mit dem Werkzeugbau verbundenen Begriffe erzeugt. Im weiteren Verlauf wird die wirtschaftliche Struktur der Branche Werkzeugbau dargestellt. Anschließend wird die Wertschöpfung mitsamt der charakteristischen Prozesskette und des Leistungsspektrums industrieller Werkzeugbaubetriebe vorgestellt. Darauf aufbauend wird die allgemeine Entwicklung der Branche Werkzeugbau erläutert, da diese sich in den vergangenen Jahren stark hinsichtlich der Industrialisierung gewandelt hat und derzeit eine weitere Entwicklung im Kontext der digitalen Vernetzung durchläuft. Abschließend wird gesondert auf die aktuellen Herausforderungen und den Status quo der Produktionsplanung im Werkzeugbau eingegangen.

[310] Vgl. Chapman et al. (CRISP-DM 1.0), 2000, S. 27f.; Wirth; Hipp (CRISP-DM), 2000, S. 34.
[311] Vgl. Chapman et al. (CRISP-DM 1.0), 2000, S. 30f.; Wirth; Hipp (CRISP-DM), 2000, S. 34.
[312] Vgl. Chapman et al. (CRISP-DM 1.0), 2000, S. 32f.; Wirth; Hipp (CRISP-DM), 2000, S. 35.
[313] Vgl. Eversheim; Klocke (Werkzeugbau mit Zukunft), 1998, S. 1.
[314] Vgl. Probst (Leancontrolling), 2003, S. 31f.

Die Beschreibungen und Erklärungen des Werkzeugbaus erfolgen auf Basis der Erfahrungen und Erkenntnisse zahlreicher Forschungs- und Industrieaktivitäten am Lehrstuhl für Produktionssystematik des Werkzeugmaschinenlabors WZL der RWTH Aachen, an denen der Autor beteiligt war. Der Aufbau des Unterkapitels und die Inhalte sind daher vergleichbar mit anderen Arbeiten des Werkzeugmaschinenlabors WZL der RWTH Aachen. Dazu zählen besonders die wissenschaftlichen Arbeiten von PITSCH[315], SALMEN[316] und KUHLMANN[317].

2.4.1 Begriffsdefinition und -abgrenzung

Für die Begriffe Werkzeug und Werkzeugbau existieren weder in der Literatur noch im Sprachgebrauch einheitliche Beschreibungen. Deswegen werden die beiden Begriffe nachfolgend definiert und in den Gesamtkontext eingeordnet. Dabei wird bei dem Begriff Werkzeugbau in den internen und externen Werkzeugbau unterschieden.

2.4.1.1 Begriffsdefinition Werkzeug

Zur industriellen Fertigung von Gütern werden nicht nur Rohmaterialien oder Vorprodukte verwendet, sondern zudem Hilfsmittel zur Fertigung, die keinen festen Bestandteil des Endprodukts bilden. Gemäß der VDI Norm 2815 werden solche Hilfsmittel als Betriebsmittel bezeichnet.[318] Diese Betriebsmittel werden unterteilt in Fertigungsmittel, Prüfmittel, Handhabungsmittel, Transportmittel und Lagermittel (siehe Abbildung 31).

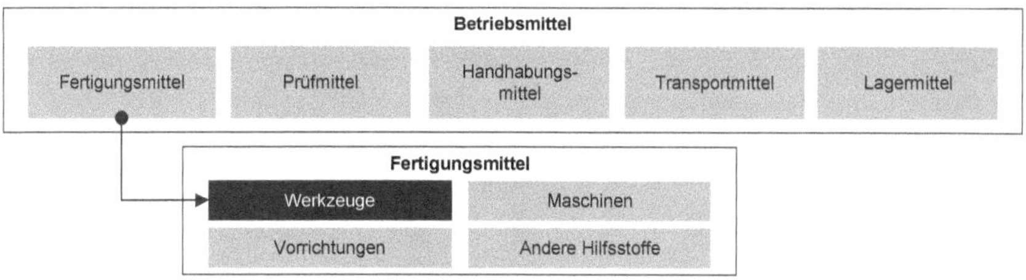

Abbildung 31: Betriebsmittel nach VDI Norm 2815[319]

In der übergeordneten Struktur der Betriebsmittel zählen Werkzeuge neben Maschinen, Vorrichtungen und anderen Hilfsstoffen zu den Fertigungsmitteln. Werkzeuge sind nach der VDI-Norm dabei ein Fertigungsmittel, welches zur Form- oder Substanzänderung auf Material einwirkt. Die Form- oder Substanzänderung kann physikalisch, chemisch oder mechanisch erfolgen.[320] Als Werkzeuge werden sowohl Hohlformwerkzeuge zur Produktion von Metall- oder

[315] Vgl. Pitsch (Kompetenzfeldbasierte Vernetzung), 2014.

[316] Vgl. Salmen (Digital vernetzter Shopfloor), 2016.

[317] Vgl. Kuhlmann (Corporate Tooling), 2017.

[318] Die Norm wurde 2001 zurückgezogen, ist aber in der industriellen Praxis weiterhin verbreitet. Vgl. VDI (VDI 2815 - Produktionsplanung), 1978.Die Norm wurde 2001 zurückgezogen, ist aber in der industriellen Praxis weiterhin verbreitet.

[319] I. A. a. VDI (VDI 2815 - Produktionsplanung), 1978.

[320] Vgl. VDI (VDI 2815 - Produktionsplanung), 1978.

Kunststoffteilen als auch Bearbeitungswerkzeuge wie bspw. Bohrer, Fräsköpfe, Hammer, Meißel, Schleifscheiben oder Schneidplatten bezeichnet.[321]

Im Rahmen des Betrachtungsbereichs dieser wissenschaftlichen Arbeit liegt der Fokus des Werkzeugbegriffs auf Hohlformwerkzeugen zur Herstellung von Blech-, Kunststoff- oder Aluminiumteilen, welche durch eine teilweise oder vollständige Abbildung des Enderzeugnisses charakterisiert sind. Im Folgenden werden solche Hohlformwerkzeuge, unabhängig der spezifischen Unterart des Werkzeugs, stets als Werkzeuge bezeichnet.

Eine weitere Beschreibung und Definition solcher Hohlformwerkzeuge gibt KLOCKE, indem er Werkzeuge als komplexes Produkt definiert, welches der Produktion formgebender Teile dient und vielfache, individuelle Funktionen und Merkmale aufweist sowie hohe Ansprüche an Präzision und Oberflächengüte hat.[322]

2.4.1.2 Begriffsdefinition (interner und externer) Werkzeugbau

Als Werkzeugbau bzw. Werkzeugbaubetrieb werden solche produzierende Unternehmen oder Abteilungen eines Unternehmens klassifiziert, welche die zuvor definierten Werkzeuge herstellen. Zudem wird unter dem Begriff Werkzeugbau die gesamte Branche von Unternehmen bezeichnet, welche sich mit der Herstellung von Werkzeugen beschäftigt.

Eine übergeordnete Klassifizierung nach dem Marktzugang von Werkzeugbaubetrieben erlaubt die Unterscheidung in externe und interne Werkzeugbaubetriebe. Als Beispiel wird in Abbildung 32 der Marktzugang von deutschen Werkzeugbaubetrieben dargestellt. Aus der gemeinsamen Datenbank des Werkzeugmaschinenlabors WZL der RWTH Aachen und des Fraunhofer-Instituts für Produktionstechnologie IPT folgt, dass aktuell ca. 51 % der Werkzeugbaubetriebe einen internen und ca. 49 % einen externen Marktzugang besitzen.[323]

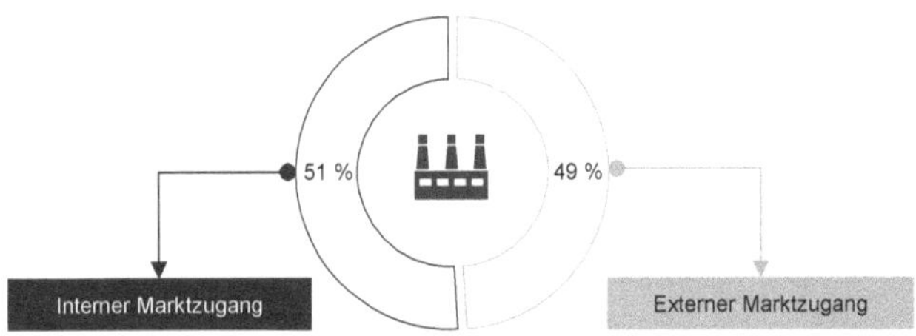

Abbildung 32: Marktzugang von deutschen Werkzeugbaubetrieben[324]

[321] Vgl. Eversheim; Klocke (Werkzeugbau mit Zukunft), 1998, S. 25.

[322] Vgl. Klocke; Arntz (Technologien für den Werkzeugbau), 2005, S. 18f.

[323] Vgl. WZL; IPT (Unternehmensdatenbank „Excellence in Production“), 2020; Boos et al. (Tooling in Germany), 2018, S. 15.

[324] Vgl. Boos et al. (Tooling in Germany), 2018, S. 15.

Als interner Werkzeugbau werden solche Organisationen verstanden, welche in ein Mutterunternehmen integriert sind und die Serienproduktion des Mutterunternehmens mit Werkzeugen und weiteren werkzeugspezifischen Leistungen versorgen.[325] Das übergeordnete Ziel eines internen Werkzeugbaus ist die Sicherstellung der Verfügbarkeit der Serienproduktion. Darüber hinaus soll der interne Werkzeugbau die Gesamtproduktivität der Serienproduktion steigern und die Flexibilität der Produktion bezüglich der Werkzeugversorgung gewährleisten.[326]

Organisatorisch betrachtet erfolgt die Integration des Werkzeugbaus in das Mutterunternehmen nach EVERSHEIM UND KLOCKE als *reguläre Abteilung*, *Cost-Center* oder als *Profit-Center* (siehe Abbildung 33).

	Abteilung	Cost-Center	Profit-Center
Ausrichtung	aufgabenorientiert	kostenorientiert	leistungsorientiert
Arbeitsweise	Kostenumlage auf andere Bereiche	Eigenverantwortung bezüglich Kosten	Eigenverantwortung bezüglich Ergebnis
Vorteile	„unbeschränkte" Finanzmittel	Kostensenkung durch Kostenverantwortung	Vergleichsmöglichkeit mit externen Anbietern
Nachteile	hohe Kosten durch fehlende Verantwortung	bedingter Rentabilitätsvergleich	höherer administrativer Aufwand

Abbildung 33: Integration von internen Werkzeugbaubetrieben[327]

Die Gestaltung des internen Werkzeugbaus als *Cost-Center* bedeutet, dass der Werkzeugbau die gesamte Kostenverantwortung für den eigenen Aufgabenbereich übernimmt. Als Primärziel gilt vor allem die Kostenneutralität, d. h. die entstehenden Kosten für die Leistungserstellung auf einem vergleichbaren Niveau zu halten. Für eine wirtschaftliche Bewertung und die Schaffung eines Wettbewerbs vergleicht der Mutterkonzern die intern kalkulierten Werkzeugkosten mit denen externer Wettbewerber. Da bei einem Cost-Center nur die Kosten ermittelt und verglichen werden, jedoch nicht die Ergebnisse in Form einer Gewinn- und Verlustrechnung betrachtet werden, ist der Vergleich mit externen Anbietern nur bedingt aussagekräftig.[328]

Als *Profit-Center* werden solche internen Werkzeugbaubetriebe bezeichnet, die als eigenständiger Geschäftsbereich in einem Konzernverbund agieren. Der Werkzeugbau ist vollständig für die erzeugten Kosten und erzielten Erträge verantwortlich. Dies führt zu einem gesteigerten

[325] Vgl. Eversheim; Klocke (Werkzeugbau mit Zukunft), 1998, S. 74.

[326] Vgl. Eversheim; Klocke (Werkzeugbau mit Zukunft), 1998, S. 3f.

[327] Vgl. Kuhlmann (Geschäftsprozesse im industriellen Werkzeugbau), 2013, S. 27; Eversheim; Klocke (Werkzeugbau mit Zukunft), 1998, S. 75.

[328] Vgl. Komorek (Kollaborative Wertschöpfung), 2014, S. 39f.; Eversheim; Klocke (Werkzeugbau mit Zukunft), 1998, S. 75ff.

Kostendruck auf den Werkzeugbau, da der interne Werkzeugbau direkt mit externen Wettbewerbern verglichen wird. Jedoch ist bei einer solchen Ausgestaltung der Verwaltungsaufwand hoch, da die Erträge entsprechend aufgeschlüsselt und ausgewiesen werden müssen.[329]

Im Gegensatz zu internen Werkzeugbaubetrieben, welche hauptsächlich die interne Serienproduktion sicherstellen und befähigen, sind externe Werkzeugbaubetriebe rechtlich eigenständige Wirtschaftsbetriebe, die ihre Leistungen frei am Markt anbieten. Dabei hat der externe Werkzeugbau als Primärziel die Gewinnmaximierung.[330] Wie in anderen wirtschaftlichen Betrieben versucht auch der Werkzeugbau ein breites Kundenspektrum aus unterschiedlichen Branchen zu bedienen. Dies geschieht vor dem Hintergrund, Auslastungsschwankungen in einzelnen Branchen ausgleichen zu können.[331] In der betrieblichen Praxis sind externe Werkzeugbaubetriebe jedoch von einer geringen Anzahl an Hauptkunden mit langen bilateralen Geschäftsbeziehungen geprägt.[332] Externe Werkzeugbaubetriebe versuchen zudem sich produkt- und wertschöpfungsseitig zu spezialisieren. Dabei bestehen verschiedene Differenzierungsmerkmale zur Abgrenzung gegenüber Wettbewerbern, wie bestimmte Werkzeugtypen, Werkzeuggrößen, Fertigungstechnologien oder angebotene Dienstleistungen.

2.4.2 Branche Werkzeugbau

Auf Basis des Verständnisses der Definitionen von Werkzeugen und des Werkzeugbaus soll im Folgenden die Branchenstruktur des Werkzugbaus vorgestellt werden. Der weltweite Werkzeugbaumarkt lässt sich in vier Kategorien zusammenfassen, welche die Ausprägungen in den zwei Dimensionen Werkzeugbaukompetenz des Markts sowie Marktgröße beschreiben. Die Kategorien lauten dabei *Allstars*, *Established*, *Rookie* und *Rising Star*.[333] Als *Allstars* werden solche Werkzeugbaumärkte verstanden, die eine hohe Werkzeugbaukompetenz sowie eine große Marktgröße besitzen. Die Kategorie *Established* beschreibt Werkzeugbaumärkte mit sehr hoher Werkzeugbaukompetenz, jedoch mit geringerer Marktgröße als die Kategorie Allstars. Zu den *Rookies* werden Werkzeugbaumärkte gezählt, die in der näheren Vergangenheit ihre Werkzeugbaukompetenz gesteigert haben, jedoch noch eine geringe Marktgröße besitzen. Werkzeugbaumärkte der Kategorie *Rising Stars* zeichnen sich sowohl durch eine geringere Werkzeugbaukompetenz aus als auch durch eine geringere Marktgröße aus. Diese Märkte entwickeln sich jedoch positiv. In der folgenden Abbildung 34 sind die Werkzeugbaumärkte den beschriebenen Kategorien zugeordnet.

---

329 Vgl. Komorek (Kollaborative Wertschöpfung), 2014, S. 39f.; Eversheim; Klocke (Werkzeugbau mit Zukunft), 1998, S. 75ff.

330 Vgl. Boos (Modulare Werkzeuge), 2008, S. 28.

331 Vgl. Spennemann (Organisationsstrukturen im Werkzeugbau), 2001, S. 12.

332 Vgl. WZL; IPT (Unternehmensdatenbank „Excellence in Production"), 2020.

333 Vgl. Boos et al. (World of Tooling), 2018, S. 33.

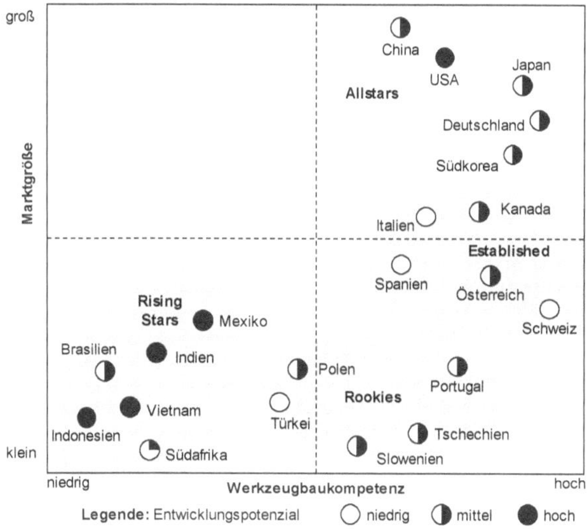

Abbildung 34: Bewertung internationaler Werkzeugbaumärkte[334]

Der Werkzeugbaumarkt Deutschland gehört der Kategorie *Allstars* an und zählt weltweit zu den bedeutendsten Märkten.[335] Dies gilt sowohl für die Herstellung von Werkzeugen als auch für die Verwendung von Werkzeugen in der Produktion. Die vorliegende Arbeit richtet sich vornehmlich an einen Anwenderkreis aus diesem Markt, sodass dieser nachfolgend detaillierter beschrieben wird.

Für die in Deutschland wirtschaftlich bedeutende Automobilindustrie gilt der heimische Werkzeugbaumarkt als Erfolgsfaktor für die erfolgreiche und wirtschaftliche Produktion von Fahrzeugen. Der Werkzeugbau liefert dazu hochpräzise Werkzeuge für die Blech- und Massivumformung sowie für die Spritz- und Druckgussfertigung.[336] In 2016 lag das Produktionsvolumen bei rund 5,1 Mrd. €, was Deutschland zum größten Werkzeugproduzenten in Europa macht.[337] Darüber hinaus zählen die hochpräzisen Werkzeuge als wichtige Exporterzeugnisse mit einem Gesamtvolumen von 1,9 Mrd. € in 2016.[338] Die wichtigsten Exportländer für den deutschen Werkzeugbaumarkt sind die USA mit einem Exportvolumen von 186,2 und China mit einem Exportvolumen von 142,2 Mio. €. China gilt als wichtiger Importpartner für Werkzeuge. So wurden im Jahr 2016 Werkzeuge im Wert von 312,5 Mio. € nach Deutschland importiert.[339]

---

334 I. A. a. Boos et al. (World of Tooling), 2018, S. 9.
335 Vgl. Boos et al. (World of Tooling), 2018, S. 33f.
336 Vgl. Boos et al. (Tooling in Germany), 2018, S. 9.
337 Vgl. Boos et al. (Tooling in Germany), 2018, S. 16.
338 Vgl. Boos et al. (Tooling in Germany), 2018, S. 16f.
339 Vgl. Boos et al. (Tooling in Germany), 2018, S. 17.

Die Branche Werkzeugbau ist in Deutschland überwiegend mittelständisch geprägt und beschäftigt insgesamt ca. 69.500 Mitarbeiter[340] in ca. 3.800 Betrieben[341]. In den letzten Jahren ist die Anzahl der Beschäftigten stark gestiegen und befindet sich derzeit auf einem Rekordniveau.[342] Bei der Betrachtung der Verteilung der Beschäftigten in Abbildung 35 bestätigt sich die klein- und mittelständische Organisation und zeigt eine starke Fragmentierung der Branche.[343] So beschäftigen ca. 80 % der Unternehmen weniger als 20 Mitarbeiter und nur weniger als 1 % der Unternehmen ist größer als 100 Mitarbeiter. Die größten bekannten Werkzeugbaubetriebe sind zumeist interne Werkzeugbaubetriebe in der Automobilindustrie mit z. T. mehr als 1.000 Mitarbeitern.[344]

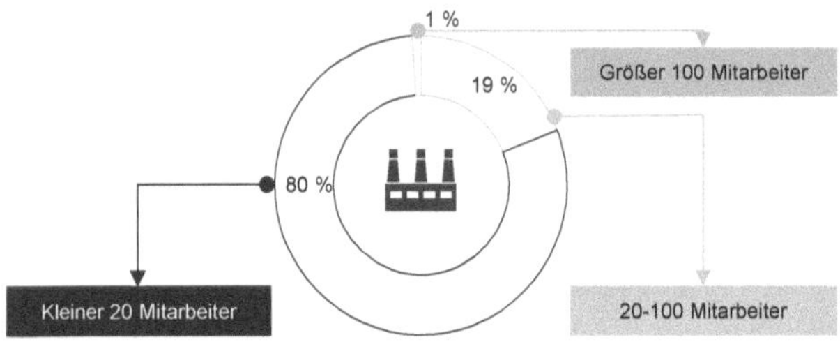

Abbildung 35: Mitarbeiteranzahl deutscher Werkzeugbaubetriebe[345]

Der Umsatz des Werkzeugbaus ist im vergangenen Jahrzehnt nach der globalen Finanzkrise und einem massiven Umsatzeinbruch kontinuierlich gewachsen.[346] Die Umsatzentwicklung ist in Abbildung 36 dargestellt. Zukünftig wird jedoch aufgrund des allgemeinen wirtschaftlichen Abschwungs und der Corona-Pandemie mit einem Rückgang der Umsatz- und Gewinnentwicklung gerechnet.[347]

340 Die Branche organisiert sich zu einem Großteil im Interessenverband Verband Deutscher Maschinen- und Anlagenbau (VDMA) und gehört dort zum Bereich der Präzisionswerkzeuge mit ca. 69.500 Beschäftigten. Zu diesem Bereich zählen neben dem Werkzeugbau auch die Branchen Zerspanwerkzeuge und Spannzeuge. Die Umsatzverteilung der Branchen liegt bei ca. 50 % Werkzeugbau und 50 % Zerspanwerkzeuge und Spannwerkzeuge. Ein Großteil der Beschäftigten entfällt somit auf die hier betrachtete Branche Werkzeugbau. Vgl. VDMA (Präzisionswerkzeuge 2018), 2019, S. 3.

341 Vgl. Boos et al. (World of Tooling), 2018, S. 33.

342 Vgl. VDMA (Präzisionswerkzeuge 2018), 2019, S. 18f.

343 Vgl. Boos et al. (Tooling in Germany), 2018, S. 15; Boos et al. (World of Tooling), 2018, S. 33.

344 Vgl. WZL; IPT (Unternehmensdatenbank „Excellence in Production“), 2020.

345 Vgl. Boos et al. (World of Tooling), 2018, S. 33.

346 Vgl. Boos et al. (World of Tooling), 2018, S. 33f.

347 Vgl. VDMA (Präzisionswerkzeuge 2019), 2020, S. 1f.; VDMA (Produktionsrückgang 2020), 2019, S. 1f.; VDMA (Präzisionswerkzeuge 2018), 2019, S. 2ff.

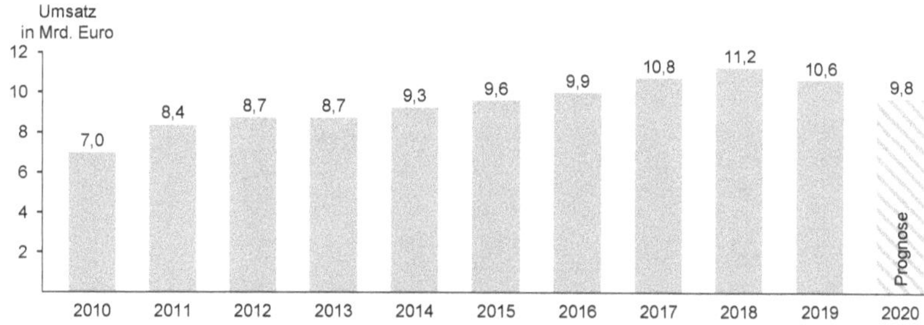

Abbildung 36: Umsatzentwicklung und Prognose des Bereichs Präzisionswerkzeuge[348]

2.4.3 Wertschöpfung im Werkzeugbau

Die Branche Werkzeugbau zählt trotz ihrer vergleichsweise geringen Größe zu den wichtigsten Industriebranchen in der industriellen Herstellung von Gütern.[349] Der Werkzeugbau gilt als Befähiger der industriellen Serienproduktion, da er die Schnittstelle zwischen Produktentwicklung und Serienproduktion bildet.[350] Dadurch hat der Werkzeugbau einen entscheidenden Einfluss auf die wirtschaftlichen Ergebnisse der gesamten Wertschöpfungskette produzierender Unternehmen.[351] Darüber hinaus wirkt der Werkzeugbau auf die Produktqualität ein und ermöglicht durch seine Kompetenzen vielfach erst die Realisierung von Produktinnovationen.[352] Nachstehend wird eine Übersicht zur Wertschöpfung im Werkzeugbau gegeben. Zudem werden das typische Leistungsspektrum des Werkzeugbaus sowie unterschiedliche Auftragsarten vorgestellt.

2.4.3.1 Prozesskette im Werkzeugbau

Die Prozesskette im Werkzeugbau gliedert sich zwischen der Produktentwicklung und Serienproduktion ein.[353] Dabei ist die Produktentwicklung in der Regel der direkte Auftraggeber des Werkzeugbaus. Typischerweise besteht die Prozesskette aus den Prozessschritten *Akquise*, *Engineering/Konstruktion*, *Arbeitsvorbereitung*, *mechanische Fertigung*, *Montage* und *Try-out*. Eine Übersicht der Prozesskette ist in Abbildung 37 gegeben.

---

[348] Vgl. VDMA (Statistisches Handbuch), 2020, S. 118; VDMA (Präzisionswerkzeuge 2019), 2020, S. 1f.; VDMA (Produktionsrückgang 2020), 2019, S. 1f.; VDMA (Präzisionswerkzeuge 2018), 2019, S. 2ff.

[349] Vgl. Boos et al. (World of Tooling), 2018, S. 5ff.

[350] Vgl. Eversheim; Klocke (Werkzeugbau mit Zukunft), 1998, S. 4.

[351] Vgl. Frick (Geschäftsmodelle im Werkzeugbau), 2006, S. 22.

[352] Vgl. Holmes et al. (Automotive tool, die and mould industry), 2005, S. 9ff.

[353] Vgl. Kuhlmann (Geschäftsprozesse im industriellen Werkzeugbau), 2013, S. 33.

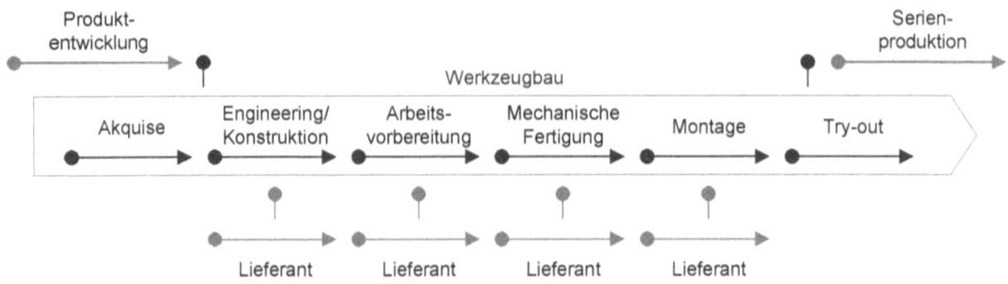

Abbildung 37: Prozesskette der Wertschöpfung im Werkzeugbau[354]

Die Schnittstelle zum Kunden des Werkzeugbaus wird durch die *Akquise* gebildet. Neben dem Führen des Kundenkontakts befasst sich die Akquise mit der Erstellung von Kalkulationen und Angeboten sowie deren Nachverfolgung. Die Kalkulation von Werkzeugen ist durch den Unikatcharakter besonders herausfordernd und kann durch systematische Vorgehensweisen und digitale Systeme unterstützt werden.[355] Nach einer erfolgreichen Beauftragung erfolgen im Prozessschritt *Engineering/Konstruktion* die Erstellung eines Werkzeugkonzepts und die Entwicklung des finalen Werkzeugs. Die Erstellung eines Werkzeugkonzepts erfolgt in der Praxis häufig parallel zur eigentlichen Produktentwicklung und soll Rückschlüsse auf die Herstellbarkeit des Produkts bereits in einer frühen Entwicklungsphase ermöglichen.[356] So kann nach der Erstellung des Werkzeugkonzepts das Werkzeug konstruiert und zusammen mit dem Produktionsprozess simuliert werden, bevor die eigentliche Produktentwicklung des Kunden vollumfänglich abgeschlossen ist. Ist das Werkzeug fertig konstruiert und simuliert, erfolgt in der *Arbeitsvorbereitung* die Produktionsplanung für die folgenden Fertigungsschritte. Die Produktionsplanung beinhaltet zumeist die Festlegung von Arbeitsfolgen, die Terminierung von Start- und Endzeitpunkten sowie die Erstellung von Arbeitsplänen.[357] Die Erstellung von Programmen für Fertigungsoperationen, wie bspw. das Fräsen, wird ebenfalls in diesem Prozessschritt vorgenommen. Anschließend erfolgt im Prozessschritt *mechanische Fertigung* die eigentliche produktionstechnische Fertigung des Werkzeugs bzw. von Werkzeugkomponenten. Im Werkzeugbau werden üblicherweise die Fertigungstechnologien Fräsen, Senkerodieren, Drahterodieren, Drehen und Schleifen zur Herstellung und Bearbeitung von Werkzeugkomponenten eingesetzt.[358] Weitere Fertigungstechnologien wie bspw. die additive Fertigung haben bisher noch eine sehr geringe Verbreitung, wenngleich diesem Verfahren ein hohes Potenzial zugeordnet wird.[359] Im Prozessschritt *Montage* werden die Werkzeugkomponenten zu einem vollständigen Werkzeug zusammengefügt. Innerhalb der Montage finden zudem kleinere Nacharbeiten zur Anpassung von Werkzeugkomponenten statt. Der letzte Prozessschritt ist der *Try-*

[354] I. A. a. Pitsch (Kompetenzfeldbasierte Vernetzung), 2014, S. 46.
[355] Vgl. Boos et al. (Erfolgreich Kalkulieren), 2015, S. 12f.
[356] Vgl. Boos et al. (Agile Tool Development), 2017, S. 16.
[357] Vgl. Klotzbach (Industrieller Werkzeugbau), 2007, S. 50.
[358] Vgl. Pitsch (Kompetenzfeldbasierte Vernetzung), 2014, S. 45f.
[359] Vgl. Schuh et al. (Fast Forward Tooling), 2015, S. 34.

out, in welchem die Funktionsfähigkeit des Werkzeugs sichergestellt wird.[360] Dieser Prozessschritt ist repetitiv und beinhaltet den wiederholten Einsatz des Werkzeugs in der Serienproduktionsmaschine mit anschließenden Korrekturmaßnahmen, bis die Kundenvorgaben erfüllt sind. In der betrieblichen Praxis finden entlang der Prozesskette zahlreiche Kooperationen mit externen Wertschöpfungspartnern statt.[361] Dies sind Lieferanten für Zukaufteile, die im Werkzeug verbaut werden. Aber es können auch strategische Partner sein, mit denen gemeinsame Wertschöpfungsprozesse durchgeführt werden, wie bspw. die gemeinsame Nutzung von kostenintensiven Fertigungsmaschinen. Dadurch können für beide Partner Kosten- und Zeitpotenziale erzielt werden.[362]

Die Mitarbeiter im Werkzeugbau sind nicht gleichmäßig entlang der Wertschöpfungsprozesskette verteilt.[363] So sind 24 % in den vorbereitenden Prozessen Akquise, Engineering/Konstruktion und Arbeitsvorbereitung eingesetzt. 62 % arbeiten hingegen in der eigentlichen Produktion. Dabei entfallen 38 % auf die mechanische Fertigung, 19 % auf die Montage sowie 5 % auf den Try-out. Darüber hinaus sind 10 % in indirekten Bereichen eingesetzt, wie bspw. der Buchhaltung. Eine Übersicht der Verteilung ist in Abbildung 38 gegeben.

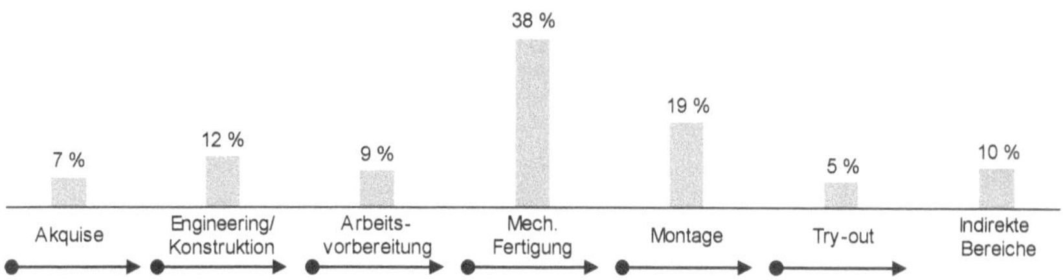

Abbildung 38: Mitarbeiterverteilung im Werkzeugbau entlang der Prozesskette[364]

In der Verteilung der Mitarbeiter entlang der Prozesskette wurde vor einigen Jahren ein Trend beobachtet. Während früher ein Großteil der Mitarbeiter in den klassischen Fertigungsbereichen gearbeitet hat, so stiegen seit den 2000er Jahren die Anteile der eingesetzten Mitarbeiter in den vorbereitenden Prozessschritten.[365] Diese Entwicklung ist auf die Zunahme der Automatisierung in der Fertigung zurückzuführen und ist auch aktuell noch in der Branche zu beobachten.[366] Zudem ermöglicht die Intensivierung von vorbereitenden Tätigkeiten, wie bspw. die Simulation von Fertigungsverfahren oder auch von kompletten Werkzeugen, die Steigerung der Ergebnisqualität des Werkzeugbaus.[367]

[360] Der Begriff Try-out wird vor allem in der Blechumformung verwendet. In anderen Fertigungsbereichen, wie bspw. beim Spritzguss, wird auch der Begriff *Qualifizierung* verwendet.

[361] Vgl. Pitsch (Kompetenzfeldbasierte Vernetzung), 2014, S. 46.

[362] Vgl. Boos et al. (Erfolgreich Lieferanten managen), 2018, S. 21.

[363] Vgl. WZL; IPT (Unternehmensdatenbank „Excellence in Production"), 2020.

[364] Vgl. WZL; IPT (Unternehmensdatenbank „Excellence in Production"), 2020.

[365] Vgl. Schuh (Operative Exzellenz im Werkzeugbau), 2010, S. 51.

[366] Vgl. Boos et al. (Tooling in Germany), 2020, S. 23.

[367] Vgl. Boos et al. (Agile Tool Development), 2017, S. 19f.

2.4.3.2 Leistungsspektrum im Werkzeugbau

Das Leistungsspektrum des Werkzeugbaus besteht im Kern aus der Herstellung kundenspezifischer Hohlformwerkzeuge. Neben den Hohlformwerkzeugen werden dem Kunden auch weitere Leistungen angeboten. Zumeist sind dies Vorrichtungen und Prüfmittel, Modelle und Prototypen sowie unterstützende Leistungen wie bspw. Beratung bei der Produktentwicklung oder beim Produktionsanlauf. Eine Übersicht über das typische Leistungsspektrum des Werkzeugbaus ist in Abbildung 39 gegeben.

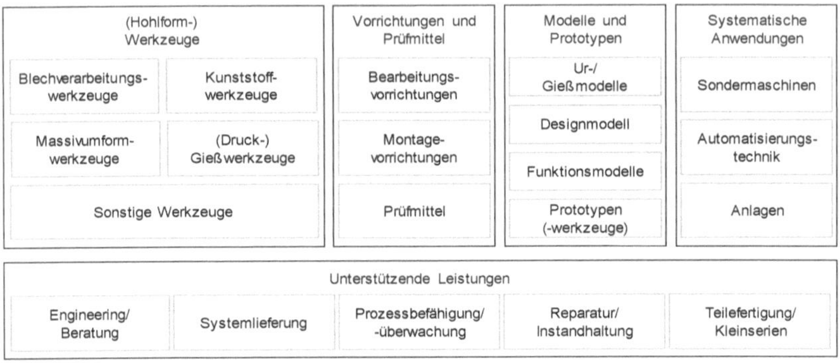

Abbildung 39: Leistungsspektrum im Werkzeugbau[368]

Die Hohlformwerkzeuge, als Hauptbestandteil des Leistungsspektrums, lassen sich in weitere Gruppen unterteilen. So wird zwischen *Blechverarbeitungswerkzeugen*, *Kunststoffwerkzeugen*, *Massivumformwerkzeugen*, *(Druck-)Gießwerkzeugen* und *sonstigen Werkzeugen* unterschieden. *Blechverarbeitungswerkzeuge* werden weiterhin in Stanz-Biegewerkzeuge und Tiefziehwerkzeuge unterteilt. Mit Stanz-Biegewerkzeugen werden Blechteile in mehreren Bearbeitungsschritten unter der Verwendung der Verfahren des Blechfügens, des Blechzerteilens und des Blechumformens gefertigt.[369] Tiefziehwerkzeuge werden zur Fertigung von Hohlkörpern durch Zugdruckumformung von Blechen eingesetzt.[370] *Kunststoffwerkzeuge* werden beim Spritzgießen von Kunststoffartikeln verwendet. Das Einsatzspektrum von Kunststoffwerkzeugen ist wiederum sehr vielfältig und es existieren zahlreiche Kategorisierungsmöglichkeiten der Werkzeuge bspw. nach eingesetzten Technologien oder Artikelwerkstoffen.[371] *Massivumformwerkzeuge* werden bei der Herstellung von massiven Werkstücken aus metallischen Werkstoffen eingesetzt. Die Anforderungen an solche Werkzeuge sind sehr hoch, bspw. in Bezug auf die Steifigkeit, da während der Umformung hohe Prozesskräfte auftreten. Je nachdem, ob das Werkstück vor der Umformung erwärmt wird, wird zwischen den Verfahren Kalt- oder Warmmassivumformung unterschieden. Weiterhin wird die Gesamtumformung in der

[368] Vgl. Frick (Geschäftsmodelle im Werkzeugbau), 2006, S. 20; Eversheim; Klocke (Werkzeugbau mit Zukunft), 1998, S. 25.

[369] Vgl. Schuler GmbH (Handbuch der Umformtechnik), 1996, S. 124ff.

[370] Vgl. Schuler GmbH (Handbuch der Umformtechnik), 1996, S. 11ff.

[371] Vgl. Menges et al. (Spritzgießwerkzeuge), 2007, S. 560ff.

Praxis häufig in mehreren aufeinanderfolgenden Umformschritten eingebracht, um höhere Umformgrade zu erzielen.[372] Mit *(Druck-)Gießwerkzeugen* lassen sich Bauteile aus schmelzflüssigem Metall herstellen. Ähnlich wie bei den Kunststoffwerkzeugen besteht auch bei den *(Druck-)Gießwerkzeugen* eine hohe Werkzeugvielfalt, die auf die vielfältigen technologischen Unterschiede, die Materialvielfalt, aber auch die diversen Artikelgeometrien zurückzuführen ist. Die thermische Belastung auf die Werkzeuge ist aufgrund der hohen Schmelztemperaturen von Metallen sehr hoch und stellt besondere Herausforderungen für den Werkzeugbau dar.[373] Die Gruppe der *sonstigen Werkzeuge* fasst alle weiteren Werkzeugtypen zusammen, die sich keiner der vier vorgestellten Gruppen zuordnen lassen. Dies sind bspw. Sinter-Pressformen zur Herstellung von Bauteilen aus pulverförmigem, meist metallischem Ausgangsmaterial. Dabei werden Bauteile mit einfacher Geometrie und einem porösen Gefüge unter hohem Druck gefertigt.[374] Ein weiteres Beispiel stellen Modelle für das Galvanoformen dar. Dabei werden (Bad-)Modelle mit der Kontur des galvanogeformten Erzeugnisses hergestellt, auf dem sich im Prozess Metall abscheidet.[375] Die vorgestellten Hohlformwerkzeuge gelten als Hauptbestandteil des Leistungsangebots der Branche Werkzeugbau, da sie bezogen auf den Umsatz einen Anteil von ca. 84 % ausmachen (siehe Abbildung 40).

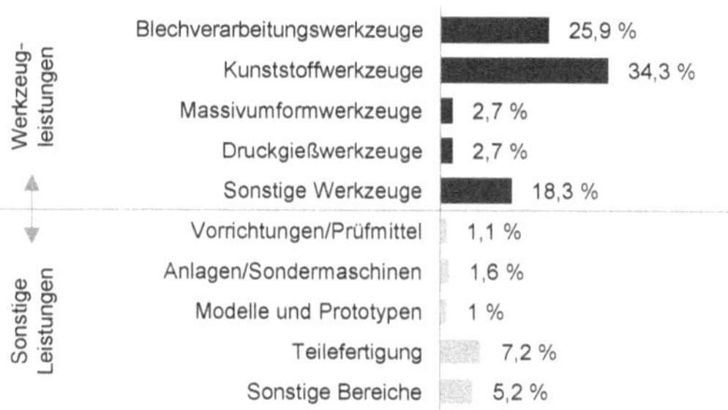

Abbildung 40: Übersicht des Leistungsangebots im Werkzeugbau nach Umsatzanteilen[376]

Das weitere Leistungsangebot des Werkzeugbaus stellt eine Erweiterung zu den Hohlformwerkzeugen dar. Die *Vorrichtungen und Prüfmittel*, *Modelle und Prototypen*, *Anlagen und Sondermaschinen* sowie die *Teilefertigung* bilden in der Praxis häufig eine Ergänzung zum eigentlichen Fertigungsauftrag eines Werkzeugs. Das Angebot von unterstützenden Leistungen unter *sonstige Bereiche* beschreibt Dienstleistungen, die dem Kunden üblicherweise im Rahmen eines Entwicklungs- und Fertigungsauftrags eines Werkzeugs angeboten werden. Darüber hinaus besitzt der Werkzeugbau eine hohe Expertise für diverse Fertigungstechnologien und kann den Kunden hinsichtlich der Produktauslegung beraten. Aktuell ist es als Trend zu be-

372 Vgl. Schuler GmbH (Handbuch der Umformtechnik), 1996, S. 433ff.

373 Vgl. Brunhuber (Druckgußfertigung), 1991, S. 187ff.

374 Vgl. Bilsing (Technologische Leistungsfähigkeit), 2007, S. 5.

375 Vgl. Spur (Produktion), 2014, S. 120f.

376 Vgl. WZL; IPT (Unternehmensdatenbank „Excellence in Production“), 2020.

obachten, dass Werkzeugbaubetriebe vermehrt als Entwicklungsdienstleister am Markt auftreten, um sich zum einem am Markt zu differenzieren, aber auch um sich stärker in die Prozesse des Kunden zu integrieren.[377]

2.4.3.3 Auftragsarten im Werkzeugbau

Die am Markt angebotenen Leistungen des Werkzeugbaus können unterschiedlichen Auftragsarten zugeordnet werden. Nach Eversheim und Klocke existieren die vier grundlegenden Auftragsarten Neuauftrag, Änderungsauftrag, Instandhaltungsauftrag und Reparaturauftrag.[378, 379] Die Auftragsarten lassen sich wie folgt untereinander abgrenzen:[380]

- **Neuauftrag:** Bei einem Neuauftrag muss ein vollständiges Werkzeug für ein neuartiges Produkt bzw. Bauteil entwickelt und hergestellt werden. Da die Werkzeuge in der Regel hochgradig individuell sind, können entlang der Wertschöpfungsprozesskette nur in Einzelfällen Vorarbeiten, wie bspw. Konstruktionsdaten, aus anderen Projekten genutzt werden.
- **Änderungsauftrag:** Während der Produktenwicklung kommt es häufig zu unvorhersehbaren Designänderungen durch den Kunden. Da Produkt- und Werkzeugentwicklung aus Zeitgründen häufig parallel ablaufen, bedingen Veränderungen des Produktdesigns zwangsläufig signifikante Modifikationen am Werkzeug. Diese müssen im Rahmen von Änderungsaufträgen umgesetzt werden, welche häufig mit hohen Kosten durch notwendige Umplanungen verbunden sind.
- **Reparaturauftrag:** Da es sich bei Werkzeugen in der Regel um Unikate handelt, sind Werkzeugausfälle zwangsläufig mit Produktionsstillständen verbunden. Reparaturaufträge sind daher mit hohem zeitlichem Druck und Kosten verbunden und haben hohe Auswirkungen auf die bisherige Planung der betrieblichen Abläufe.
- **Wartungsauftrag:** Wartungsaufträge umfassen alle regelmäßig durchgeführten Wartungs- bzw. Instandhaltungsmaßnahmen an Werkzeugen, die bereits in der Serienproduktion im Einsatz sind. Da die Wartungsmaßnahmen in der Regel in festgelegten Zeitintervallen stattfinden, ist diese Auftragsart durch eine hohe Planbarkeit charakterisiert. Neben dem vorbeugenden Austausch von Verschleißteilen wird im Rahmen von Wartungsmaßnahmen häufig auch die Maßhaltigkeit des Werkzeugs überprüft. Wartungsaufträge haben vor allem den Zweck, eine hohe Werkzeugverfügbarkeit im Serienproduktionseinsatz zu sichern und ungeplante Werkzeugausfälle zu vermeiden.

In Abbildung 41 ist die prozentuale Verteilung der genannten Auftragsarten nach Umsatzanteilen bei externen und internen Werkzeugbaubetrieben dargestellt.

---

[377] Vgl. Boos et al. (Strukturkrise bewältigen), 2020, S. 25; Boos et al. (Digitale Transformation), 2019, S. 6f.

[378] Vgl. Eversheim; Klocke (Werkzeugbau mit Zukunft), 1998, S. 20.

[379] In der Praxis werden zudem nicht zuordenbare Aufträge zu sonstigen Aufträgen zusammengefasst.

[380] Vgl. Eversheim; Klocke (Werkzeugbau mit Zukunft), 1998, S. 20ff.

	Externer Werkzeugbau	Interner Werkzeugbau
Neuaufträge	36,9 %	32,4 %
Änderungsaufträge	15,2 %	12,1 %
Reparaturaufträge	12,2 %	23,1 %
Wartungsaufträge	10,2 %	20,4 %
Sonstige Aufträge	25,5 %	12 %

Abbildung 41: Auftragsverteilung interner und externer Werkzeugbau[381]

Eine Ergänzung zu den Auftragsarten stellen *Eilaufträge* dar. Diese bezeichnen zeitlich sehr kurzfristige Aufträge. Dabei kann es sich um Neuaufträge oder auch Änderungs- oder Reparaturmaßnahmen handeln. Aufgrund der Kurzfristigkeit bedürfen die Eilaufträge einer vorrangigen Behandlung. Diese Eilaufträge werden in der Praxis auch als ,,Feuerwehr"-Aufträge bezeichnet und verursachen durch die Umplanung und im Extremfall Unterbrechung von Arbeiten hohe Kosten.[382] Durch die Rückstellung von laufenden Aufträgen werden notwendige Maschinen- und Personalkapazitäten zur pünktlichen Fertigstellung der Eilaufträge freigesetzt.[383]

2.4.4 Entwicklung der Wertschöpfung im Werkzeugbau

Die Produktion entwickelt sich kontinuierlich weiter und erarbeitet neue Paradigmen, mit denen die Wertschöpfungsprozesse optimiert werden können. Während die Serienproduktion bereits industrielle Arbeitsweisen und Paradigmen anwendet, so haben diese im Werkzeugbau erst verzögert Einzug gehalten. Dies ist vor allem darauf zurückzuführen, dass für den Werkzeugbau als Unikat- bzw. Kleinserienfertiger viele der entwickelten Ansätze nicht vollumfänglich übertragbar sind.[384] Hohe Durchlaufzeiten, schlechte Termintreue und hohe Bestände waren die Folge der fehlenden Umsetzung industrieller Standards.[385] In den vergangenen Jahren hat sich die Branche Werkzeugbau jedoch stark gewandelt und erfolgreich Arbeitsweisen aus der Serienproduktion adaptiert.[386] Aktuell befindet sich die Branche Werkzeugbau bedingt durch die digitale Vernetzung erneut in einer Phase des Wandels.[387] In Abbildung 42 ist die zeitliche Entwicklung des Werkzeugbau dargestellt. Die *Operative Exzellenz* beschreibt in diesem Zusammenhang ein Optimierungsprogramm zur Ausrichtung der Prozesse des Unternehmens auf Kundenbedürfnisse, Qualität und Effizienz.[388]

---

381 Vgl. WZL; IPT (Unternehmensdatenbank „Excellence in Production"), 2020.

382 Vgl. Boos et al. (Planen und Steuern im Werkzeugbau), 2019, S. 7.

383 Vgl. Boos et al. (Planen und Steuern im Werkzeugbau), 2019, S. 13.

384 Vgl. Klotzbach (Industrieller Werkzeugbau), 2007, S. 77.

385 Vgl. Klotzbach (Industrieller Werkzeugbau), 2007, S. 380.

386 Vgl. Boos et al. (Strukturkrise bewältigen), 2020, S. 25.

387 Vgl. Boos et al. (Digitale Transformation), 2019, S. 6f.

388 Vgl. Schuh (Operative Exzellenz im Werkzeugbau), 2010, S. 21.

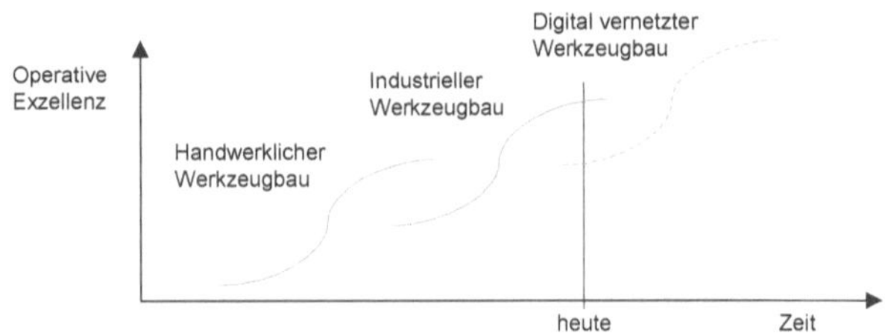

Abbildung 42: Entwicklung des Werkzeugbaus[389]

Im Folgenden wird die Industrialisierung des Werkzeugbaus detaillierter vorgestellt, da sie eine wesentliche Voraussetzung im Kontext des Trends der digitalen Vernetzung bildet. Die digitale Vernetzung wird ebenfalls in Bezug auf den Werkzeugbau aufgegriffen und dargestellt.

2.4.4.1 Industrialisierung des Werkzeugbaus

Traditionelle, handwerkliche Werkzeugbaubetriebe setzen auf eine verrichtungsorientierte Werkstattfertigung – im Gegensatz zu bekannten Fertigungsprinzipien aus der Serienproduktion wie der Fließfertigung, welche häufig in der Automobilmontage eingesetzt wird. Diese Werkstattfertigung wird üblicherweise von einem breiten Ressourcenspektrum und hohem Wertschöpfungsanteil begleitet. Obwohl der Werkzeugbau über lange Zeit auf dieses Verrichtungsprinzip gesetzt und sich externem Anpassungsdruck widersetzt hat, ist in den letzten Jahren ein deutlicher Wandel in den handlungsleitenden Paradigmen festzustellen.[390] Besonders bedingt durch den Kostendruck des gestiegenen internationalen Wettbewerbs fanden ein Umdenken und ein Wandel statt. Zur Erhöhung der operativen Exzellenz entwickelte sich die Branche Werkzeugbau von einem handwerklich geprägten Werkzeugbau hin zu einem industriellen Werkzeugbau weiter.[391]

Die Umsetzung des Paradigmenwechsels des Werkzeugbaus wird von KLOTZBACH im Rahmen des Gestaltungsmodells für den industriellen Werkzeugbau eingehend beschrieben.[392] Nach KLOTZBACH sind dazu acht Gestaltungsfelder notwendig, die Werkzeugbaubetriebe zur Industrialisierung des Betriebs adressieren müssen (siehe Abbildung 43).[393]

[389] Vgl. Boos et al. (Digitale Transformation), 2019, S. 6f.; Schuh (Operative Exzellenz im Werkzeugbau), 2010, S. 6.

[390] Vgl. Klotzbach (Industrieller Werkzeugbau), 2007, S. 77.

[391] Vgl. Schuh (Operative Exzellenz im Werkzeugbau), 2010, S. 6f.

[392] Vgl. Klotzbach (Industrieller Werkzeugbau), 2007.

[393] Vgl. Klotzbach (Industrieller Werkzeugbau), 2007, S. 163ff.

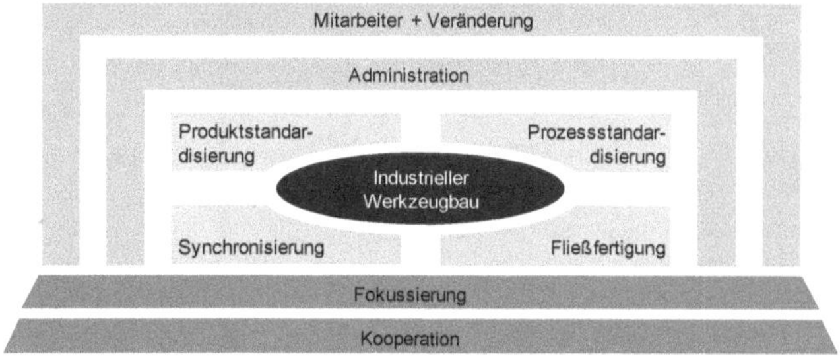

Abbildung 43: Gestaltungsmodell des industriellen Werkzeugbaus[394]

Die Basis für den industriellen Werkzeugbau bilden die beiden Gestaltungsfelder *Fokussierung* und *Kooperation*. *Fokussierung* beschreibt in diesem Kontext die Eingrenzung von Leistungen auf eigene, strategische Kompetenzen. Dies gilt im direkten Zusammenhang mit der *Kooperation*, welche als Handlungsfeld die Zusammenarbeit mit Wertschöpfungspartnern wie bspw. Lieferanten zur Auslagerung von Leistungen außerhalb des Kernleistungsspektrums definiert. Dadurch wird aus der Kundenperspektive weiterhin ein breites Leistungsspektrum durch den Werkzeugbau angeboten, welches sich wiederum wertschöpfungsseitig auf den Werkzeugbau und seine strategischen Partner verteilt. Das erste Gestaltungsfeld ist die *Produktstandardisierung*, welches die Ableitung von Werkzeugmodulen oder -baukästen auf Basis von ähnlichen Bauteilen beschreibt. Dies ermöglicht die Nutzung von Wiederholeffekten, was Effizienzsteigerungen bspw. in der Konstruktion bedeutet. Zudem können Standardprozessfolgen definiert werden, welche zu einer *Prozessstandardisierung* führen. Durch die Produkt- und Prozessstandardisierung kann eine *Fließfertigung* entwickelt werden. Als weitere Entwicklung kann eine *Synchronisierung* für Fertigungsschritte erarbeitet und integriert werden. Als begleitende Elemente ergeben sich die Berücksichtigung und Befähigung der *Mitarbeiter* sowie *administrative Aufgaben* wie Controlling oder Einkauf.

2.4.4.2 Digitale Vernetzung des Werkzeugbaus

Der aktuelle Trend der umfassenden Digitalisierung stellt neue technische Möglichkeiten zur Verfügung. Während in serviceorientierten Wirtschaftszweigen bereits viele Prozesse digital unterstützt werden, beschäftigt sich die Serienproduktion vermehrt mit dem Einsatz digitaler Lösungen zur Steigerung der Prozesseffizienz. Diese Entwicklung ist nicht nur in der Serienproduktion zu sehen, sondern lässt sich auch im Werkzeugbau beobachten.[395] Die Weiterentwicklung des industrialisierten Werkzeugbaus wird als digital vernetzter Werkzeugbau bezeichnet. Dabei wird nicht nur die vertikale Vernetzung zur Verbesserung der eigenen Wertschöpfung angestrebt, sondern insbesondere auch die Vernetzung mit Marktteilnehmern (siehe Abbildung 44).[396]

394 I. A. a. Klotzbach (Industrieller Werkzeugbau), 2007, S. 181.

395 Vgl. Boos et al. (Wettbewerbsfähig durch Industrie 4.0), 2020, S. 40.

396 Vgl. Boos et al. (Digitale Transformation), 2019, S. 6f.

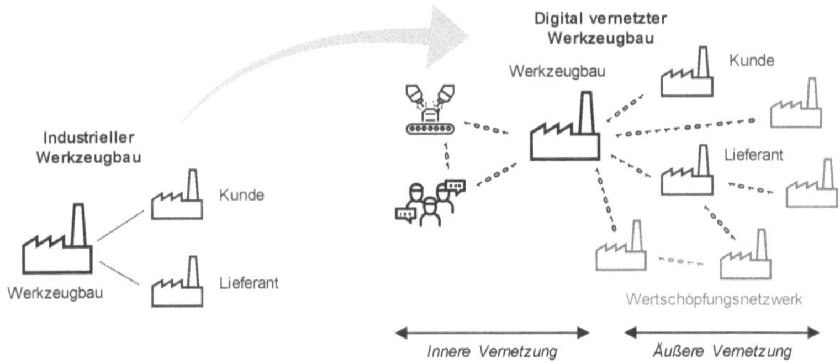

Abbildung 44: Weiterentwicklung der Branche zum digital vernetzten Werkzeugbau[397]

Dabei liegt der Fokus der Vernetzung bzw. der Entwicklung von digitalen und vernetzten Lösungen auf dem generierten Nutzen. Dieser kann grundsätzlich in einen wertschöpfungsseitigen und einen marktseitigen Nutzen unterschieden werden.[398] Der wertschöpfungsseitige Nutzen adressiert die interne Auftragsabwicklung des Werkzeugbaus, wohingegen der marktseitige Nutzen den Kundenmehrwert steigert und zu zusätzlichen Umsatzerlösen führen kann. Eine technische Lösung besteht aus den vier Ebenen *Anwendung*, *Datenanalyse*, *Middleware* und *Datenquellen*. Das Ziel besteht darin, Rohdaten aus proprietären Systemen für den Anwender zu visualisieren und als Entscheidungsunterstützung nutzbar zu machen.[399]

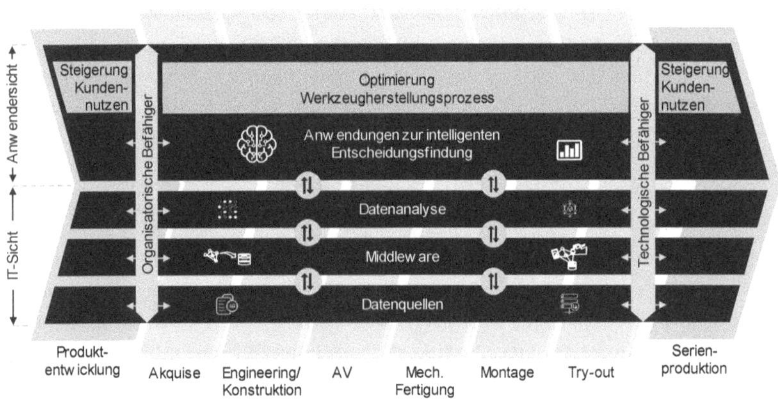

Abbildung 45: Zielbild digital vernetzter Werkzeugbau[400]

[397] Eigene Darstellung

[398] Vgl. Boos et al. (Intelligente Werkzeuge und datenbasierte Geschäftsmodelle), 2019, S. 45.

[399] Vgl. Boos et al. (Auftragsabwicklung 4.0), 2020, S. 32.

[400] Das Zielbild und die weiteren Ausführungen sind angelehnt an Boos et al. I. A. a. Boos et al. (Auftragsabwicklung 4.0), 2020, S. 33.

Die oberste Ebene, die *Anwendung*, beschreibt die Interaktionsoberfläche des Nutzers zu aufgenommenen und verarbeiteten Daten und Informationen. Beispiele solcher Interaktionsoberflächen sind Apps oder Computerprogramme, die jedoch auf die einfache Anwendbarkeit angepasst sind. Durch diese Oberflächen werden dem Nutzer Informationen und Daten aus der IT-Sicht zur Verfügung gestellt. Die IT-Sicht besteht aus den Ebenen *Datenquellen*, *Middleware* sowie der *Datenanalyse*. Die Datenquellen bestehen aus etablierten Systemen wie bspw. einem ERP- oder PPS-System. Es können aber auch weitere Systeme oder einzelne Sensoren aus dem Fertigungsbereich sein. Die Daten werden durch die Middleware der Datenanalyse zur Verfügung gestellt und können mit modernen Data Analytics Methoden ausgewertet werden. Über alle Ebenen unterstützen *technologische Befähiger*. Dies kann Hardware umfassen, wie bspw. ein Tablet-Computer oder auch Telekommunikationstechnologie wie 5G.

Die beschriebenen Ebenen wirken auf die gesamte Prozesskette zur Optimierung des Werkzeugherstellungsprozesses ein.[401] Die Akquise kann durch automatisierte Lösungen zur Kalkulation oder zur Kundenrecherche unterstützt werden. Im Bereich Engineering und Konstruktion bieten sich den Konstrukteuren neue technische Möglichkeiten durch digitale Lösungen zur verbesserten Konstruktion und Simulation, wie Wissensdatenbanken oder Simulationssoftware, sowie neue Fertigungsverfahren, wie die Additive Fertigung.[402, 403] Die Arbeitsvorbereitung und die CAM-Programmierung profitieren von der intelligenten Datenauswertung zur Teilautomatisierung der Planung und der CAM-Programmierung. In der mechanischen Fertigung können digitale Tools zur Prozessüberwachung die Herstellungsprozesse stabiler gestalten. Die Montage profitiert von der digitalen Vernetzung bspw. durch den Einsatz von Datenbrillen, die zielgerichtet Informationen wie bspw. Zusammenbauzeichnungen in das Sichtfeld des Montagemitarbeiters einblenden. Der Try-out der Werkzeuge kann durch eine digitale Prozessunterstützung maßgeblich optimiert werden und macht Lerneffekte standort- und projektübergreifend nutzbar.[404] Zur übergeordneten Steigerung des Kundennutzens ergeben sich durch die vertikale und horizontale Vernetzung ebenfalls neue Möglichkeiten.[405] Diese sind zentral im Anbieten neuer digitaler Dienstleistungen begründet. Neben der Erweiterung des eigenen Leistungsangebots zur Steigerung des Umsatzes entstehen durch die Dienstleistungen neue Differenzierungsmerkmale. Diese sind notwendig, um sich langfristig vom internationalen Wettbewerb abzugrenzen.[406] Die Vorhersage von Wartungsfällen von Werkzeugen, Predictive Maintenance, wird derzeit als Service mit besonders hohem wirtschaftlichem Potenzial bewertet, aus welchem sich weitere Services, bspw. zur Werkzeugoptimierung ableiten

[401] Die folgenden Lösungen stellen Beispiele von Use-Cases dar, um die Potenziale zu verdeutlichen. Darüber hinaus existieren zahlreiche weitere Use-Cases in der Theorie und der Praxis.

[402] Vgl. Schuh et al. (Tool Making Using Industry 4.0 Technologies), 2018, S. 1460.

[403] Vgl. Schuh et al. (Digital Shadow for Knowledge Management), 2019, S. 1094.

[404] Vgl. Schuh et al. (Digitale unterstützter Serienanlauf von Werkzeugen), 2018, S. 796.

[405] Vgl. Boos et al. (Digitale Transformation), 2019, S. 4.

[406] Vgl. Boos et al. (Datenbasierte Dienstleistungen), 2019, S. 58.

lassen.[407] Dies verspricht Einsparungen bei den Serienproduzenten und Umsatzsteigerungen bei den Werkzeugbaubetrieben.[408]

2.4.5 Produktionsplanung im Werkzeugbau

Da die Produktionsplanung im Kontext dieser Arbeit den Gestaltungsbereich bildet, wird nachstehend auf den Status quo der Produktionsplanung im Werkzeugbau in den drei Bereichen Organisation, Prozess und Ressource eingegangen. Nachfolgend werden zudem die charakteristischen Randbedingungen und der Zielkonflikt des Werkzeugbaus hinsichtlich der Produktionsplanung erläutert.

2.4.5.1 Status quo der Produktionsplanung im Werkzeugbau

Die organisatorische Verankerung der Produktionsplanung ist zumeist der Abteilung Arbeitsvorbereitung zuzuordnen. Im Durchschnitt werden 9 % der Mitarbeiter eines Werkzeugbaus in der Arbeitsvorbereitung eingesetzt.[409] Jedoch sind in diesem Anteil auch weitere Aufgaben inkludiert, wie bspw. die CAM-Programmierung. Üblicherweise sind die Mitarbeiter, die mit Planungsaufgaben betreut sind, auch nur für solche vorgesehen, übernehmen allerdings häufig auch Projektmanagement- und Einkaufsaufgaben. Die zu planenden Fertigungsressourcen bestehen aus den Fertigungsmaschinen der jeweiligen Fertigungsverfahren sowie den Mitarbeitern in der Fertigung, der Montage und im Try-out. Zumeist sind diese Bereiche nicht aufgeteilt bzw. segmentiert, sondern es werden alle Fertigungsressourcen gemeinsam betrachtet.[410]

Die prozessuale Gestaltung der Produktionsplanung im Werkzeugbau folgt in der Praxis vielfach dem 3-Ebenen Modell der Produktionsplanung nach BOOS (siehe auch Kapitel 3.2.2.7).[411] Das Modell unterteilt die PPS im Werkzeugbau in die drei Phasen *Grobplanung*, *Feinplanung* und *Steuerung*. Zum Projektstart eines Werkzeugs findet in der *Grobplanung* zunächst die Kapazitätsplanung eines eingehenden Auftrages statt. Hierbei werden die aufzubringenden Arbeits- bzw. Technologiestunden entlang der gesamten Prozesskette auf Basis von standardisierten Kapazitätsbedarfen aufgestellt. Im Zuge der Kapazitätsplanung werden die jeweiligen Bedarfe mit dem vorhandenen Kapazitätsangebot abgeglichen und die Aufträge terminiert. Im Rahmen der anschließenden *Feinplanung* wird ein detaillierter Arbeitsplan ausgearbeitet. Dieser muss alle zur Herstellung benötigten Informationen, wie die benötigten Maschinen, den Arbeitsumfang oder das benötigte Ausgangsmaterial, beinhalten. Aufgrund der individuellen Herausforderungen jedes Auftrags ist die Feinplanung sehr aufwendig, weshalb im Vergleich zu der vorherigen und der nachgelagerten Phase in der Feinplanung die meisten Mitarbeiterstunden aufgebracht werden müssen. Die *Steuerung* der Fertigung behandelt nun die Einplanung sowie die Priorisierung der einzelnen Aufträge in Bezug auf die Maschinenkapazitäten.

[407] Vgl. Busch et al. (Predictive Maintenance), 2019, S. 664f.

[408] Vgl. Busch et al. (Predictive Maintenance), 2019, S. 665.

[409] Vgl. WZL; IPT (Unternehmensdatenbank „Excellence in Production“), 2020.

[410] Das Prinzip der Segmentierung der Fertigung wird in Kapitel 5.2.1 weiter erläutert und eingesetzt.

[411] Vgl. Boos et al. (Planen und Steuern im Werkzeugbau), 2019, S. 12.

Der Status quo der Produktionsplanung in der Branche Werkzeugbau ist von manuellen oder teilweise digital unterstützenden Planungssystematiken geprägt. Der Einsatz moderner Softwaresysteme zur Unterstützung der Produktionsplanung erfolgt in der Branche Werkzeugbau derzeit vor allem nur bei sehr guten Werkzeugbaubetrieben.[412]

Als Ergebnis des Status quo der Produktionsplanung im Werkzeugbau ergibt sich eine durchschnittliche Termintreue von 76 %.[413] Die Termintreue beschreibt dabei den Anteil an planmäßig fertiggestellten Aufträgen und gilt in der Branche Werkzeugbau als relevante Zielgröße für die Bewertung der Güte der Produktionsplanung.[414]

2.4.5.2 Randbedingungen der Produktionsplanung

Der Werkzeugbau ist charakterisiert durch Unikatfertigung, unplanbare und zeitkritische Aufträge, hohe Fertigungskomplexität und eine hohe Ressourcenvielfalt (siehe Abbildung 46).[415] Diese vier zentralen Randbedingungen verschärfen sich in den vergangenen Jahren durch die beschriebenen äußeren Markteinflüsse deutlich und führen zu einer geringen durchschnittlichen Termintreue.[416]

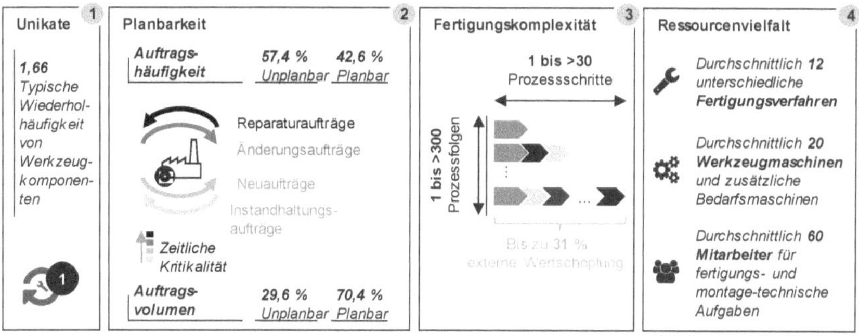

Abbildung 46: Randbedingungen der Produktionsplanung im Werkzeugbau[417]

Durch den Unikatcharakter der Werkzeuge lassen sich erstellte Produktionspläne nicht projektübergreifend verwenden, ohne dass Anpassungen vorgenommen werden müssen. Durch diesen Umstand liegen keine direkt vergleichbaren Planungsunterlagen aus abgeschlossenen Projekten vor, was die Standardisierung von Planungsaufgaben und notwendigen Kapazitäten erschwert. Jeder Auftrag benötigt eine Neuplanung des Werkzeugherstellungsprozesses, sodass nur bedingt Lerneffekte durch Wiederholungen aus bereits erstellten Plänen generiert

[412] Vgl. Boos et al. (Digitale Systemunterstützung), 2020, S. 57.
[413] Vgl. Boos et al. (Digitale Systemunterstützung), 2020, S. 56.
[414] Vgl. Boos et al. (Erfolgreich Performance Messen), 2017, S. 13.
[415] Vgl. Boos et al. (Planen und Steuern im Werkzeugbau), 2019, S. 7; Boos et al. (Aufträge priorisieren), 2019, S. 10.
[416] Vgl. Boos et al. (Planen und Steuern im Werkzeugbau), 2019, S. 10f.
[417] Vgl. WZL; IPT (Unternehmensdatenbank „Excellence in Production"), 2020.

werden können. Eine weitere Herausforderung besteht in sogenannten unplanbaren Aufträgen. So bestehen bspw. kundenseitige Forderungen an eine hohe Flexibilität bei kurzfristigen Aufträgen, in welchem in einem sehr kurzen Zeitraum Werkzeuge hergestellt, geändert oder repariert werden müssen. Daraus resultieren innerhalb des Werkzeugbaus Eilaufträge, welche die Planungssituation verschärfen, da eine Umplanung der bestehenden Produktionsaufträge erforderlich ist.[418] Im Branchendurchschnitt lassen sich daher nur 42,6 % aller Aufträge als langfristig gut einplanbar einstufen. Weiterführend wird eine optimierte Produktionsplanung durch eine sehr hohe Fertigungskomplexität erschwert. Um eine Werkzeugkomponente zu fertigen, werden bis zu 30 nacheinander folgende Prozessschritte benötigt. In vielen Betrieben finden sich daher bis zu 300 unterschiedliche Prozessfolgen, die eingesetzt werden, um Werkzeugkomponenten zu fertigen. Weiterhin gestaltet sich auch die Ressourcenvielfalt als äußerst komplex, so werden durchschnittlich 12 unterschiedliche Fertigungsverfahren und durchschnittlich 20 produktive Werkzeugmaschinen sowie zusätzliche Bedarfsmaschinen verwendet. Um die komplexe Herstellung realisieren zu können, werden zudem externe Leistungen im Umfang von durchschnittlich 31 %, gemessen an den Kosten, in die Wertschöpfung integriert.[419]

2.4.5.3 Zielkonflikt der Produktionsplanung

Die Produktionsplanung kann in ihrer Anwendung unterschiedliche Ziele verfolgen mit einer Vielzahl an möglichen Prozessergebnissen. Dabei gelten die Dimensionen *Kosten*, *Zeit* und *Qualität* als die zentralen Zieldimensionen der Produktionsplanung. Darüber hinaus bestehen auch weitere Zieldimensionen. Eine aktuell diskutierte Zieldimension ist bspw. *Nachhaltigkeit* mit Zielgrößen wie *CO_2-Ausstoß*.[420]

Der Fokus dieser Arbeit liegt auf dem Werkzeugbau, wo besonders *Kosten* und *Zeit* eine zentrale Rolle in der Produktion spielen, da *Qualität* eine grundlegende Voraussetzung aller Erzeugnisse im Werkzeugbau ist und daher nicht in der Produktionsplanung eine Variable darstellt. Auch weitere Dimensionen wie die *Nachhaltigkeit* sind für den Werkzeugbau weniger relevant, da auf sie kein großer Einfluss während der Produktionsplanung genommen werden kann. Für die Dimensionen Kosten und Zeit sind in der Produktion folgende Zielgrößen in der Literatur und Praxis anerkannt: *Auslastung* und *Bestand* für die Dimension *Kosten* sowie *Durchlaufzeit* und *Termintreue* für die Dimension *Zeit*.[421] Zusammen bilden diese Zielgrößen *Auslastung, Bestand, Durchlaufzeit* und *Termintreue* das sogenannte *logistische Zielgrößensystem*. Dieses Zielgrößensystem ist in Abbildung 47 dargestellt und stellt die Zielgrößen der Produktion und Produktionsplanung in einen Kontext zu den Marktzielen eines Unternehmens.

[418] Vgl. Giehler (Planungsproduktivität im Werkzeugbau), 2010, S. 30.

[419] Vgl. WZL; IPT (Unternehmensdatenbank „Excellence in Production"), 2020.

[420] Vgl. Boos et al. (Nachhaltigkeit im Werkzeugbau), 2020, S. 8f.

[421] Vgl. Boos et al. (Erfolgreich Performance Messen), 2017, S. 13ff.

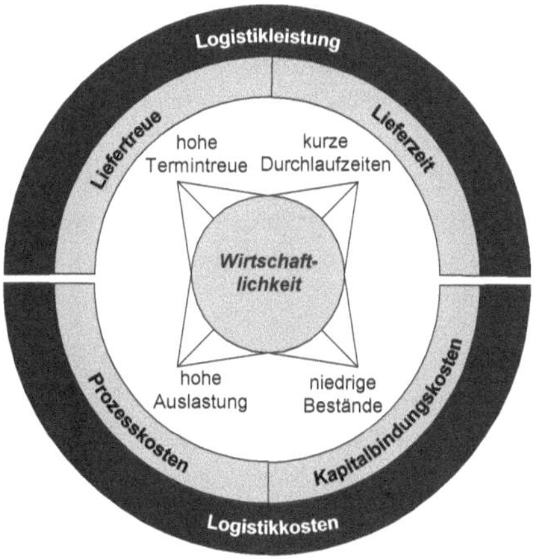

Abbildung 47: Zielsystem der Produktionslogistik[422]

Die PPS kann durch die Einhaltung von Kundenterminen, die vor allem dadurch gekennzeichnet sind, dass ein Kunde eine möglichst kurze Zeitspanne zwischen Auftragserteilung und Fertigstellung erwartet, die Logistikleistung als zweites Marktziel beeinflussen. Für das Unternehmen sind hingegen primär die Fertigungsziele (Logistikkosten) von hoher Relevanz, um eine hohe Wirtschaftlichkeit zu erreichen. Hierunter fallen die hohe Auslastung von Kapazitäten bei niedrigen Beständen, die einen hohen logistischen Aufwand verursachen und hierdurch die Kapitalbindungskosten beeinflussen.

Aus diesem Zielsystem folgt ein stetiger Zielkonflikt, da die logistischen Zielgrößen sich nicht getrennt voneinander optimieren lassen, da eine gegenseitige Beeinflussung besteht. So kann bspw. eine gleichmäßige Auslastung der Ressourcen mit einem hohen Bestand sichergestellt werden, der jedoch zusätzliche Kapitalbindungskosten bedingt.

2.5 Handlungsbedarf aus der Praxis

Aufgrund des zunehmenden Marktwettbewerbs durch die Globalisierung sowie sich verändernder Kundenbedürfnisse nach mehr Individualisierung und Nachhaltigkeit ergeben sich sowohl neue Herausforderungen für Serienproduzenten als auch für Werkzeugbaubetriebe, die sich auf die Herstellung von Hohlformwerkzeugen fokussieren. Zudem ist die Produktion als Wertschöpfungsbereich einer zunehmenden Digitalisierung von Prozessen und Informationen ausgesetzt, die sich ausgehend von marktbeeinflussenden Serienproduzenten auch auf die Zulieferer, wie bspw. Werkzeugbaubetriebe, überträgt, um ganzheitlich die Effizienz zu steigern.

Um sich von der Konkurrenz differenzieren zu können und eine nachhaltige Sicherung der Wettbewerbsfähigkeit zu gewährleisten, ist eine Auseinandersetzung mit den beschriebenen

422 I. A. a. Wiendahl (Erfolgsfaktor Logistikqualität), 2002, S. 3.

Herausforderungen notwendig. Produzierende Unternehmen müssen flexibler und schneller auf Marktänderungen reagieren und dabei weiterhin die Produktionskosten und die Durchlaufzeiten optimieren. Werkzeugbaubetriebe können diesen neuen Anforderungen der Kunden und des Marktes mit ihrer derzeitigen Produktionsplanung nicht begegnen, was sich in einer geringen Termintreue von nur 76 % ausdrückt.[423] Die Produktionsplanung im Werkzeugbau ist charakterisiert durch gewachsene Fertigungsorganisationen, nicht-anforderungsgerecht ausgelegte Prozesse sowie eine schwache digitale Vernetzung und einen geringen Einsatz moderner Softwaresysteme.[424, 425]

Die Werkzeugbaubetriebe müssen ein neues Verständnis hinsichtlich der Evolution zur intelligenten Produktionsplanung entwickeln (siehe Kapitel 1.2).[426] Denn der Einsatz von intelligenten Systemen in der Produktion gilt als zentrales Element zur Sicherung der Wettbewerbsfähigkeit.[427] Jedoch versäumen es die Werkzeugbaubetriebe an der Weiterentwicklung der Produktionsplanung zur Realisierung der Potenziale zu partizipieren. Dies drückt sich sowohl in den niedrigen Reifegradstufen der Produktionsplanung[428] der Werkzeugbaubetriebe als auch in der gleichbleibenden Termintreue des Branchendurchschnitts[429] der letzten Jahre aus. Lediglich einige wenige Betriebe schaffen es sich weiterzuentwickeln und setzen digitale Hilfsmittel bspw. auch in der Planung ein.[430] Die Stagnation der Branche lässt sich auf ein nicht ausgeprägtes Verständnis der intelligenten Planung, als notwendige Zielposition, sowie dem Fehlen eines systematischen Vorgehens zur Weiterentwicklung zurückführen.

Auf dieser Grundlage bleibt festzustellen, dass ein Handlungsbedarf aus der Praxis hinsichtlich eines praxisnahen, anforderungsspezifischen Leitfadens zur Auslegung intelligenter Produktionsplanungsprozesse in Werkzeugbaubetrieben existiert. Der Lösungsansatz muss charakteristische intelligente Eigenschaften beschreiben und systematisch die Erreichung dieser beschreiben. Dazu soll die grundlegende Lösungshypothese des Verständnisses von Produktionsplanung als Zusammenspiel von Organisation, Prozessen und Ressourcen in der Auslegung berücksichtigt werden. Es besteht *Handlungsbedarf aus der Praxis*.

---

423 Vgl. WZL; IPT (Unternehmensdatenbank „Excellence in Production“), 2020; Boos et al. (Digitale Systemunterstützung), 2020, S. 56.

424 Vgl. Boos et al. (Planen und Steuern im Werkzeugbau), 2019, S. 57; Boos et al. (Digitale Systemunterstützung), 2020, S. 57.

425 Siehe auch Kapitel 2.4.5.1

426 Vgl. Schuh et al. (Production Planning through AI), 2019, S. 116; Boos et al. (Planen und Steuern im Werkzeugbau), 2019, S. 33.

427 Vgl. Krüger; Fleischer (WGP-Standpunkt: KI in der Produktion), 2019, S. 4.

428 Vgl. Boos et al. (Planen und Steuern im Werkzeugbau), 2019, S. 33.

429 Vgl. WZL; IPT (Unternehmensdatenbank „Excellence in Production“), 2020.

430 Vgl. Boos et al. (Erfolgreiche Planung und Steuerung), 2019, S. 51.

3 Analyse wissenschaftlicher Forschungsansätze

Im folgenden dritten Kapitel werden bestehende wissenschaftliche Forschungsansätze für die Planungsprozesse der Produktion analysiert. Die Analyse bestehender wissenschaftlicher Ansätze stellt die Grundlage zur Ableitung des Handlungsbedarfs aus der Theorie dar. Hier ist zu prüfen, ob bereits ein Ansatz entwickelt wurde, der die zu Beginn aufgestellte Forschungsfrage vollständig adressiert. Dabei werden verschiedene Teilaspekte der übergeordneten Forschungsbereiche Produktionsplanung und Werkzeugbau in der Analyse fokussiert. So wird überprüft, ob ein Forschungsansatz die Rahmenbedingungen des Werkzeugbaus aufgreift und eine optimierte Lösung im Sinne der ergebnisverbesserten Planungsprozesse darstellt. Dies ist insofern essenziell, als dass ein rein theoretischer Ansatz, der nicht auf unterschiedliche Unternehmenskontexte übertragbar ist, nicht mit dem zuvor beschriebenen Praxisproblem korreliert. Der Inhalt dieses Kapitels entspricht der zweiten und dritten Phase der angewandten Forschung nach ULRICH, die in Kapitel 1.4 vorgestellt wurde.

Einleitend wird die Systematik der Analyse vorgestellt. Diese besteht aus einem Bewertungs- und Anforderungssystem, die zur Ermittlung eines relevanten Ansatzes definiert werden. Danach werden relevante Ansätze ausgewählt und präsentiert. Diese Ansätze werden auf Basis des entwickelten Bewertungssystems evaluiert. Zum Abschluss des Kapitels wird das Theoriedefizit abgeleitet und mit dem Praxisdefizit zusammengeführt.

3.1 Systematik der Analyse

Die ganzheitliche und wissenschaftliche Analyse der bestehenden Forschungsansätze bedarf einer fundierten Systematik. Anerkannten Forschungsansätzen folgend besteht eine fundierte Systematik aus einem Bewertungs- und Anforderungssystem.[431]

Mit dem Bewertungssystem werden die für eine Bewertung erforderlichen Merkmale und damit die Bewertungsskala festgelegt. Einhergehend wird das Anforderungssystem entwickelt, welches die inhaltlichen und strukturellen Kriterien für die Bewertung beschreibt, die zu übergeordneten Anforderungen zusammengefasst werden. Basierend auf der Analyse des Erfüllungsgrads der Anforderungen wird ein Lösungsraum abgeleitet, um die Gesamterfüllung der Anforderungen sicherzustellen.[432] Zusammenfassend ergeben sich zwei Hauptziele:[433]

- Sicherstellung der allgemeinen Relevanz des wissenschaftlichen Forschungsansatzes für die bestehende Forschungsfrage
- Ermittlung von Teilaspekten wissenschaftlicher Forschungsansätze mit Anwendungspotenzial oder Transfer auf den in dieser Arbeit zu entwickelnden Lösungsansatz

[431] Vgl. Kuhlmann (Corporate Tooling), 2017, S. 91; Komorek (Kollaborative Wertschöpfung), 2014, S. 63.

[432] EBERT fokussiert die Ableitung des Lösungsraums auf die Sicherstellung von Projekterfolgen. Das soll an dieser Stelle analog auf die Lösung der Forschungsfrage übertragen werden. Vgl. Ebert (Requirements Engineering), 2019, S. 47ff.

[433] Vgl. Kuhlmann (Corporate Tooling), 2017, S. 91f.

3.1.1 Bewertungssystem

Das Bewertungssystem beschreibt im Allgemeinen die Ausprägungen eines für die Untersuchung relevanten Aspekts. Es ermöglicht ein einheitliches Analyseergebnis basierend auf vordefinierten Anforderungen. Dazu stehen verschiedene Messmodelle zur Verfügung, wie kontinuierliche oder diskrete Messskalen, anhand derer die Bewertungen abgegrenzt werden.[434]

Im Rahmen der Arbeit wird eine diskrete, ordinale Skala mit fünf Stufen verwendet, um die Methoden anhand der entwickelten Anforderungen im folgenden Abschnitt zu bewerten.[435] Die verwendete Skala nach LIKERT ist eine differenzierte und gleichzeitig robuste Bewertungsgrundlage.[436] Zur Visualisierung dieser Bewertungsskala werden Harvey-Balls verwendet (siehe Abbildung 48). Nach Angaben von KETT UND SCHEWE stellen sie eine geeignete Form für die Präsentation von Bewertungsergebnissen dar.[437]

Abbildung 48: Harvey-Balls zur Visualisierung der Bewertung

Die Anforderungen können mit den Harvey-Balls zur Visualisierung in Form von *nicht vorhanden*, *sehr gering*, *gering*, *hoch* und *sehr hoch* erfüllt werden. Die Bezeichnung in dieser Form vermeidet eine neutrale Darstellung des Ausdrucks in der Mitte der Skala und unterstützt somit eine genaue Beschreibung der Auswertungsergebnisse.[438]

3.1.2 Anforderungssystem

Das Anforderungssystem definiert die inhaltlichen und strukturellen Kriterien, die ein theoretischer Ansatz erfüllen sollte, um für die Forschungsfrage oder für Teilaspekte relevant zu sein sowie um eine potenzielle Übertragung von Inhalten auf die Forschungsfrage zu ermöglichen. Entsprechend wird das Anforderungssystem unterteilt in die Ziele *Relevanz* und *Übertragbarkeit*.[439] Den Zielen werden Anforderungsdimensionen und Anforderungen untergeordnet.

Die *Relevanz* ist dann sichergestellt, wenn sowohl der Gestaltungsbereich als auch der Betrachtungsbereich dieser Arbeit von einem Forschungsansatz aufgegriffen und detailliert fokussiert werden.[440] Die *Übertragbarkeit* eines Forschungsansatzes auf das in dieser Arbeit zu

[434] Vgl. Brunner; Munzel (Nichtparametrische Datenanalyse), 2013, S. 1ff.

[435] Nach BRUNNER UND MUNZEL erlaubt die diskrete, ordinale Messskala die quantifizierte Beschreibung einer qualitativen Bewertung, ohne jedoch funktionale Rückschlüsse oder mathematische Operationen zuzulassen (wie bspw. Addition von Werten). Aufgrund des qualitativen Charakters der folgenden Bewertung wird diese Form der Skala ausgewählt, welche zudem Ausprägungsstufen erlaubt. Weitere bekannte, aber nicht verwendbare Skalen sind diskrete metrische, nominale oder dichotome Skalen. Vgl. Brunner; Munzel (Nichtparametrische Datenanalyse), 2013, S. 2ff.

[436] Vgl. Linacre (Rating Scale), 2002, S. 86ff.; Edwards et al. (Organizational Surveys), 1996, S. 43ff.

[437] Vgl. Kett; Schewe (Management Skills), 2010, S. 129.

[438] Vgl. Dawes (Scale Points), 2008, S. 66ff.

[439] Vgl. Kuhlmann (Corporate Tooling), 2017, S. 92f.

[440] Vgl. Kuhlmann (Corporate Tooling), 2017, S. 93.

behandelnde Problem ist dann erfüllt, wenn eine ganzheitliche Anwendbarkeit eines Ansatzes sichergestellt ist und darüber hinaus zur Produktionsplanung auslegungsrelevante Kriterien aufgegriffen werden. Zusammen bilden die beiden Ziele Relevanz und Übertragbarkeit mit ihren Anforderungsdimensionen die Gesamtheit aller Anforderungen an einen wissenschaftlichen Ansatz. Jede einzelne Anforderungsdimension sowie jede Anforderung und ihre Ausprägungen müssen analysiert und bewertet werden. Eine Übersicht der Anforderungen zugeordnet zu den Anforderungsdimensionen und Zielen ist in Abbildung 49 gegeben.

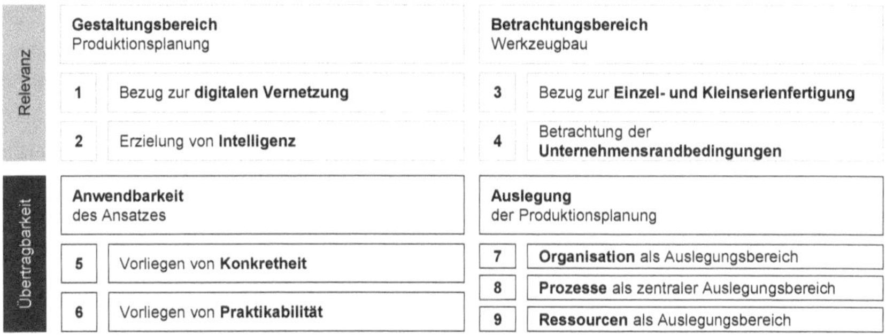

Abbildung 49: Anforderungssystems zur Auslegung intelligenter Produktionsplanungsprozesse im Werkzeugbau[441]

Die Verwendung der Anforderungsdimensionen *Gestaltungsbereich*, *Betrachtungsbereich* und *Anwendbarkeit* erfolgt gemäß anerkannten Forschungsansätzen von bspw. KUHLMANN, SALMEN, HENSEN, KÜHN oder KOMOREK.[442] Die Anforderungen innerhalb dieser Dimensionen können jedoch abweichen und richten sich nach der spezifischen Forschungsfrage. Innerhalb der Anforderungsdimension *Gestaltungsbereich* werden die grundlegenden Paradigmen der intelligenten Produktionsplanung, *digitale Vernetzung* und *Intelligenz*, aufgegriffen und als Anforderungen definiert.[443] Der *Betrachtungsbereich* beinhaltet die Charakterisierung der Branche Werkzeugbau mit der Betrachtung der *Einzel- und Kleinserienfertigung* und den *Unternehmensrandbedingungen*.[444] Durch die Anforderungsdimension *Anwendbarkeit* wird der praktische Nutzen eines Forschungsansatzes definiert.[445] Ergänzend wird in dieser Arbeit noch die

[441] Eigene Darstellung

[442] Vgl. Kuhlmann (Corporate Tooling), 2017; Hensen (Auslegung industrieller Werkzeugbaubetriebe), 2017; Salmen (Digital vernetzter Shopfloor), 2016; Kühn (Leistungssysteme im Werkzeugbau), 2016; Komorek (Kollaborative Wertschöpfung), 2014.

[443] Vgl. Schuh et al. (Production Planning through AI), 2019, S. 4.

[444] Vgl. Hensen (Auslegung industrieller Werkzeugbaubetriebe), 2017, S. 66f.; Salmen (Digital vernetzter Shopfloor), 2016, S. 86f.

[445] Vgl. Salmen (Digital vernetzter Shopfloor), 2016, S. 85f.

Auslegung der Produktionsplanung als eigene Anforderungsdimension betrachtet und die Herleitung dieser Kategorie im Folgenden beschrieben.[446]

Die Adressierung der systematischen und ganzheitlichen Auslegung intelligenter Produktionsplanungsprozesse beschreibt die Lösungsfindung der Forschungsfrage dieser Arbeit. Dabei ist die Produktionsplanung als ein System zu betrachten, welches aus Ein- und Ausgängen sowie einem Transformationsprozess besteht.[447] Basierend auf Eingangsinformation wie bspw. Kundenbestellungen werden im Transformationsprozess Produktionspläne erzeugt, welche den Ausgang bilden.[448] Dies stellt eine Vereinfachung der komplexen Ziele und Teilaufgaben der Produktionsplanung dar. Basierend auf dem Verständnis der Produktionsplanung als ein System, soll zur Strukturierung und zur Erfassung aller Auslegungsbereiche ein Ordnungsrahmen eingeführt werden. Dazu wird die Produktionsplanung mit einem Produktionssystem verglichen werden. Ein Produktionssystem stellt einen Ordnungsrahmen für die komplexe Aufgabenstruktur der Produktion dar. Ähnlich wie die Planung kann die Produktion ebenfalls als System mit Ein- und Ausgängen sowie einem Transformationsprozess beschrieben werden.[449, 450] In der Folge lassen sich also Produktionssysteme zur ganzheitlichen Strukturierung und Beschreibung der Produktionsplanung einsetzen. Eine anerkannte Beschreibung eines Produktionssystems erfolgt nach NYHUIS mit den drei Bereichen *Organisation*, *Prozess* und *Ressource*.[451]

Eine ähnliche Strukturierung von komplexen Systemen erfolgt durch das Modell *Aachener Werkzeug- und Formenbau Management (AWFM)*, welches zur ganzheitlichen Beschreibung und Bewertung von Werkzeugbaubetrieben entwickelt wurde.[452] In diesem Modell werden die drei Bereiche *Organisation*, *Prozess* und *Ressource* als zentrale Befähiger der Wertschöpfung beschrieben (siehe Abbildung 50).

---

446 HENSEN greift in seinem Forschungsansatz ebenfalls auslegungsbezogene Anforderungen auf, jedoch fokussiert er sich auf die strategische Gesamtauslegung eines Produktionsbetriebs. Diese Anforderungskategorie wird analog auf die Produktionsplanung übertragen. Vgl. Hensen (Auslegung industrieller Werkzeugbaubetriebe), 2017, S. 63ff.

447 Vgl. Müller (Planung als Prozess und System), 1974, S. 20.

448 Vgl. Schuh et al. (Production Planning through AI), 2019, S. 3.

449 Vgl. Boysen (Variantenfließfertigung), 2005, S. 5.

450 Für weitere Definitionen und Erklärungen der Produktion siehe auch Kapitel 2.1.1.1.

451 Vgl. Nyhuis (Produktionssysteme), 2008, S. 20f.

452 Vgl. Frick (Geschäftsmodelle im Werkzeugbau), 2006, S. 50ff.

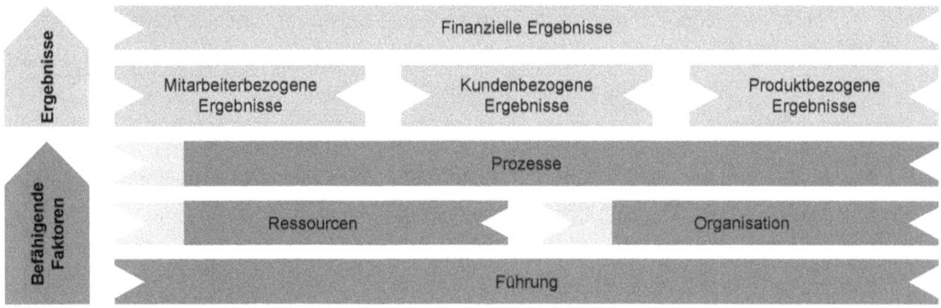

Abbildung 50: AWFM Modell zur Identifikation auslegungsbezogener Anforderungen [453]

Ebenso wird der Bereich *Führung* als befähigender Faktor aufgeführt, jedoch wird diesem Bereich nur eine geringe Relevanz zugeschrieben und muss zur Auslegung nicht weiter betrachtet werden.[454] Zudem werden weitere Bereiche ergänzt, die jedoch nur die Ergebnisdokumentation der Gesamtprozesse beschreiben und keinen befähigenden Einfluss haben. Somit sind diese für die Auslegung von Prozessen nicht zu berücksichtigen.

Dem folgend kann die Strukturierung der Produktionsplanung mit den gleichen Bereichen erfolgen, wobei die Bereiche jeweils auf die Anforderungen der Produktionsplanung adaptiert werden müssen. Dieses Verständnis wird auch in einer aktuellen Studie des Werkzeugmaschinenlabors WZL der RWTH Aachen aufgegriffen und hergeleitet, in welcher noch deutlicher die systematische Gestaltung der Produktionsplanung anhand der Bereiche *Organisation*, *Prozess* und *Ressource* als Handlungsempfehlung gegeben wird.[455] Daher werden diese drei Auslegungsbereiche als zentrale Anforderungen an die Produktionsplanung definiert.

Im Folgenden werden die einzelnen Anforderungen an einen Forschungsansatz detaillierter beschrieben. Zudem werden gemäß der definierten diskreten Skala fünf voneinander abgegrenzte Skalenwerte für jede Anforderung definiert.

3.1.2.1 Anforderungsdimension Relevanz: Digitale Vernetzung

Zur Begründung der Relevanz eines Ansatzes wird evaluiert, inwieweit ein Forschungsansatz die Problemstellung adressiert. Die Problemstellung ist gegliedert in einen Gestaltungsbereich und einen Betrachtungsbereich. Der Gestaltungsbereich ist die Produktionsplanung mit den handlungsweisenden Eigenschaften *digitale Vernetzung* und *Intelligenz*.

Die *digitale Vernetzung* beschreibt im Kontext der Produktionsplanung die Vernetzung von (System-)Objekten zum Austausch von Informationen.[456] Dabei werden IT-Systeme eingesetzt, um die Daten und Informationen in digitaler Form zu teilen und zu dokumentieren.[457]

453 I. A. a. Frick (Geschäftsmodelle im Werkzeugbau), 2006, S. 51.

454 Vgl. Hensen (Auslegung industrieller Werkzeugbaubetriebe), 2017, S. 64.

455 Vgl. Boos et al. (Planen und Steuern im Werkzeugbau), 2019, S. 32f.

456 Vgl. Schuh et al. (Production Planning through AI), 2019, S. 2.

457 Vgl. Appelfeller; Feldmann (Digitale Transformation), 2018, S. 150.

Relevante Forschungsansätze sollten im Rahmen der Auslegung und Optimierung der Produktionsplanung die ganzheitliche digitale Vernetzung von allen (produktions-)systemrelevanten Objekten als charakteristisches Lösungselement betrachten. Die fünf Ausprägungsstufen der Erfüllung der Anforderung *Bezug zur digitalen Vernetzung* sind nachstehend beschrieben:

- **Nicht vorhanden:** Ein Forschungsansatz hat keinen Bezug zur digitalen Vernetzung hinsichtlich der Befähigung der Produktionsplanung.
- **Sehr niedrig:** Ein Forschungsansatz nimmt Bezug zur digitalen Vernetzung zur Befähigung der Produktionsplanung, aber fokussiert sie nicht als Lösung.
- **Niedrig:** Ein Forschungsansatz führt die digitale Vernetzung zur Befähigung der Produktionsplanung als wesentliche Eigenschaft ein.
- **Hoch:** Ein Forschungsansatz definiert die digitale Vernetzung zur Befähigung der Produktionsplanung als notwendige Eigenschaft und beschreibt die Vernetzung von grundlegenden Systemobjekten.
- **Sehr hoch:** Ein Forschungsansatz definiert die digitale Vernetzung zur Befähigung einer intelligenten Produktionsplanung als zentrale Lösungshypothese und beschreibt konkret die Vernetzung von relevanten Systemobjekten auf Basis einer systematischen Analyse und Typisierung von Systemobjekten.

3.1.2.2 Anforderungsdimension Relevanz: Intelligenz

Die Anforderung *Erzielung von Intelligenz* charakterisiert die systematische Auswertung von Daten und den Einsatz von Algorithmen in der Produktionsplanung, um Planungsaufgaben effizienter zu lösen. Neben der Steigerung der Effizienz in der Bearbeitung von Planungsaufgaben steht die Optimierung der Planungsergebnisse im Vordergrund. Die fünf Ausprägungsstufen der Erfüllung der Anforderung *Erzielung von Intelligenz* sind nachstehend beschrieben:

- **Nicht vorhanden:** Ein Forschungsansatz nimmt keinen Bezug zur Steigerung der Prozesseffizienz oder -qualität in der Produktionsplanung durch intelligente Eigenschaften.
- **Sehr niedrig:** Ein Forschungsansatz nimmt zwar Bezug zu intelligenten Eigenschaften, setzt sie aber weder zur Steigerung der Prozesseffizienz noch für die Ergebnisqualität in der Produktionsplanung ein.
- **Niedrig:** Ein Forschungsansatz beschreibt die Nutzung von intelligenten Eigenschaften als wesentliche Eigenschaft in der Produktionsplanung.
- **Hoch:** Ein Forschungsansatz beschreibt die systematische Erzielung von intelligenten Eigenschaften in der Produktionsplanung, um die Planungsaufgaben effizienter zu lösen. Eine Optimierung der Planungsergebnisse ist hingegen nicht möglich.
- **Sehr hoch:** Ein Forschungsansatz beschreibt den Einsatz von Methoden zur Erfüllung von kreativer, analytischer und praktischer Intelligenz oder vergleichbaren Eigenschaften in der Produktionsplanung. Neben der Steigerung der Effizienz in der Bearbeitung von Planungsaufgaben ist auch die Optimierung der Planungsergebnisse möglich.

3.1.2.3 Anforderungsdimension Relevanz: Einzel- und Kleinserienfertigung

Die Anforderung ***Bezug zur Einzel- und Kleinserienfertigung*** ist charakteristisch für die Branche Werkzeugbau als Betrachtungsbereich dieser Arbeit.[458] Unter Einzel- und Kleinserienfertigung wird verstanden, dass es während des Fertigungsprozesses der Werkzeugkomponenten zu wenigen Wiederholungen aufgrund von kundenindividuellen Aufträgen kommt. Dies hat zur Folge, dass fertigungsspezifische Besonderheiten des Werkzeugbaus in der Gestaltung der Produktionsplanung berücksichtigt werden müssen. Die fünf Ausprägungsstufen der Erfüllung der Anforderung ***Bezug zur Einzel- und Kleinserienfertigung*** sind nachstehend beschrieben:[459]

- **Nicht vorhanden:** Ein Forschungsansatz nimmt keinen Bezug zu einer konkreten Branche. Eine spezifische Auseinandersetzung mit der Anwendbarkeit auf die Branche Werkzeugbau ist nicht erkennbar.
- **Sehr niedrig:** Ein Forschungsansatz nimmt Bezug auf die Produktionsplanung in der produzierenden Industrie.
- **Niedrig:** Ein Forschungsansatz nimmt Bezug auf die Produktionsplanung in der produzierenden Industrie und berücksichtigt die Einzel- und Kleinserienfertigung.
- **Hoch:** Ein Forschungsansatz nimmt Bezug auf die Produktionsplanung in der produzierenden Industrie. Zudem berücksichtigt er die Einzel- und Kleinserienfertigung und verweist auf Ausprägungsformen in Bezug auf die Fertigungsorganisation.
- **Sehr hoch:** Ein Forschungsansatz nimmt Bezug auf die Produktionsplanung einer Einzel- und Kleinserienfertigung in Form einer Werkstattfertigung.

3.1.2.4 Anforderungsdimension Relevanz: Unternehmensrandbedingungen

Um die Umsetzbarkeit des Forschungsansatzes zur Auslegung von intelligenten Produktionsplanungsprozessen im Werkzeugbau zu gewährleisten, ist neben dem Bezug zur Einzel- und Kleinserienfertigung auch die ***Betrachtung von Unternehmensrandbedingungen*** der Werkzeugbaubetriebe erforderlich. Diese bestehen sowohl aus dem Produkt- und Leistungsspektrum als auch aus der Mitarbeiteranzahl und dem Marktzugang (siehe Kapitel 2.4). Die fünf Ausprägungsstufen der Erfüllung der Anforderung ***Betrachtung der Unternehmensrandbedingungen*** sind nachstehend beschrieben:[460]

- **Nicht vorhanden:** Ein Forschungsansatz berücksichtigt keine spezifischen Unternehmensrandbedingungen.
- **Sehr niedrig:** Ein Forschungsansatz berücksichtigt einzelne Unternehmensrandbedingungen, eine Spezifikation dieser findet jedoch nicht statt.
- **Niedrig:** Ein Forschungsansatz berücksichtigt einzelne, spezifische Unternehmensrandbedingungen.

[458] Vgl. Kapitel 2.4

[459] Vgl. Salmen (Digital vernetzter Shopfloor), 2016, S. 86f.; Komorek (Kollaborative Wertschöpfung), 2014, S. 70.

[460] Vgl. Kühn (Leistungssysteme im Werkzeugbau), 2016, S. 66.

- **Hoch:** Ein Forschungsansatz berücksichtigt alle relevanten, spezifischen Unternehmensrandbedingungen.
- **Sehr hoch:** Ein Forschungsansatz berücksichtigt zusätzlich zu der hohen Ausprägung die Interdependenzen zwischen den einzelnen Unternehmensrandbedingungen.

3.1.2.5 Anforderungsdimension Übertragbarkeit: Konkretheit

Zur systematischen und einfachen Anwendung eines Forschungsansatzes ist das *Vorliegen von Konkretheit* von zentraler Bedeutung, um einen praxisrelevanten Mehrwert zu bieten. Die Konkretheit eines Forschungsansatzes wird durch die exakte Beschreibung von Aufgaben und Vorgehensweisen zur Lösung eines Problems erzielt. Dabei ist es erforderlich, die Aufgaben klar voneinander abzugrenzen sowie detailliert darzustellen, welche Eingangsgrößen und Ziele erfüllt werden sollen und welche Ausgangsgrößen und Ergebnisse zu erwarten sind.[461] Die fünf Ausprägungsstufen der Erfüllung der Anforderung *Vorliegen von Konkretheit* sind nachstehend beschrieben:

- **Nicht vorhanden:** Ein Forschungsansatz besitzt keine eindeutige Struktur zur Adressierung der Forschungsfrage. Maßnahmen oder Hinweise zur Umsetzung in der Praxis werden nicht beschrieben.
- **Sehr niedrig:** Ein Forschungsansatz folgt einer Struktur zur Beschreibung einer idealisierten Produktionsplanung und nennt Hinweise zur Umsetzung in der Praxis.
- **Niedrig:** Ein Forschungsansatz folgt einer Struktur zur Beschreibung einer idealisierten Produktionsplanung und beinhaltet Maßnahmen zur Umsetzung. Die Maßnahmen zur Umsetzung bleiben jedoch abstrakt.
- **Hoch:** Ein Forschungsansatz beschreibt detailliert einen Zielzustand der Produktionsplanung und beinhaltet eine anwendungsorientierte Beschreibung der Umsetzung in der Praxis. Es werden jedoch keine Auslegungsbeispiele erläutert.
- **Sehr hoch:** Ein Forschungsansatz beschreibt detailliert einen Zielzustand der Produktionsplanung, beinhaltet eine anwendungsorientierte Beschreibung der Umsetzung in der Praxis und nennt detaillierte Auslegungsbeispiele und Ausprägungen.

3.1.2.6 Anforderungsdimension Übertragbarkeit: Praktikabilität

Ein Forschungsansatz muss für einen praktischen Einsatz eine hohe *Praktikabilität* in Form eines angemessenen Realitätsbezugs und eines hohen Anwendungsgrads aufweisen.[462] Konkret bedeutet das, dass ein Forschungsansatz in seiner Herleitung, Problembeschreibung und Lösungsfindung einen starken Bezug zum realen Problem und zur realen Umgebung hat. Zur Lösungsfindung wird auf vorhandene bzw. praxisübliche Daten, Informationen und Hilfsmittel

[461] Vgl. Hensen (Auslegung industrieller Werkzeugbaubetriebe), 2017, S. 63; Kuhlmann (Geschäftsprozesse im industriellen Werkzeugbau), 2013, S. 45.

[462] Vgl. Hensen (Auslegung industrieller Werkzeugbaubetriebe), 2017, S. 62; Kühn (Leistungssysteme im Werkzeugbau), 2016, S. 61.

gesetzt, was einen hohen Anwendungsgrad darstellt.[463] Dadurch wird sichergestellt, dass der Forschungsansatz in der Anwendung einen hohen Mehrwert bietet. Die fünf Ausprägungsstufen der Erfüllung der Anforderung *Vorliegen von Praktikabilität* sind nachstehend beschrieben:[464]

- **Nicht vorhanden:** Ein Forschungsansatz ist nicht in der Praxis anwendbar.
- **Sehr niedrig:** Ein Forschungsansatz ist grundsätzlich in der Praxis anwendbar.
- **Niedrig:** Ein Forschungsansatz wurde unter realistischen Annahmen der Umwelt erarbeitet. Jedoch ist nur ein Teil der vorliegenden Rahmenbedingungen berücksichtigt.
- **Hoch:** Ein Forschungsansatz wurde auf Basis von realistischen Annahmen entwickelt und in der Realität vorliegende Rahmenbedingungen werden berücksichtigt. Es erfolgt jedoch keine Validierung mittels Praxisbeispielen.
- **Sehr hoch:** Ein Forschungsansatz basiert auf realistischen Annahmen und in der Realität vorliegende Rahmenbedingungen werden berücksichtigt. Dies wird anhand von Praxisbeispielen nachgewiesen.

3.1.2.7 Anforderungsdimension Übertragbarkeit: Organisation

Die Anforderung *Organisation als Auslegungsbereich* verfolgt im Rahmen der Produktionsauslegung das Ziel, eine optimierte Gestaltung der Aufgaben- und Produktionsbereiche zu ermöglichen.[465] Dabei muss ein grundlegendes Organisationskonzept entwickelt werden, welches konkret beschreibt, welche Fertigungsaufgaben welchen Wertschöpfungseinheiten (z. B. Mitarbeitern und Maschinen) zugeordnet werden können und welche Ressourcen sinnvoll zu Segmenten gruppiert werden können. Solche Segmentierungskonzepte sind vor dem Hintergrund der hohen Anzahl unterschiedlicher Auftragstypen im Werkzeugbau sinnvolle Maßnahmen, um eine Planbarkeit im Werkzeugbau zu gewährleisten.[466] Darüber hinaus muss ein Fertigungssegment flexibel sein und sich kurzfristig dynamisch anpassen können.[467] Die fünf Ausprägungsstufen der Erfüllung der Anforderung *Organisation als Auslegungsbereich* sind nachstehend beschrieben:[468]

- **Nicht vorhanden:** Ein Forschungsansatz berücksichtigt die Organisation nicht.
- **Sehr niedrig:** Ein Forschungsansatz nennt rudimentär organisatorische Elemente im Zusammenhang mit Produktionsplanungsprozessen.

[463] HENSEN nennt die in der betrieblichen Praxis üblichen Daten und Informationen. Die praxisüblichen *Hilfsmittel* werden an dieser Stelle ergänzt, da im Kontext der Digitalisierung besonders die Daten- und Informationsauswertung mit (digitalen) Hilfsmitteln als Schwachstelle zur praktischen Anwendung zu sehen ist. Vgl. Hensen (Auslegung industrieller Werkzeugbaubetriebe), 2017, S. 62.

[464] Vgl. Schultes (Digitale Vernetzung mit Lieferanten), 2020, S. 71; Hensen (Auslegung industrieller Werkzeugbaubetriebe), 2017, S. 62; Kühn (Leistungssysteme im Werkzeugbau), 2016, S. 61.

[465] Vgl. Boos et al. (Planen und Steuern im Werkzeugbau), 2019, S. 34.

[466] Vgl. Schuh et al. (Unplanbares planbar machen), 2013, S. 10f.

[467] Vgl. Boos et al. (Flexible Tooling Organization), 2017, S. 8f.

[468] Vgl. Hensen (Auslegung industrieller Werkzeugbaubetriebe), 2017, S. 65.

- **Niedrig:** Ein Forschungsansatz nennt die Organisation im Kontext der Auslegung der Produktionsplanungsprozesse.
- **Hoch:** Ein Forschungsansatz definiert die Organisation im Kontext der Auslegung der Produktionsplanungsprozesse als unterstützenden Auslegungsbereich und beschreibt die qualitative Auslegung.
- **Sehr hoch:** Ein Forschungsansatz beschreibt die Organisation im Kontext Produktionsplanungsauslegung detailliert und legt diese auf Basis der Anforderungen der intelligenten Produktionsplanung qualitativ und quantitativ aus. Dabei gilt die Organisation als notwendiger, unterstützender Auslegungsbereich, welcher den Rahmen für intelligente Produktionsplanungsprozesse darstellt.

3.1.2.8 Anforderungsdimension Übertragbarkeit: Prozesse

Das Kernelement in der Auslegung der Produktionsplanung stellt die Gestaltung der *Prozesse* dar, welche in der Praxis durch die Organisation und die Ressourcen befähigt werden. Die Planungsprozesse müssen auf einer der Organisation angepassten Auswahl an Planungsaufgaben und Planungstiefe basieren.[469] Für die angestrebte Weiterentwicklung der Planung müssen die zentralen Eigenschaften, digitale Vernetzung und Intelligenz, ebenso in der Prozessauslegung berücksichtigt werden. Die fünf Ausprägungsstufen der Erfüllung der Anforderung an die *Prozesse als Auslegungsbereich* sind nachstehend beschrieben:[470]

- **Nicht vorhanden:** Ein Forschungsansatz berücksichtigt die Prozesse nicht.
- **Sehr niedrig:** Ein Forschungsansatz nennt rudimentär den Einsatz von Produktionsplanungsprozessen.
- **Niedrig:** Ein Forschungsansatz beschreibt standardisierte Produktionsplanungsaufgaben und -prozessen.
- **Hoch:** Ein Forschungsansatz beschreibt die qualitative Auslegung von Produktionsplanungsprozessen.
- **Sehr hoch:** Ein Forschungsansatz beschreibt die individuelle Auslegung der Produktionsplanungsprozesse detailliert und berücksichtigt dabei die spezifischen Anforderungen der intelligenten Produktionsplanung.

3.1.2.9 Anforderungsdimension Übertragbarkeit: Ressourcen

Die letzte Anforderung zur Auslegung und zur Sicherstellung der Übertragbarkeit eines Forschungsansatzes beschreibt die Berücksichtigung von *Ressourcen als Auslegungsbereich* zur Unterstützung von Planungsprozessen. Dabei liegt der Fokus auf IT-Ressourcen, um die Daten- und Informationsbearbeitung sicherzustellen. Nur auf Basis erfolgreich gestalteter Systemlandschaften können die Potenziale der intelligenten Produktionsplanung erfolgreich

---

[469] Vgl. Boos et al. (Planen und Steuern im Werkzeugbau), 2019, S. 34.

[470] Vgl. Hensen (Auslegung industrieller Werkzeugbaubetriebe), 2017, S. 65.

adressiert werden.[471] Im Rahmen der Entwicklung der Produktionsplanung muss die Auslegung der Ressourcen sowohl qualitativ als auch quantitativ beschrieben werden.[472] Die fünf Ausprägungsstufen der Erfüllung der Anforderung *Ressourcen als Auslegungsbereich* sind nachstehend beschrieben:[473]

- **Nicht vorhanden:** Ein Forschungsansatz berücksichtigt die Ressourcen nicht.
- **Sehr niedrig:** Ein Forschungsansatz verweist auf Ressourcen zur Unterstützung der Produktionsplanung.
- **Niedrig:** Ein Forschungsansatz beschreibt Ressourcen im Kontext der Auslegung von Produktionsplanungsprozessen.
- **Hoch:** Ein Forschungsansatz beschreibt die Ressourcen im Kontext der der Auslegung von Produktionsplanungsprozessen und legt diese qualitativ aus.
- **Sehr hoch:** Ein Forschungsansatz beschreibt die Ressourcen im Kontext Produktionsplanungsauslegung detailliert. Dabei werden die Ressourcen individuell und anforderungsgerecht sowohl qualitativ als auch quantitativ ausgelegt, um intelligente Produktionsplanungsprozesse zu befähigen.

3.2 Wissenschaftliche Forschungsansätze

Auf Basis der Beschreibung der Systematik der Analyse im vorangegangenen Kapitel erfolgt die Vorstellung und Bewertung wissenschaftlicher Forschungsansätze. Einleitend wird ein Überblick des aktuellen Stands der Wissenschaft im Bereich der Produktionsplanung gegeben. Anschließend werden die relevantesten Forschungsansätze beschrieben. Auf Grundlage der Beschreibungen erfolgt eine Bewertung in Bezug auf die Erfüllung der Anforderungen.

3.2.1 Überblick aktueller wissenschaftlicher Forschungsansätze

Das Forschungsgebiet der Produktionsplanung nimmt in der Produktionsforschung einen hohen Stellenwert ein, welcher sich auch an der großen Anzahl an Forschungsansätzen bemisst. Viele Forschungsansätze fokussieren jedoch die Produktionsplanung im Kontext der Serienproduktion, die sich grundsätzlich von der Einzel- und Kleinserienfertigung unterscheidet. Einzelne Elemente der Forschungsansätze können allerdings übertragen werden. Abbildung 51 zeigt eine Übersicht der relevanten Forschungsansätze mit Bezug zur Forschungsfrage. Für eine Klassifizierung der Forschungsansätze zur Produktionsplanung wird in die vier Bereiche *allgemeine Ansätze*, *werkzeugbauspezifische Ansätze*, *Ansätze aus dem Bereich Intelligenz/Digitalisierung* und *Ansätze aus dem Bereich Operations Research* unterschieden. Die Forschungsansätze, welche die höchste Relevanz erzielten, werden im folgenden Unterkapitel detailliert beschrieben und bewertet.

[471] Vgl. Boos et al. (Planen und Steuern im Werkzeugbau), 2019, S. 19.

[472] HENSEN fokussiert in seinem Ansatz Fertigungsressourcen zur Auslegung von Wertschöpfungsprozessen innerhalb der Produktion. Seine Betrachtung kann jedoch verallgemeinert und auf die Produktionsplanung übertragen werden. Vgl. Hensen (Auslegung industrieller Werkzeugbaubetriebe), 2017, S. 65f.

[473] Vgl. Hensen (Auslegung industrieller Werkzeugbaubetriebe), 2017, S. 65.

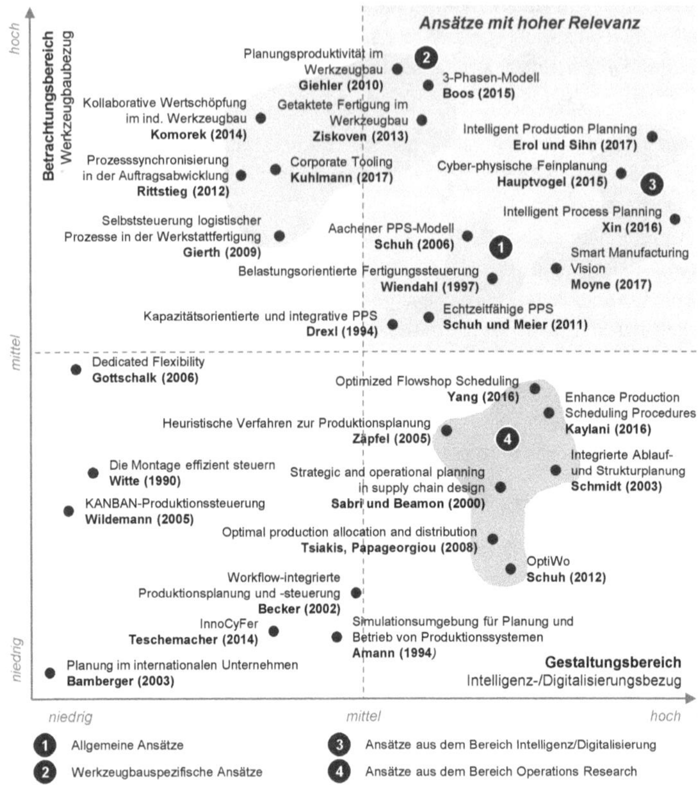

Abbildung 51: Forschungsansätze zur Produktionsplanung aus der Produktionsforschung[474]

Als allgemeine Ansätze wurden vier relevanten Forschungsansätze nach DREXL, WIENDAHL, SCHUH sowie SCHUH UND MEIER identifiziert. Zu den ausgewählten werkzeugbauspezifischen Ansätzen zählen die drei Forschungsansätze nach GIEHLER, ZISKOVEN und BOOS. Aus dem Bereich Intelligenz/Digitalisierung wurden die vier Forschungsansätze nach HAUPTVOGEL, XIN, EROL UND SIHN sowie MOYNE als besonders relevant eingestuft. Aus dem Bereich des Operations Research konnte kein Forschungsansatz mit hoher Relevanz identifiziert werden, da der Betrachtungsbereich zumeist sehr fokussiert ist und keine Übertragbarkeit bestand.

3.2.2 Beschreibung und Bewertung relevanter wissenschaftlicher Forschungsansätze

In den nachfolgenden Kapiteln werden zur Beantwortung der Forschungsfrage relevante Ansätze dargestellt und analysiert. Die Reihenfolge entspricht den genannten Forschungsbereichen und der erstmaligen Veröffentlichung des Forschungsansatzes.

[474] Eigene Darstellung

3.2.2.1 Kapazitätsorientierte und integrative PPS nach DREXL

Das Konzept des kapazitätsorientierten Systems zur Produktionsplanung und -steuerung nach DREXL setzt auf ein modulares und integratives Verständnis von Produktionsplanung.[475] Auf Basis von Schwächen in der Betrachtung von Planungsaufgaben im industriellen Kontext beschreiben die Autoren die hierarchische Integration und Vernetzung von Planungsaufgaben (siehe Abbildung 52).[476]

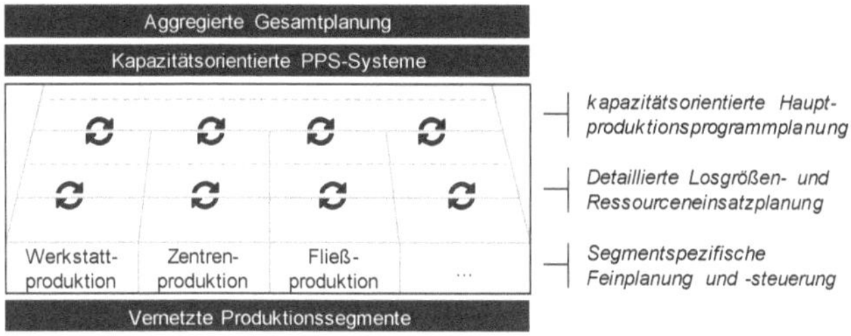

Abbildung 52: Integration und Vernetzung von Planungsaufgaben nach DREXL[477]

Es ergeben sich Planungsebenen mit steigendem Detaillierungsgrad, welche zudem in unterschiedliche Produktionssegmente mit anderen Produktionscharakteristika unterteilt sind. Die Aufgabe der *aggregierten Gesamtplanung* besteht in der Abstimmung zwischen den Entscheidungen, die im Rahmen der Erlös- und Kostenbetrachtung getroffen werden. Eine weitere Aufgabe liegt in der Koordination des Beschaffungs- und Personalbereichs. Konkret wird die Auslastung der Ressourcen im Zeitablauf geglättet. Aus der resultierenden Vorausschau der Logistikprozesse können Rückschlüsse auf die Bereitstellung der Produktionskapazitäten und logistischen Kapazitäten gezogen werden.[478] Innerhalb der nachfolgenden *kapazitätsorientierten Hauptproduktionsprogrammplanung* werden Informationen über alle Produktionssysteme einer Produktionsstätte, deren Erzeugnisse und benötigte Kapazitäten festgelegt. Dadurch entsteht ein zentrales Planungsmodul zur Bestimmung der Produktionsprogramme. Um die Produktion der Endprodukte zu ermöglichen, welche im vorliegenden Zeitraum hergestellt werden sollen, werden Menge und Datierung der Fertigstellung bestimmt, die zudem die Ausgangsgrößen der Hauptproduktionsprogrammplanung bilden. Grundlage hierfür stellen die bereits vorhandenen Kundenaufträge und kurzfristige Nachfrageprognosen dar. Die Hauptproduktionsprogrammplanung verfolgt somit das Ziel, die benötigten Produktions-, Lager- und ressourcenabhängigen Kosten zu reduzieren.[479] Mit der *detaillierten Losgrößen- und Ressourceneinsatzplanung* wird die Planung der Gesamtheit der Losgrößen und Fertigungstermine angestrebt. Aufbauend auf den erstellten Fertigungsaufträgen der Endprodukte aus den vor-

[475] Vgl. Drexl et al. (Kapazitätsorientierte PPS-Systeme), 1993, S. 7.

[476] Vgl. Drexl et al. (Kapazitätsorientierte PPS-Systeme), 1993, S. 6ff.

[477] I. A. a. Drexl et al. (Kapazitätsorientierte PPS-Systeme), 1993, 10.

[478] Vgl. Drexl et al. (Kapazitätsorientierte PPS-Systeme), 1993, S. 10f.

[479] Vgl. Drexl et al. (Kapazitätsorientierte PPS-Systeme), 1993, S. 12f.

herigen Stufen, werden diese für jedes Fertigungssegment detailliert. Über eine Untergliederung in Auftrags- und Losgrößen der jeweiligen Baugruppen, Komponenten und Teile wird versucht, die Rüst- und Lagerkosten sowie weitere Fertigungskosten zu reduzieren. Der Betrachtungshorizont detailliert sich in den Planungsebenen von globalen Kapazitäten der Fertigungssegmente auf Personalkapazitäten und technische Kapazitäten einzelner Bearbeitungsplätze. Als Resultat ergeben sich terminierte Fertigungsaufträge und Beschaffungsmengen für die Endprodukte, welche durch die Maschinen gefertigt werden.[480] In der ***segmentspezifischen Feinplanung*** werden die konkrete Fertigungsreihenfolge und der Maschinenbelegungsplan auf Basis einer Verfügbarkeitsüberprüfung der Ressourcen festgelegt. Durch den Einsatz von Produktionsplänen, welche im Rahmen der vorgelagerten Planungsstufen festgelegt werden, wird der Aufwand der Feinplanung verringert. Während der Produktionssteuerung kommt es zur detaillierten Umsetzung der vorgegebenen Planungsvorhaben, wobei eine Rückmeldung relevanter Informationen über die Produktion gegeben wird. Sofern es im Produktionsablauf zu Störungen kommt, werden Maßnahmen zur Beseitigung eingeleitet.[481]

Im Ansatzes nach DREXL wird eine umfassende Struktur der Produktionsplanung vorgestellt. Bei der Betrachtung der Anforderungen zeigt sich in Bezug auf die Relevanz, dass die Anforderungen an den Gestaltungsbereich verfehlt werden. So wird zwar oberflächlich die Vernetzung von digitalen Systemen betrachtet, aber nicht konkretisiert. Es werden jedoch die Anforderungen der Branche Werkzeugbau leicht erfüllt. Die Einzel- und Kleinserienfertigung sowie unterschiedliche Randbedingungen von Unternehmen werden benannt. Bei der Übertragung des Ansatzes auf die vorliegende Forschungsfrage fehlt es an einem konkreten Vorgehen zur Ausgestaltung der Produktionsplanung. Es wird eher ein Zielzustand beschrieben. Die Anwendbarkeit kann somit nicht sichergestellt werden. Allerdings sieht der Ansatz die Betrachtung der Produktionsplanung als ein System bestehend aus mehreren Elementen vor. So werden Produktionssegmente, Planungsaufgaben und -prozesse sowie Planungssysteme in Bezug auf Interaktion beschrieben. Zusammenfassend lässt sich die Aussage treffen, dass der Ansatz nach DREXL zur Beantwortung der betrachteten Forschungsfrage wenig geeignet ist.

3.2.2.2 Belastungsorientierte Fertigungssteuerung nach WIENDAHL

Das Modell zur belastungsorientierten Fertigungssteuerung auf Basis des Trichtermodells nach WIENDAHL führt einen Forschungsansatz zur Planung und Steuerung der Fertigung auf Basis eines Regelkreises auf.[482] Zur Erreichung eines reibungslosen Produktionsvorganges ist neben dem Materialfluss ein permanent stattfindender Informationsfluss erforderlich, in dessen Mittelpunkt die Produktionsplanung und -steuerung stehen. Weiter können mittels des Trichtermodells komplexe Fertigungsaufträge eine Werkstatt vollständig durchlaufen.

Das bereits zuvor von WIENDAHL entwickelte Trichtermodell, welches auch als Durchlaufdiagramm bezeichnet wird, beschreibt dazu die grundlegende Optimierung hinsichtlich der Durchlaufzeit durch eine belastungsorientierte Fertigungssteuerung. Dies stellt einen Unterschied

480 Vgl. Drexl et al. (Kapazitätsorientierte PPS-Systeme), 1993, S. 14f.

481 Vgl. Drexl et al. (Kapazitätsorientierte PPS-Systeme), 1993, S. 15.

482 Vgl. Wiendahl (Fertigungsregelung), 1997.

zur damaligen Denkweise dar, welche vor allem eine hohe Auslastung fokussiert hat.[483] Das Durchlaufdiagramm visualisiert in Form von Treppengrößen verschiedene logistische Zielgrößen. Darunter fallen Bestand, Durchlaufzeit, Auslastung sowie Terminabweichung.[484] Mittels der belastungsorientierten Fertigungsregelung kann die Beherrschung logistischer Betriebskennlinien realisiert werden.[485] Auf Basis seiner vorigen Arbeiten ergänzt WIENDAHL sein Modell zur Fertigungsregelung durch einen Regelkreis. In Abbildung 53 wird der Regelkreis zur belastungsorientierten Fertigungsregelung dargestellt und im Folgenden näher erläutert.

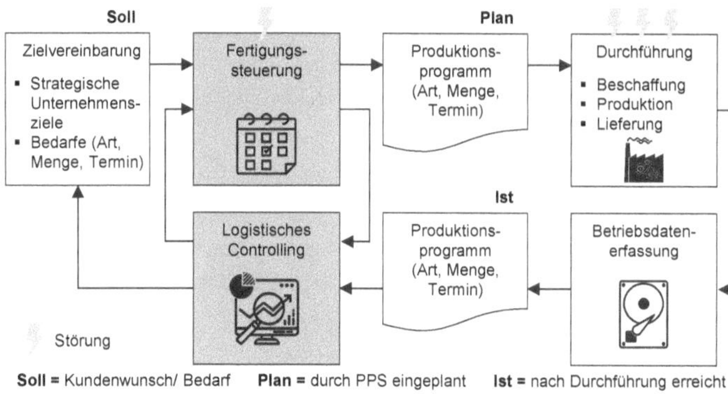

Abbildung 53: Regelkreis der belastungsorientierten Fertigungssteuerung nach WIENDAHL[486]

Als Führungsgröße wird das Fertigungsprogramm (Sachnummer, Menge und Termin) sowie Vorgaben für die zentralen logistischen Zielgrößen (Liefertreue, Durchlaufzeit, Bestand und Auslastung) verwendet. Die Produktionsplanung als Regler wird um das zuvor entwickelte Monitorsystem (= Logistik-Controlling) ergänzt. Die Stelleinrichtung wird durch die Produktionssteuerung repräsentiert. Die Fertigung stellt die Regelstrecke dar.[487] Als Eingabe in den Regelkreis werden Soll-Vorgaben wie strategische Ziele als auch operative Angaben wie Produktionsbedarfe gegeben, welche in der Fertigungssteuerung verarbeitet werden. Diese setzt als Steuerungsgröße die Auftragsfreigabe ein, welche durch die Durchlaufzeit und die Termine beeinflusst wird. Zur Auftragsfreigabe wird in die drei Schritte Terminierung, Abwertung und Freigabe unterschieden.[488]

Die Terminierung ordnet die noch nicht freigegebenen Aufträge nach dem Soll-Starttermin und kennzeichnet dringliche Aufträge auf Basis von Belastungsrechnungen. Durch die Berechnung

---

[483] Vgl. Jeziorek (Trichtermodell), 1994, S. 41.

[484] Vgl. Wiendahl (Belastungsorientierte Fertigungssteuerung), 1987, S. 97ff.

[485] Vgl. Wiendahl (Belastungsorientierte Fertigungssteuerung), 1987, S. 277ff.

[486] WIENDAHL unterscheidet zwar in die Elemente Fertigungsplanung und Fertigungssteuerung, beschreibt jedoch Steuerungsaufgaben. Daher wurden diese Elemente in der Abbildung zusammengeführt. I. A. a. Wiendahl (Fertigungsregelung), 1997, S. 260.

[487] Vgl. Wiendahl (Fertigungsregelung), 1997, S. 259f.

[488] Vgl. Wiendahl (Fertigungsregelung), 1997, S. 289.

der Abwertung wird die Wahrscheinlichkeit bestimmt, mit der ein Auftrag in der nächsten zeitlichen Periode an einer Fertigungsressource zur Verfügung steht.[489] Dies ist erforderlich, da der Steuerungsansatz nur die Ein- und Ausgänge der Produktion betrachtet und keine detaillierte Feinplanung jedes Durchgangs definiert. Anschließend erfolgt die Freigabe auf Basis der Belastung einer Fertigungsressource und der neuen Aufträge. Es erfolgt eine weitere Belastungsrechnung, um die Durchführung der Aufträge an einer Fertigungsressource zu prüfen, freizugeben oder den Auftrag zurückzustellen.[490] Durch das Verfahren werden nur so viele Aufträge in der Produktion eingelastet, wie in der folgenden zeitlichen Periode bearbeitet werden können. Über die Betriebsdatenerfassung wird der Ist-Zustand der Produktion ermittelt. Im logistischen Controlling erfolgt der Abgleich des Ist- und Soll-Zustandes. Auf Basis der Differenz wird ein Vorschlag zur Regelung formuliert und von der Fertigungssteuerung verarbeitet.[491]

Die vorgestellte Methode nach WIENDAHL beschreibt detailliert die Beherrschung von Fertigungsabläufen mit dem Fokus auf der Steuerung. Dabei versäumt der Ansatz das Aufgreifen fokussierter Gestaltungsbereiche sowie die Adressierung des Betrachtungsbereichs Werkzeugbau. WIENDAHL schafft es jedoch, durch detaillierte Verfahrensbeschreibungen einen hohen Grad an Konkretheit und Praktikabilität zu erreichen, ohne auf Praxisbeispiele einzugehen. Auch die Auslegung und Integration des Ansatzes wird ansatzweise in mehreren Dimensionen, die vergleichbar mit den aufgestellten Auslegungsbereichen sind, dargestellt, aber nicht detailliert vertieft. Zusammenfassend lässt sich der Ansatz nach WIENDAHL als universeller Forschungsansatz zur Steuerung der Produktion einordnen, aber nicht als ganzheitlicher Ansatz zur Auslegung der Produktionsplanungsprozesse.[492] In Bezug auf die Lösung der vorliegenden Forschungsfrage ist der Ansatz daher nicht geeignet. Jedoch können partielle Elemente übernommen werden können. So wird in dieser Arbeit die Auslegung der Planungsprozesse in einem Regelkreis als grundlegendes Paradigma aufgegriffen.

3.2.2.3 Aachener PPS-Modell nach SCHUH

Das Aachener PPS-Modell nach SCHUH betrachtet das Produktionssystem ganzheitlich. Diese Ganzheitlichkeit drückt sich innerhalb des Modells durch die Auseinandersetzung mit den Ressourcen und Prozessen eines Unternehmens aus. Die Produktionsplanung und -steuerung bildet bei dieser Auseinandersetzung das Kernelement eines Produktionssystems, weshalb aus der ganzheitlichen Betrachtungsweise eines Produktionsnetzwerks ein hoher Komplexitätsgrad resultiert.[493] Aufgrund dessen werden innerhalb des Aachener PPS-Modells vier Referenzsichten definiert (siehe Abbildung 54). Diese teilen die einzelnen Planungsgegenstände auf und betrachten sie aus unterschiedlichen Blickwinkeln.[494]

489 Vgl. Wiendahl (Fertigungsregelung), 1997, S. 291.
490 Vgl. Wiendahl (Fertigungsregelung), 1997, S. 290f.
491 Vgl. Wiendahl (Fertigungsregelung), 1997, S. 260f.
492 Vgl. Jeziorek (Trichtermodell), 1994, S. 41.
493 Vgl. Schuh (Aachener PPS-Modell), 2006, S. 11.
494 Vgl. Schuh (Aachener PPS-Modell), 2006, S. 15f.

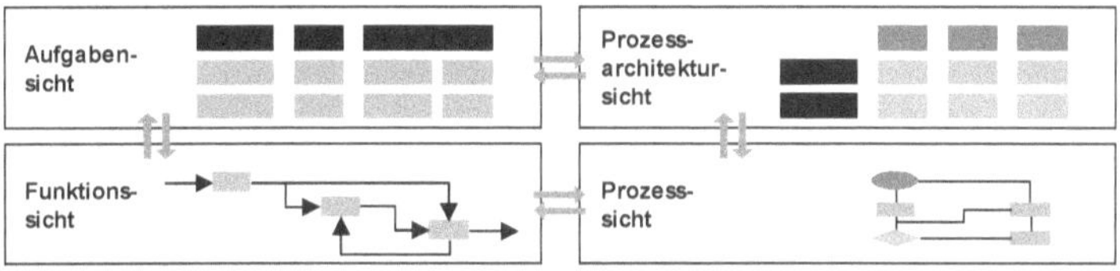

Abbildung 54: Referenzsichten des Aachener PPS-Modells nach SCHUH[495]

Die *Aufgabensicht* thematisiert die Inhalte und Ziele der einzelnen Planungsaufgaben und dient als Grundlage für die weiteren Referenzsichten. Weiterführend wird die Prozessarchitektursicht verwendet, um die Kooperation verschiedener Netzwerkpartner im Leistungserstellungsprozess zu koordinieren.[496] Mittels der *Prozessarchitektursicht* werden die Aufgaben der Netzwerkebene, wie bspw. die Aufgaben innerhalb des Produktionsnetzwerks und deren Aufteilung auf die Netzwerkpartner, betrachtet. Wertschöpfungsprozesse können bspw. bewusst ins Ausland verlegt werden, sodass sich die Betriebe stärker auf eigene Kernkompetenzen konzentrieren können. Um zu vermeiden, dass Informations- und Produktivitätsverluste an den Schnittstellen entstehen, ist es von elementarer Bedeutung, dass die Zusammenarbeit zwischen den einzelnen Unternehmen, gesichert durch die Prozessarchitektursicht, strukturiert wird.[497] Zur Darstellung und Verknüpfung innerbetrieblicher Prozesse wird die *Prozesssicht* genutzt. In diesem Rahmen werden neben der Förderung eigener Kernkompetenzen inhaltlich definierte Aufgaben verknüpft und mithilfe eines speziell gelenkten Informationsflusses in eine chronologische Reihenfolge gebracht. Das Prozessmodell, als das gewünschte Ergebnis der Betrachtung der einzelnen Prozesse und deren Wechselwirkungen untereinander, dient als Vorlage zur Analyse und Optimierung des Betriebsgeschehens.[498] Die *Funktionssicht* des Aachener PPS-Modells betrachtet die Funktionalitäten von Planungssystemen, wie bspw. ERP- oder MRP-Systemen, deren Anforderungen aus den anderen Referenzsichten abgeleitet werden können. Um die Verwendung der Systeme zu rechtfertigen, müssen diese in der Lage sein, sowohl interne als auch unternehmensübergreifende Wertschöpfungsprozesse zu unterstützen. Gleichzeitig müssen administrative Unternehmensbereiche, wie bspw. das Rechnungswesen, Controlling und Administration, in einer funktionierenden Planungssoftware integriert sein. Dadurch wird die Versorgung aller Netzwerkteile mit interdisziplinär relevanten Informationen sowie die Verarbeitung von auftragsspezifischen Daten sichergestellt.[499]

Das Aachener PPS-Modell nach SCHUH erfasst und beschreibt das Aufgabengebiet der Produktionsplanung und ist dabei allgemeingültig sowie umfassend. Hinsichtlich der Gestaltungsbereiche deckt das Modell lediglich die Vernetzung und den Einsatz digitaler Softwareinstrumente ab, ohne detailliert auf diese einzugehen. Aufgrund der geringen Spezifizität des Mo-

[495] I. A. a. Schuh (Aachener PPS-Modell), 2006, S. 19.

[496] Vgl. Schuh (Aachener PPS-Modell), 2006, S. 19ff.

[497] Vgl. Schuh (Aachener PPS-Modell), 2006, S. 21ff.

[498] Vgl. Schuh (Aachener PPS-Modell), 2006, S. 23ff.

[499] Vgl. Schuh (Aachener PPS-Modell), 2006, S. 25ff.

dells besteht die Möglichkeit, das Modell auf den Werkzeugbau abzustimmen, sodass die Gültigkeit theoretisch erreicht wird. Da die Umsetzung der Lösung weder praxisnah erläutert noch mit Beispielen validiert wird, ist die Konkretheit eingeschränkt. Auch angesichts der Praktikabilität ist eine Einschränkung gegeben, da keine differenzierte Betrachtung von realen Rahmenbedingungen erfolgt. Die auslegungsbezogenen Anforderungen werden teilweise erfüllt. So wird das Zusammenspiel von organisatorischen, prozessualen Elementen mit digitalen Ressourcen beschrieben, ohne diese für einen Anwendungsfall zu spezifizieren. Bei der Bewertung zur Eignung des Ansatzes für die vorliegende Forschungsfrage lässt sich das Aachener PPS-Modell als universeller Forschungsansatz zur Produktionsplanung einordnen. Aufgrund des Fehlens von konkreten Ergebnissen und einer detaillierten Beschreibung des Vorgehens ist der Ansatz als allgemeiner Orientierungsrahmen anzusehen. Abschließend wird daher die Bewertung getroffen, dass der Ansatz nach SCHUH für die Lösung der Forschungsfrage wenig geeignet ist. Partielle Elemente wie das komplexe Zusammenspiel von Auslegungselementen können jedoch übernommen werden.

3.2.2.4 Echtzeitfähige Produktionsplanung und -regelung nach SCHUH UND MEIER

Das Modell zur echtzeitfähigen Produktionsplanung und -regelung nach SCHUH UND MEIER basiert auf einer kybernetischen Struktur. Ziel des Modell ist es, Auftragsfertiger zu befähigen, ein wandlungsfähiges Produktionssystem zu etablieren mit dem Vorteil, den zunehmenden dynamischen Einflüssen auf die Prozesse während der Auftragsabwicklung gerecht zu werden.[500] Innerhalb des Modells werden über das Aufgabenmodell die Planungsaufgaben zur echtzeitfähigen Produktionsplanung und -regelung beschrieben und mit eine dynamischen Regelkreis in Beziehung gesetzt.[501] Nach diesem Aufgabenmodell setzt sich ein wandlungsfähiges Produktionssystem aus vier Subsystemen zusammen (siehe Abbildung 55).[502]

Normative Zielvorgaben für alle untergeordneten Systemebenen werden über das *normative Produktionsmanagement* definiert, das die Identitätsstiftung und Zieldefinition umfasst.[503] Das nachfolgende *strategische Produktionsmanagement* umfasst Umwelt- und Veränderungsmonitoring, die Produktionsstrategieentwicklung sowie die Gestaltung des Produktionssystems. Ebenfalls werden die zuvor bestimmten normativen Zielvorgaben mit bestehenden Umweltanforderungen abgeglichen, um Ziele für das folgende operative und taktische Produktionsmanagement festzulegen.[504] Während des *taktischen Produktionsmanagements* erfolgen die

[500] Das Modell wurde bereits 2011 von SCHUH UND MEIER vorgestellt und 2013 im Rahmen der Dissertation von MEIER weiter detailliert. Folgend weiterhin auf die Erstveröffentlichung verwiesen werden, da sie eine übersichtliche Aufbereitung des Gesamtkonzepts darstellt. Vgl. Meier (Echtzeitfähige Produktionsplanung und -regelung), 2013, S. 5; Schuh; Meier (Echtzeitfähige Produktionsplanung und -regelung), 2011, S. 907.

[501] Vgl. Meier (Echtzeitfähige Produktionsplanung und -regelung), 2013, S. 145ff.; Schuh; Meier (Echtzeitfähige Produktionsplanung und -regelung), 2011, S. 910f.

[502] Vgl. Schuh; Meier (Echtzeitfähige Produktionsplanung und -regelung), 2011, S. 909.

[503] Vgl. Schuh; Meier (Echtzeitfähige Produktionsplanung und -regelung), 2011, S. 909.

[504] Vgl. Schuh; Meier (Echtzeitfähige Produktionsplanung und -regelung), 2011, S. 909.

Konfiguration, Koordination sowie das Monitoring aller Prozesse, bei gleichzeitiger Integration des Kommunikations- und Informationsmanagements entlang dieser.[505]

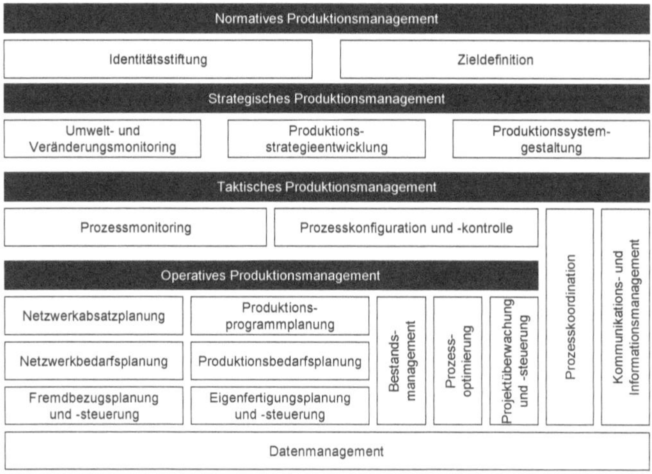

Abbildung 55: Aufgabenmodell des wandlungsfähigen Produktionssystems nach SCHUH UND MEIER[506]

Das *operative Produktionsmanagement* umfasst in Anlehnung an das Aachener PPS-Modell die Kernaufgaben der Produktionsplanung und -steuerung, welche in obiger Grafik aufgeführt sind.[507] Neben der Aufgabenauswahl sehen SCHUH UND MEIER die Verknüpfung und Steuerung dieser mittels eines Regelkreises vor. Die Regelstrecke wird durch die Hauptprozesse in der Auftragsabwicklung von Auftragsfertigern definiert. Darunter fallen bspw. die Konstruktion, Einkauf, Fertigung, Montage etc.[508] Das taktische Produktionsmanagement ist Basis für die Führungsgröße, welche Soll-Werte für die einzelnen Regelkreise vorgibt. Gleichzeitig fungiert das taktische Produktionsmanagement als Prozesskoordinationszentrum, das die Prozesse der Auftragsabwicklung bzw. die einzelnen Regelkreise synchronisiert.[509]

Der Forschungsansatz nach SCHUH UND MEIER greift die prägenden Gestaltungsbereiche der digitalen Vernetzung und der Intelligenz nicht auf. Besonders das Versäumnis der digitalen Vernetzung mindert die Einsatzfähigkeit, da zwar eine Echtzeitfähigkeit als Eigenschaft erzielt werden soll, diese jedoch nur theoretisch beschrieben wird. Ein direkter Bezug zum Werk-

[505] Vgl. Schuh; Meier (Echtzeitfähige Produktionsplanung und -regelung), 2011, S. 909.

[506] Vgl. Schuh; Meier (Echtzeitfähige Produktionsplanung und -regelung), 2011, S. 909; Brosze (Wandlungsfähige Produktionssysteme), 2011, S. 167.

[507] Vgl. Schuh; Meier (Echtzeitfähige Produktionsplanung und -regelung), 2011, S. 910.

[508] Vgl. Schuh; Meier (Echtzeitfähige Produktionsplanung und -regelung), 2011, S. 910.

[509] Vgl. Schuh; Meier (Echtzeitfähige Produktionsplanung und -regelung), 2011, S. 910.

zeugbau wird nicht gewährleistet, aber in einem Praxisbeispiel wird ein Auftragsfertiger beschrieben, welcher durch sein Projektgeschäft vergleichbare Charakteristika aufweist.[510] Dafür werden auch bestimmte spezifische Rahmenbedingungen des Unternehmens betrachtet. Dies generiert eine gute Konkretheit und Praktikabilität. Dabei bleibt der Ansatz unspezifisch in Bezug auf die Auslegung. Abschließend lässt sich sagen, dass die Annahme, individuelle Aufgaben im Planungsumfeld auszuwählen sowie die Verknüpfung in Form eines Regelkreises übertragbare Elemente sind. Aufgrund der geringen Relevanz für die prägenden Gestaltungsbereiche ist der Ansatz nach SCHUH UND MEIER nicht zur Lösung der Forschungsfrage geeignet.

3.2.2.5 Planungsproduktivität im Werkzeugbau nach GIEHLER

Die Methodik zur Erhöhung der Planungsproduktivität in der Auftragsabwicklung nach GIEHLER verfolgt das Ziel, den Nutzen einer Planungsaufgabe für die nachfolgenden Prozessschritte handhabbar zu machen.[511] Hierbei wird die Definition von alternativen Umfängen des Aufwands vorgenommen, mittels derer der Grenznutzen der Planungsaufgaben festgelegt werden kann.[512] Die Branche Werkzeugbau wird sowohl in der theoretischen Beschreibung als auch durch Fallbeispiele konkret adressiert. Die Durchführung der Methodik erfolgt in vier sequenziellen Phasen sowie zugeordneten spezifischen Aufgaben (siehe Abbildung 56).[513]

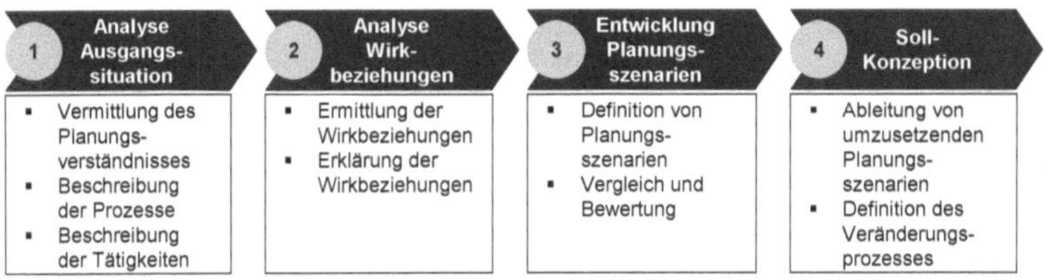

Abbildung 56: Vorgehen zur Erhöhung der Planungsproduktivität nach GIEHLER[514]

Zunächst wird die Ausgangssituation der gegenwärtigen Planungsvorgänge als Grundlage beschrieben. Es ist erforderlich, ein klares und einheitliches Verständnis des aktuellen Vorgehens der Planung und der Probleme zu schaffen.[515] Dazu wird das Verständnis von Planung im Kontext der Methodik allen Beteiligten vermittelt. Anschließend werden alle Planungsaufgaben und -prozesse systematisch aufgenommen und beschrieben. Da unternehmensspezifische Rahmenbedingungen unterschiedliche Prozesse bedingen, ist dieser Schritt notwendig,

[510] Vgl. Meier (Echtzeitfähige Produktionsplanung und -regelung), 2013, S. 181ff.

[511] Die Methodik wurde bereits 2009 von SCHUH UND GIEHLER vorgestellt und 2010 im Rahmen der Dissertation von GIEHLER weiter detailliert. Da die Dissertation notwendige Details enthält, soll im Folgenden auf diese verwiesen werden. Vgl. Giehler (Planungsproduktivität im Werkzeugbau), 2010, S. 3; Schuh; Giehler (Valuation of Planning-Tasks), 2009, S. 781.

[512] Vgl. Schuh; Giehler (Valuation of Planning-Tasks), 2009, S. 783f.

[513] Vgl. Giehler (Planungsproduktivität im Werkzeugbau), 2010, S. 87; Schuh; Giehler (Valuation of Planning-Tasks), 2009, S. 785ff.

[514] I. A. a. Giehler (Planungsproduktivität im Werkzeugbau), 2010, S. 87.

[515] Vgl. Giehler (Planungsproduktivität im Werkzeugbau), 2010, S. 83.

um die Analyse der Wirkbeziehungen zu ermöglichen.[516] Aufbauend auf den aufgenommenen Planungsprozessen werden die Wirkbeziehungen zwischen einzelnen Planungstätigkeiten abgeleitet und analysiert. Dabei liegt der Fokus vor allem auf Schnittstellen zwischen den einzelnen Phasen der Auftragsabwicklung im Werkzeugbau und den verschiedenen Abteilungen. Die einzelnen Wirkbeziehungen werden nach ihrer Aufnahme systematisch hinsichtlich ihrer Wirkung erklärt.[517] In der nächsten Phase werden Planungsszenarien erarbeitet, um den Grenznutzen der Planungsaufgaben zu bewerten. Denn der gesamte Nutzen der Veränderung einer Planungsaufgabe kann nicht bestimmt werden. Daher wird der jeweilige Grenznutzen, welcher in der nachfolgenden Tätigkeit auftritt, bestimmt.[518] Dazu werden mehrere Szenarien entwickelt, in denen die Planungsumfänge beschrieben und ihre Auswirkungen auf die nachfolgenden Tätigkeiten dargestellt werden. Die Szenarien können hinsichtlich des Nutzens bewertet werden.[519] In der abschließenden Phase werden auf Basis der Szenarien Änderungen in der Produktionsplanung, wie bspw. Planungsumfänge, abgeleitet. Mit den abgeleiteten Änderungen in der Produktionsplanung kann die Konzeption des Soll-Prozesses erfolgen. Diese werden im Rahmen eines Veränderungsmanagements im Werkzeugbaubetrieb umgesetzt.[520]

Der Ansatz nach GIEHLER zielt auf die Erhöhung der Planungsproduktivität im Werkzeugbau ab. Die Relevanz wird dabei teilweise erfüllt. Es mangelt zwar an der Betrachtung der digitalen Vernetzung sowie der Erzielung von Intelligenz. Aber der Bezug zur Branche Werkzeugbau ist in der Herleitung, Beschreibung und Validierung der Methodik vorhanden. Die Fallbeispiele aus der Praxis belegen zudem eine hohe Praktikabilität. Die Konkretheit ist aufgrund der vorliegenden Detailtiefe als gering zu bewerten. Da der Fokus nicht auf der ganzheitlichen Auslegung der Produktionsplanung liegt, werden die auslegungsbezogenen Anforderungen ebenso nicht erfüllt. Allgemein fokussiert die Methodik nicht die (Neu-)Auslegung von idealen und auf die Rahmenbedingungen angepassten Produktionsplanungsprozessen. Vielmehr fokussiert GIEHLER die Optimierung bestehender Planungsprozesse durch die Verbesserung von Problemen bei den Schnittstellen zwischen unterschiedlichen Phasen und Abteilungen in der Auftragsabwicklung. Zusammenfassend wird festgestellt, dass der Ansatz nach GIEHLER nicht zur Beantwortung der Forschungsfrage geeignet ist.

3.2.2.6 Getaktete Fertigung im Werkzeugbau nach ZISKOVEN

Von ZISKOVEN wurde ein Modell entworfen, welches sich mit der Problemstellung einer getakteten Fertigung im Werkzeugbau beschäftigt und somit in das Gestaltungsmodell nach KLOTZBACH in den Bereich Taktung (siehe Kapitel 2.4.4.1) eingeordnet werden kann.[521] Durch ZIS-

516 Vgl. Giehler (Planungsproduktivität im Werkzeugbau), 2010, S. 84.

517 Vgl. Giehler (Planungsproduktivität im Werkzeugbau), 2010, S. 84; Schuh; Giehler (Valuation of Planning-Tasks), 2009, S. 785f.

518 Vgl. Giehler (Planungsproduktivität im Werkzeugbau), 2010, S. 84f.

519 Vgl. Giehler (Planungsproduktivität im Werkzeugbau), 2010, S. 85.

520 Vgl. Giehler (Planungsproduktivität im Werkzeugbau), 2010, S. 85f.

521 Vgl. Ziskoven (Getaktete Fertigung im Werkzeugbau), 2013, S. 3.

KOVENS Methodik wird versucht, die Leerzeiten, welche durch die Bearbeitungsdauern einzelner Werkstücke entstehen, besonders gering zu halten. Dies wird darüber gewährleistet, dass innerhalb eines Taktes mehrere Werkzeugkomponenten pro Arbeitsstation bearbeitet werden, weshalb die Werkstücke auf Taktpaletten zusammengestellt werden. Diese Taktpaletten haben jeweils eine vergleichbare Bearbeitungszeit an einer Arbeitsstation. Einleitend beschreibt ZISKOVEN ein zwei-phasiges Vorgehen zur vorbereitenden Gestaltung der Taktung in einem Werkzeugbaubetrieb (siehe Abbildung 57).[522] Dieses ist in zwei Schritte zur Analyse der aktuellen Prozesse unterteilt, aus welchen sich die Gestaltungsparameter ableiten lassen.[523] Die Taktung und Einplanung der Fertigungsaufträge erfolgen anschließend in drei Schritten.[524]

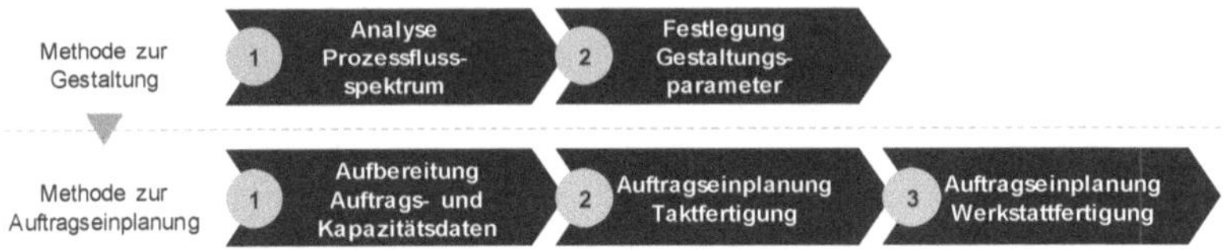

Abbildung 57: Getaktete Fertigung nach ZISKOVEN[525]

Im ersten Schritt der Auftragseinplanung werden die *Auftrags- und Kapazitätsdaten aufbereitet*. Das Ziel besteht in der Identifikation und Definition von relevanten Daten, die für die Erstellung der Taktpaletten erforderlich sind.[526] Zudem muss ermittelt werden, in welcher Form diese Daten aus den bestehenden IT-Systemen der Werkzeugbaubetriebe bezogen werden können, um eine Durchgängigkeit der gesamten IT-Struktur zu gewährleisten. Relevante Daten sind bspw. Bearbeitungs- und Rüstzeiten.[527] Anschließend erfolgt die *Einplanung der Aufträge auf die Taktfertigung* mittels eines eigens entwickelten Algorithmus. Dieser Algorithmus ist in drei Stufen gegliedert, die jeweils auf eine Taktlinie beschränkt sind.[528] Als Erstes erfolgt die Basisbefüllung, bei der terminkritische Aufträge den Taktpaletten zugeordnet werden. Im nächsten Schritt wird die Reihenfolge der Bearbeitung dahingehend festgelegt, dass die Rüstzeiten minimiert werden. Anschließend werden die Taktpaletten mit zusätzlichen Aufträgen bestückt, sodass Leerzeiten vermieden werden und die Auslastung der Maschinen erhöht wird. Bei weiteren Taktlinien wird der Algorithmus analog angewandt.[529] Im letzten Schritt werden die nicht taktbaren Fertigungsaufträge in die *werkstattorientierte Fertigung eingeplant*. Das Ziel ist die Synchronisierung der unterschiedlichen Einzelkomponenten eines Werkzeugs mit

---

[522] Vgl. Ziskoven (Getaktete Fertigung im Werkzeugbau), 2013, S. 92f.
[523] Auf die Erläuterung der ersten Phase wird aufgrund der geringeren Relevanz verzichtet.
[524] Vgl. Ziskoven (Getaktete Fertigung im Werkzeugbau), 2013, S. 94.
[525] I. A. a. Ziskoven (Getaktete Fertigung im Werkzeugbau), 2013, S. 93.
[526] Vgl. Ziskoven (Getaktete Fertigung im Werkzeugbau), 2013, S. 93.
[527] Vgl. Ziskoven (Getaktete Fertigung im Werkzeugbau), 2013, S. 101ff.
[528] Vgl. Ziskoven (Getaktete Fertigung im Werkzeugbau), 2013, S. 105.
[529] Vgl. Ziskoven (Getaktete Fertigung im Werkzeugbau), 2013, S. 104f.

der gleichzeitigen Fertigstellung. Zudem muss eine Vernetzung zwischen den Planungsdaten in bestehende Systeminfrastruktur erfolgen.[530]

Die Methodik stellt detailliert die Entwicklung und Einführung einer Taktfertigung in Werkzeugbaubetrieben dar. Die Relevanz kann als Anforderung nicht sichergestellt werden. So nennt ZISKOVEN zwar Elemente wie die Vernetzung von Systemen und hat auch einen Vorschlag für eine algorithmus-basierte intelligente Steuerung, jedoch sind diese zu spezifisch auf die Taktung abgestimmt, wodurch kein Übertrag möglich ist. Es besteht ein hoher Bezug zur Branche Werkzeugbau, aber die Taktfertigung ist in der Praxis aufgrund spezifischer Randbedingungen an die Werkzeugkomponenten nicht für alle Betriebe geeignet. Bei der Betrachtung der Übertragbarkeit kann eine gute Konkretheit und Praktikabilität, bspw. durch Fallbeispiele, nachgewiesen werden. Die Auslegungsdimensionen werden genannt, ohne jedoch im Detail auf diese einzugehen und unternehmensspezifisch zu beschreiben. Obwohl das Konzept der Taktung hohe Effizienzpotenziale verspricht, ist es aufgrund der vorausgesetzten Ähnlichkeit von Werkzeugkomponenten nur bedingt bei anderen Werkzeugbaubetriebe einsetzbar. Zusammen mit der geringen Erfüllung der Anforderungen kann festgestellt werden, dass die Methodik nach ZISKOVEN für die Lösung der vorliegenden Forschungsfrage wenig geeignet ist.

3.2.2.7 3-Ebenen-Modell nach BOOS

Das 3- Ebenen-Modell zur erfolgreichen Planung im Werkzeugbau nach BOOS wurde 2015 in einer Studie der WBA Aachener Werkzeugbau Akademie und des Werkzeugmaschinenlabors WZL der RWTH Aachen veröffentlicht und beschreibt eine Möglichkeit zur effizienten Produktionsplanung im Werkzeugbau.[531] Das Modell unterteilt die Produktionsplanung im Werkzeugbau in die drei Ebenen Grobplanung, Feinplanung und Steuerung.[532] Dabei nimmt die zeitliche Fristigkeit ab, wohingegen die Genauigkeit der Planung zunimmt (siehe Abbildung 58).

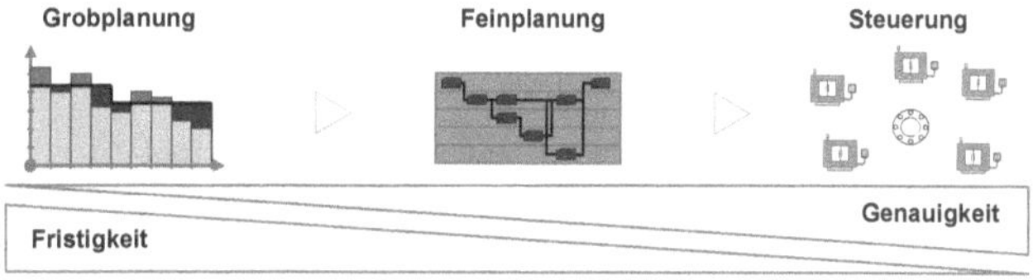

Abbildung 58: Übersicht des 3-Ebenen-Modells nach Boos[533]

Zum Start eines neuen Werkzeugprojekts findet in der *Grobplanung* zunächst die Kapazitätsplanung eines eingehenden Auftrages statt. Hierbei werden die aufzubringenden Arbeits- bzw.

[530] Vgl. Ziskoven (Getaktete Fertigung im Werkzeugbau), 2013, S. 94.

[531] Vgl. Boos et al. (Erfolgreich Planen), 2015, S. 11.

[532] In einer aktualisierten Studie ergänzt BOOS das Modell bzgl. der digitalen Systemunterstützung und mit einem Ausblick auf die intelligente Produktionsplanung. Vgl. Boos et al. (Planen und Steuern im Werkzeugbau), 2019, S. 12; Boos et al. (Erfolgreich Planen), 2015, S. 11.

[533] I. A. a. Boos et al. (Planen und Steuern im Werkzeugbau), 2019, S. 12.

Technologiestunden entlang der gesamten Prozesskette auf Basis von standardisierten Kapazitätsbedarfen aufgestellt. Im Zuge der Kapazitätsplanung werden die jeweiligen Bedarfe mit dem vorhandenen Kapazitätsangebot abgeglichen und die Aufträge terminiert.[534] Im Rahmen der anschließenden *Feinplanung* wird ein detaillierter Arbeitsplan ausgearbeitet. Dieser muss alle zur Herstellung notwendigen Informationen wie die erforderlichen Maschinen, den Arbeitsumfang oder das benötigte Ausgangsmaterial beinhalten. Aufgrund der individuellen Herausforderungen jedes Auftrags ist die Feinplanung sehr aufwendig, weshalb im Vergleich zu der vorherigen und der nachgelagerten Phase in der Feinplanung die meisten Mitarbeiterstunden aufgebracht werden müssen.[535] Die *Steuerung* der Fertigung behandelt die Einplanung sowie die Priorisierung der einzelnen Aufträge in Bezug auf die Maschinenkapazitäten. Hierbei wird in der Regel als Steuerungsprinzip das FIFO-Prinzip (First-In-First-Out) angewendet.[536] Dieses ermöglicht mittels Priorisierung unter anderem den Vorzug von Eilaufträgen, um diese zügiger bearbeiten zu können. Allgemein sind die Implementierung eines Steuerungsprinzips und dessen konsequente Durchführung elementar, um eine Einhaltung der Meilensteinpläne und somit der Liefertermine zu gewährleisten.[537] Darüber hinaus führt Boos aus, dass eine erfolgreiche Produktionsplanung nur durch ein unterstützendes digitales Softwaresystem durchgeführt werden kann. Zur Auswahl wird ein vereinfachtes, fünf-schrittiges Vorgehen geschildet, welches über die Erstellung eines Lastenhefts und verschiedene Vorstellungen der Systeme zu einer Bewertung führt.[538] In einem kurzen Ausblick wird zudem das grundlegende Verständnis der intelligenten Produktionsplanung beschrieben und das Zusammenspiel aus Organisation, Prozess und Ressource bestätigt.[539]

Das 3-Ebenen-Modell nach Boos beschreibt eine Strukturierung der Produktionsplanung im Werkzeugbau in die drei Ebenen Grobplanung, Feinplanung und Steuerung. Die charakteristischen Elemente der Auslegung der Produktionsplanungsprozesse hinsichtlich der digitalen Vernetzung und Intelligenz werden konkret benannt, allerdings nicht weiter detailliert. Der Branchenfokus auf den Werkzeugbau ist klar gegeben. Jedoch erfolgt keine Differenzierung aufgrund von unternehmensspezifischen Randbedingungen. Es fehlt zudem an der notwendigen Konkretheit und Praktikabilität. Weiterhin werden die drei Auslegungsbereiche definiert. Dabei werden Produktionsplanungsprozesse detailliert beschrieben, aber nicht die Organisation und Ressourcen. Zusammenfassend lässt sich das 3-Phasen-Modell nach Boos als sehr guter und relevanter Ordnungsrahmen zur Auslegung intelligenter Produktionsplanungsprozesse im Werkzeugbau nutzen. Daher werden die drei beschriebenen Planungsebenen zur Lösung der Forschungsfrage dieser wissenschaftlichen Arbeit wieder aufgegriffen.

[534] Vgl. Boos et al. (Planen und Steuern im Werkzeugbau), 2019, S. 12f.
[535] Vgl. Boos et al. (Planen und Steuern im Werkzeugbau), 2019, S. 14f.
[536] Vgl. Boos et al. (Planen und Steuern im Werkzeugbau), 2019, S. 15.
[537] Vgl. Boos et al. (Planen und Steuern im Werkzeugbau), 2019, S. 15f.
[538] Vgl. Boos et al. (Planen und Steuern im Werkzeugbau), 2019, S. 20.
[539] Vgl. Boos et al. (Planen und Steuern im Werkzeugbau), 2019, S. 32ff.

3.2.2.8 Cyber-physische Feinplanung nach HAUPTVOGEL

Die Methodik nach HAUPTVOGEL beschreibt ein Vorgehen zur Bewertung und Gestaltung einer cyber-physischen Feinplanung.[540] Das Ziel besteht darin, durch die verbesserte Feinplanungsgüte einen Beitrag zur Erhöhung der Termintreue von produzierenden Unternehmen zu leisten.[541] Die Methodik umfasst sieben Schritte, die sich auf zwei sequenzielle Phasen zur Bewertung und Gestaltung der Feinplanung aufteilen (siehe Abbildung 59). Während in der Bewertungsphase die Zuverlässigkeit der Planung auf Grundlage der Abweichung zwischen Planung und Produktionsverlauf evaluiert wird, zielt die Gestaltungsphase darauf ab, Handlungsempfehlungen für eine Optimierung der Feinplanung abzuleiten.

Abbildung 59: Gestaltung einer cyber-physischen Feinplanung nach HAUPTVOGEL[542]

Im ersten Schritt der Bewertungsphase findet die *Datenanalyse* statt. Initial werden alle planungsrelevanten Daten identifiziert. Sobald Daten aus den verschiedenen Quellsystemen verknüpft und in ein nutzbares Format umgewandelt wurden, können diese für die weiteren Auswertungen eingesetzt werden.[543] Der zweite Schritt ist die *Produktionsprozessanalyse*. In dieser werden neben den Produktionsprozessen auch die eingesetzten Ressourcen analysiert. Hierzu werden die Produktionsprozesse visualisiert, indem Gemeinsamkeiten zwischen den Prozessabläufen untersucht und Prozesse mit hoher Wiederholhäufigkeit abgebildet werden. Weiterhin werden die Arbeitsplätze mittels Kennzahlen analysiert, um Engpässe und Arbeitsplätze mit einer hohen Prozesskomplexität zu identifizieren.[544] Auf dieser Datengrundlage erfolgt die *Bewertung der Feinplanung*. Es wird ein Kennzahlensystem eingesetzt, um die Planungsgüte der Produktion zu bestimmen und Planungsabweichungen auf Ressourcenebene auszuwerten.[545] Der letzte Schritt der Bewertungsphase ist die *Identifikation der Ursachen* für Planungsabweichungen. Es werden die Arbeitsplätze identifiziert, die für die auftretenden Abweichungen verantwortlich sind. Zudem werden die Ursachen analysiert. Um die Analyse zu unterstützen, gibt HAUPTVOGEL eine Übersicht der relevanten Störungen und beschreibt deren

[540] Vgl. Hauptvogel (Cyber-physische Feinplanung), 2015.
[541] Vgl. Hauptvogel (Cyber-physische Feinplanung), 2015, S. 3.
[542] I. A. a. Hauptvogel (Cyber-physische Feinplanung), 2015, S. 109.
[543] Vgl. Hauptvogel (Cyber-physische Feinplanung), 2015, S. 110.
[544] Vgl. Hauptvogel (Cyber-physische Feinplanung), 2015, S. 114ff.
[545] Vgl. Hauptvogel (Cyber-physische Feinplanung), 2015, S. 119f.

Auswirkungen auf die Feinplanungsgüte.[546] Die ermittelten Ursachen für Planungsabweichungen stellen den Ausgangspunkt für die Gestaltungsphase dar.

In der Gestaltungsphase werden Simulationsszenarien eingesetzt, um zu analysieren, welche der identifizierten Planungsabweichungen kritisch in Bezug auf die Gesamtzielerreichung der Produktion sind. Aufbauend werden geeignete Maßnahmen abgeleitet, welche die Feinplanungsgüte zukünftig steigern sollen.[547] Im ersten Schritt der Gestaltungsphase erfolgt die *Modellierung der Szenarien* zur Vorbereitung der Simulation mittels zwei Referenzszenarien. Im ersten Referenzszenario wird die reale Situation in der Produktion auf Grundlage der Rückmeldedaten aus den Produktionsprozessen modelliert. Das zweite Szenario umfasst die Störungen und ihre Auswirkungen auf das Produktionssystem.[548] Nach Abschluss der Simulationsabläufe erfolgt die *Bewertung der Szenarien*. Dazu werden die Ergebnisse beider Szenarien verglichen, um die Auswirkungen der simulierten Produktionsstörungen zu evaluieren. Die Bewertung der Simulationsergebnisse erfolgt anhand der Kennzahlen Liegezeit, Planungsgüte, Leistung und Bestand.[549] Die Gestaltungsphase des Vorgehens wird durch den letzten Schritt, die *Umsetzungsentscheidung*, abgeschlossen. Auf Grundlage der bewerteten Simulationsszenarien werden Handlungsempfehlungen bzw. Maßnahmen zur Optimierung der Planungsgüte abgeleitet. Gegenstand dieser Maßnahmen sind sowohl Anpassungen in produktionsnahen IT-Systemen als auch Eingriffe in die Produktionsprozesse.[550] Die Methodikschritte bilden einen Regelkreis der Selbstoptimierung und sind wiederholt zu durchlaufen.[551]

Die Methodik nach HAUPTVOGEL beschreibt die Entwicklung einer cyber-physischen Feinplanung. Damit adressiert der Ansatz die beiden Anforderungen an den Gestaltungsbereich. Jedoch ist das Vorgehen nur mit Restriktionen auf die Branche Werkzeugbau anwendbar. Die Produktionsprozessanalyse in dem Vorgehen basiert primär darauf, Gemeinsamkeiten zwischen Prozessabläufen zu identifizieren und zu visualisieren. Vor dem Hintergrund der typischerweise geringen Wiederholhäufigkeit von Prozessen im Werkzeugbau schränkt dies die Anwendbarkeit in Werkzeugbaubetrieben ein. Weiterhin liegt der Fokus der Methodik auf der kurzfristigen Planungsaufgabe der Feinplanung, sodass Lieferanten und Wertschöpfungspartner nicht zum primären Betrachtungs- und Gestaltungsbereich des Vorgehens gehören. Zentrale, übergeordnete Wirkzusammenhänge aus dem Wertschöpfungsnetzwerk eines Werkzeugbaubetriebs können daher nur bedingt berücksichtigt werden. Zuletzt wird die Gestaltung von Organisation, Prozess und Ressourcen nur unzureichend und nicht ganzheitlich adressiert. So fehlt es an Empfehlungen zur Gestaltung der zugrundeliegenden IT-Infrastruktur, die eine cyber-physische Feinplanung bestmöglich unterstützen würde. Abschließend

[546] Vgl. Hauptvogel (Cyber-physische Feinplanung), 2015, S. 143ff.
[547] Vgl. Hauptvogel (Cyber-physische Feinplanung), 2015, S. 150.
[548] Vgl. Hauptvogel (Cyber-physische Feinplanung), 2015, S. 150f.
[549] Vgl. Hauptvogel (Cyber-physische Feinplanung), 2015, S. 156.
[550] Vgl. Hauptvogel (Cyber-physische Feinplanung), 2015, S. 158f.
[551] Vgl. Hauptvogel (Cyber-physische Feinplanung), 2015, S. 202.

bleibt daher festzustellen, dass der Ansatz nach HAUPTVOGEL nicht zur Lösung der Forschungsfrage geeignet ist.

3.2.2.9 Intelligent Process Planning nach XIN

Die Methodik nach XIN ist ein Ansatz zur optimierten Planung und Auslegung von Fertigungsprozessen für Strukturbauteile von Flugzeugen auf der Grundlage von Auswertungen historischer Fertigungsdaten. Ziel der Methodik ist es, dem wiederholten Auftreten von Planungsfehlern vorzubeugen und darüber hinaus den Prozessplan sowie die zugehörigen Parameter der eingesetzten Werkzeugmaschinen zu optimieren.[552] Die Methodik besteht aus einem Ordnungsrahmen mit vier Elementen, die miteinander verknüpft sind (siehe Abbildung 60).[553]

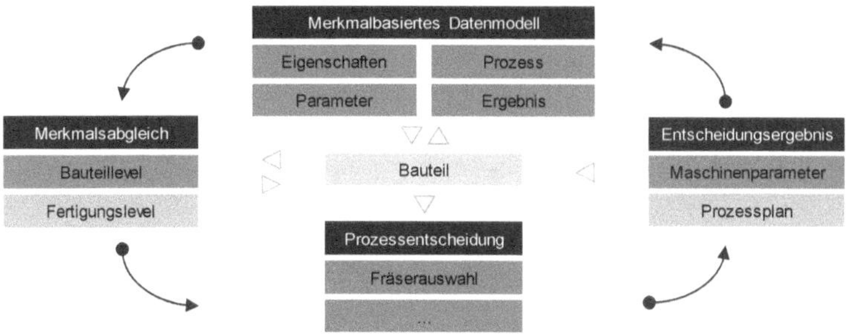

Abbildung 60: Methodik für die intelligente Planung von Fertigungsprozessen nach XIN[554]

Der Ausgangspunkt der Methodik ist ein *merkmalbasiertes Datenmodell*, welches die Datentypen Eigenschaften, Parameter, Prozess und Ergebnis umfasst. Die *Eigenschaftsebene* beschreibt alle relevanten Eigenschaften eines zu fertigenden Bauteils, wie bspw. Werkstoffeigenschaften, Maße oder Fertigungstoleranzen.[555] Auf der *Parameterebene* werden Informationen zu Werkzeugmaschinen, Fertigungswerkzeugen, Fertigungsstrategien und Maschinenparametern dokumentiert, die zur Fertigung der geforderten Bauteilmerkmale verwendet werden.[556] In der *Prozessebene* werden Informationen erfasst, die das Fertigungsprozessverhalten charakterisieren. Dazu zählen bspw. auftretende Schnittkräfte, Vibrationen und Maschinenausfälle.[557] In der *Ergebnisebene* werden Informationen, wie bspw. die Oberflächenqualität oder die Prozessdauer, gespeichert, welche das Bearbeitungsergebnis charakterisieren.[558] Die historische Auswertung von Fertigungsdaten in Form des beschriebenen Datenmodells

[552] Vgl. Xin (Intelligent Process Planning), 2016, S. 585.
[553] Vgl. Xin (Intelligent Process Planning), 2016, S. 587.
[554] I. A. a. Xin (Intelligent Process Planning), 2016, S. 586.
[555] Vgl. Xin (Intelligent Process Planning), 2016, S. 587.
[556] Vgl. Xin (Intelligent Process Planning), 2016, S. 587.
[557] Vgl. Xin (Intelligent Process Planning), 2016, S. 587.
[558] Vgl. Xin (Intelligent Process Planning), 2016, S. 587.

erlaubt den *Abgleich von Merkmalen*. Dazu werden die Wirkbeziehungen zwischen den einzelnen Modellebenen analysiert und in Form von Korrelationsbeziehungen quantifiziert.[559] Auf Grundlage der Korrelationsbeziehungen können wiederum *Entscheidungen zum Prozess* zum idealen Ressourceneinsatz werden. Die getroffenen Prozessentscheidungen und die *Ergebnisse*, welche den Fertigungsprozess beschreiben, werden anschließend im Datenmodell implementiert. Diese verknüpfen die eingepflegten Bauteilmerkmale mit den Daten der Ressourcen-, Prozess- und Ergebnisebene und reichern das Datenmodell weiter an.[560] Anhand des Datenmodells können wiederum verbesserte Aussagen darüber getroffen werden, welche Fertigungsressourcen wie bspw. Maschinen und Werkzeuge zu kombinieren sind und welche Prozessparameter einzustellen sind, um ein Bauteilmerkmal in der geforderten Qualität zu erzeugen.[561] Somit dient das Modell als Entscheidungsunterstützung für Prozessplaner und hilft, bekannte Planungsfehler zu vermeiden sowie die Prozessgestaltung zu verbessern.

Die Methodik nach XIN beschreibt die datenbasierte Auslegung von Einzelprozessen in der mechanischen Fertigung zur Optimierung der Produktionsplanung. Dabei weist der Ansatz eine hohe Relevanz für die Anforderungen der digitalen Vernetzung und der Intelligenz auf. Jedoch wird kein Branchenfokus auf den Werkzeugbau erzielt. Die Übertragbarkeit wird ebenso vernachlässigt, da keine hohe Anwendbarkeit erzeugt wird. Zu den Auslegungsbereichen wird lediglich die Prozessauslegung detailliert beschrieben. Allgemein beschreibt der Ansatz zwar die Auslegung von (Fertigungs-)Prozessen in Zusammenhang mit der Produktionsplanung, allerdings stellt dies nur einen Teilaspekt innerhalb eines ganzheitlichen Produktionsplanungsansatzes dar. Wichtige Aspekte einer ganzheitlichen Planung wie bspw. die Betrachtung der Schnittstellen zu Wertschöpfungspartnern und Lieferanten werden durch den Ansatz nicht berücksichtigt. Aufgrund der geringen Erfüllung der Anforderungen ist der Ansatz nach XIN nicht zur Lösung der Forschungsfrage geeignet, wenngleich einzelne Elemente des Ansatzes wie bspw. die Datenanalyse zur Ermittlung von Korrelationsbeziehungen zur Lösungsfindung beitragen.

3.2.2.10 Intelligent Production Planning nach EROL UND SIHN

EROL UND SIHN beschreiben ein Konzept für eine Softwarearchitektur zur intelligenten Produktionsplanung und -steuerung für kleine und mittelständische Unternehmen.[562] Auf Grundlage der Softwarearchitektur sollen produzierende Unternehmen Produktionsplanung und -steuerung langfristig als Cloud-Service in einem Cloud-Manufacturing Netzwerk durchführen.[563] Abbildung 61 verdeutlicht das Zusammenwirken der Akteure eines Produktionsnetzwerks mit einem cloudbasierten Service zur intelligenten Produktionsplanung und -steuerung (iPPS). Die

559 Vgl. Xin (Intelligent Process Planning), 2016, S. 587f.

560 Vgl. Xin (Intelligent Process Planning), 2016, S. 588.

561 Vgl. Xin (Intelligent Process Planning), 2016, S. 588.

562 Vgl. Erol; Sihn (Intelligent Production Planning), 2017, S. 571.

563 Cloud-Manufacturing basiert auf dem Prinzip, dass produzierende Unternehmen ihre Produktionsressourcen innerhalb ihres Wertschöpfungsnetzwerks in Form von Dienstleistungen anbieten, sodass Netzwerkpartner bei Bedarf flexibel auf diese zurückgreifen können. Vgl. Erol; Sihn (Intelligent Production Planning), 2017, S. 573.

iPPS Architektur setzt sich aus verschiedenen Subsystemen zusammen, welche in Summe die Entwicklung von Services zur intelligenten Produktionsplanung und -steuerung ermöglichen sollen (siehe Abbildung 61). Auf die relevantesten wird im Folgenden eingegangen.

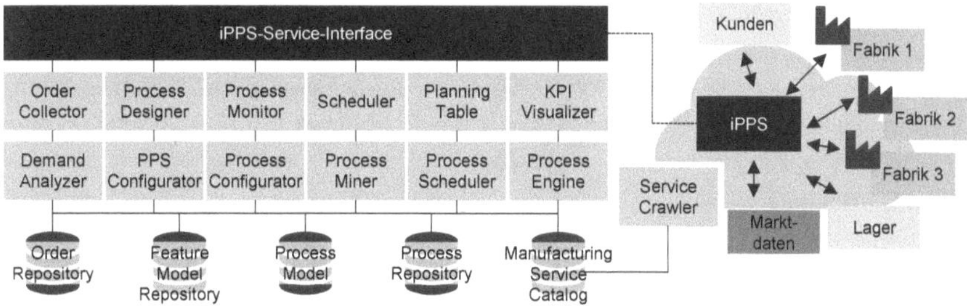

Abbildung 61: Intelligent Production Planning nach EROL UND SIHN[564]

Eine wesentliche Rolle in der Architektur übernimmt der *Demand Analyzer* bzw. *Order Collector.* Dieser wertet Kundenaufträge sowie externe Einflussgrößen wie bspw. Preisindizes aus, um die zukünftige Nachfrageentwicklung vorherzusagen, welche eine wesentliche Eingangsgröße für die Produktionsplanung und -steuerung darstellt. Um Muster in der Nachfragestruktur zu identifizieren, sollen unter anderem Machine Learning Methoden zum Einsatz kommen.[565] Anhand des Subsystems *Process Designer* ist es möglich, die Prozessmodelle für die zu planenden Produktionsprozesse auf einem abstrakten Level zu definieren. Hierzu werden insbesondere alle relevanten Input- und Output-Beziehungen sowie die in den Produktionsprozessen eingesetzten Ressourcen wie bspw. die Werkzeugmaschinen und ihre Kapazitäten modelliert.[566] Innerhalb des *Process Repository* werden die erzeugten Prozessmodelle gespeichert und verwaltet. Bei der Durchführung einer Planung werden Instanzen der Prozessmodelle erstellt und reale Produktionsdaten in das Prozessmodell eingepflegt.[567] Damit stellt dieses ein modellhaftes Abbild des realen Produktionsprozesses dar und kann für die Planung und Steuerung eingesetzt werden. Die *Process Engine* fungiert innerhalb der Architektur als zentrales Werkzeug zur Produktionssteuerung, da sie den Zustand der einzelnen Produktionsprozesse während der Auftragsabwicklung überwacht.[568] Das Subsystem *Scheduler* führt die Terminierung von Aufträgen an den einzelnen Produktionsstationen auf Grundlage der hinterlegten Prozessmodelle durch. Dabei berücksichtigt das System historische Daten aus vergleichbaren Planungssituationen.[569] Zuletzt verknüpft das System *Service Crawler* die Softwarearchitektur mit dem Cloud-Manufacturing Netzwerk. Der Service Catalog fungiert dabei als zentrales Verzeichnis, welches alle im Netzwerk angebotenen Produktionsdienstleistungen

[564] I. A. a. Erol; Sihn (Intelligent Production Planning), 2017, S. 574.

[565] Vgl. Erol; Sihn (Intelligent Production Planning), 2017, S. 574f.

[566] Vgl. Erol; Sihn (Intelligent Production Planning), 2017, S. 575.

[567] Vgl. Erol; Sihn (Intelligent Production Planning), 2017, S. 575.

[568] Vgl. Erol; Sihn (Intelligent Production Planning), 2017, S. 575.

[569] Vgl. Erol; Sihn (Intelligent Production Planning), 2017, S. 575.

enthält. Der Service Crawler durchsucht das Verzeichnis nach passenden Dienstleistungen, welche in die Planungs- und Steuerungsentscheidungen eingesetzt werden.[570]

Der Ansatz nach EROL UND SIHN beinhaltet das Konzept einer cloudbasierten Softwarearchitektur für eine intelligente Produktionsplanung und -steuerung. Dieses beschreibt die digitale Vernetzung sowie die Intelligenz als notwendige Lösungselemente einer effizienten Planung. Die Anforderungen an die Branche Werkzeugbau werden jedoch nicht erfüllt. Gleiches gilt für die Anwendbarkeit. Die Beschreibungen bleiben sehr unkonkret und sind nicht mittels einer Praxisanwendung validiert. Bei der Betrachtung der auslegungsbezogenen Anforderungen fällt die detaillierte Betrachtung der übergeordnete Softwarearchitektur auf. Es wird aber nicht auf prozessuale und organisatorische Aspekte eingegangen. Zusammenfassend bleibt offen, ob ein solcher Ansatz unternehmensindividuell und auf die Spezifika eines Werkzeugbaubetriebs adaptiert werden kann. Daher lässt sich sagen, dass der Ansatz nicht geeignet ist, um die Forschungsfrage zu beantworten.

3.2.2.11 Smart Manufacturing Vision nach MOYNE

Mit dem Forschungsansatz *Smart Manufacturing Vision* beschreibt MOYNE ein Idealbild für die Gestaltung von Produktionsprozessen in der Halbleiterindustrie (siehe Abbildung 62).[571] Smart Manufacturing bezeichnet dabei die nächste Entwicklungsstufe der Produktion, deren Grundprinzipien eine verstärkte horizontale und vertikale Integration der Supply Chain Prozesse, die Verknüpfung von physischen und softwarebasierten Fertigungsressourcen sowie die systematische Analyse von Produktionsdaten sind.[572] Smart Manufacturing wird häufig gleichbedeutend mit dem Begriff Industrie 4.0 verwendet, der vor allem im deutschsprachigen Raum dominiert.[573] Dem Beitrag von MOYNE liegt die Annahme zugrunde, dass die Halbleiterindustrie aufgrund der hohen Anforderungen in der Halbleiterfertigung als Vorbild für andere produzierende Industrien verwendet werden kann. Die Halbleiterfertigung zeichnet sich durch enge Fertigungstoleranzen sowie eine hohe Prozesskomplexität und -dynamik aus.[574]

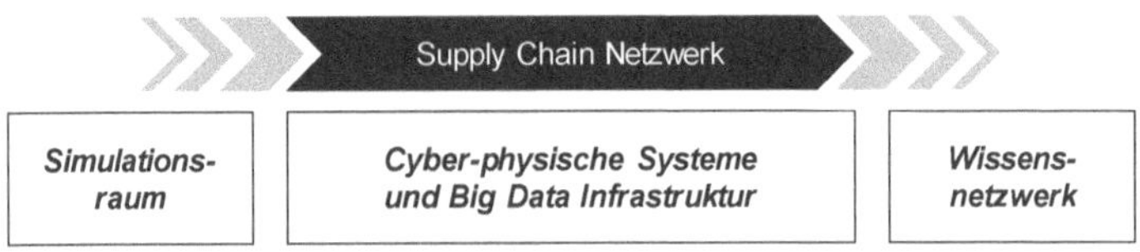

Abbildung 62: Smart Manufacturing Vision nach MOYNE[575]

Ein zentrales Element des Modells ist ein integriertes *Supply Chain Netzwerk*, in welchem jede Produktionsstätte engmaschig mit allen Wertschöpfungspartnern vernetzt ist. Dadurch sollen

[570] Vgl. Erol; Sihn (Intelligent Production Planning), 2017, S. 575f.
[571] Vgl. Moyne (Big Data Analytics for Smart Manufacturing), 2017, S. 1ff.
[572] Vgl. Moyne (Big Data Analytics for Smart Manufacturing), 2017, S. 1.
[573] Vgl. Moyne (Big Data Analytics for Smart Manufacturing), 2017, S. 1.
[574] Vgl. Moyne (Big Data Analytics for Smart Manufacturing), 2017, S. 16.
[575] I. A. a. Moyne (Big Data Analytics for Smart Manufacturing), 2017, S. 16.

eine verbesserte Abstimmung und Kollaboration der einzelnen Supply Chain Akteure erzielt werden, was positive Auswirkungen auf die Reaktionsfähigkeit und die Effizienz der Wertschöpfungskette hat.[576] Innerhalb des Modells fungiert ein *Simulationsraum* als zentrale Umgebung für eine datengetriebene Produktionsoptimierung. Ausgangspunkt für alle Prozessoptimierungen ist dabei die fortlaufende Prognose von Produktionsausbeute und Durchsatz, die auf Echtzeitsimulationen der Produktionsprozesse basiert.[577] Ein weiteres Kernelement des Modells ist die Etablierung von *cyber-physischen Systemen* durch die Verknüpfung von physischen und softwarebasierten Fertigungsressourcen. Cyber-physische Systeme ermöglichen weitreichende Verbesserungen im Hinblick auf die Flexibilität und Autonomie von Produktionsprozessen.[578] Um datengetriebene Anwendungen wie bspw. den Simulationsraum zu befähigen, ist eine *Big Data Infrastruktur* notwendig.[579] Diese muss alle notwendigen Funktionalitäten zur Datenerfassung, -speicherung und -abruf bereitstellen und eine Skalierbarkeit gewährleisten. Innerhalb der Smart Manufacturing Vision nehmen Methoden zur Datenanalyse eine Schlüsselrolle ein, um Erkenntnisse aus den erfassten Datenmengen zu generieren. Diese beziehen ihre Eingangsdaten aus der Big Data Infrastruktur und werden bspw. in Anwendungen zur automatisierten Fehlererkennung oder zur präventiven Instandhaltung eingesetzt, um eine verbesserte Vorhersagequalität zu erzielen.[580] Da zur Entwicklung und Umsetzung von komplexen Analyseanwendungen Kenntnisse aus verschiedensten Disziplinen notwendig sind, ist die Zusammenarbeit zwischen den Akteuren erforderlich. Um die Kooperation effizient zu gestalten, sollte diese in Form eines *Wissensnetzwerks* organisiert werden.[581]

Das von Moyne beschriebene Modell einer Smart Manufacturing Vision beschreibt ein mögliches zukünftiges Zielbild der Produktionsplanung. Dieses Zielbild baut auf der digitalen Vernetzung auf und beinhaltet intelligente Eigenschaften. Jedoch ist dieses Zielbild nur mit großen Einschränkungen auf den Werkzeugbau übertragbar, da sich die Fertigung von Halbleitern durch einen hohen Automatisierungsgrad signifikant von der Werkzeugfertigung unterscheidet. Die wesentlichen Voraussetzungen für die Anwendung des Modells in der Branche Werkzeugbau sind damit nicht erfüllt. Darüber hinaus berücksichtigt das Modell keine Gestaltung von Organisationsstrukturen, welche für die ganzheitliche Auslegung der Produktionsplanung notwendig wären. Zudem ist das Modell sehr unspezifisch, da nur ein grobes Zielbild, aber kaum Gestaltungsempfehlungen zur Erreichung dieses Zielzustands vorgegeben werden. Aufgrund der geringen Erfüllung der Anforderungen lässt sich zusammenfassen, dass das Modell nach Moyne nicht zur Lösung der vorliegenden Forschungsfrage geeignet ist. Es kann lediglich genutzt werden, um Maßnahmen für eine Anpassung der Ausrichtung eines produzierenden Unternehmens abzuleiten.

[576] Vgl. Moyne (Big Data Analytics for Smart Manufacturing), 2017, S. 15.
[577] Vgl. Moyne (Big Data Analytics for Smart Manufacturing), 2017, S. 15.
[578] Vgl. Moyne (Big Data Analytics for Smart Manufacturing), 2017, S. 15.
[579] Vgl. Moyne (Big Data Analytics for Smart Manufacturing), 2017, S. 16.
[580] Vgl. Moyne (Big Data Analytics for Smart Manufacturing), 2017, S. 16.
[581] Vgl. Moyne (Big Data Analytics for Smart Manufacturing), 2017, S. 16.

3.2.3 Aggregation der Bewertung relevanter wissenschaftlicher Forschungsansätze

Auf Basis von Kapitel 3.2.2 findet sich in Abbildung 63 eine Aggregation der Bewertungen der relevanten Forschungsansätze in Bezug auf die aufgestellten Anforderungen.

			Anforderungen								
			Relevanz				Übertragbarkeit				
			Gestaltungsbereich		Betrachtungsbereich		Anwendbarkeit		Auslegung		
			Digital Vernetzung	Intelligenz	Einzel- und Kleinserienfertigung	Unternehmensrandbedingungen	Konkretheit	Praktikabilität	Organisation	Prozesse	Ressourcen
			1	2	3	4	5	6	7	8	9
Allgemeine Ansätze	Kapazitätsorientierte und integrative PPS	DREXL (1994)	◔	○	◔	◑	◑	◑	○	◑	◔
	Belastungsorientierte Fertigungssteuerung	WIENDAHL (1997)	◔	○	◔	◑	◑	◑	◔	◕	◔
	Aachener PPS-Modell	SCHUH (2006)	◔	◔	◔	◑	◑	◑	◔	◕	◔
	Echtzeitfähige PP und -regelung	SCHUH UND MEIER (2011)	◕	◑	◔	◔	◕	◕	◔	◕	◑
Werkzeugbauspezifische Ansätze	Planungsproduktivität im Werkzeugbau	GIEHLER (2010)	◔	◑	●	◔	◕	◕	◑	◕	◑
	Getaktete Fertigung im Werkzeugbau	ZISKOVEN (2013)	◔	◑	●	◔	◕	◕	◑	◕	◑
	3-Phasen-Modell	BOOS (2015)	◔	◑	●	◔	◑	◕	◑	●	◔
Ansätze aus dem Bereich Intelligenz/Digitalisierung	Cyber-physische Feinplanung	HAUPTVOGEL (2015)	◑	◑	◔	◑	◑	◕	◔	◑	◑
	Intelligent Process Planing	XIN (2016)	◕	◑	◔	◔	◑	◑	○	◕	◑
	Intelligent Production Planning	EROL UND SIHN (2017)	◔	◕	◔	◔	◑	◑	○	◔	◕
	Smart Manufacturing Vision	MOYNE (2017)	◕	◕	◔	◔	◔	◔	○	◑	◑

Legende: ○ Nicht vorhanden · ◔ Sehr niedrig · ◑ Niedrig · ◕ Hoch · ● Sehr hoch

Abbildung 63: Bewertung relevanter wissenschaftlicher Forschungsansätze[582]

Bei der Bewertung der *Relevanz* wurden die Anforderungen an den Gestaltungsbereich und Betrachtungsbereich herangezogen. Zum Gestaltungsbereich wurde der *Bezug zur digitalen Vernetzung* und die *Erzielung von Intelligenz* betrachtet. Grundsätzlich lässt sich feststellen, dass aktuelle Forschungsansätze, besonders aus dem Bereich Intelligenz/Digitalisierung, intelligente Lösungen anstreben und digitale Hilfsmittel zur horizontalen und vertikalen Vernetzung einsetzen. Dabei bauen sie zumeist auf allgemeinen Planungsansätzen auf, welche sich weniger auf die digitale Umsetzung fokussieren. Jedoch sind die zeitgemäßen Ansätze zur

[582] Eigene Darstellung

Produktionsplanung stark fokussiert auf einzelne Planungsaufgaben oder Branchen. Zur Bewertung der Eignung eines Ansatzes für den Betrachtungsbereich Werkzeugbau wurde als Anforderung jeweils der *Bezug zur Einzel- und Kleinserienfertigung* und die *Betrachtung der Unternehmensrandbedingungen* evaluiert. Die Herausforderungen der Unikat- und Kleinserienfertigung werden in der Produktionsforschung vor allem im Kontext der Produktionsplanung nur in geringem Maße berücksichtigt. Die Serienproduktion bedingt andere Planungsaufgaben und -prozesse, sodass nur eine bedingte und fokussierte Vergleichbarkeit erzielt werden kann. Die Ansätze aus dem Bereich Werkzeugbau hingegen greifen die Anforderungen der Branche auf und richten ihre Lösungsformulierung entsprechend aus. Dabei gelingt es ihnen jedoch nicht, die weiteren Anforderungen zu vereinen. Dennoch bieten sie einen guten Einblick in die Branchenbedürfnisse zur Produktionsplanung. Übergeordnet lässt sich dabei der Forschungsansatz nach BOOS als relevanter Ordnungsrahmen zur Beschreibung von Ebenen in der Produktionsplanung identifizieren. Die Betrachtung von Unternehmensrandbedingungen erfolgte über alle Kategorien hinweg sehr beschränkt. Die klassischen Forschungsansätze zur Produktionsplanung sind in ihrer Beschreibung teilweise sehr allgemeingültig. Daher erreichen sie eine Adaptabilität hinsichtlich verschiedenster Unternehmensrandbedingungen, ohne diese dabei konkret zu nennen oder aufzugreifen.

Um eine *Übertragbarkeit* zu ermöglichen, wurden die Anwendbarkeit sowie die Auslegungsbereiche betrachtet. Als Anforderungen zur Anwendbarkeit wurde das *Vorliegen von Konkretheit* und *Praktikabilität* definiert. Nur wenige Forschungsansätze erzeugen eine hohe und lösungsorientierte Konkretheit in ihrer Lösungsbeschreibung mittels praxisnaher Beispiele. Zudem beschreiben die meisten Ansätze zur Planung einen Idealzustand der Planung und detaillieren nicht konkret die Auslegung. Die Praktikabilität kann ebenso nur bei wenigen Forschungsansätzen nachgewiesen werden. So sind die klassischen Forschungsansätze vor allem übergeordnete Beschreibungen, ohne besonders auf praxisnahe Annahmen einzugehen. Bei den Ansätzen aus dem Bereich der Digitalisierung werden zwar reale Annahmen aufgestellt, diese sind jedoch auf einen Anwendungsbereich fokussiert und verhindern eine Übertragbarkeit. Abschließend wurden die planungsbezogenen Anforderungen an die *Organisation*, *Prozesse* und *Ressourcen* bewertet. Die *Organisation* ist besonders bei den klassischen Forschungsansätzen ein wichtiges Element zur Auslegung einer effizienten und optimierten Produktionsplanung. Besonders das Aachener PPS-Modell nach SCHUH beschreibt eine ganzheitliche Sicht der Produktionsplanung im Unternehmen und verweist auf das Zusammenspiel mit den Planungsaufgaben und -prozessen. Die organisatorische Betrachtung wird auch in manchen werkzeugbauspezifischen Ansätzen aufgegriffen, ohne die Auslegung detailliert zu beschreiben. Die *Prozesse* sind bei einem Großteil der Forschungsansätze ein zentrales Element zur Gestaltung der Produktionsplanung. Besonders die klassischen Forschungsansätze wie bspw. nach WIENDAHL bieten ein umfassendes Prozessverständnis, welches von vielen weiteren modernen Forschungsansätzen integriert wird. Es wird jedoch zumeist nicht im Detail auf eine anforderungsgerechte Auswahl von Planungsaufgaben und Gestaltung von Prozessen eingegangen. Zudem wird die Erzielung von Intelligenz nicht als charakteristisches Lösungselement in der Prozessauslegung berücksichtigt. Die *Ressourcen* als Auslegungselement in der Produktionsplanung gewinnen mit zunehmender Neuheit eines Forschungsansatzes an Relevanz. Neuere Forschungsansätze führen die erfolgreiche Durchführung von Produktionsplanungsprozessen sowie die Erzeugung von Intelligenz oder Automation vor allem auf die Softwaresysteme zurück. Dabei vernachlässigen sie jedoch das komplexe Zusammenspiel aus Organisation, Prozessen und Softwaresystemen in der Praxis. Sie beschreiben lediglich fokussiert die Optimierung eines Anwendungsfalls mittels moderner Softwaresysteme.

3.3 Defizite in der aktuellen wissenschaftlichen Forschung

Im Themenbereich des Gestaltungsbereichs Produktionsplanung existiert eine hohe Anzahl an wissenschaftlichen Forschungsansätzen mit unterschiedlichen inhaltlichen Schwerpunkten, was in der Relevanz der Produktionsplanung zur effizienten industriellen Fertigung begründet ist. Daher wurde eine Vorbewertung der Relevanz zum Gestaltungsbereich und des Betrachtungsbereichs durchgeführt, sodass die besonders relevanten Forschungsansätze identifiziert wurden. Die Inhalte bzw. Teilaspekte der Inhalte der als weniger relevant eingestuften Forschungsansätze werden jedoch bei der Lösungsfindung weiterhin berücksichtigt.

Auf Basis des eingehend vorgestellten und erläuterten Bewertungs- und Anforderungssystems konnten anschließend die aktuellen, relevanten wissenschaftlichen Ansätze analysiert und bewertet werden. Es wurde evaluiert, inwieweit das in Kapitel 2.4.5 identifizierte Praxisproblem in Form von konkreten Anforderungen mit bestehenden Forschungsansätzen adressiert und gelöst wird. Es konnte herausgestellt werden, dass einige Forschungsansätze hinsichtlich der Anforderungsdimensionen Lösungselemente enthalten. Allerdings wird aus der Bewertung ersichtlich, dass zahlreiche Defizite in der Verknüpfung der Anforderungen bestehen, sodass eine ganzheitliche Lösung des Praxisproblems mit bestehenden Forschungsansätzen verhindert wird. Daher bleibt festzustellen, dass ein Theoriedefizit hinsichtlich eines anforderungsgerechten Ansatzes existiert und besonders die nachstehenden Kriterien betrifft:

- Die ganzheitliche Betrachtung der Auslegung von Produktionsplanungsprozessen sowie die systematische Verknüpfung der Anforderungen erfolgt nicht hinreichend.
- Die digitale Vernetzung sowie die Intelligenz als notwendige Planungseigenschaften werden nicht vollumfänglich adressiert und beschrieben.
- Die spezifischen Anforderungen des Betrachtungsbereichs Werkzeugbau werden nur teilweise aufgegriffen und auf die Produktionsplanung übertragen.
- Die Ansätze sind nur eingeschränkt konkret bezogen auf die Entscheidungsunterstützung zur Auslegung von Produktionsplanungsprozessen.

Abschließend lässt sich die Aussage formulieren, dass ein konkreter Lösungsansatz fehlt, der die Charakteristiken intelligenter Produktionsplanungsprozesse aufgreift und Werkzeugbaubetriebe zur Auslegung solcher Produktionsplanungsprozesse befähigt. Es besteht *Handlungsbedarf aus der Theorie*.

3.4 Detaillierung der Forschungsfrage

In Kapitel 1.4 wurde die grundlegende Forschungsfrage dieser Arbeit vorgestellt. Hergeleitet wurde diese aus dem Bedarf der Industrie nach einer zukunftsfähigen Produktionsplanung. In Kapitel 2.4.5 wurde die Ist-Situation der industriellen Praxis differenziert analysiert und das Praxisdefizit abgeleitet. In Kapitel 3.3 wurde der Handlungsbedarf aus der Theorie aufgezeigt, da kein Forschungsansatz das Praxisproblem vollumfänglich adressiert. Basierend auf dem Praxis- und Theoriedefizit bestätigt sich die grundlegende Forschungsfrage. Diese lautet:

Forschungsfrage

Wie müssen intelligente Produktionsplanungsprozesse im Werkzeugbau ganzheitlich ausgelegt werden?

Der in Kapitel 1.4 beschriebenen Forschungsdidaktik folgend können Teilforschungsfragen gebildet werden, welche die Lösung der obigen Forschungsfrage unterstützen.[583] Dabei wird das komplexe Praxis- und Theorieproblem in Teilprobleme zerlegt, welche mit Teilforschungsfragen adressiert werden können. Darauf aufbauend können Teillösungen erarbeitet werden, die aggregiert die Lösung der Forschungsfragen bilden. Der Fokus der Teilforschungsfragen soll auf der Auslegung intelligenter Produktionsplanungsprozesse liegen. Alle weiteren Anforderungen sind weiterhin gültig und müssen von einem Lösungsansatz ebenso erfüllt werden

Ausgehend von der Ermangelung einer Vision und eines Zielzustands intelligenter Produktionsplanungsprozesse ergibt sich die folgende Teilforschungsfrage.

Teilforschungsfrage

Welche Eigenschaften haben intelligente Produktionsplanungsprozesse und welche Lösungselemente existieren?

Zur Adressierung der Auslegung der intelligenten Produktionsplanungsprozesse wird neben der Prozessauslegung die Betrachtung als Produktionssystem mit den Bereichen unterstützenden Bereichen Organisation und Ressource angestrebt. Für jeden dieser drei Bereiche ergeben sich Teilforschungsfragen. Die nachstehende Teilforschungsfrage adressiert den Auslegungsbereich Organisation.

Teilforschungsfrage

Wie kann die Organisation im Werkzeugbau ausgelegt werden, um intelligente Produktionsplanungsprozesse zu befähigen?

Zur Entwicklung einer Lösungshypothese für den Auslegungsbereich Prozess unterstützt die folgende Teilforschungsfrage und stellt eine Detaillierung der Hauptforschungsfrage dar.

Teilforschungsfrage

Wie können intelligente Produktionsplanungsprozesse im Werkzeugbau praxisnah gestaltet und beschrieben werden?

583 Vgl. Kubicek (Heuristischer Bezugsrahmen), 1976, S. 17ff.

Zuletzt ergibt sich zur Beschreibung der Lösung des Auslegungsbereichs Ressource die nachstehende Teilforschungsfrage.

Teilforschungsfrage

Wie lassen sich unterstützende (digitale) Ressourcen für intelligente Produktionsplanungsprozesse im Werkzeugbau identifizieren?

Durch die Entwicklung und Detaillierung eines ganzheitlichen Vorgehens zur Auslegung intelligenter Produktionsplanungsprozesse im Werkzeugbau sind die Teilforschungsfragen sowie die übergeordnete Forschungsfrage zu beantworten.

4 Konzeption der Methodik

Aus den vorherigen Kapiteln wurden zum einem der Handlungsbedarf aus der Praxis (siehe Kapitel 2.5) und aus der Theorie (siehe Kapitel 3.3) hergeleitet. In der Praxis wurde deutlich, dass die aktuellen Anforderungen an die Produktionsplanung im Werkzeugbau nicht mit bisherigen Paradigmen erfüllt werden können. Die Folge sind eine schwache Termintreue und hohe Produktionskosten. Jedoch bieten neue, digitale Technologien hohe Potenziale, um zielgerichtet Probleme im Planungsprozess zu adressieren. Ein vielversprechendes Konzept bilden intelligente Produktionsplanungsprozesse. Das dritte Kapitel zeigte im Rahmen der Vorstellung und Bewertung bestehender Methoden zur Auslegung von Planungsprozessen, dass keiner der dargestellten Lösungsansätze die Anforderungen an einen Leitfaden zur ganzheitlichen Auslegung intelligenter Produktionsplanungsprozesse erfüllt. Daher ist es dem Werkzeugbau verwehrt, die sich ergebenden Möglichkeiten zu nutzen, da es an einem anwendungsorientierten Leitfaden zur Auslegung solcher Produktionsplanungsprozesse mangelt.

Aufbauend auf den identifizierten Defiziten in Praxis und Theorie wird im folgenden vierten Kapitel ein Konzept für die Auslegung intelligenter Planungsprozesse unter Berücksichtigung der grundlegenden Charakteristika der digitalen Vernetzung und der Intelligenz entwickelt. Folglich werden dadurch die Phasen drei, vier und fünf der Vorgehensweise angewandter Forschung nach ULRICH adressiert (siehe Kapitel 1.4).

Die zu entwickelnde Lösungshypothese dieser Arbeit ist die Adressierung des Praxisproblems mit einem praxisnahen und anwendungsgerechten Vorgehen. Dieses Vorgehen soll Unternehmen aus der Branche Werkzeugbau befähigen, intelligente Produktionsplanungsprozesse selbstständig zu entwickeln. Für die genaue Beschreibung eines solchen Vorgehens ist ein wissenschaftlicher Ordnungsrahmen notwendig, welcher im folgenden Kapitel definiert wird. Ein solcher Ordnungsrahmen ermöglicht die Entwicklung einer Methodik. Die Begrifflichkeit der Methodik beschreibt dabei einen anwendungsorientierten und zielgerichteten Leitfaden, welcher ein System bestehend aus Modellen, Methoden und Hilfsmitteln ist.[584] Zu einem näheren Verständnis werden dazu alle relevanten Begriffe vorgestellt und das Konzept einer Methodik definiert. Auf der Basis dieses Verständnisses wird ein grundlegender Zielzustand intelligenter Produktionsplanungsprozesse definiert. Dieser gilt als zentrales Ziel, nach dem sich die Methodik orientiert, und beinhaltet anzustrebende Eigenschaften und Lösungselemente. Anschließend erfolgt die Konzeptionierung der Methodik. Die einzelnen Schritte der Methodik werden ebenfalls eingeführt und vorgestellt.

4.1 Grundlagen von Systemen, Modellen und Methodikentwicklung

Das Ziel dieser Arbeit ist die Entwicklung einer Methodik zur Auslegung intelligenter Produktionsplanungsprozesse im Werkzeugbau. Dem Verständnis einer Methodik liegen die Begrifflichkeiten der System- und Modelltheorie zugrunde. Zur Erfassung der Realität wird die reale

[584] Vgl. Neuhausen (Gestaltung modularer Produktionssysteme), 2001, S. 7; Laufenberg (Integrierte Projektgestaltung), 1996, S. 6.

Umgebung in einzelne Elemente zerlegt, die miteinander in Verbindung stehen. Ein solches System kann anschließend mittels Modellen und definierten Merkmalen abstrahiert abgebildet werden.[585] Dieses Vorgehen, komplexe Umgebungen, Sachverhalte oder Probleme abstrahiert und allgemeingültig zu erfassen, ist ein anerkanntes wissenschaftliches Vorgehen, was im Kontext der Forschung in der Produktionstechnik erprobt ist und auch im Kontext dieser Arbeit genutzt werden soll.[586] Im Folgenden werden die Begrifflichkeiten der System- und Modelltheorie erläutert, um ein ganzheitliches Verständnis des Methodikbegriffs zuzulassen.

4.1.1 Systemtheorie

Die Systemtheorie beschreibt die wissenschaftliche Erforschung der Struktur, der Verknüpfung und des Verhaltens von Systemen.[587] Zur Klärung des Begriffs *System* besteht eine Vielzahl an Definitionen in der wissenschaftlichen Literatur. Die Definitionen gleichen sich jedoch in den wesentlichen Charakteristiken. Demnach besteht ein System aus Elementen, die zueinander in Relation stehen.[588] Diese Elemente können dabei weitere Systeme sein und werden als Untersysteme bezeichnet.[589] Die einzelnen Elemente interagieren und beeinflussen die anderen Elemente.[590] Die Beziehungen zwischen den Elementen können bspw. Informationsbeziehungen, Materialflussbeziehungen oder Wirkzusammenhänge sein.[591]

Im Rahmen der Arbeit soll eine weitere Definition eines Systems nach PATZAK vorgestellt werden, die im Forschungsbereich der Arbeit eine sinnvolle Ergänzung darstellt: „Ein System besteht aus einer Menge von Komponenten, welche Eigenschaften besitzen und welche durch Beziehungen miteinander zur Verfolgung gesetzter Ziele verknüpft sind."[592] In dieser Definition ergänzt PATZAK die genannten Definitionen mit der Zielverfolgung der Elemente. Besonders im Kontext der Produktionsplanung stellt dies einen sinnvollen Mehrwert dar, sodass diese Definition weiterverwendet wird. Aus der genannten Definition lassen sich allgemeingültige Eigenschaften ableiten. Eine allgemeingültige Aggregation der Eigenschaften von Systemen nach BRUNS lautet:[593]

- Ein System setzt sich aus verschiedenen Elementen zusammen.
- Diese Elemente weisen beschreibbare Eigenschaften auf.

---

585 Vgl. Stachowiak (Allgemeine Modelltheorie), 1973, S. 131.

586 Vgl. Kuhlmann (Corporate Tooling), 2017, S. 127ff.; Hensen (Auslegung industrieller Werkzeugbaubetriebe), 2017, S. 99ff.; Salmen (Digital vernetzter Shopfloor), 2016, S. 120ff.

587 Vgl. Ulrich (Systembegriff), 1975, S. 33.

588 Die Definitionen weichen in der Wortwahl lediglich leicht voneinander ab und können daher an dieser Stelle zusammengefasst werden. Vgl. Miller; Miller (Living Systems Theory), 1995, S. 17; Langefors (Essays on Infology), 1995, S. 55; Gigch (System Design Modeling), 1991, S. 30.

589 Vgl. Haberfellner (Systems Engineering), 2012, S. 34; Bruns (Systemtechnik), 1991, S. 31.

590 Vgl. Ulrich; Probst (Ganzheitliches Denken und Handeln), 1995, S. 30; Gigch (System Design Modeling), 1991, S. 30.

591 Vgl. Haberfellner (Systems Engineering), 2012, S. 34.

592 Vgl. Patzak (Systemtechnik), 1982, S. 19.

593 Vgl. Bruns (Systemtechnik), 1991, S. 31.

- Die Elemente werden durch Relationen miteinander verknüpft.
- Die Elemente bilden mit ihren Eigenschaften und Relationen eine abgegrenzte Struktur.

Darüber hinaus existieren weitere Definitionen, die versuchen, Systeme mathematisch zu beschreiben.[594] Die genannten Eigenschaften sind jedoch auch in diesen Definitionen gültig.

4.1.2 Modelle in der Systemtheorie

Dem wissenschaftlichen Erkenntnisgewinn liegt stets ein Abbildungsprozess in Form von Modellen zugrunde.[595] Während die Systemtheorie übergeordnet eine Erklärung für die Abstrahierung von komplexen Sachverhalten gibt, so dienen Modelle zur systematischen Abbildung solcher Systeme sowie zur Reduktion der Komplexität. Der Begriff *Modell* hat dabei seinen etymologischen Ursprung in dem lateinischen Wort *modus* bzw. seiner Verkleinerungsform *modulus* und bedeutet übersetzt Maß(-stab).[596]

Zur wissenschaftlichen Beschreibung finden sich in der Literatur zahlreiche Definitionen des Begriffs Modell.[597] Eine übergreifende und allgemeingültige Definition wurde von STACHOWIAK entwickelt. Diese Definition gilt zudem in der Forschung als anerkannt und wird auch im Rahmen dieser Arbeit weiterverwendet.[598] Diese Definition beinhaltet die These, dass Modelle dualen Charakter besitzen. Einerseits sind Modelle ein Abbild der Wirklichkeit zur Beherrschung der realen Komplexität und sind in der Lage, Erkenntnisse über Grundzusammenhänge der realen Gegebenheiten zu schaffen, andererseits gelten sie als Vorbild bzw. Idealzustand für etwas. In einem Modell wird eine zu untersuchende Realität auf relevante Eigenschaften einer bestimmten Fragestellung reduziert. Gleichzeitig soll diese Reduktion dem Modellnutzer eine weniger komplexe Darstellung dieser Realität schaffen.[599.]

Als Modellnutzer versteht sich die Person, für die das Modell erstellt wurde und die gleichzeitig den Zweck der Modellbildung vorgibt. Ausgangspunkt für die Abbildung eines Problems ist das subjektive Problemempfinden des Modellnutzers, da dieser gleichzeitig die Zuordnung von Attributen des Originals zu Attributen des Modells trifft. Somit ergibt sich gemäß der These von STACHOWIAK, dass das Modell der jeweiligen Erkenntnisauffassung unterliegt.

---

594 Vgl. Backlund (Definition of System), 2000, S. 448; Klir (Systems Science), 1991, S. 5.

595 Vgl. Stachowiak (Modellbegriff in der Erkenntnistheorie), 1980, S. 53.

596 Vgl. Zschocke (Modellbildung), 1995, S. 218.

597 Vgl. Alpar et al. (Anwendungsorientierte Wirtschaftsinformatik), 2005, S. 20; Winter (Integration Decisions), 2003, S. 2190ff.; Schütte (Ordnungsmäßige Referenzmodellierung), 1998, S. 45; Ferstl; Sinz (Modellierung von Geschäftsprozessen), 1995, S. 18.

598 Die Autoren bestätigen die Relevanz der Definition von STACHOWIAK, indem sie die Definition für ihre Forschung übernehmen oder darauf aufbauen. Vgl. Kuhlmann (Corporate Tooling), 2017, S. 130; Braun (Modellierung der Unternehmensarchitektur), 2007, S. 15; Schelp (Modellierung mehrdimensionaler Datenstrukturen), 2000, S. 15ff.; Teubner (Organisations- und Informationssystemgestaltung), 1999, S. 14; Schütte (Ordnungsmäßige Referenzmodellierung), 1998, S. 41ff.; Lehner (Positionierung der Wirtschaftsinformatik), 1995, S. 27.

599 Vgl. Stachowiak (Allgemeine Modelltheorie), 1973, S. 129ff.

Ergänzend zum zuvor genannten ist ein Modell uneingeschränkt die Ableitung eines realen Systems auf ein abstrahiertes System, in dem die wichtigsten Attribute eines realen Systems wiedergegeben werden. Innerhalb eines Modells wird das Verständnis einer Situation oder eines Systems sowie der relevanten Systemelemente und ihrer Relationen vertreten.[600] Der grundsätzliche Sinn eines Modells ist es, ein unübersichtliches Geschehen zu veranschaulichen, zu vereinfachen oder zu konkretisieren. Das Ziel hierbei ist die Erklärung und Vorhersage des Systemverhaltens.[601] Wie in Abbildung 64 zu sehen, gibt es nach dem Begriffsverständnis drei Merkmale, die Modellen zugeschrieben werden. Durch diese lässt sich die Abbildungstiefe ihrer logischen Reihenfolge realisieren. Das Abbildungsmerkmal beschreibt die Nachstellung realer Systeme durch charakteristische Kenngrößen. Das Verkürzungsmerkmal vereinfacht die Nachbildung durch die Reduktion auf notwendige Eigenschaften. Die Anwendbarkeit des zu entwickelnden Modells wird durch das pragmatische Merkmal sichergestellt.

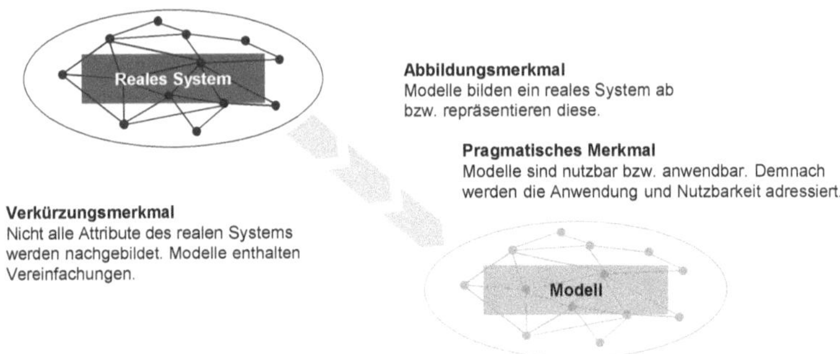

Abbildung 64: Modellierung und Merkmale[602]

Es lassen sich mehrere Typen von Modellen klassifizieren. Sie unterscheiden sich dabei jeweils in ihrer Zielsetzung und Anwendung.[603] Nach PATZAK sind die vier unterschiedlichen Typen das Beschreibungsmodell, das Vorhersagemodell, das Erklärungsmodell und das Entscheidungsmodell. Die Modelltypen sind in Abbildung 65 zusammenfassend dargestellt.

Beschreibungsmodell	Vorhersagemodell
Was ist was? **Ziel:** Erfassung und Abbildung vorgefundener Zustände eines Systems	**Wie wird etwas sein?** **Ziel:** Auskunft über zukünftige Zustände eines Systems
Erklärungsmodell	**Entscheidungsmodell**
Warum ist etwas so? **Ziel:** Hypothesen für das Auftreten bestimmter Zustände eines Systems	**Was soll sein?** **Ziel:** Handlungsalternativen für optimale Systemzustände bei vorgegebenen Zielsystemen

Abbildung 65: Übersicht von Modelltypen[604]

600 Vgl. Rieper (Betriebswirtschaftliche Entscheidungsmodelle), 1992, S. 25.

601 Vgl. Stachowiak (Allgemeine Modelltheorie), 1973, S. 114.

602 I. A. a. Stachowiak (Allgemeine Modelltheorie), 1973, 131.

603 Vgl. Stachowiak (Allgemeine Modelltheorie), 1973, S. 157ff.

604 I. A. a. Patzak (Systemtechnik), 1982, S. 313f.

Das *Beschreibungsmodell* ist die reine Abbildung des Originalzustandes eines definierten Erfassungsbereichs. In diesem Modell werden keine Informationen über die Erlangung des Zustands, die Voraussetzungen oder auf mögliche Wirkzusammenhänge gegeben. Zudem werden keine deduktiven oder induktiven Schritte vollzogen. Im Gegensatz dazu ist das Ziel von *Erklärungsmodellen,* das Verständnis eines Realphänomens zu fördern. Durch die Verwendung von Thesen, um Wirkungszusammenhänge darzustellen, bieten sie Erklärungen für bestimmte Zustände des Originals. Aufbauend darauf nutzt das *Vorhersagemodell* schlussfolgernde Schritte, um Vorhersagen über zukünftige Systemzustände sowie zukünftiges Systemverhalten zu treffen. Die Wirksamkeit kann hierbei über historische Daten getestet werden. Schlussendlich zeigen die *Entscheidungsmodelle* Handlungsalternativen auf, mit denen die optimale Modellstruktur eines vorgegebenen Zielsystems ermittelt wird.

Neben der anerkannten Klassifizierung von Modellen nach PATZAK existiert eine Vielzahl von unterschiedlichen Ansätzen zur Klassifizierung und Systematisierung von Modelltypen.[605] Weitere bekannte Ansätze, die hier genannt werden sollen, sind nach STACHOWIAK und SCHWEITZER UND KÜPPER. STACHOWIAK gliedert Modelle in technische Modelle, semantische Modelle und graphische Modelle mit jeweiligen Unterkategorien.[606] Im Ansatz nach SCHWEITZER UND KÜPPER wird eine Unterteilung nach Realmodellen und Idealmodellen vorgenommen.[607] Die meisten Ansätze gleichen sich in den Modelltypen und unterscheiden sich lediglich in den Bezeichnungen und Oberkategorien, so auch bei STACHOWIAK und SCHWEITZER UND KÜPPER. Im Rahmen dieser Arbeit wird daher die Einordnung nach PATZAK verwendet.

4.1.3 Systeme und Modelle im Rahmen der Methodikentwicklung

Mit dem Verständnis des Einsatzes von Systemen und Modellen soll im Folgenden der Begriff Methodik erläutert und definiert werden. Da im Rahmen dieser Arbeit ein Praxisproblem gelöst werden soll, muss ein anwendungsorientiertes und wissenschaftliches Vorgehen erarbeitet werden. Eine Methodik stellt hierbei den geeigneten wissenschaftlichen Rahmen dar und bedient sich der Aspekte der Systemtechnik und der Modellierung (siehe Abbildung 66).

Eine Methodik beschreibt ein System bestehend aus *Modellen*, *Methoden* und *Hilfsmitteln*.[608] Die Betrachtung als ein System einzelner Bestandteile ermöglicht es, einzelne Elemente miteinander zu kombinieren.[609] Der Einsatz von *Modellen* unterstützt das Verständnis und die Dokumentation komplexer Sachverhalte. Eine *Methode* ist Abfolge von Aufgaben zur Erreichung eines angestrebten Endzustands, ausgehend von einem Anfangszustand.[610] *Hilfsmittel*

---

605 RICHTER beschreibt weitere Charakteristiken von Modellen und gibt eine Übersicht verschiedener Klassifizierungen, auf die aus mangelnder Relevanz an dieser Stelle nicht eingegangen wird. Vgl. Richter (Güte von Beschreibungsmodellen), 2009, S. 4ff.

606 Vgl. Stachowiak (Allgemeine Modelltheorie), 1973, S. 168.

607 Vgl. Schweitzer; Küpper (Produktions- und Kostentheorie), 1997, S. 9.

608 Vgl. Neuhausen (Gestaltung modularer Produktionssysteme), 2001, S. 6; Laufenberg (Integrierte Projektgestaltung), 1996, S. 7.

609 Vgl. Giehler (Planungsproduktivität im Werkzeugbau), 2010, S. 79.

610 Vgl. Berens; Delfmann (Quantitative Planung), 1994, S. 104.

stellen alle Aufgaben, Funktionen oder Vorgehensweisen dar, um die Anwendung der Methoden und den Einsatz von Modellen zu ermöglichen oder sie zu modifizieren.[611] Zu einer fast identischen Definition einer Methodik kommen auch EHRLENSPIEL UND MEERKAMM, welche jedoch das „bestimmte Ziel" als Leitmotiv für die Methodik ergänzen.[612]

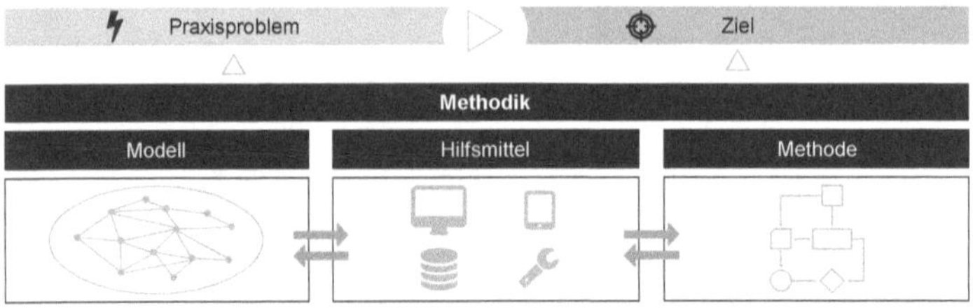

Abbildung 66: Verständnis einer Methodik im Rahmen dieser Arbeit[613]

Der dargestellten Herleitung folgen auch HENSEN und KUHLMANN, um aufbauend einen Leitfaden zur Lösung eines ingenieurtechnischen Praxisproblems zu erarbeiten.[614]

4.2 Merkmale zur Verwertung des Forschungsergebnisses

Das Forschungsergebnis dieser wissenschaftlichen Arbeit stellt einen Leitfaden zur unternehmensindividuellen Auslegung intelligenter Produktionsplanungsprozesse dar. Dabei wird eine Methodik als wissenschaftlicher Rahmen gewählt, die den systematischen Einsatz von Modellen und Methoden zur Auslegung der Planungsprozesse beschreibt. Wie in Kapitel 1.4 beschrieben, ist es erforderlich, die Verwertung des Forschungsergebnisses vorzubereiten bzw. als handlungsleitend vorauszusetzen. Daher werden Merkmale eingeführt, die die Verwertung ermöglichen sowie die Grenzen der Verwertung ausführen. Als Kategorien der Rahmenbedingungen werden *Reales System*, *Zielsetzung*, *Anwender* und *Zeitraum der Nutzung* verwendet. Diese wurden bereits erfolgreich im wissenschaftlichen Forschungskontext von KOMOREK und KUHLMANN verwendet.[615, 616] KOMOREK begründet diese Kategorien gemäß der Beschreibung der pragmatischen Merkmale eines Modells nach STACHOWIAK.[617]

---

611 Vgl. Hensen (Auslegung industrieller Werkzeugbaubetriebe), 2017, S. 104.

612 Vgl. Ehrlenspiel; Meerkamm (Integrierte Produktentwicklung), 2013, S. 146.

613 Eigene Darstellung auf Grundlage des Verständnisses nach EHRLENSPIEL UND MEERKAMM sowie LAUFENBERG. Vgl. Ehrlenspiel; Meerkamm (Integrierte Produktentwicklung), 2013, S. 146; Laufenberg (Integrierte Projektgestaltung), 1996, S. 7.

614 Vgl. Hensen (Auslegung industrieller Werkzeugbaubetriebe), 2017, S. 103f.; Kuhlmann (Corporate Tooling), 2017, S. 131f.

615 Vgl. Kuhlmann (Corporate Tooling), 2017; Komorek (Kollaborative Wertschöpfung), 2014.

616 KOMOREK beschreibt in seinem Forschungsansatz „Nutzer" des Forschungsergebnisses und teilt diese in aktive und passive Nutzer auf. KUHLMANN hingegen verwendet den Begriff „Anwender" und beschreibt diese als aktive Verwerter des Forschungsergebnisses, da bei einer Nutzung der Methodik stets von einer aktiven Verwertung ausgegangen werden kann.

617 Vgl. Stachowiak (Allgemeine Modelltheorie), 1973, S. 131ff.

4.2.1 Reales System

Die Kategorie *Reales System* beschreibt im Kontext der Verwertung des Forschungsergebnisses den bereits in Kapitel 2 eingeführten Betrachtungsbereich dieser wissenschaftlichen Arbeit. Dieser besteht in der industriellen Herstellung von Werkzeugen und bezieht sich sowohl auf die Wertschöpfungskette als auch auf die Branche Werkzeugbau. Daher ist das System, in welchem die Forschungsergebnisse verwertet werden, sowohl für operative Aufgaben und konkrete Fragestellungen der betrieblichen Praxis als auch unternehmensübergreifend in Unternehmen vergleichbarer Wertschöpfung gültig. Ein Werkzeugbaubetrieb ist zwischen der Produktentwicklung und der Serienproduktion positioniert. Die typische Wertschöpfungstiefe eines Werkzeugbaubetriebs liegt bei ca. 70 %.[618] Dies bedeutet, dass zahlreiche Lieferanten eingebunden werden. Dadurch kann ein Werkzeugbaubetrieb nicht als geschlossenes System charakterisiert werden, da die besondere Herausforderung für den Werkzeugbau im effizienten Management der Schnittstellen besteht. Daher lässt sich aus der Analyse des Betrachtungsbereichs aus der Systemtechnik feststellen, dass das System Werkzeugbau ein offenes System darstellt. Bei der Entwicklung des Lösungsansatzes wird daher auf die Allgemeingültigkeit gesetzt. Falls es weitere Einschränkungen in der Gültigkeit für bestimmte Branchenmerkmale gibt, wird explizit darauf verwiesen.

4.2.2 Zielsetzung

Die *Zielsetzung* des Forschungsergebnisses ist die operative Unterstützung von Werkzeugbaubetrieben bei der zukunftsorientierten Auslegung ihrer Produktionsplanungsprozesse. Damit das Forschungsergebnis erfolgreich umgesetzt werden kann, ergeben sich mehrere Kriterien, die als Rahmenbedingungen für die Methodik zu verstehen sind. Diese Kriterien wurden bereits im dritten Kapitel als Anforderungssystem beschrieben (siehe Kapitel 3.1.2).

4.2.3 Anwender

Als *Anwender* des Forschungsergebnisses gelten alle Personen, für die die Produktionsplanung und die Optimierung der internen Wertschöpfung zur Herstellung von Werkzeugen von Relevanz ist. Das schließt vor allem Mitarbeiter interner und externer Werkzeugbaubetriebe ein, die operative Aufgaben im Kontext der Produktionsplanung übernehmen oder strategische Aufgaben innerhalb des Werkzeugbaubetriebs innehaben. Weitere Anwender sind bspw. Mitarbeiter von Serienproduktionsbetrieben, die aus der Kundenperspektive die Abläufe zwischen der Serienproduktion und dem Werkzeugbau verstehen und hinsichtlich einer besseren Planbarkeit optimieren wollen. Eine Einschränkung sei an dieser Stelle zu nennen. Die Anwendung des Forschungsergebnisses fokussiert sich vor allem auf Werkzeugbaubetriebe, die bereits industrialisiert sind und deren Werkzeugbau kapazitiv und strategisch ausgelegt ist.[619] Das heißt, es wird angenommen, dass alle Produktionsmittel zur Erfüllung von Aufträgen sowohl technologisch als auch kapazitiv vorhanden sind oder durch Lieferanten bereitgestellt werden.

---

[618] Vgl. WZL; IPT (Unternehmensdatenbank „Excellence in Production"), 2020.

[619] Ein Beispiel für die strategische und kapazitive Auslegung von Werkzeugbaubetrieben stellt der Ansatz von HENSEN dar. Vgl. Hensen (Auslegung industrieller Werkzeugbaubetriebe), 2017.

4.2.4 Zeitraum der Nutzung

Die Verwendung des Forschungsergebnisses ist *zeitlich* nicht begrenzt, da sich die Notwendigkeit zur Anwendung des Forschungsergebnisses aus dem praktischen Handlungsbedarf ergibt. Solange dieser Handlungsbedarf nachgewiesen werden kann, kann die Methodik angewendet werden. Es sei jedoch angemerkt, dass die Forschungsergebnisse auf aktuellem Wissen aus der Theorie und der Praxis basieren. Eine zentrale Aufgabe der wissenschaftlichen Forschung ist es daher, die Korrektheit eines Lösungsansatzes zu hinterfragen und den Einsatz neuer Technologien bzw. von neuem Wissen zu prüfen. Ergeben sich für das betrachtete Forschungsvorhaben neue Trends aus der Praxis oder der Forschung, so kann der hergeleitete Forschungsansatz seine Gültigkeit verlieren. Diese Trends sind im Forschungsergebnis sowohl zur Herleitung als auch zur Ergebnisfindung abgebildet. Eine Vorhersage des Zeitpunkts zum Eintreten neuer Trends ist jedoch nicht zu bestimmen.

4.3 Zielzustand intelligente Produktionsplanungsprozesse im Werkzeugbau

Auf Basis eines einheitlichen Verständnisses sowohl vom Handlungsbedarf aus der Praxis als auch aus der wissenschaftlichen Theorie werden im weiteren Verlauf dieser Arbeit die aufgestellten Forschungsfragen beantwortet. Hierzu wird auf hypothetischer Ebene eine Lösung formuliert (Kapitel 4.4), detailliert (Kapitel 5) und anschließend validiert (Kapitel 6). Als Grundvoraussetzung für die Formulierung von Lösungshypothesen gilt ein Zielzustand, der erfüllt werden muss oder dem sich angenähert werden kann.[620] Der Zielzustand gilt als übergreifendes Leitbild für die Methodik und stellt das Ergebnis der Methodik auf abstrahierte Weise dar. Im Rahmen dieser wissenschaftlichen Arbeit beschreibt der Zielzustand ein allgemeingültiges Verständnis von intelligenten Produktionsplanungsprozessen im Werkzeugbau.[621]

Die Umsetzung der Weiterentwicklung der Produktionsplanung sowie der ausführenden Produktionsplanungsprozesse erfordert das strukturgebende Verständnis der Planung als komplexes System verschiedener Ein- und Ausgänge sowie als transformierende Aufgabe.[622] Es folgt das für diese Arbeit geltende Verständnis, dass die Produktionsplanung sich als komplexes System aus den Bereichen *Unternehmensorganisation* und *Produktionsplanungsressourcen* zusammensetzt, welche den Kern der Produktionsplanung, die *Produktionsplanungsprozesse*, befähigen.

Die Steigerung der Intelligenz im Rahmen der Weiterentwicklung der Produktionsplanung muss auf alle Systemelemente adaptiert werden. Besondere Bedeutung erhält der Produktionsplanungsprozess. Dieser besteht aus Planungsaufgaben, die zeitlich und administrativ strukturiert sind. Die Adaption der Intelligenz auf die Produktionsplanungsprozesse setzt dabei

[620] Vgl. Ehrlenspiel; Meerkamm (Integrierte Produktentwicklung), 2013, S. 146.

[621] Die intelligente Produktionsplanung ist die notwendige Entwicklungsstufe in der schrittweisen Weiterentwicklung (siehe Kapitel 1.2).

[622] Vgl. Kapitel 3.1.2; Die Produktionsplanung kann vereinfacht in ein System von Input- und Output-Größen sowie einen zentralen Transformationsprozess aufgeteilt werden.

das Verständnis von intelligenten Prozessen voraus (siehe Kapitel 2.3.1.3). Das grundsätzliche Ziel der Planung sowie die Ziele der einzelnen Planungsaufgaben bleiben unverändert. Die charakteristischen Eigenschaften der Planung ändern sich und bedingen dadurch Anpassungen in den prozessbefähigenden Bereichen der Organisation und den eingesetzten Ressourcen zur Durchführung der Produktionsplanung. Die Eigenschaften intelligenter Prozesse wurden in Kapitel 2.3.1.3 hinlänglich eingeführt und beschrieben. Da die Eigenschaften eine ganzheitliche Allgemeingültigkeit besitzen, sind sie auf Planungsprozesse übertragbar. Den drei Eigenschaften der Intelligenz können Lösungselemente zugeordnet werden, welche die Erfüllung der jeweiligen Eigenschaft sicherstellen (siehe Abbildung 67).

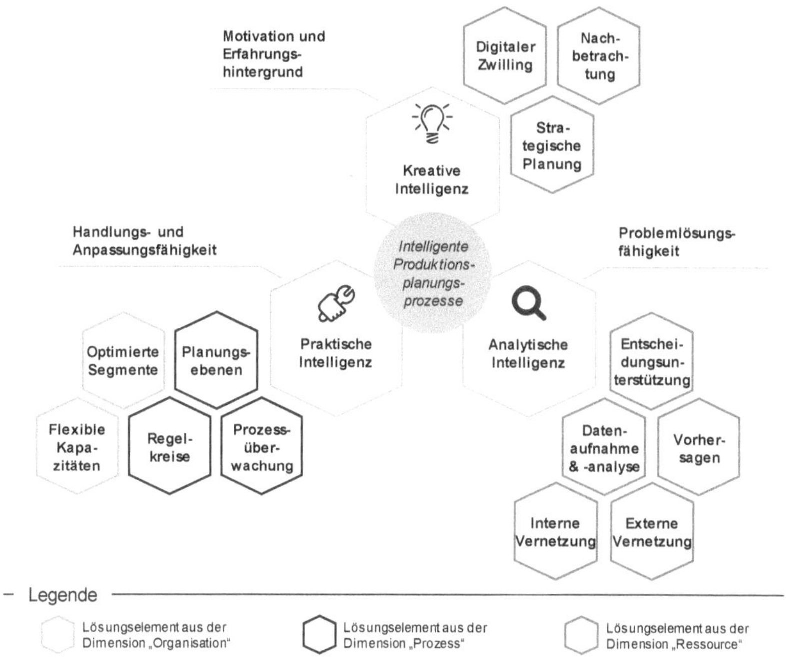

Abbildung 67: Zielzustand intelligenter Produktionsplanungsprozesse[623]

Die *Kreative Intelligenz* stellt die Motivation, den Erfahrungshintergrund und das Wissen der intelligenten Produktionsplanungsprozesse dar. Ein zentrales Element zur Ermöglichung der Wissensspeicherung und -verfügbarkeit ist ein digitaler Zwilling, welcher als umfassendes Umgebungsmodell des Unternehmens alle relevanten Wertschöpfungs- und Informationsobjekte beinhaltet. Der digitale Zwilling bildet sowohl den Vergangenheitszustand als auch den Ist-Zustand eines Werkzeugbaubetriebs hinsichtlich planungsrelevanter Informationen, wie Kosten und Zeit, ab und ist ein Hilfsmittel zur Vorausschau zukünftiger Zustände. Neues Wissen, welches im digitalen Zwilling gespeichert werden kann, wie bspw. terminliche Abweichungen

[623] Eigene Darstellung

von Standardaufträgen durch Fehlplanungen, wird durch die Nachbetrachtung ermittelt. Eine Ergänzung zu den bereits genannten Planungsebenen ist die strategische Planung, welche die übergeordnete Einhaltung von strategischen Zielvorgaben der Produktionsplanung gewährleistet.[624]

Die *Analytische Intelligenz* beschreibt die Problemlösungsfähigkeit von Prozessen. Um die Problemlösungsfähigkeit der Produktionsplanungsprozesse sicherzustellen, wird eine Entscheidungsunterstützung und eine Vorhersage von zukünftigen Zuständen vorausgesetzt. Die Entscheidungsunterstützung und die Vorhersage von Zuständen basiert auf der Möglichkeit zur Datenaufnahme und zur Datenanalyse. Um die Vollständigkeit und Korrektheit der Datenanalyse und somit der Vorhersage sicherzustellen, muss eine umfassende Vernetzung mit internen und externen Wertschöpfungs- und Informationsobjekten im Wertschöpfungsnetzwerk des Werkzeugbaus erfolgen.

Die *Praktische Intelligenz* bedeutet Handlungs- und Anpassungsfähigkeit der Produktionsplanungsprozesse. Dazu setzen intelligente Produktionsplanungsprozesse auf effiziente und strukturierte Planungsebenen, denen standardisierte Planungsaufgaben zugewiesen sind. Die Anpassungsfähigkeit wird über eine kontinuierliche Prozessüberwachung sowie Regelkreise zur Rückführung von Informationen sichergestellt. Eine grundlegende Voraussetzung stellen indes optimierte Fertigungssegmente dar, die sich flexibel, basierend auf den aktuellen Kapazitätsanforderungen, anpassen.

4.4 Methodik zur Auslegung intelligenter Produktionsplanungsprozesse

Auf Basis des grundlegenden Verständnisses von methodisch-wissenschaftlichem Arbeiten sowie des dargestellten Zielzustands wird die Methodik zur Auslegung intelligenter Produktionsplanungsprozesse im Werkzeugbau eingeführt. Dazu wird zunächst ein Ordnungsrahmen für die Methodik hergeleitet, da dieser sich in der wissenschaftlichen Forschung zur Strukturierung von Lösungen komplexer Fragestellungen etabliert hat.[625]

4.4.1 Herleitung eines Ordnungsrahmens für die Methodik

Ein Ordnungsrahmen bildet den Rahmen einer Methodik und setzt die jeweiligen Elemente der Methodik in eine sinnvolle Reihenfolge.[626] Bewusst wird zunächst ein hoher Abstraktionsgrad gewählt, um eine Übersicht der grundlegenden Zusammenhänge zu erhalten. Die Herleitung des Ordnungsrahmens basiert auf der Analyse struktureller Gemeinsamkeiten von relevanten Forschungsansätzen. Aufbauend erfolgt die Gestaltung und Beschreibung des Ordnungsrahmens für die Methodik zur Auslegung intelligenter Produktionsplanungsprozesse.

624 Siehe Kapitel 2.1.2.2 für eine Übersicht der allgemeinen Planungsebenen

625 Vgl. Meise (Ordnungsrahmen zur prozessorientierten Organisationsgestaltung), 2001, S. 59ff.

626 Vgl. Meise (Ordnungsrahmen zur prozessorientierten Organisationsgestaltung), 2001, S. 59ff.

4.4.1.1 Herleitung der Phasen der Methodik

Die in Kapitel 3.2.2 vorgestellten wissenschaftlichen Forschungsansätze zur Produktionsplanung beschreiben die idealisierte Gestaltung der Produktionsplanung und versäumen es, einen ganzheitlichen Leitfaden zu bilden. Zudem fehlt die Fokussierung auf die Prozessgestaltung zur Ableitung eines einheitlichen Vorgehens. Daher werden weitere Forschungsansätze mit dem Fokus auf der Gestaltung von allgemeinen (Geschäfts-)Prozessen zur Analyse und Ableitung einer einheitlichen Struktur betrachtet.[627, 628]

Die Analyse der Forschungsansätze zeigt aufschlussreich, dass eine klare Strukturierung der Prozessgestaltung in den drei Phasen *Analyse*, *Auslegung* und *Implementierung* vorliegt (siehe Abbildung 68). Diese Struktur soll adaptiert und auf die Produktionsplanung übertragen werden.

Neben der Auslegung von *Prozessen* müssen jedoch auch die befähigenden Bereiche *Organisation* und *Ressourcen* berücksichtigt werden (siehe Kapitel 4.3). In der Auslegungsphase bildet die Organisation den grundlegenden Rahmen, welcher bei der Prozessgestaltung sowie bei der operativen Durchführung von Planungsaufgaben eingehalten werden muss. Auf Basis des Verständnisses der Prozesse können abschließend die notwendigen Ressourcen ermittelt werden. In der Analyse- und der Implementierungsphase ist keine besondere Reihenfolge der drei Dimensionen erkennbar und wird daher im Ordnungsrahmen nicht gefordert (siehe Kapitel 4.4.1.2).

---

[627] Vgl. Kuhlmann (Geschäftsprozesse im industriellen Werkzeugbau), 2013, S. 73f.; Schuh (Change Management), 2006, S. 15; Wildemann (Optimierung von Prozessabläufen), 2005, S. 38; Hammer et al. (Business Reengineering), 2003, S. 48ff.; Davenport (Process Innovation), 1993, S. 25.

[628] Da die Forschungsansätze zur Prozessgestaltung nicht die Produktionsplanung fokussieren, wurden sie im Rahmen von Kapitel 3.2 nicht betrachtet.

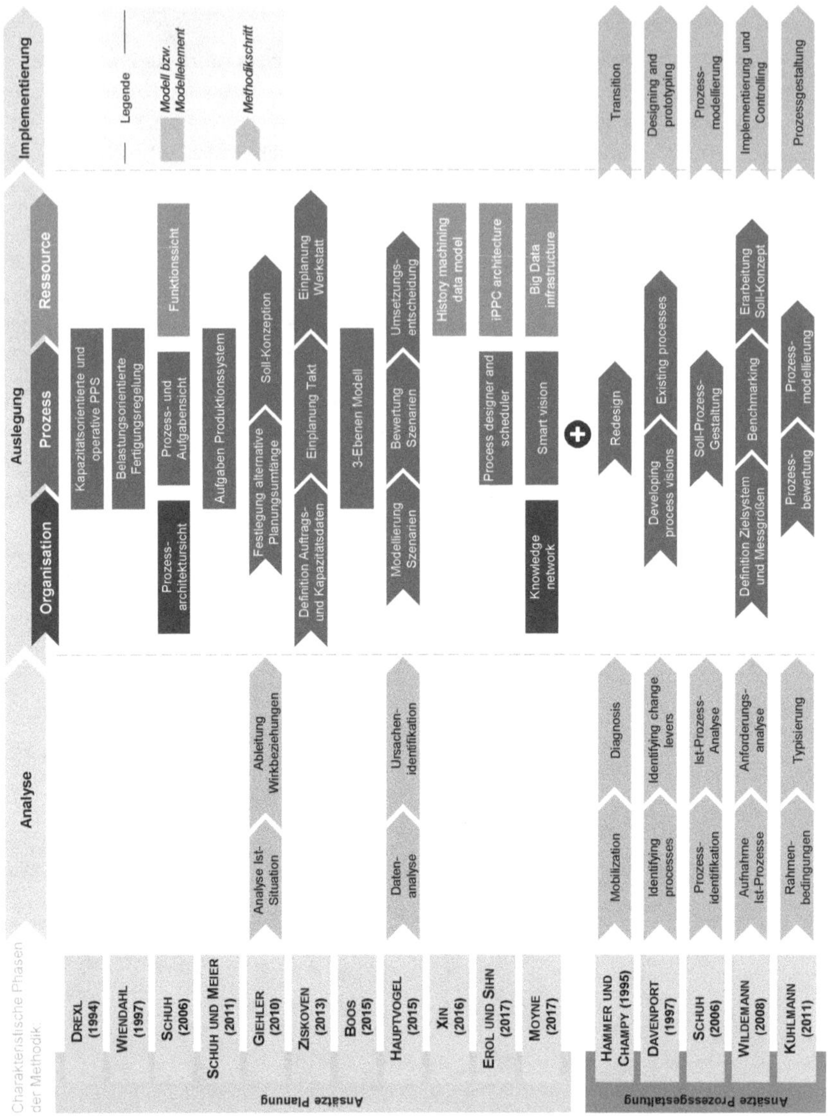

Abbildung 68: Übersicht der Phasen der Planungs- und Prozessgestaltung[629]

[629] Eigene Darstellung

4.4.1.2 Übersicht des Ordnungsrahmens

Der Ordnungsrahmen dieser Methodik setzt sich zusammen aus den hergeleiteten Phasen (siehe Kapitel 4.4.1.1), den Anforderungen (siehe Kapitel 3.1.2) und dem Zielzustand (siehe Kapitel 4.3). Die Phasen strukturieren die Methodik in eine sinnvolle und logische Abfolge, welcher sich die inhaltliche Erarbeitung und die jeweiligen Aufgaben unterordnen. Die Anforderungen stellen sowohl formale als auch inhaltliche Rahmenbedingungen für die Methodik auf. Der Zielzustand detailliert den Übertrag der Intelligenz auf die Produktionsplanungsprozesse und soll ergänzend als Orientierungshilfe bei der Erarbeitung und Durchführung der Methodik dienen. Aus den Anforderungen und dem Zielzustand lassen sich Aufgaben ableiten und den Phasen zuordnen. Abbildung 69 stellt den Ordnungsrahmen der Methodik zur Auslegung intelligenter Produktionsplanungsprozesse im Werkzeugbau dar und beschreibt die Aufgaben der Phasen.

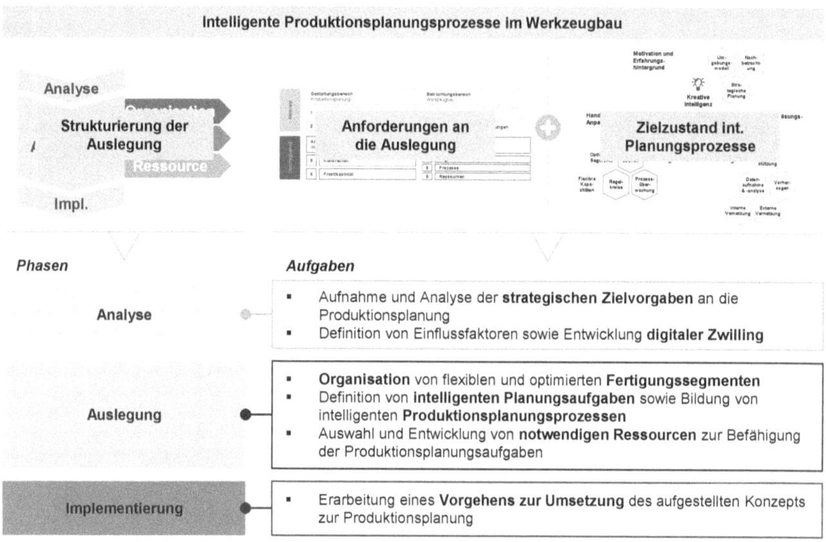

Abbildung 69: Ordnungsrahmen der Methodik[630]

Initial muss der Werkzeugbaubetrieb analysiert werden, um sowohl ein Grundverständnis über aktuelle Planungsprobleme und Produktionscharakteristika darzulegen, aber auch um strategische Zielvorgaben abzuleiten. Für die Produktionsplanung sind strategische Zielvorgaben relevant, welche sowohl bei der Auslegung als auch in der operativen Durchführung von Planungsaufgaben berücksichtigt werden müssen. Diese unterscheiden die Optimierung der Planung hinsichtlich charakteristischer Zielgrößen wie bspw. nach Kosten oder Zeit. Zur systematischen Beschreibung und Simulation der Produktion sowie des Einflusses der Produktionsplanung auf die Produktionsergebnisse muss zudem ein digitaler Zwilling erarbeitet werden.

630 Eigene Darstellung

Dieser beinhaltet alle relevanten Einflussfaktoren auf die Produktionsplanung und soll sowohl bei der Auslegung der Produktionsplanungsprozesse zum Einsatz kommen als auch bei der Durchführung der Produktionsplanung. Auf Basis der grundlegenden, strategischen Zielvorgaben und des digitalen Zwillings können die intelligenten Produktionsplanungsprozesse ausgelegt werden. Zunächst müssen auf die strategischen Zielvorgaben optimierte Fertigungssegmente entwickelt werden. Erst diese ermöglichen eine effiziente und robuste Produktionsplanung. Anschließend werden für jedes Fertigungssegment anforderungsgerechte, intelligente Produktionsplanungsprozesse ausgelegt. Die Erreichung einer intelligenten Aufgabenbearbeitung richtet sich nach der notwendigen Effizienz. Neben der Aufgaben- und Prozessgestaltung gilt es, die Planungsprozesse zwischen den Fertigungssegmenten und hinsichtlich weiterer Unternehmensprozesse zu synchronisieren. Um die intelligente Durchführung von Planungsaufgaben zu ermöglichen, werden unterstützende Planungsressourcen definiert bzw. entwickelt. Abschließend erfolgt die Implementierung der erarbeiteten Auslegungskonzepte.

Auf Grundlage des Ordnungsrahmens erfolgt die Gestaltung der Methodik zur Auslegung intelligenter Produktionsplanungsprozesse im Werkzeugbau. Es werden die drei Phasen mit den jeweiligen Methodikschritten beschrieben. Die Methodikschritte adressieren die formulierten Forschungsfragen und basieren inhaltlich auf den in Kapitel 2 vorgestellten Grundlagen sowie den in Kapitel 3 analysierten Ansätzen. Die Darstellungsform der Methodikschritte ist beispielhaft in Abbildung 70 gezeigt.

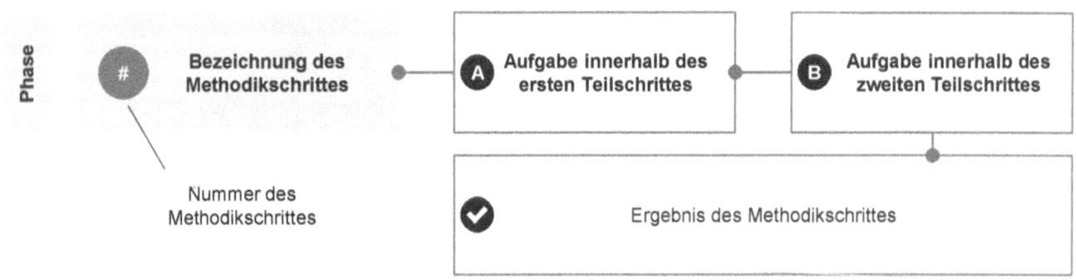

Abbildung 70: Beispielhafte Darstellung eines Methodikschrittes

4.4.2 Analysephase

Die erste Phase der Methodik, die *Analysephase*, schafft eine Grundlage zur Auslegung der Produktionsplanungsprozesse durch die Aufbereitung aller relevanten Informationen. Dabei gliedert sich die Phase in zwei Schritte. Im ersten Schritt wird der Ist-Zustand des Werkzeugbaubetriebs analysiert und es werden strategische Zielvorgaben abgeleitet. Anschließend wird im zweiten Schritt ein digitaler Zwilling erstellt, welcher ein digitales Abbild des Werkzeugbaubetriebs darstellt und die Einflussfaktoren auf die Produktionsplanung beinhaltet.

4.4.2.1 Schritt 1: Analyse und Definition strategischer Zielvorgaben

Das Ziel des ersten Schritts *Analyse und Definition strategischer Zielvorgaben* besteht in der Darlegung des Bedarfs zur Optimierung der Produktionsplanung. Zudem gilt es, die grundlegenden strategischen Rahmenbedingungen für die Auslegung intelligenter Produktionsplanungsprozesse zu definieren. Der Schritt unterteilt sich in der Durchführung in zwei Teilschritte mit jeweiligen Aufgaben (siehe Abbildung 71).

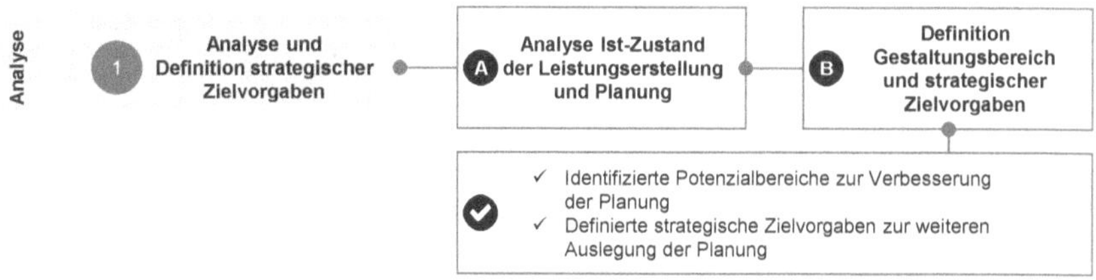

Abbildung 71: Schritt 1: Analyse und Definition strategische Zielvorgaben[631]

Der Teilschritt 1.A besteht aus der Aufnahme und detaillierten Analyse des Ist-Zustands der Leistungserstellung und der Planung. Dazu werden systematisch alle relevanten Prozesse, Dokumente und Systeme entlang der Auftragsabwicklung betrachtet und aktuelle Schwachstellen werden identifiziert. Zudem wird ein umfassendes Prozessverständnis erzeugt, welches erforderlich ist, um in weiteren Methodikschritten logisch korrekte Annahmen zu treffen.

Der Teilschritt 1.B beschreibt die Festlegung eines relevanten und wirtschaftlich sinnvollen Gestaltungsbereichs zur Durchführung der weiteren Methodikschritte innerhalb eines Unternehmens. Zudem werden strategische Zielvorgaben aus der Analyse abgeleitet. Diese bilden einen handlungsweisenden Rahmen für die Auslegung der intelligenten Planungsprozesse.

4.4.2.2 Schritt 2: Entwicklung digitaler Zwilling

Das Ziel des zweiten Schrittes *Entwicklung digitaler Zwilling* ist die Erstellung eines digitalen Zwillings des Werkzeugbaus, welcher alle planungsrelevanten Elemente beinhaltet und ein Hilfsmittel zur Planungsauslegung darstellt. Darüber hinaus dient der digitale Zwilling zur kontinuierlichen Dokumentation von Informationen und Wissen. Dadurch kann für die Durchführung und langfristige Weiterentwicklung der Produktionsplanung im Werkzeugbaubetrieb eingesetzt werden. Die erforderlichen Aufgaben zur Entwicklung des digitalen Zwillings teilen sich in zwei Teilschritte auf (siehe Abbildung 72).

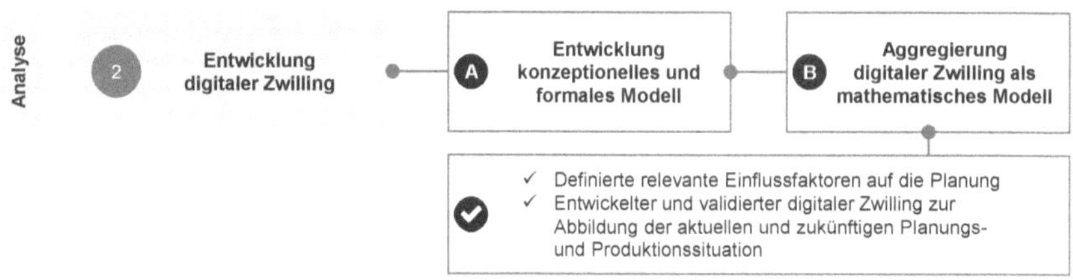

Abbildung 72: Schritt 2: Entwicklung digitaler Zwilling[632]

Der Teilschritt 2.A erläutert die Erstellung eines konzeptionellen und formalen Modells des Werkzeugbaubetriebs. Dazu wird eine Systemgrenze festgelegt und es werden alle relevanten

[631] Eigene Darstellung

[632] Eigene Darstellung

Elemente des Werkzeugbaubetriebs, wie bspw. Fertigungsressourcen, identifiziert und beschrieben. Aus einer Datensammlung werden anschließend relevante Einflussfaktoren auf die Produktionsplanung abgeleitet.

Der Teilschritt 2.B beschreibt die Aggregierung des vorher beschriebenen Modells sowie der programmiertechnischen Umsetzung zur Beschreibung der Abhängigkeiten der relevanten Einflussfaktoren. Zudem muss der digitale Zwilling auf die korrekte Abbildung der Realität sowie seine Simulationsfähigkeiten überprüft und bei Abweichungen angepasst werden.

4.4.3 Auslegungsphase

Die zweite Phase der Methodik ist die *Auslegungsphase*, in welcher basierend auf den aufbereiteten Informationen der ersten Phase intelligente Produktionsplanungsprozesse ausgelegt werden. Die Phase gliedert sich in drei sequenzielle Schritte.

4.4.3.1 Schritt 3: Entwicklung optimierter Fertigungssegmente

Das Ziel des dritten Schrittes *Entwicklung optimierter Fertigungssegmente* ist die Erarbeitung einer optimierten und effizienten organisatorischen Struktur für die Werkzeugherstellung. Denn für eine effiziente Produktion und die Gewährleistung einer ebenso effizienten und optimalen Produktionsplanung muss sichergestellt sein, dass ausreichend Fertigungsmittel vorhanden sind und Aufträgen zugeordnet werden können. Zudem stellt dieser Methodikschritt sicher, dass die komplexen Zielkonflikte der Produktionsplanung durch optimierte Fertigungssegmente gelöst werden. Dieser Methodikschritt adressiert den Auslegungsbereich Organisation, welcher einen übergeordneten Teil der Produktionsplanung in der Systembetrachtung bildet. Der Schritt ist in zwei Teilschritte mit jeweiligen Aufgaben unterteilt, die in Abbildung 73 dargestellt sind und nachstehend beschrieben werden.

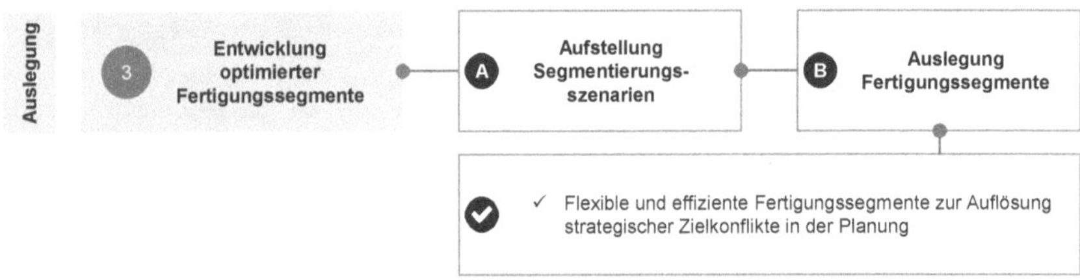

Abbildung 73: Schritt 3: Entwicklung optimierter Fertigungssegmente[633]

Der Teilschritt 3.A beinhaltet die Aufstellung von Segmentierungsszenarien zur Lösung des charakteristischen Zielkonflikts der Produktionsplanung. Dabei existiert eine Vielzahl an Möglichkeiten zur Aufteilung der Fertigungsressourcen hinsichtlich unterschiedlicher Zielgrößen. Diese werden systematisch auf Basis eines klassifizierten Ist-Angebots an Aufträgen erfasst und beschrieben.

633 Eigene Darstellung

Im Teilschritt 3.B werden die Segmente hinsichtlich der kapazitiven Anforderungen ausgelegt, um eine effiziente und auslastungsoptimierte Produktionsplanung zu ermöglichen. Dies bedeutet, dass den Segmentierungsszenarien Fertigungsressourcen zugeordnet werden, um die aktuellen und zukünftigen Bedarfe flexibel zu erfüllen. Die detaillierten Segmentierungsszenarien können abschließend hinsichtlich ihrer Eignung analysiert und bewertet werden. Auf dieser Bewertungsgrundlage wird schließlich ein Szenario ausgewählt.

4.4.3.2 Schritt 4: Auslegung intelligenter Planungsprozesse

Das Ziel des vierten Schrittes *Auslegung intelligenter Planungsprozesse* besteht in der Konzeptionierung der intelligenten und anforderungsgerechten Produktionsplanungsprozesse. Dabei sollen die charakteristischen Eigenschaften der intelligenten Produktionsplanung aufgegriffen werden (siehe Kapitel 4.3). Dieser Methodikschritt adressiert den Auslegungsbereich Prozesse, welcher den Kern der Produktionsplanung in der Systembetrachtung bildet und die eigentlichen intelligenten Planungsaufgaben beinhaltet. Der Schritt ist in zwei Teilschritte unterteilt, die in Abbildung 74 dargestellt sind und im Folgenden beschrieben werden.

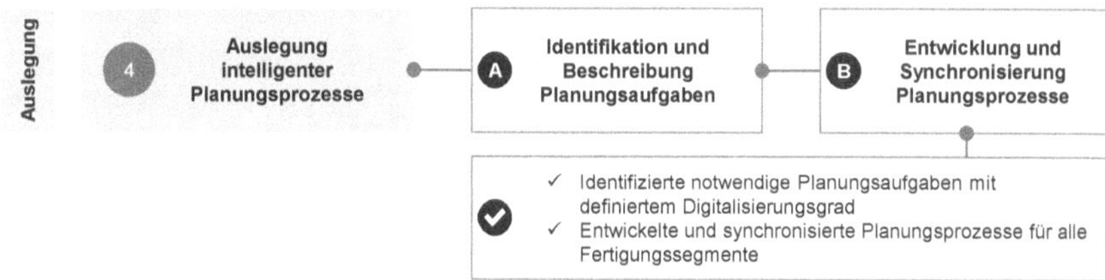

Abbildung 74: Schritt 4: Auslegung intelligenter Planungsprozesse[634]

Der Teilschritt 4.A besteht aus der Identifizierung von Planungsaufgaben sowie in der Grobstrukturierung der Planungsprozesse. Dazu werden bekannte und etablierte Planungsmodelle als Grundlage genommen und auf die intelligente Produktionsplanung im Werkzeugbau angepasst. Eine Grundvoraussetzung bilden zudem die in Schritt 1 definierten strategischen Zielvorgaben. Die identifizierten Planungsaufgaben werden auf Basis der Zielvorgaben hinsichtlich ihrer Planungstiefe und ihres Digitalisierungsgrads beschrieben.

Der Teilschritt 4.B beschreibt die Entwicklung von Planungsprozessen durch die Einbindung der Planungsaufgaben in Planungsebenen und in eine zeitliche Abfolge. Zudem werden Regelkreise zum Informationsaustausch definiert. Abschließend erfolgt die vertikale und horizontale Synchronisierung bspw. mit Auftragsabwicklungsprozessen und anderen Wertschöpfungspartnern. Dies ist erforderlich, um Effizienzverluste durch Schnittstellen zu minimieren.

4.4.3.3 Schritt 5: Definition unterstützender Planungsressourcen

Das Ziel des fünften Schrittes *Definition unterstützender Planungsressourcen* ist die Auswahl und Entwicklung digitaler Systeme zur Abbildung der intelligenten Planungsaufgaben und -prozesse. Dieser Methodikschritt adressiert den Auslegungsbereich Ressourcen, welcher auf

[634] Eigene Darstellung

den zuvor definierten intelligenten Planungsaufgaben und -prozessen aufbaut. Der Schritt ist in zwei Teilschritte unterteilt, die in Abbildung 75 dargestellt sind und im Folgenden beschrieben werden.

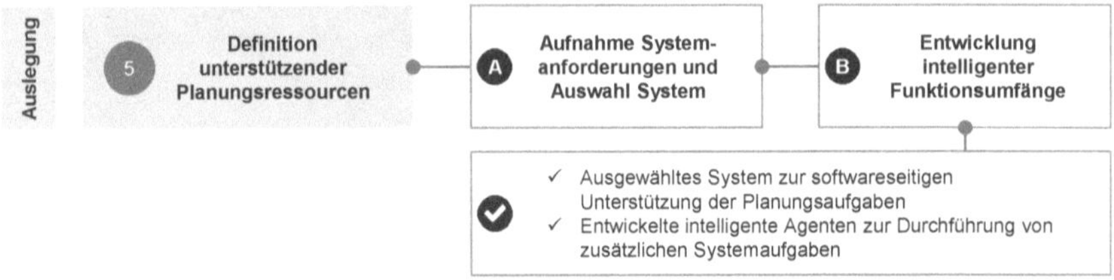

Abbildung 75: Schritt 5: Definition unterstützender Planungsressourcen[635]

Der Teilschritt 5.A beginnt mit der Aufnahme von unternehmensindividuellen Anforderungen unter der Berücksichtigung der zuvor ausgelegten intelligenten Planungsaufgaben und -prozesse. Auf dieser Basis erfolgt die Auswahl eines idealen und anforderungsgerechten Systems aus bestehenden und am Markt verfügbaren Softwaresystemen.

Der Teilschritt 5.B baut auf einem ausgewählten Softwaresystem auf. Werden spezifische Anforderungen die intelligente Planungsaufgaben und -prozesse von dem Softwaresystem nicht erfüllt, so muss dieses erweitert werden. Dazu werden funktionsspezifische, intelligente Agenten entwickelt und in das Softwaresystem integriert.

4.4.4 Implementierungsphase

Als abschließende Phase beschreibt die *Implementierungsphase* die Überführung der erarbeiteten Konzepte in die Unternehmenspraxis.

4.4.4.1 Schritt 6: Implementierung Auslegungskonzepte

Das Ziel des sechsten Schrittes *Implementierung Auslegungskonzepte* ist die ganzheitliche und nachhaltige Umsetzung der konzeptionierten Teillösungen der vorherigen Methodikschritte in einem Werkzeugbaubetrieb. Dazu wird ein integriertes Vorgehen in einem Teilschritt beschrieben (siehe Abbildung 76).

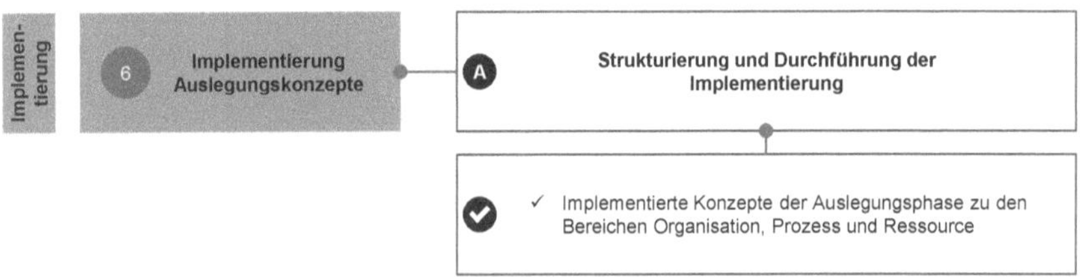

Abbildung 76: Schritt 6: Implementierung Auslegungskonzepte[636]

[635] Eigene Darstellung

[636] Eigene Darstellung

Die initiale Aufgabe der Implementierung besteht in der Strukturierung der Implementierung, da diese als Prozess nicht nur kurzfristig, sondern auch langfristig betrachtet werden muss. Dabei ist die Implementierung in der individuellen Betrachtung in die Auslegungsbereiche Organisation, Prozess und Ressource unterteilt. Diese Betrachtungsweise beinhaltet detaillierte Aufgaben. Begleitet werden die jeweiligen Aufgaben durch ein übergreifendes Change Management und Controlling.

4.5 Synthese und Zwischenfazit

Aus dem Ordnungsrahmen und den beschriebenen Methodikschritten ergibt sich in Abbildung 77 die gesamte Methodik zur Auslegung intelligenter Produktionsplanungsprozesse im Werkzeugbau. Die Methodik unterteilt sich in die drei Phasen *Analyse*, *Auslegung* und *Implementierung* und adressiert die aufgestellten Anforderungen und Teilforschungsfragen aus Kapitel 3, welche im Folgenden kurz aufgegriffen werden sollen.

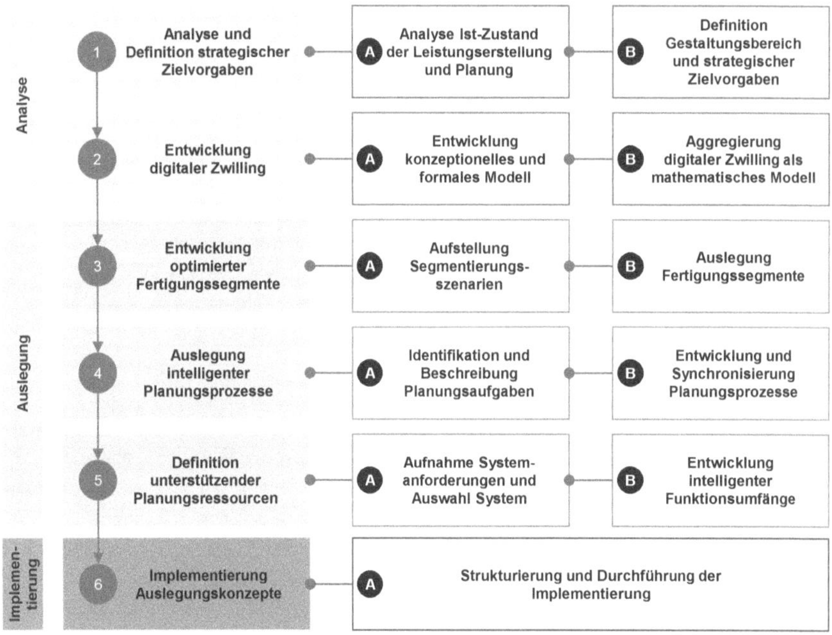

Abbildung 77: Übersicht der Methodik[637]

Die *Relevanz* wird durch die Fokussierung des Gestaltungs- und Betrachtungsbereichs sichergestellt. Die Erzeugung von *Intelligenz* bildet die grundlegende Lösungshypothese dieser Arbeit und wird auf einzelne Eigenschaften der Produktionsplanung übertragen. Die Methodik greift diese Eigenschaften durch verschiedene Methodikschritte und Aufgaben wieder auf. Ein

[637] Eigene Darstellung

zentrales Element bildet dabei der digitale Zwilling, welches im zweiten Methodikschritt erarbeitet wird. Damit wird die erste Teilforschungsfrage beantwortet (siehe Kapitel 3.4). Die *digitale Vernetzung* wird als unterstützende und notwendige technologische Eigenschaft in der Methodik integriert. Der *Werkzeugbau* ist der fokussierte Betrachtungsbereich der Methodik, welcher vor allem in der Ausgestaltung der Methodikschritte konkretisiert wird.

Die *Übertragbarkeit* der Methodik auf Anwendungsfälle aus der Praxis wird durch allgemeine und auslegungsspezifische Anforderungen erzeugt. Dabei wird die *Konkretheit* durch die strukturierte Beschreibung der Auslegung innerhalb der Methodik erreicht. Zudem wird durch die noch folgenden Fallbeispiele aus der Praxis in Kapitel 6 die Anforderungserfüllung zusätzlich bewiesen. Die *Praktikabilität* wird durch die Analysephase sichergestellt, in der reale und unternehmensspezifische Rahmenbedingungen erfasst werden. Die auslegungsbezogenen Anforderungen *Organisation*, *Prozess* und *Ressource* bestimmen charakteristisch die Auslegungsphase mit den Schritten 3, 4 und 5. Darüber hinaus werden die drei auslegungsbezogenen Anforderungen inhaltlich in der Implementierung aufgegriffen.

Die aufgestellten Anforderungen werden durch die Methodik erfüllt und es können die Teilforschungsfragen aus Kapitel 3.4 beantwortet werden.

Teilforschungsfrage

Welche Eigenschaften haben intelligente Produktionsplanungsprozesse und welche Lösungselemente existieren?

Der definierte Zielzustand in Kapitel 4.3 beschreibt Eigenschaften und Lösungselemente intelligenter Produktionsplanungsprozesse im Werkzeugbau. Diese werden inhaltlich im Ordnungsrahmen der Methodik berücksichtigt und fließen in alle Methodikschritte ein.

Teilforschungsfrage

Wie kann die Organisation im Werkzeugbau ausgelegt werden, um intelligente Produktionsplanungsprozesse zu befähigen?

Die notwendige Organisation muss in Form von Fertigungssegmenten flexibel sowie kapazitiv auf die Anforderungen der Praxis angepasst und aufgeteilt sein. Dazu müssen sowohl qualitative als auch quantitative Anforderungen ermittelt werden. Aus einer sich ergebenden Vielzahl an Möglichkeiten zur Segmentierung muss die optimale Aufteilung bestimmt werden. Dazu müssen auch strategische Elemente über Zielvorgaben berücksichtigt werden.

Teilforschungsfrage

Wie können intelligente Produktionsplanungsprozesse im Werkzeugbau praxisnah gestaltet und beschrieben werden?

Auf Basis einer optimalen Fertigungssegmentierung müssen nur die Planungsaufgaben ermittelt werden, die zur Verbesserung der segmentspezifischen Zielsetzungen notwendig sind. Diese müssen zudem in ihrer Ausprägung hinsichtlich ihres Grads an Digitalisierung beschrieben werden. Zudem müssen die einzelnen Aufgaben zu Prozessen verknüpft werden und mit weiteren unternehmensinternen oder auch externen Prozessen synchronisiert werden.

Teilforschungsfrage

Wie lassen sich unterstützende digitale Ressourcen für intelligente Produktionsplanungsprozesse im Werkzeugbau identifizieren?

Zur Befähigung intelligenter Produktionsplanungsprozesse werden fortgeschrittene IT-Systeme vorausgesetzt. Dazu bedarf es einer unternehmensindividuellen Auswahl eines Planungssystems. Neben der Aufnahme von Unternehmenscharakteristika müssen diese auch systematisch mit einem verfügbaren Angebot an Systemen abgeglichen werden. Da jedoch einige Funktionalitäten noch nicht ganzheitlich in aktuellen Systemen angeboten sind, müssen weitergehende Funktionen zur Datenanalyse mittels intelligenter Agenten umgesetzt werden und in ein Gesamtsystem eingebunden werden.

Die Beschreibung der Methodik sowie die Beantwortung der Teilforschungsfragen erlaubt zudem das Aufstellen von Abbildung 78. Diese kann als eine Detaillierung des Zielzustands verstanden werden und soll eine Art abstrahiertes Zielbild für Werkzeugbaubetriebe darstellen.[638] In diesem finden sich die genannten Lösungselemente intelligenter Produktionsplanungsprozesse in Verbindung mit den Auslegungsbereichen der Methodik.

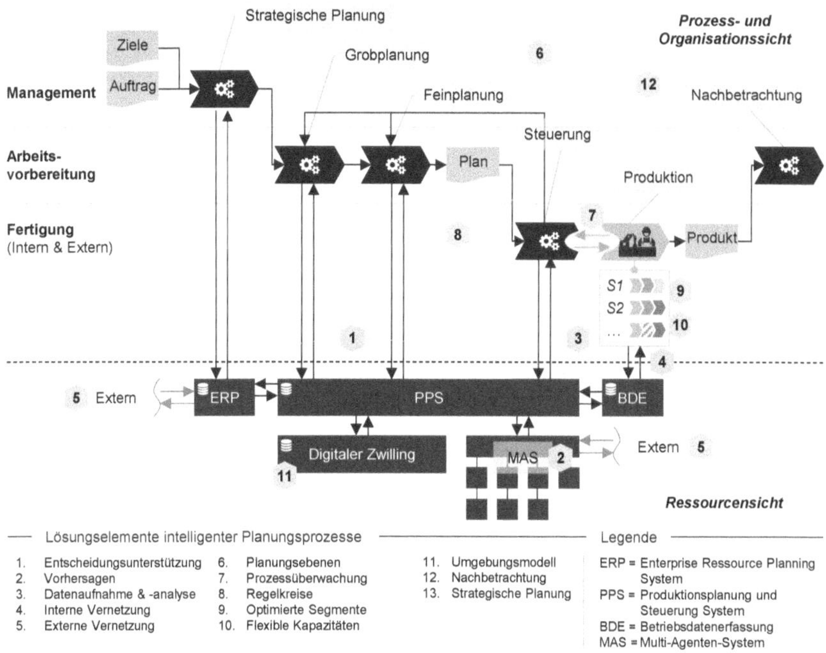

Abbildung 78: Beispielhaftes Ergebnis der Methodik[639]

[638] Die unternehmensindividuelle Ausführung der Methodikschritte kann zu Abweichungen führen. Das hier gezeigte Beispiel eines Zielbilds soll ein idealisiertes und typisches Abbild darstellen.

[639] Eigene Darstellung

5 Detaillierung der Methodik

Nachdem im vierten Kapitel die Methodik zur Auslegung intelligenter Produktionsplanungsprozesse im Werkzeugbau konzipiert wurde, sollen im fünften Kapitel die drei Phasen der Methodik sowie die jeweiligen Methodikschritte detailliert werden. Zu jedem Methodikschritt werden einleitend theoretische Grundlagen vorgestellt, die zum ganzheitlichen Verständnis der Beschreibungen der Methodikschritte erforderlich sind. Zum Abschluss des Kapitels erfolgt die Integration aller Schritte zu einer ganzheitlichen Methodik.

5.1 Analysephase

Die Methodik zur Auslegung intelligenter Planungsprozesse im Werkzeugbau beginnt mit der Analysephase. In dieser werden der bestehende Ist-Zustand zur Leistungserbringung sowie der Planung (Schritt 1) aber auch die Entwicklung eines digitalen Zwillings betrachtet (Schritt 2). Dadurch wird ein ganzheitliches Verständnis der vorhandenen Betriebsmittel, Auftragsarten, Einflussfaktoren und Rahmenbedingungen erzeugt, welches zur Auslegung benötigt wird.

5.1.1 Schritt 1: Analyse und Definition strategischer Zielvorgaben

Der erste Schritt der Methodik zur Auslegung intelligenter Planungsprozesse im Werkzeugbau fokussiert die Aufnahme und Analyse der Ist-Situation in einem Werkzeugbaubetrieb, auf dessen Grundlage der Gestaltungsbereich sowie strategische Zielvorgaben ermittelt werden können. Dazu gliedert sich der erste Schritt in zwei sequenzielle Teilschritte. Zunächst wird der Ist-Zustand der Leistungserstellung und der Planung aufgenommen (Teilschritt 1.A). Anschließend erfolgen die Definition des Gestaltungsbereichs und des Zielsystems für die spätere Auslegung der Produktionsplanungsprozesse (Teilschritt 1.B). Nachfolgend werden zunächst relevante Grundlagen vermittelt und anschließend das Vorgehen zur Durchführung des ersten Schrittes und das erzielte Ergebnis dargestellt.

5.1.1.1 Schritt 1: Grundlagen

Zur Durchführung der Analyse eines Werkzeugbaubetriebs sowie zur Potenzialermittlung für Verbesserungen und zur Entwicklung von Zielsystemen haben sich in der Praxis verschiedene Methoden bewährt, die im Folgenden vorgestellt werden. Dabei handelt es sich um das *Benchmarking*, zur Ermittlung von Ist- und Vergleichswerten in diversen Kennzahlen, die Prozessmodellierungssprache *aixperanto*, zur Beschreibung von Prozessen, sowie das *Ursache-Wirkungs-Diagramm*, zur Beschreibung von Wirkzusammenhängen.

Wettbewerbsanalyse mit einem Benchmarking

Für die Analyse von Unternehmen können absolute und relative Kennzahlen in zahlreichen Bewertungsdimensionen wie Kosten und Zeit gebildet werden. Nach KUHLMANN eignet sich die isolierte Betrachtung einzelner Kennzahlenwerte jedoch nicht für eine effektive Prozessbewertung, da oftmals kein absoluter Wert für die Güte des Prozesses angegeben werden kann.[640] Daher ist die Bewertung in Form eines Benchmarkings vorzuziehen. Unter einem Benchmarking wird der Vergleich von Herstellungsprozessen, Managementpraktiken und Produkten bzw. Dienstleistungen verstanden, mit dem Ziel, Leistungsdefizite zu demonstrieren. Der Ursprung des Begriffes liegt im englischen – „to benchmark" und wird mit „Maßstäbe setzen" übersetzt.[641] Der Vergleich von Unternehmen oder Unternehmensbereichen kann durch ein internes bzw. externes Benchmarking durchgeführt werden (siehe Abbildung 79). Für die kleingliedrige Branche Werkzeugbau ist vor allem der externe Vergleich relevant, um so die eigene Position im Wettbewerbsumfeld zu ermitteln (wettbewerbsorientiertes Benchmarking).

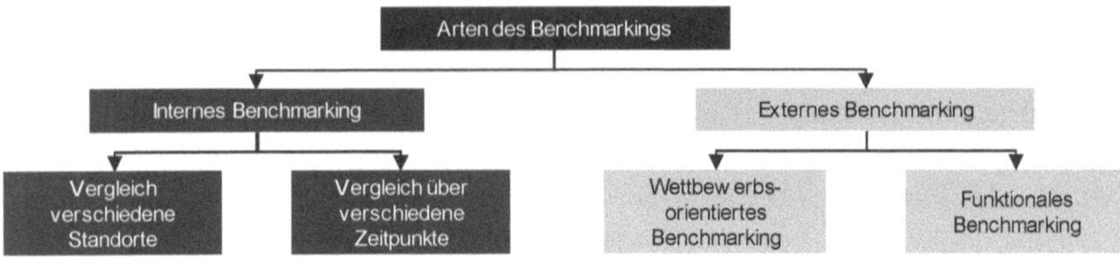

Abbildung 79: Arten des Benchmarkings[642]

Prozessmodellierung mit aixperanto

Der Hintergrund einer gestaltungsunterstützenden Modellierung ist die Neu- bzw. Umgestaltung von Ist-Geschäftsprozessen. Hierbei werden jedoch nur diejenigen Aspekte mit in das Modell eingebracht, welche für die anschließende Gestaltung eine Relevanz besitzen. Eine wichtige Prozessmodellierungssprache ist aixperanto, die am Werkzeugmaschinenlabor WZL der RWTH Aachen zur elektronischen Prozessvisualisierung entwickelt wurde.[643] Mit der Hilfe von aixperanto ist es möglich, Prozesslandschaften auf verschiedenen Agglomerationsebenen zu erfassen und wesentliche Prozesscharakteristika zu analysieren. Durch die beinhaltete Schwimmbahndarstellung ist es möglich, Prozesse übersichtlich abzubilden und somit Zusammenhänge und Schnittstellen zwischen einzelnen Prozessen aufzuweisen.

Die wichtigsten Komponenten von aixperanto stellen die einzelnen Prozesskarten und der Prozessplan dar, wobei letzterer aus Prozesskarten und weiteren Darstellungselementen besteht. Zunächst werden alle substanziellen Merkmalle eines Prozessschrittes auf einer individuell konfigurierbaren Prozesskarte eingetragen, sodass Prozessinput und -output sowie verschiedene zuvor festgelegte Prozessspezifika erfasst werden können. Gleichzeitig ist somit die Bewertung des Prozessschrittes hinsichtlich Wertschöpfungs- und Standardisierungsgrad möglich. Die verschiedenen Prozessschritte werden durch den Nutzer anhand einer Ampellogik intuitiv eingeordnet. So können Wertschöpfungsbeiträge bzw. Standardisierungsgrade, mittels der Farben rot, grün und gelb, in „gute" und „schlechte" Prozesse eingeteilt werden.

640 Vgl. Kuhlmann (Geschäftsprozesse im industriellen Werkzeugbau), 2013, S. 108ff.

641 Vgl. Duden (Stichwort „Benchmarking"), 2021.

642 I. A. a. Camp (Benchmarking), 1994, S. 77.

643 Vgl. Hensen (Auslegung industrieller Werkzeugbaubetriebe), 2017, S. 175f.

Ein Prozessplan beinhaltet die Prozesskarten, welche in Schwimmbahnen, die die am Prozess beteiligten Abteilungen im Unternehmen kennzeichnen, eingeteilt werden. Gleichzeitig ist die Abbildung von Pufferbeständen, Medienbrüchen, also Schnittstellen bspw. zwischen Excel und ERP-basierten Anwendungen, möglich. Probleme bzw. Verbesserungsvorschläge auf dem Prozessplan werden am Ort der erkannten Schwachstelle markiert.

Erarbeitung von Wirkzusammenhängen mit Ursache-Wirkungs-Diagramm

Die Aufarbeitung von Wirkzusammenhängen und zur Ermittlung von Ursachen kann mithilfe des in Abbildung 80 gezeigten Ursache-Wirkungs-Diagramm nach ISHIKAWA erfolgen.[644] Dabei hilft das Ursachen-Wirkungs-Diagramm, um Ursachen, die das Auftreten eines konkreten Problems verursachen, eindeutig voneinander abzugrenzen.[645] Als Ursachen werden Störfaktoren bezeichnet, die eine Abweichung von der gewünschten Situation hervorrufen. Diese Ursachen können in Rubriken eingeteilt und in übergeordnete Kategorien zusammengefasst werden. Rubriken müssen fachspezifisch und problemspezifisch definiert sein und sind bspw. Umwelteinflüsse, Kunden, Mitarbeiter, Qualitätsanforderungen, Fertigungsanlagen, Try-out-Pressen, Normteile und Baugruppen. Das Zusammenspiel verschiedener Ursachen führt schließlich zum Auftreten des Problems. Anhand des zuvor genannten Verfahrens können alle relevanten Ursachen der Problematik identifiziert und verifizierbar dargestellt werden.

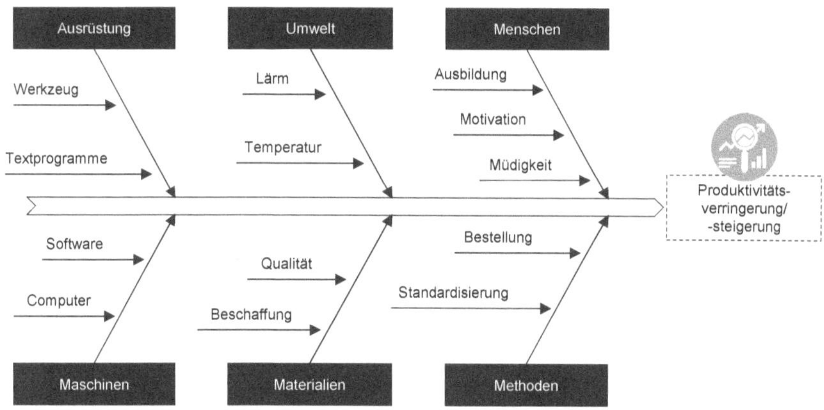

Abbildung 80: Darstellung eines Ursache-Wirkungs-Diagramms[646]

Mit dem Verständnis der vorgestellten Grundlagen wird im Folgenden der erste Schritt der Methodik zur Festlegung des Gestaltungsbereichs und Definition von strategischen Zielvorgaben detailliert vorgestellt.

644 Vgl. Saeger (Ishikawa Diagramm), 2015, S. 5; Joiner Associates (Cause and Effect Diagrams:), 1995, S. 8.

645 Vgl. Wildemann (Prozessmanagement), 2001, S. 119f.

646 Vgl. Wildemann (Prozessmanagement), 2001, S. 120; Toutenburg; Knöfel (Six Sigma), 2009, S. 135.

5.1.1.2 Schritt 1.A: Analyse Ist-Zustand der Leistungserstellung und Planung

Im ersten Teilschritt des Methodikschrittes zur Festlegung des Gestaltungsbereichs und der Definition strategischer Zielvorgaben soll die inhaltliche Basis für die gesamte Auslegung der Produktionsplanungsprozesse geschaffen werden. Diese besteht in dem grundlegenden Verständnis der Ist-Situation der Produktionsplanung im Werkzeugbaubetrieb (1), der Wettbewerbssituation im Kontext der Leistungserbringung (2) sowie der tatsächlichen Kundenanforderungen (3). Ziel ist es, diese drei inhaltlichen Sichtweisen der Leistungserbringung (1, 2, 3) zu beschreiben und anschließend zu bewerten. Auf dieser Grundlage können schließlich Unternehmensbereiche mit Potenzialen zur Optimierung abgeleitet werden und Rahmenbedingungen für die Auslegung definiert werden. Im Folgenden werden daher relevante Kennzahlen zur Beschreibung sowie Methoden zur Aufnahme der Kennzahlen vorgestellt. Neben der kennzahlenbasierten Beschreibung der drei Betrachtungsbereiche (1, 2, 3) gilt es, den bestehenden Planungsprozess aufzunehmen und hinsichtlich Potenzialen zu analysieren. Dieses Vorgehen wird anschließend ebenfalls vorgestellt.

Als Grundlage zur Beschreibung der drei Betrachtungsbereiche (1, 2, 3) dienen ausgewählte Kennzahlen. Die Kennzahlen bilden Indikatoren für die Bewertung der Leistungserstellung mit Fokus auf der Produktionsplanung. Da es eine hohe Anzahl an unterschiedlichen Kennzahlen gibt, die sich zur Bewertung von Produktionsbetrieben eignen, ist es erforderlich, sich auf jene zu beschränken, die Rückschlüsse auf die Produktionsplanung zulassen. Ein Auszug der relevantesten Kennzahlen wird nachfolgend gegeben.

Die Kennzahlen orientieren sich an bekannten Modellen für Zielsysteme, aus denen praxisrelevante und anerkannte Kennzahlen extrahiert werden können. Nach GULDEN bestehen vor allem drei Kategorien von Kennzahlen zur Beschreibung der Leistungsfähigkeit einer Produktion: ***Effizienz***, ***Schnelligkeit*** und ***Zuverlässigkeit***.[647] KOMOREK hat ebenfalls Kennzahlen zur Beschreibung der Leistungserstellung mit fokussierter Betrachtung von Werkzeugbaubetrieben aufgestellt. Die Kategorien bauen inhaltlich auf den Kategorien von GULDEN auf, werden aber nach seinem Ansatz hinsichtlich der ***Komplexitätsbeherrschung*** und der ***Mitarbeiterentwicklung*** erweitert.[648] Darüber hinaus gibt es weitere Ansätze zur Beschreibung der Leistungsfähigkeit einzelner Bereiche im Kontext Werkzeugbau, die an dieser Stelle vernachlässigt werden können, da sie sich nicht auf die Produktionsplanung beziehen.[649]

Im Rahmen dieser Arbeit ergeben sich zur Betrachtung der Leistungserbringung mit Fokus auf der Bewertung der Produktionsplanung folgende Dimensionen: ***Planungsgenauigkeit***, ***Fertigungseffizienz***, ***Fertigungsqualität*** und ***Kosteneffizienz***. Abbildung 81 stellt das Zielsystem übersichtlich dar und beschreibt zudem mithilfe der farblichen Kennzeichnung die Übertragung

[647] Vgl. Gulden (Wertorientierte Gestaltung kundenindividueller Kleinserienproduktion), 2009, S. 35.

[648] Vgl. Komorek (Kollaborative Wertschöpfung), 2014, S. 47.

[649] Beispielsweise beschreibt KUHLMANN ebenfalls abgeleitet aus den vorgestellten Kategorien ein Beschreibungssystem der Leistungserstellung konkret für die Werkzeugversorgung. Dieses bietet jedoch keine Überschneidung zur Produktionsplanung, sodass es hier nicht weiter betrachtet wird. Vgl. Kuhlmann (Corporate Tooling), 2017, S. 154f.

der Ansätze von GULDEN und KOMOREK. Nachstehend werden die einzelnen Kennzahlen zudem näher beschrieben.

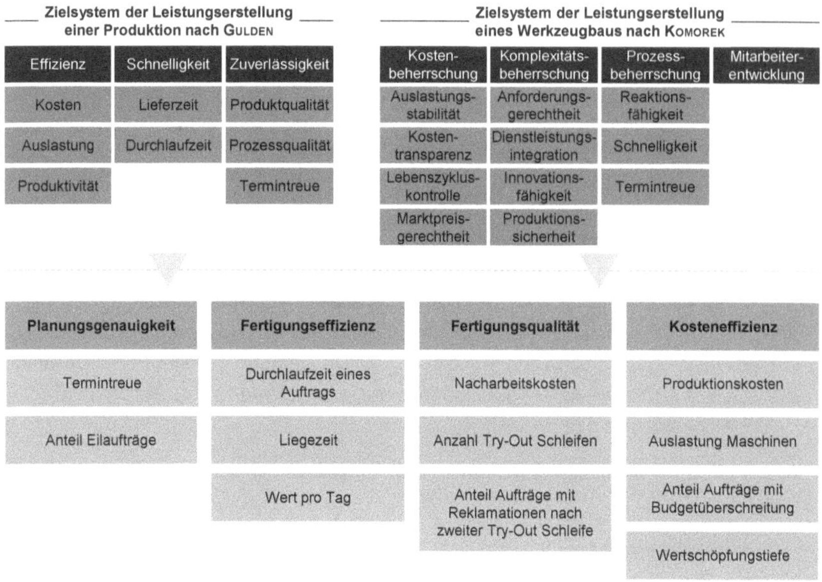

Abbildung 81: Auswahl an relevanten Kennzahlen zur Bewertung der Planung im Werkzeugbau[650]

Die *Planungsgenauigkeit* beschreibt als Dimension solche Kennzahlen, die einen direkten Rückschluss auf die Durchführung der Planung zulassen.

- **Termintreue**: Die Termintreue bezeichnet als Kennzahl die Einhaltung geplanter Liefertermine von Aufträgen.
- **Anteil Eilaufträge:** Der Anteil Eilaufträge stellt einen Indikator für die Planungsqualität dar. Unter einem Eilauftrag werden solche Aufträge verstanden, bei denen die Planung angepasst werden muss.

Die Dimension *Fertigungseffizienz* dokumentiert die Durchführung von Wertschöpfungsprozessen innerhalb des Werkzeugbaus.

- **Durchlaufzeit eines Auftrags:** Die Durchlaufzeit eines Auftrags ist die zeitliche Dauer eines Auftrags von Beginn der Auftragserfassung bis hin zur erfolgreichen Rückmeldung.
- **Liegezeit:** Die Liegezeit beschreibt den zeitlichen Verzug innerhalb der Durchlaufzeit, in denen keine Wertschöpfung erfolgt ist.

[650] Eigene Darstellung; Vgl. Komorek (Kollaborative Wertschöpfung), 2014, S. 47; Gulden (Wertorientierte Gestaltung kundenindividueller Kleinserienproduktion), 2009, S. 35.

- **Wert pro Tag:** Der Wert pro Tag stellt einen Indikator für die Effizienz der Wertschöpfung dar. Dabei wird berechnet, wie hoch die Kosten eines Auftrags sind und anschließend wird dieser Wert durch die Durchlaufzeit geteilt. Wenn es von besonderer Relevanz ist, kann zudem noch die Wertschöpfungstiefe in der Berechnung der Kosten berücksichtigt werden.

Die Dimension *Fertigungsqualität* analysiert die Qualität des hergestellten Werkzeugs.

- **Nacharbeitskosten:** Die Nacharbeitskosten bezeichnen Kosten, die durch die Korrektur von Qualitätsmängeln wie Toleranzabweichungen entstehen. Diese können ein Indikator für jene Fehler sein, die aufgrund von Zeitdruck entstehen.
- **Anzahl Try-out Schleifen:** Die Anzahl Try-out Schleifen bezeichnet die Häufigkeit der Durchführung von Korrekturschleifen zur Reifmachung eines Werkzeugs.
- **Anteil Aufträge mit Reklamationen nach zweiter Try-out Schleife:** Der Anteil Aufträge mit Reklamationen nach zweiter Try-out Schleife bezeichnet die prozentuale Beschreibung von fehlerhaften Werkzeugen in Neuaufträgen gegenüber der Gesamtanzahl von Aufträgen. Im Try-out werden Werkzeuge getestet und es werden notwendige Korrekturen abgeleitet.

In der Dimension *Kosteneffizienz* werden die Aufträge hinsichtlich der entstandenen Aufwände bewertet.

- **Produktionskosten:** Die Produktionskosten sind alle Kosten, die für die Herstellung von Werkzeugen und Dienstleistungen anfallen. Dabei werden sowohl direkte als auch indirekte Kosten berücksichtigt.
- **Auslastung Maschinen:** Mit dieser Kennzahl wird die durchschnittliche zeitlich-kapazitive Nutzung der Produktionsmaschinen in Relation zur Gesamtverfügbarkeit der Produktionsmaschinen beschrieben.
- **Anteil Aufträge mit Budgetüberschreitung:** Hierbei wird der Anteil an Aufträgen gebildet, in denen höhere Kosten angefallen sind als geplant.
- **Wertschöpfungstiefe:** Die Wertschöpfungstiefe bezeichnet den Anteil der selbstgeleisteten Aufwände an einem Auftrag.

Aus den vorgestellten, relevanten Kennzahlen zur Beschreibung des Status quo der Leistungserbringung und der Planung ergibt sich eine Übersicht, die es auszufüllen gilt. Hierbei finden sich die eingangs beschriebenen drei Bereiche zur Beschreibung wieder (1, 2, 3). Als nächstes gilt es, die Kennzahlen vollumfänglich zu erfassen und zu bewerten. Dafür können verschiedene Methoden eingesetzt werden. In Abbildung 82 wird die Zuteilung der Methoden zur Erfassung der einzelnen Kennzahlen deutlich.

	Zielgröße	Ist-Zustand (1)	Wettbewerb (2)	Kundenanforderungen (3)
Planungsgenauigkeit	Termintreue	78 %	82 %	95 %
	Anteil Eilaufträge	12 %	4 %	-
Fertigungseffizienz	Durchlaufzeit	6 Wochen	6 Wochen	6 Wochen
	Liegezeit	1,5 Wochen	0,8 Wochen	-
	Wert pro Tag	855 €/Tag	915 €/Tag	-
Fertigungsqualität	Nacharbeitskosten	2.435 €	2.135 €	0 €
	Try-out Schleifen	2	2	1
	Reklamationen	12	8	0
Kosteneffizienz	Produktionskosten	30.000 €	27.000 €	23.000 €
	Auslastung	45 %	75 %	-
	Budgetüberschreitung	15 %	10 %	0 %
	Wertschöpfungstiefe	86 %	65 %	-
		↑ Auftragsdatenanalyse	↑ Benchmarking	↑ Kundenanalyse

Abbildung 82: Systematik zur Beschreibung des Status quo[651]

Die Methode Auftragsdatenanalyse eignet sich zur Erfassung des Ist-Zustands der Produktionsplanung im Werkzeugbau, indem die Ergebnisqualität der Leistungserbringung evaluiert wird. Zur Erfassung des Wettbewerbs eignet sich ein Benchmarking mit Fokus auf relevante Kennzahlen. Die Kundenanforderungen kann über verschiedene Methoden aufgenommen und beschrieben werden. Die drei übergeordneten Methoden zur Aufnahme des Status quo werden nachfolgend beschrieben.

Durchführung einer Auftragsdatenanalyse

Die Analyse der Auftragsdaten eines Werkzeugbaubetriebs hat zum Ziel, den eigenen Ist-Zustand zu erfassen. Dafür werden exemplarische Aufträge ausgewertet, die den Werkzeugbaubetrieb realistisch beschreiben und wiederkehrend sind. Dies können einzelne Aufträge sein, die als charakteristisch für den Werkzeugbaubetrieb gelten, oder auch ausgewählte Zeiträume, bspw. ein gesamtes Geschäftsjahr mit sämtlichen Aufträgen.

Die Aufträge sollten in verschiedenen Kategorien beschrieben sein. Geeignete Beschreibungskategorien stellen vor allem die *Produktzuordnung*, *Zeiten*, *Kosten* und *Qualität* dar. Die *Produktzuordnung* beinhaltet produktspezifische Informationen eines Auftrags, bspw. die direkte Beschreibung eines Produkts oder die Zuordnung in eine Produktkategorie. In der Kategorie *Zeiten* werden alle Informationen zusammengefasst, die einen Auftrag hinsichtlich der

[651] Eigene Darstellung

gesamten Durchlaufzeit zeitlich beschreiben und in die Durchlaufzeiten einzelner Bearbeitungsstationen unterteilen. Unter *Kosten* sind die Gesamtkosten sowie die Kosten einzelner Bearbeitungsstationen gegeben. Die Kategorie *Qualität* beschreibt die Güte des Erzeugnisses hinsichtlich eingangs definierter Merkmale wie bspw. Toleranzabweichungen, aber auch Nacharbeitsaufträgen und Try-out Schleifen. Ein Beispiel einer solchen Auftragsdatenanalyse ist in Abbildung 83 gegeben.

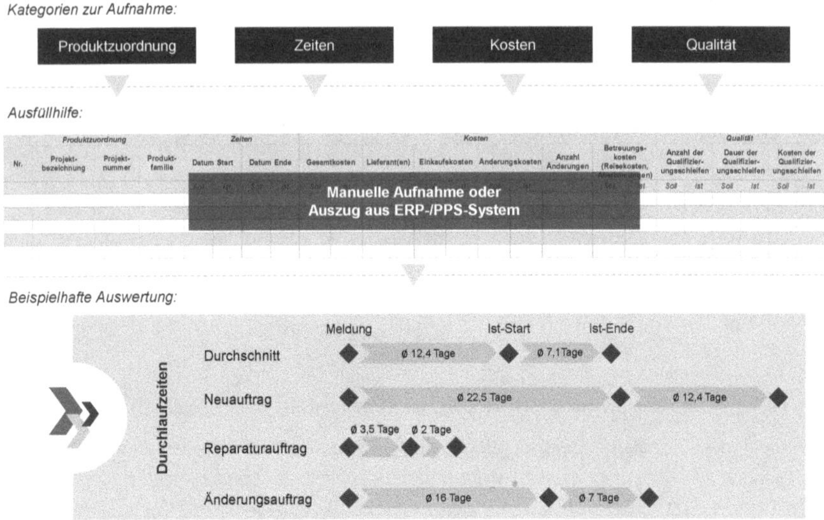

Abbildung 83: Beispielhaftes Ergebnis einer Auftragsdatenanalyse[652]

Die notwendigen Daten zur Beschreibung der Aufträge in den genannten Kategorien sind in der Praxis üblicherweise im ERP-System und teilweise in zusätzlichen Systemen wie dem MES vorhanden. Die Aufnahme der Daten ist daher bereits geschehen, sodass lediglich die Ausleitung der Daten gemäß den Kategorien erfolgen muss. Sind die Daten noch nicht erhoben, so können manuell repräsentative Aufträge ausgewählt und mithilfe eines Tabellenkalkulationsprogramms während der Auftragsdurchführung aufgenommen werden. Nach der Datenausleitung bzw. -aufnahme erfolgt die Auswertung hinsichtlich der definierten Kennzahlen. Aus der Auftragsdatenanalyse kann eine Vielzahl von Kennzahlen und Erkenntnissen gewonnen werden. Für den vorliegenden Fall genügen Aussagen und Ergebnisse zu den in Abbildung 82 beschriebenen Dimensionen.

Durchführung eines Benchmarkings

Um die Wettbewerbssituation aufzunehmen und zu verstehen, muss ein externes wettbewerbsorientiertes Benchmarking durchgeführt werden. Dies bedeutet, dass für Kennzahlen

[652] Eigene Darstellung auf Basis eines durchgeführten Industrieprojekts

der Dimensionen Planungsgenauigkeit, Fertigungseffizienz, Fertigungsqualität und Kosteneffizienz Vergleichswerte von anderen Unternehmen erhoben werden müssen. Neben den Kennzahlen der vier Dimensionen müssen ggf. noch Hilfskennzahlen bestimmt werden, bspw. die Gesamtsummen von Kosten. Dazu bietet es sich an, einen Fragenkatalog zu bestimmen, welcher als Grundlage für die Aufnahme der Daten gilt, aus denen die Kennzahlen gebildet werden können. Sinnvoll ist es, mehrere Unternehmen zu einer Vergleichsgruppe zusammenzustellen, um einen ganzheitlicheren Vergleich zu erhalten. Eine geeignete Vergleichsgruppe fokussiert relevante Wettbewerber, Unternehmen mit vergleichbaren Prozessstrukturen oder den gleichen Fertigungsmitteln. Anschließend müssen die Daten und Informationen zu den Wettbewerbern des Werkzeugbaubetriebs ermittelt werden. Zur Gewinnung von Daten und Informationen können öffentliche oder auch käuflich erwerbbare Daten als Quelle für Märkte und Werkzeugbaubetriebe dienen. Diese stammen bspw. aus Datenbanken von Verbänden oder Forschungsinstituten. Für einen weiteren Eindruck hat es sich als vorteilhaft erwiesen, Gespräche mit nationalen sowie internationalen Experten der Branche Werkzeugbau zu führen. Ergänzend sind die Auskünfte von regionalen bzw. kommunalen Wirtschafts- und Handelsvertretungen sowie der Zulieferindustrie für eine konkretere Datenbeschaffung sinnvoll. Vor allem die Zulieferdienste haben häufig bereits Verbindungen zu relevanten Unternehmen im Heimatmarkt, aber auch bedeutsames Wissen im Bereich der Vertriebsstrukturen ausländischer Märkte.

Durchführung einer Kundenanalyse

Als nächstes müssen die Kundenanforderungen des Werkzeugbaubetriebs aufgenommen und analysiert werden. Zur Aufnahme der Kundenanforderungen stehen verschiedene Methoden zur Verfügung, die jeweils Vor- und Nachteile aufweisen.[653] Dabei ist es unerheblich, ob es sich um einen internen oder externen Werkzeugbaubetrieb handelt. Im Fall eines internen Werkzeugbaubetriebs entstammen die Kunden anderen Organisationseinheiten wie bspw. der Produktentwicklung, dem Einkauf oder der Serienproduktion.

- **Fokusgruppe:** Eine Fokusgruppe ist eine Zusammenstellung aus repräsentativen Vertretern des Kundenspektrums mit dem Ziel, in einem offenen und geschützten Meeting die aktuelle Zusammenarbeit zu diskutieren. Der zeitgleiche Dialog mit Vertretern verschiedener Unternehmen kann zu einem unternehmensübergreifenden Konsens hinsichtlich der Kundenanforderungen führen.
- **Interviews:** Die Durchführung von Interviews mit Kunden oder Branchenexperten fokussiert die Diskussion von Detailthemen. Zur Vorbereitung sollte ein Interviewleitfaden oder ein konkreter Fragenkatalog erstellt werden. Als Ergänzung können auch Interviews mit internen Mitarbeitern, bspw. aus dem Projektmanagement, welche die Kunden objektiv einschätzen können, genutzt werden.
- **Marktforschung:** Die Marktforschung ist indes ein übergreifender Begriff zur Ermittlung von ganzheitlichem Marktwissen. Im Anwendungsfall soll angeregt werden, mittels Fragebögen gezielt eigene Kunden, aber auch potenzielle Kunden anzusprechen.

---

[653] Vgl. Toutenburg; Knöfel (Six Sigma), 2009, S. 45f.

- **Kundenbeschwerden:** Liegen dokumentierte Kundenbeschwerden vor, so können diese hinsichtlich der Zielgrößen analysiert werden.
- **Kundenzufriedenheitsbefragungen:** Neben der Auswertung der Kundenbeschwerden können auch Informationen aus abgeschlossenen Projekten gewonnen werden, an deren Ende die Zufriedenheit des Kunden ermittelt wurde oder dies beim Abschluss aktueller Projekte vorsehen.

Die Auswahl der richtigen Methode hängt ab von der Ausgangslage des Werkzeugbaubetriebs hinsichtlich der Bereitschaft der Kunden für Befragungen sowie der bereits vorhandenen Datenbasis. Es sollten zudem mehrere Methoden durchgeführt werden, um robuste und stichhaltige Ergebnisse zu erzielen. Je nach durchgeführter Methode müssen die gesammelten Ergebnisse der Kundenbefragung in messbare Kriterien überführt werden.[654] Im vorliegenden Fall stellen diese Kriterien die Kennzahlen in den vier Dimensionen dar. Dazu muss aus dem Ergebnis, der Kundenstimme, die dahinterliegende Kundenanforderung abgeleitet werden und in ein messbares Kriterium überführt werden (siehe Abbildung 84).

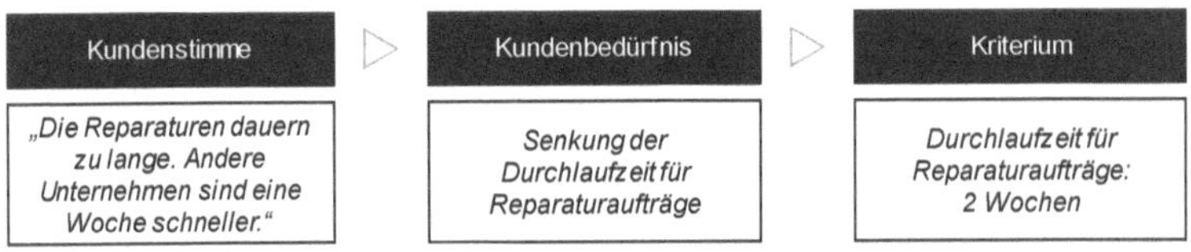

Abbildung 84: Überführung der Kundenstimme in ein messbares Kriterium[655]

Mit der Aufnahme der Kundenanforderungen ist die Leistungserbringung in verschiedenen Perspektiven beschrieben. Dabei beschränkt sich die Beschreibung jedoch nur auf Kennzahlen und deren Vergleich untereinander. Eine weitere relevante Information zur Bewertung der Kennzahlen und zum Ableiten von zukünftigen Zielzuständen ist das Potenzial zur Optimierung der gesamten Auftragsabwicklung. Dieses beschreibt, inwieweit die aktuelle Auftragsabwicklung funktioniert und ob Potenziale zur Verbesserung bestehen. Dazu muss entsprechend der Auftragsabwicklungsprozess systematisch erfasst und analysiert werden.

5.1.1.3 Schritt 1.B: Definition Gestaltungsbereich und strategischer Zielvorgaben

Im zweiten Teilschritt müssen auf Basis der Analyse aus dem ersten Teilschritt die Gestaltungsbereiche ausgewählt werden, die ein hohes Potenzial zur Optimierung der Planung aufweisen. Dazu werden die Ist-Zustände für alle bewerteten Bereiche betrachtet.

Auswahl Gestaltungsbereich

Hohe Potenziale ergeben sich aus der Betrachtung der Differenz zwischen dem Ist-Zustand im Werkzeugbaubetrieb gegenüber dem Wettbewerb und dem Kundenbedürfnis. Ein Beispiel dazu ist in Abbildung 85 dargestellt. In dem Beispiel werden zwei Standorte, in Österreich und in Deutschland, bewertet. Demzufolge deutet der Standort Österreich auf hohe Potenziale zur

[654] Vgl. Toutenburg; Knöfel (Six Sigma), 2009, S. 46.

[655] I. A. a. Toutenburg; Knöfel (Six Sigma), 2009, S. 47.

Verbesserung der Planung durch eine neue Auslegung hin. Neben der Betrachtung von kompletten Werkzeugbaustandorten kann die Unterteilung und Betrachtung ebenfalls auf Abteilungsebene an einem Standort erfolgen, bspw. bei der Betrachtung des Neuwerkzeugbaus gegenüber dem Vorrichtungsbau.

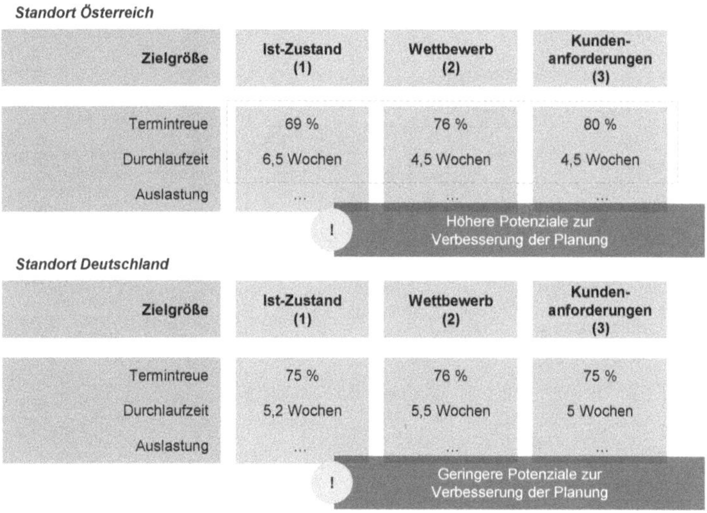

Abbildung 85: Beispielhafte Auswertung zur Festlegung des Gestaltungsbereichs[656]

In dem Fall, dass ein Werkzeugbaubetrieb einen Standort mit einer Abteilung bzw. einem Fertigungssegment aufweist, so ist diese Aufgabe als Prüfung der Notwendigkeit zur Optimierung der Planung zu sehen. Auf Basis der Auswahl und Festlegung der Gestaltungsbereiche erfolgt die Ableitung der Zieldimensionen der Planung.

Festlegung Zielzustände

Nach der Auswahl eines Gestaltungsbereichs müssen für diesen Zielzustände definiert werden. Diese gelten als strategische Zielvorgaben, welche die gesamte folgende Auslegung der Produktionsplanung begleiten, wie bspw. die Ausrichtung nach Kosten oder Durchlaufzeiten sowie konkrete Zielvorgaben in diesen Zieldimensionen. Dazu sind quantitative Vorgaben notwendig, um eine Messbarkeit gewährleisten zu können. Weiterhin ist es erforderlich, eine Priorisierung in den Zielvorgaben zu etablieren. Dies ist darin begründet, dass die Zielvorgaben sich komplementär verhalten (siehe Kapitel 2.4.5.3).

Die Grundlage für die Zielvorgaben sind die bereits eingeführten Kennzahlen in den vier Dimensionen *Planungsgenauigkeit*, *Fertigungseffizienz*, *Fertigungsqualität* und *Kosteneffizienz*. Aus der Vielzahl an Kennzahlen sollen die Kennzahlen ermittelt werden, die als Ziele für die

[656] Eigene Darstellung

Produktionsplanung gelten sollen. Dazu wird die Methode des paarweisen Vergleichs angewendet. Dadurch wird eine Reihenfolge der Bedeutung und eine relative Gewichtung einzelner Kriterien untereinander bestimmt (siehe Abbildung 86). Um in der Durchführung der Methode die Bedeutung der Zielgrößen untereinander zu bestimmen, können Experten hinzugezogen werden oder es können Workshops oder Umfragen mit Mitarbeitern der Arbeitsvorbereitung durchgeführt werden.

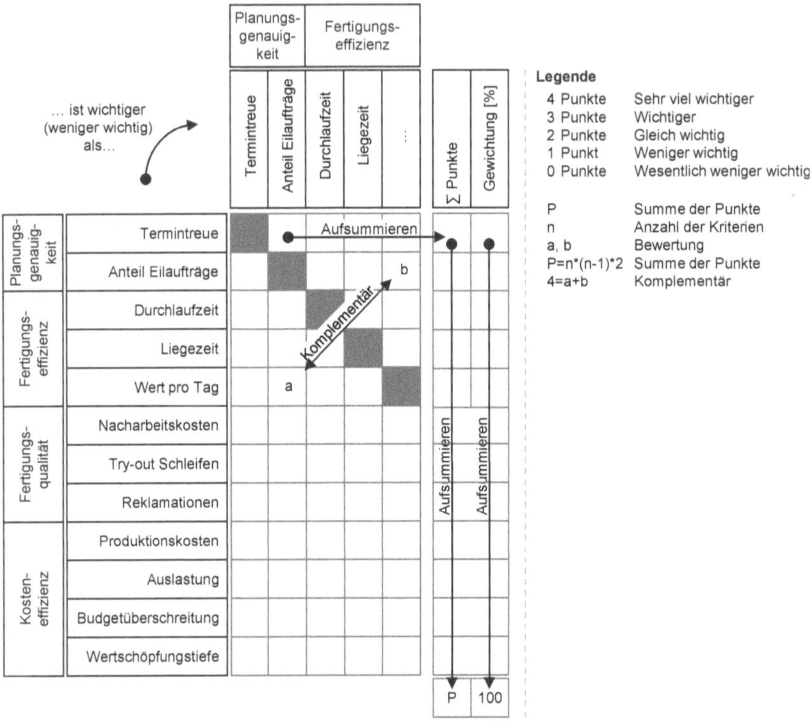

Abbildung 86: Paarweiser Vergleich zur Ermittlung der Zielkriterien[657]

In Abbildung 86 wird das Vorgehen beim gegenseitigen Vergleich der Zielkriterien thematisiert. In Bezug auf alle Zielkriterien werden die verschiedenen Stufen der Wichtigkeit festgelegt und gegeneinander abgewogen. Durch das Punktesystem können vier, drei, zwei, ein oder null Punkte bzw. gegenläufig viele für den umgekehrten Vergleich vergeben werden. Das Aufsummieren der Punkte einer Zeile und den zwölf Paarvergleichen, die in Summe mit dem komplementären Vergleich vier Punkte geben, ergibt die maximal erreichbare Gesamtsumme von 48 Punkten. Daraufhin wird die Gesamtsumme mit dem Zielkriterium in Bezug gesetzt, sodass

[657] I. A. a. Binner (Ganzheitliches Prozessmanagement), 2016, S. 43f.

der Ausdruck der vergebenen Punkte in Prozent erfolgen kann, welche im Anschluss als absolute Gewichtung mit den Faktoren eins bis neun umgerechnet werden kann. Das relativ wichtigste Kriterium erhält neun Punkte, das unwichtigste nur einen Punkt.

Aus den vier Dimensionen können nun die relevantesten Zielgrößen ermittelt werden. Diese wurden hinsichtlich der internen und externen Leistung sowie der Kundenbedürfnisse bewertet. Als Zielvorgabe soll grundsätzlich der Wert des Kundenbedürfnisses dienen, da dieser vollumfänglich erfüllt werden sollte. Um jedoch eine wirtschaftliche Wettbewerbsfähigkeit zu erreichen, ist in der Praxis sinnvoll, einen ungefähren Mittelwert aus dem Wert des Kundenbedürfnisses und dem Wettbewerbswert zu erstellen. Dies ist als Beispiel in Abbildung 87 dargestellt. Falls nur einer der beiden Werte, Wettbewerb oder Kundenanforderung, ermittelt werden konnte, so ist es zulässig sich an diesem zu orientieren. Die Definition des Zielzustands soll an dieser Stelle als eine erste Indikation und als Rahmen für die Auslegung dienen. In der Praxis sollte der Zielzustand beobachtet und hinsichtlich der Sinnhaftigkeit angepasst werden.

	Zielgröße	Ist-Zustand (1)	Wettbewerb (2)	Kunden-anforderungen (3)	Zielzustand
Planungs-genauigkeit	Termintreue	78 %	82 %	95 %	85 %
	Anteil Eilaufträge	12 %	4 %	-	4 %
Fertigungs-effizienz	Durchlaufzeit	6 Wochen	6 Wochen	4,5 Wochen	5 Wochen
	Liegezeit	1,5 Wochen	0,8 Wochen	-	0,5 Wochen
	Wert pro Tag	855 €/Tag	915 €/Tag	-	880 €/Tag
Fertigungs-qualität	Nacharbeitskosten	2.435 €	2.135 €	0 €	1.250 €
	Try-out Schleifen	2	2	1	1
	Reklamationen	12	8	0	5
Kosten-effizienz	Produktionskosten	30.000 €	27.000 €	23.000 €	25.000 €
	Auslastung	45 %	75 %	-	65 %
	Budgetüberschreitung	15 %	10 %	0 %	5 %
	Wertschöpfungstiefe	86 %	65 %	-	78 %

Abbildung 87: Festlegung von Zielen für die Planungsauslegung[658]

Aufnahme Potenziale im Planungs- und Auftragsabwicklungsprozess

Die Aufnahme von Potenzialen im Planungs- und Auftragsabwicklungsprozess stellt die abschließende Aufgabe im ersten Methodikschritt dar. Die identifizierten Potenziale dienen sowohl zur Festlegung des Gestaltungsbereiches als auch als notwendige Basis zur Gestaltung der Organisation sowie der Prozesse. Dabei wird neben den eigentlichen Planungsaufgaben und -prozessen auch der übergeordnete Auftragsabwicklungsprozess betrachtet. Dies ist erforderlich, um ein ganzheitliches Verständnis über die Abläufe und Potenziale zu erzielen.

[658] Eigene Darstellung

Als erstes muss der Prozess mittels einer Modellierungssprache systematisch aufgenommen werden. Es muss die gesamte Prozesskette vom Auftragseingang über Werkzeugherstellung bis hin zur Auslieferung des Werkzeugs und Abschluss des Auftrags betrachtet werden. Die Modellierungssprache aixperanto wird hierzu vorgeschlagen, da sie in der praktischen Anwendung einfach und flexibel zu verwenden ist.[659] Dabei werden alle prozessbeteiligten Abteilungen auf Schwimmbahnen definiert. Anschließend wird jede Aufgabe, die durchgeführt wird, dokumentiert. Je nach Relevanz kann dabei das Detaillevel in der Beschreibung zwischen den Aufgaben variieren. Die Planungsaufgaben sollten indes in einer höheren Detailstufe beschrieben werden. Auch die eingesetzten unterstützenden Systeme und Dokumente müssen aufgenommen werden. Die Prozessaufnahme muss in direkter Zusammenarbeit mit Mitarbeitern der jeweiligen Bereiche durchgeführt werden. Nach der Prozessaufnahme erfolgen die Analyse des Auftragsabwicklungsprozesses sowie die Identifikation und Beschreibung von Potenzialen hinsichtlich der Produktionsplanung und der effizienten Auftragsabwicklung. Auch bei der Analyse müssen die Mitarbeiter aller prozessbeteiligten Bereiche involviert werden, um Potenziale in abteilungsübergreifenden Aufgaben und zwischen Schnittstellen zu erfassen. Ziel ist es, alle Potenziale hinsichtlich nicht wertschöpfender Tätigkeiten, Verzögerungen und Verschwendungen im Prozess sowie Informations- und Medienbrüche zu identifizieren und zu dokumentieren. Die Prozessaufnahme und -analyse erfolgt in einer geführten Diskussion, in welcher der Anwender dieser Methodik die Rolle des Moderators innehat. Auf Basis der Prozessanalyse werden die Potenziale anschließend in einem Ursache-Wirkungs-Diagramm dokumentiert werden. Dabei werden die identifizierten Potenziale zu den spezifischen Planungskennzahlen jeweils einem Diagramm zugeordnet. Als Beispiel ist in Abbildung 88 die Einwirkung der Potenziale auf die Kenngröße Termintreue dargestellt.

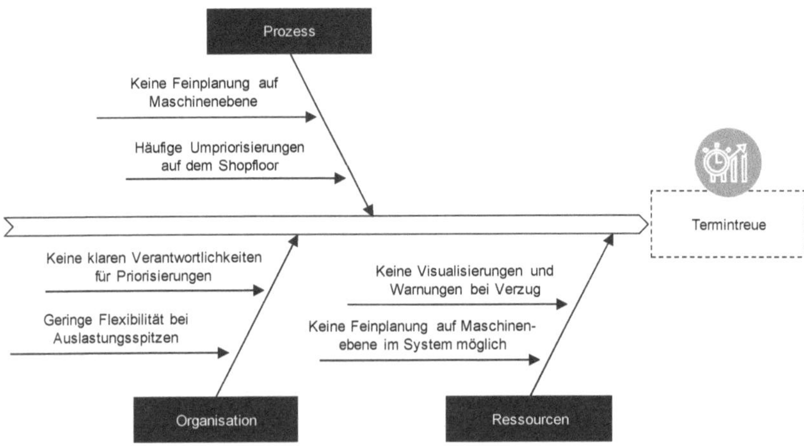

Abbildung 88: Ermittlung des Einflusses auf die Kennzahl Termintreue[660]

[659] Siehe auch Kapitel 5.1.1.1

[660] Eigene Darstellung

Für jede Kennzahl der Planung sollte ein solches Ursache-Wirkungs-Diagramm erstellt werden. Dieses gewährleistet das ganzheitliche Verständnis der aktuellen Probleme in der Planung und bildet das grundlegende Wissen zur späteren Auslegung neuer Planungsprozesse.

5.1.1.4 Schritt 1: Ergebnis

Das Ergebnis des ersten Schrittes zur Festlegung des Gestaltungsbereichs und zur Definition strategischer Zielvorgaben innerhalb der Methodik zur Auslegung intelligenter Planungsprozesse im Werkzeugbau bildet:

- Identifizierte Potenzialbereiche zur Verbesserung der Planung
- Definierte strategische Zielvorgaben zur weiteren Auslegung der Planung

5.1.2 Schritt 2: Entwicklung digitaler Zwilling

Im Rahmen des zweiten Schrittes soll ein digitaler Zwilling, ein mathematisches und digital erfasstes Modell zur Beschreibung eines Werkzeugbaubetriebs, entworfen werden. Der digitale Zwilling dient als umfassendes Beschreibungsmodell und soll im Rahmen der Auslegung intelligenter Produktionsplanungsprozesse genutzt werden. Es soll als Grundlage für die Entwicklung späterer Organisationskonzepte und Allokation von Fertigungsressourcen zu Fertigungsbereichen dienen. Zudem soll es in der späteren Betriebspraxis als Wissensdatenbank dienen und dadurch die Wissensgenerierung und Fähigkeit zum Selbstlernen ermöglichen.

Zunächst werden alle relevanten Einflussfaktoren entlang des gesamten Auftragsabwicklungsprozesses des Werkzeugbaus identifiziert. Auf dieser Basis gilt es, ein allgemeingültiges Modell zu formulieren (Teilschritt 2.A). Anschließend wird das entwickelte Konzept des digitalen Zwillings mathematisch beschrieben, implementiert und getestet (Teilschritt 2.B).

5.1.2.1 Schritt 2: Grundlagen

Nachstehend werden Grundlagen beschrieben, welche für das Verständnis der Erstellung eines digitalen Zwillings erforderlich sind. Es wird eine Einordnung des digitalen Zwillings in die Systemtheorie vorgenommen und es werden Vorgehensweisen zur Entwicklung von Simulationsmodellen erläutert. Abschließend wird eine Übersicht von Simulationssoftware gegeben.

Einordnung des digitalen Zwillings in die Systemtheorie

Wie einleitend beschrieben, handelt es sich bei dem digitalen Zwilling hinsichtlich der bekannten Modelltypen in der Systemtheorie um ein Vorhersagemodell.[661] Um Vorhersagen treffen zu können und im ersten Schritt ein System zu analysieren, existieren verschiedene Ansätze. Nachfolgend wird der Ansatz zur Erreichung der beschriebenen Ziele hergeleitet. Die Erläuterungen basieren auf LAW.[662] Wird nachfolgend von System gesprochen, soll angenommen werden, dass es sich um ein Unternehmen inklusive Unternehmensumfeld handelt. Die Untersuchung eines Systems kann mittels der in Abbildung 89 dargestellten Ansätze durchgeführt

[661] Siehe Kapitel 4.1

[662] Vgl. Law (Simulation Modeling and Analysis), 2015, 4 ff.

werden. Im ersten Schritt wird differenziert, ob an dem realen System, falls existent, oder einem Modell des Systems geforscht wird.

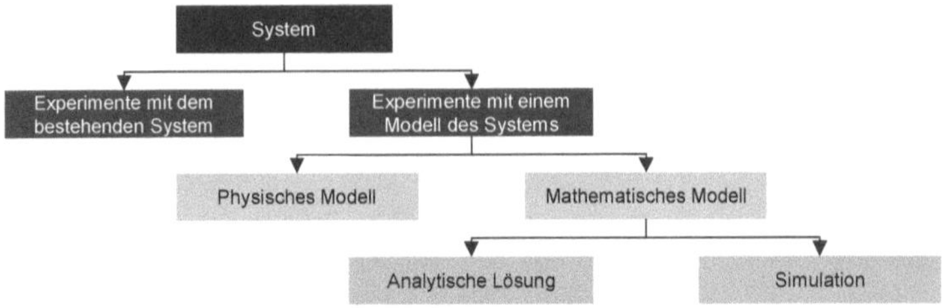

Abbildung 89: Ansätze zur Systemuntersuchung[663]

Da Forschungen an Planungsprozessen in einem realen System häufig aufgrund von Kostengründen oder der fehlenden Existenz des Systems nicht möglich sind, wird ein Modell erzeugt. Zu hinterfragen ist in diesem Fall die Validität des jeweiligen Modells. Im Rahmen dieser Arbeit soll ein Modell eines Werkzeugbaubetriebs erzeugt werden, um Verbesserungen in der Planungseffizienz aufzuzeigen. Soll ein Modell eines Systems genutzt werden, wird zwischen einem physischen und einem mathematischen Modell unterschieden. Da das Erzeugen eines physischen Modells sehr umständlich und nicht üblich ist, wird für die spätere Analyse ein mathematisches Modell herangezogen. Dieses beschreibt das System über logische und quantitative Zusammenhänge. In dieser Arbeit soll mittels des mathematischen Modells eine Simulation und Analyse der Ergebnisse stattfinden und kein Optimierungsmodell erschaffen werden. Somit soll ein analytischer Lösungsweg, sprich eine reine Optimierung, durchgeführt werden. Eine Simulation ist von einer Optimierung dahingehend zu unterscheiden, dass im Rahmen einer Optimierung ein „Algorithmus zur Lösung der gestellten Problemklasse“ angewandt wird (siehe Abbildung 90).[664]

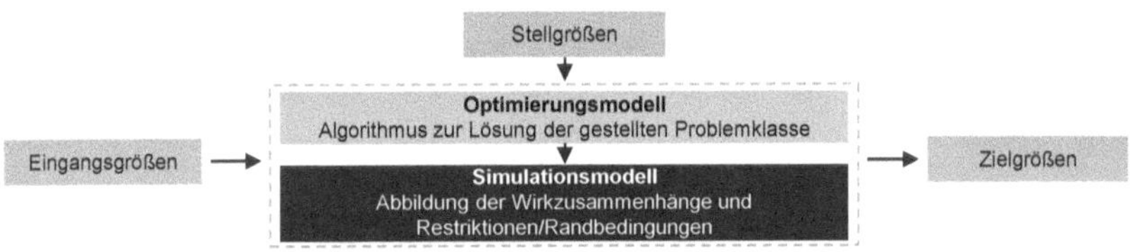

Abbildung 90: Einordnung von Simulation und Optimierung[665]

Die Entscheidung zur Nutzung eines Simulationsmodells anstatt eines Optimierungsmodells ist damit zu begründen, dass ein Großteil der vorhandenen Problemstellungen NP-vollständig und somit nicht in polynomineller Rechenzeit lösbar sind. Hinsichtlich einer so komplexen Problemstellung sollte ein Simulationsmodell genutzt werden, mit dem keine exakten Lösungen berechnet werden, sondern aus Gründen der Komplexitätsreduktion nur die Ausgangs-

663 Vgl. Law (Simulation Modeling and Analysis), 2015, S. 11.

664 Vgl. März et al. (Simulation und Optimierung in Produktion und Logistik), 2011, S. XII.

665 Vgl. März et al. (Simulation und Optimierung in Produktion und Logistik), 2011, S. XII.

und Zielgrößen hinsichtlich einiger vorher definierter Eingangsgrößen, Einflussfaktoren oder Szenarien verglichen und bewertet werden.[666] Durch die Wahl einer Simulationsstudie wird ein Ansatz gewählt, welcher in fortgeschrittenen Forschungsbereichen wie der Produktionsplanung eingesetzt werden kann, da auf ein breites Spektrum an Wissen aufgebaut und ein valides Modell entwickelt werden kann.[667] Zusätzlich ermöglicht eine Simulation kausale Zusammenhänge zwischen Input und Output herzustellen, wodurch Analysen von geplanten oder eintretenden Szenarien ermöglicht werden.[668] Somit können Vorhersagen über das Verhalten eines Systems bzw. in diesem Fall der Produktion eines Werkzeugbaus getroffen werden und die Planungen und Steuerungen hinsichtlich gewollter zukünftiger Zustände verändert werden. Der digitale Zwilling wird folglich als ein Simulationsmodell aufgebaut (siehe Abbildung 91).

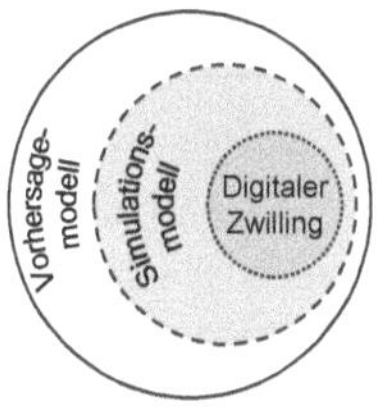

Abbildung 91: Einordnung digitaler Zwilling[669]

Die Vorteile einer Simulation sind zusammenfassend nach ADKINS UND POOCH aufgelistet:[670]

- Durch Simulationen können komplexe Zusammenhänge und Interaktionen eines Systems untersucht werden.
- Durch Simulationen können Effekte, die durch bewusste Veränderungen des Modells herbeigeführt wurden, beobachtet und analysiert werden.
- Simulationen können in komplexen Systemen aufzeigen, welche Variablen moderierenden Charakter haben und welche Variablen untereinander interagieren.
- Simulationen erlauben das Systemverhalten innerhalb kürzester Zeit, im Vergleich zu einem Experiment in einem physischen System, zu untersuchen und zukünftige Szenarien im System zu untersuchen.

Naheliegend ist es, eine Kombination einer Simulation und Optimierung durchzuführen.[671] In einem solchen Fall dient die Simulation, wie bereits im Vorherigen beschrieben, der Bewertung. Die Optimierung dient dazu, die beste Parameterauswahl für eine optimale Zielerreichung zu finden. Der kombinierte Ansatz der Simulation mit einer vereinfachten Optimierung

[666] Vgl. Hopp; Spearman (Factory Physics), 2008, S. 527; Law (Simulation Modeling and Analysis), 2015, S. 5.

[667] Vgl. Ahlström (Research Process), 2016, S. 70.

[668] Vgl. Law; Kelton (Simulation Modeling and Analysis), 1991, 2 f.

[669] Eigene Darstellung

[670] Vgl. Adkins; Pooch (Computer Simulation), 1977.

[671] Vgl. März; Krug (Kopplung von Simulation und Optimierung), 2011, S. 41.

bietet sich für die Analyse innerhalb eines digitalen Zwillings an. Die Kopplungsart von Simulation und Optimierung hängt von verschiedenen Faktoren ab, welche unter anderem in der VDI 3633 Blatt 12 beschrieben sind.[672] Grundsätzlich lassen sich vier Arten der Kopplung unterscheiden.[673] Nachfolgend soll auf die hierarchische Architektur eingegangen werden, da diese die Simulation als Prognoseverfahren beschreibt. Bei der hierarchischen Architektur ist eine Methode dominant und steuert die andere Methode. In einem Fall, in dem die Simulation das führende System ist, löst die Optimierung die ihr übertragene Aufgabenstellung in Abhängigkeit des aktuellen Status des Simulationsmodells. Die Ergebnisse werden als neuer Input an die Simulation zurückgeführt.[674] Somit dient die Simulation als Prognosefunktion. In welchem Umfang eine Optimierung durchgeführt wird, muss system- und aufgabenindividuell bewertet werden. Hier können manuelle Analysen der Simulationsergebnisse sowie komplexe genetische Algorithmen angewandt werden.

Um später das mathematische Modell abbilden zu können und ein Simulationswerkzeug zu finden, ist zusätzlich eine Klassifizierung des Simulationsmodells auf drei Ebenen vonnöten. Zu unterscheiden ist zwischen statischen oder dynamischen, deterministischen oder stochastischen sowie kontinuierlichen oder diskreten Simulationsmodellen.[675] Der Unterschied zwischen dynamischen und statischen Simulationen ist die Zeitkomponente. Erstere werden über eine Zeitperiode betrachtet, wohingegen die statische Simulation nur einen bestimmten Zeitpunkt betrachtet.[676] In dieser Arbeit wird neben den dynamischen ein deterministisches Modell betrachtet. In deterministischen Fall können die Ergebnisse reproduziert werden. In einem stochastischen Modell hingegen würden sich die mathematisch-logischen Zusammenhänge, welche im Modell hinterlegt sind, zwischen den Simulationsläufen verändern. Es werden somit Zufallsvariablen abgebildet.[677] In diskreten Simulationen verändern sich die Zustände zu diskreten Zeitpunkten, während in einer kontinuierlichen Simulation eine kontinuierliche Zustandsänderung möglich ist.[678] Somit wird eine dynamische, deterministische und diskrete Simulation im Rahmen dieser Arbeit betrachtet. Werden Computer zur Durchführung einer Simulation genutzt, werden diese als Simulationswerkzeuge bezeichnet (siehe auch Anhang A.1). In einer solchen Computersimulation muss das Modell in mathematisch-logischer Form vorliegen.[679]

Vorgehen zur Entwicklung von Simulationsmodellen

In der Literatur werden zahlreiche unterschiedlich detaillierte Vorgehensmodelle für die Durchführung von Simulationsstudien beschrieben. Das Modell nach SARGENT[680] beschreibt bereits

[672] Vgl. VDI (VDI 3633 - Simulation von Logistik).

[673] Vgl. März; Krug (Kopplung von Simulation und Optimierung), 2011, S. 42.

[674] Vgl. März; Krug (Kopplung von Simulation und Optimierung), 2011, S. 42.

[675] Vgl. Eley (Einführung in die Simulation), 2012, S. 4.

[676] Vgl. Law (Simulation Modeling and Analysis), 2015, S. 5.

[677] Vgl. Eley (Einführung in die Simulation), 2012, S. 4; Law; Kelton (Simulation Modeling and Analysis), 1991, S. 7.

[678] Vgl. Gutenschwager et al. (Grundlagen von Simulationen), 2017, S. 24.

[679] Vgl. Eley (Einführung in die Simulation), 2012, S. 4.

[680] Vgl. Sargent (Verification and Validation of Simulation Models), 2010.

früh verschiedene Phasen der Simulationsmodellerstellung. Zu den Phasen zählen unter anderem die Problemdefinition, die Modellformulierung, die Implementierung und die Modellvalidierung sowie die Durchführung der Experimente. Ein komplexes Modell mit weiteren zusätzlichen Phasen wird 1989 durch BALCI aufgestellt.[681] Eine einfachere und strukturierte Darstellung in hierarchischer Darstellung liefern HERING ET AL., in welchem eine einfache, prinzipielle Vorgehensweise zur Modellbildung erklärt wird (siehe Abbildung 92).[682]

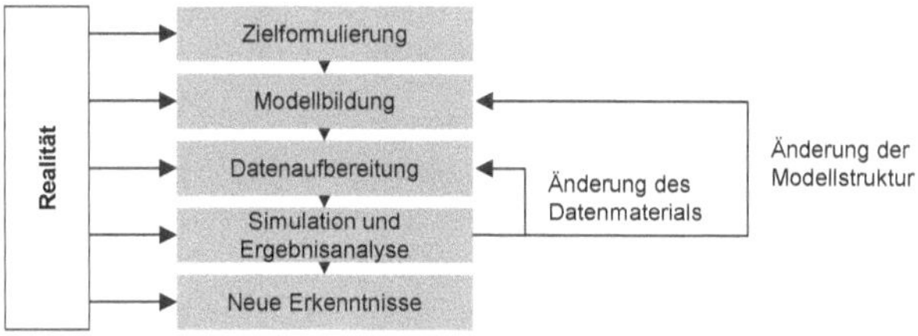

Abbildung 92: Phasen der Modellerstellung[683]

Das Vorgehen beschreibt die Formulierung von Zielen und der anforderungsgerechten Bildung eines Modells. Zuerst wird ein schriftliches Modell (Konzeptmodell) und nach der Datenaufbereitung ein mathematisches Modell erstellt. Besondere Bedeutung im Bereich Produktion und Logistik hat die VDI-Richtlinie 3633 Blatt 1 mit dem darin enthalten Ansatz.[684] Unter anderem auf Basis der genannten Literatur haben RABE ET AL. ein Vorgehen entwickelt, welches vor allem in der deutschsprachigen Literatur häufig zitiert und genutzt wird (siehe Abbildung 93).

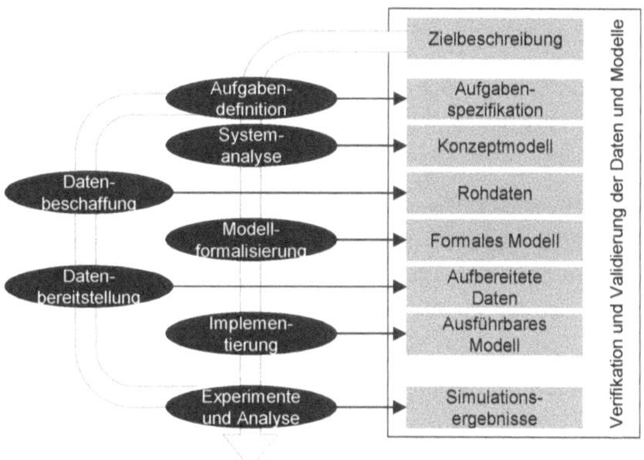

Abbildung 93: Simulationsvorgehensmodell nach RABE ET AL.[685]

681 Vgl. Balci O (Acceptability and Credibility of Simulation), 1989.

682 Vgl. Hering et al. (Vorgehensweise zur Modellbildung), 1989.

683 I. A. a. Hering et al. (Vorgehensweise zur Modellbildung), 1989, S. 183.

684 Vgl. Rabe et al. (Simulation in Produktion), 2008, S. 35.

685 I. A. a. Rabe et al. (Simulation in Produktion), 2008, S. 5.

In dieser wissenschaftlichen Arbeit wird ein Vorgehen zur Entwicklung des digitalen Zwillings verwendet, welches auf dem Vorgehen nach RABE ET AL. aufbaut. Nachstehend werden das Konzeptmodell und das formale Modell nach RABE ET AL. detailliert, da diese zum Verständnis des Methodikschrittes erforderlich sind. Vereinfachend soll ein Konzeptmodell erarbeitet werden, welches zu einem formalen Modell weiterentwickelt wird und anschließend in ein Simulationsmodell überführt wird. Die Erstellung eines Konzeptmodells als auch die eines formellen Modells sowie deren Implementierung kann als ein „Verfeinerungsprozess verstanden werden, der auf Basis des (vorherigen) Phasenergebnisses das jeweils folgende ausarbeitet".[686]

Aufbauend auf einer Zielbeschreibung und Aufgabenspezifikation wird in der Systemanalyse ein konzeptionelles Modell (auch Konzeptmodell, konzeptuelles Modell) erstellt.[687] In der Literatur ist die Definition laut ROBINSON nicht eindeutig und unterschiedlich definiert.[688] Grundsätzlich bildet das konzeptionelle Modell den Übergang zwischen Aufgabenstellung und der Definition, was zu modellieren ist.[689] RABE ET AL. beschreiben auf Basis von ROBINSON das konzeptionelle Modell als „eine nicht softwarespezifische Beschreibung des zu entwickelnden Simulationsmodells, in der die Ziele, Inputs, Outputs, Inhalte, Annahmen und Vereinfachungen des Modells beschrieben werden".[690] GUTENSCHWAGER ET AL. formulieren die zu treffenden Entscheidungen innerhalb des konzeptionellen Modells, welches ein einfaches Dokument darstellen kann, wie folgt:[691]

- Festlegung von Systemgrenzen
- Identifikation von Elementen des Systems
- Definition der Genauigkeit zur Modellierung der Elemente
- (System-)Beschreibung der Beziehung zwischen den Elementen

Wird an dieser Stelle von System gesprochen, handelt es sich um die „abgegrenzte Anordnung von Komponenten, die miteinander in Beziehung stehen".[692] Auf Basis dessen entsteht ein auf das Wesentliche reduzierte „Abbild des Originalsystems".[693] Die beiden am weitesten verbreiteten Ansätze der Systemanalyse und der späteren Systembeschreibung dessen sind der Top-down und der Bottom-up Ansatz.[694] Hinsichtlich des Top-down Ansatzes findet eine auf der höchsten Hierarchieebene des Systems beginnende Betrachtung statt, wobei nachfolgend eine sukzessive Verfeinerung der Strukturen durchgeführt wird. Andersherum geht der Bottom-up Ansatz vom Detail aus und synthetisiert die Details bis in die höchste Ebene. Eine Vereinfachung kann durch Reduktion und Idealisierung erreicht werden. Es existieren verschiedene Formen der Systembeschreibung. Zu unterscheiden sind vor allem die Optionen

[686] Vgl. Gutenschwager et al. (Vorgehensweise bei Simulationsstudien), 2017, S. 150.
[687] Vgl. Rabe et al. (Simulation in Produktion), 2008, S. 47.
[688] Vgl. Robinson (Conceptual Modeling for Simulation), 2006, S. 792.
[689] Vgl. Rabe et al. (Simulation in Produktion), 2008, S. 47.
[690] Vgl. Rabe et al. (Simulation in Produktion), 2008.
[691] Vgl. Gutenschwager et al. (Vorgehensweise bei Simulationsstudien), 2017, S. 151.
[692] Vgl. VDI (VDI 3633 - Simulation von Logistik).
[693] Vgl. Tempelmeier (Modellierung logistischer Systeme), 2018, S. 23.
[694] Vgl. Tempelmeier (Modellierung logistischer Systeme), 2018, S. 23.

der textuellen und grafischen Beschreibung. Erste ist mit einem geringeren Aufwand verbunden, aber weniger genau. Letztere, die grafische Beschreibung, kann mit unterschiedlichem Detailgrad z. B. mittels Ursache-Wirkungs-Diagrammen oder Geschäftsprozessmodellen erstellt werden, ist aber zumeist aufwendiger als die textuelle Beschreibung. Das konzeptionelle Modell dieser Arbeit wird in schriftlicher Form aufgestellt und mit Strukturskizzen erweitert und ergänzt. Abschließend ist anzuführen, dass vor allem für die Bestimmung des Detaillierungsgrades besondere Übung und Erfahrung erforderlich ist, da der Modellierer in der Lage sein muss, das Systemverhalten und die Konsequenzen durch die Wahl der Detailstufe abschätzen zu können.[695] Eine Unterstützung bildet die VDI 4465, welche beispielhafte Fragen vorgibt, mit welchen Auswirkungen von Modellierungsentscheidungen abgeschätzt werden können.[696] Detailliert können das Vorgehen und die Aufgaben zur Erstellung eines konzeptionellen Modells in RABE ET AL. nachgeschlagen werden.[697]

Aufbauend auf dem konzeptionellen Modell ist das formale Modell eine Weiterentwicklung dessen. Zusammenfassend kann die Modellformalisierung nach RABE ET AL. wie folgt beschrieben werden: „Während der Modellformalisierung werden die Elemente und Beziehungen des Konzeptmodells weiter in Richtung eines formalen Entwurfes entwickelt, so dass eine Implementierung durch Simulationsfachleute und Softwareexperten ohne weitere Analyse und ohne ergänzende Abstimmung mit den Fachexperten möglich ist."[698] Es muss also auf Basis des formellen Modells gewährleistet sein, dass eine im weitesten Sinne projektfremde Person das mathematische Modell ohne weitere Erklärungen aus dem formalen Modell erstellen könnte.[699] Wird diese Beschreibung auf den Softwareentwicklungsprozess bezogen, so handelt es sich bei Formalisierung um die Phase der Spezifizierung.[700] WENZEL ET AL. definieren diese Phase als eine mit hoher Komplexität und Schwierigkeitsgrad, da alle Ablauflogiken präzise und eindeutig formuliert werden müssen.[701] Eine allgemeingültige Vorgehensanweisung zur Ausarbeitung des konzeptionellen Modells zum formalen Modell ist nicht existent. Zusätzlich ist das formale Modell grundsätzlich nicht an ein Simulationswerkzeug gebunden und könnte mittels verschiedener Simulatoren abgebildet werden. Da weniger reine Simulationssprachen eingesetzt werden, sondern Simulatoren verwendet werden (siehe Simulationssoftware in Kapitel 5.1.2.1), welche vordefinierte Modellwelten, Teilsysteme und Elemente vorweisen, entfällt der Formalisierungsschritt teilweise.[702] Ein Übergang direkt von der Phase der Konzeptmodellerstellung hin zur Implementierung kann einen höheren Aufwand bedingen und zu einem Qualitätsverlust führen.

[695] Vgl. Gutenschwager et al. (Vorgehensweise bei Simulationsstudien), 2017, S. 152.

[696] Vgl. VDI (VDI 4465 - Entwurf Modellierung und Simulation).

[697] Vgl. Rabe et al. (Simulation in Produktion), 2008, 66 ff.

[698] Vgl. Rabe et al. (Simulation in Produktion), 2008, S. 49.

[699] Vgl. Pohl et al. (Software Product Line Engineering), 2005, S. 78.

[700] Vgl. Gutenschwager et al. (Vorgehensweise bei Simulationsstudien), 2017, S. 155.

[701] Vgl. Wenzel et al. (Simulation in der Produktion), 2008, S. 133.

[702] Vgl. Tempelmeier (Modellierung logistischer Systeme), 2018, S. 24; Wenzel et al. (Simulation in der Produktion), 2008, S. 133f.

5.1.2.2 Schritt 2.A: Entwicklung konzeptionelles und formales Modell

Das für diese Arbeit entwickelte Vorgehensmodell zur Entwicklung eines digitalen Zwillings greift die Phasen nach RABE ET AL. auf.[703] Da die Phasen sich bei der Entwicklung eines digitalen Zwillings in eine projektunabhängige und projektindividuelle Phase unterteilen, wurden in der Aufgabenzuordnung zu den verschiedenen Phasen einige Änderungen und Ergänzungen vorgenommen. Zusätzlich wurden innerhalb der Phase der Systemanalyse neue Methodiken aus dem Bereich Data Mining integriert, um eine effiziente Analyse von Input, Output und Einflussgrößen auf das abgebildete reale System zu ermöglichen (siehe Abbildung 94).

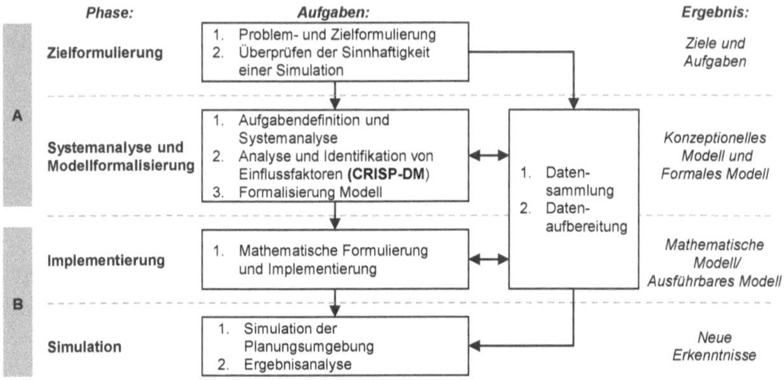

Abbildung 94: Vorgehensmodell zur Entwicklung eines digitalen Zwillings[704]

Die Entwicklung eines digitalen Zwillings kann in die Phasen der Zielformulierung, der Systemanalyse und Modellformalisierung, Teilschritt 2.A der Methodik, der Implementierung und der Simulation, Teilschritt 2.B der Methodik, unterteilt werden.[705] Zeitlich parallel zur Phase der Systemanalyse und Modellformalisierung und der Implementierung sind die Schritte Datenbeschaffung und die Datenaufbereitung angesiedelt.[706] Die parallele Anordnung erfolgt aufgrund einer engen Verstrickung durchzuführenden Aufgaben mit den parallelen Phasen.[707]

In der Phase der Zieldefinition findet die Ausarbeitung und Beschreibung der Problemstellung, welche die Motivation des digitalen Zwillings begründet, statt. Zudem werden Ziele formuliert, welche durch die Modellierung erreicht werden sollen.[708] Zusätzlich wird die Sinnhaftigkeit zur

[703] Siehe Kapitel 5.1.2.1 und Abbildung 93

[704] Eigene Darstellung

[705] Vgl. Tempelmeier (Modellierung logistischer Systeme), 2018, S. 22ff.; VDI (VDI 3633 - Simulation von Logistik).; Hering et al. (Vorgehensweise zur Modellbildung), 1989, S. 183ff.

[706] Vgl. Tempelmeier (Modellierung logistischer Systeme), 2018, S. 24.

[707] Auf die Vorgehensweise und spezifischen Aufgaben zur Datensammlung und -aufbereitung wird im Anhang A.1 detailliert eingegangen.

[708] Vgl. Hering et al. (Vorgehensweise zur Modellbildung), 1989, S. 183.

Erstellung eines digitalen Zwillings herausgearbeitet.[709] Aufgrund der gleichbleibend projektübergreifenden Ergebnisse der ersten Phase muss diese nicht projektindividuell bei der Entwicklung eines digitalen Zwillings durchlaufen werden. Die nachfolgenden Phasen sind, beginnend mit der Systemanalyse mit Aufgabendefinition und der formalen Modellerstellung und nachfolgend mit der Implementierung und der Simulation, projektabhängig. Sie müssen individuell bei Erstellung eines digitalen Zwillings durchgeführt werden, da unterschiedlicher Output abhängig vom Betrachtungsgegenstand aus den Phasen generiert werden kann.

Grundsätzlich ist anzuführen, dass alle Ergebnisse der jeweiligen Phasen des Vorgehensmodells einer permanenten Prüfung hinsichtlich Korrektheit von Inhalt und Struktur und Angemessenheit der Ergebnisse unterzogen werden müssen.[710] Entscheidend hierfür ist, dass alle Aufgaben ausführlich dokumentiert und beschrieben werden. So können die jeweiligen Phasenergebnisse verglichen und bewertet werden, ob diese weiterhin das Ziel, einen digitalen Zwilling zu erstellen, unterstützen. Zur Verdeutlichung der Aufgaben, die den Phasen des Vorgehensmodells zugeordnet sind und um die Vorteilhaftigkeit eines digitalen Zwillings aufzuzeigen, wird, neben der Beschreibung der durchzuführenden Aufgaben, im Rahmen dieser Arbeit ein vereinfachter digitaler Zwilling erschaffen. Auch wenn der Detaillierungsgrad des digitalen Zwillings dieser Arbeit begrenzt ist, können deutliche Vorteile aufgezeigt werden, die mittels der Integration eines digitalen Zwillings in die Planungsprozesse erreicht werden können.

Zielformulierung

In der ersten Phase, der Zielformulierung, wird nach Rabe et al. „eine abgestimmte Aufgabenspezifikation erstellt, die nach Meinung aller Beteiligten das zu lösende Problem beschreibt und zugleich mit den vorgesehenen Mitteln und im vorgesehenen Zeit- und Kostenrahmen umsetzbar ist“.[711] Mittels der Zielbeschreibung werden neben der Beschreibung der Ausgangssituation die „primär vom Auftraggeber formulierten Anforderungen an das Projekt“ beschrieben.[712] Zusätzlich können noch erste Randbedingungen wie Budgetvorgaben spezifiziert werden.[713] Die aktuell im Werkzeugbau dieser bestehenden Problemstellungen wurden bereits in Kapitel 1.2 beschrieben. Auf Basis der Problemstellung werden zwei primäre Ziele verfolgt, die mittels eines digitalen Zwillings gelöst werden sollten.

Zum einen soll der digitale Zwilling in den Planungsphasen der Grob- und Feinplanung eines Werkzeugbaus die verschiedenen Planungsphasen unterstützen. Ziel ist die Abbildung des aktuellen Planungsstandes mit den zu dem jeweiligen Zeitpunkt der Planung vorhanden Daten aus Produktion und Unternehmensumgebung. Somit können die aktuellen Planungsstände im besten Fall in Echtzeit abgebildet und verschiedene Planungsstände dargestellt und verglichen werden. Aufgrund dessen können verändernde Einflussfaktoren auf die Planung des

[709] Vgl. Tempelmeier (Modellierung logistischer Systeme), 2018, S. 21.

[710] Vgl. Gutenschwager et al. (Grundlagen von Simulationen), 2017, S. 25; Rabe et al. (Simulation in Produktion), 2008, S. 188ff.; Wenzel et al. (Simulation in der Produktion), 2008, S. 55ff.

[711] Vgl. Rabe et al. (Simulation in Produktion), 2008, S. 47.

[712] Vgl. Rabe et al. (Simulation in Produktion), 2008, S. 138.

[713] Vgl. Gutenschwager et al. (Vorgehensweise bei Simulationsstudien), 2017, S. 147.

Werkzeugbaus als Betrachtungsobjekt abgebildet und in die Produktionsplanung und -steuerung mit einbezogen werden. Besonders hervorzuheben ist die Identifikation von Kostentreibern, die überdurchschnittlichen Einfluss auf die Unternehmensumgebung nehmen.

Zum anderen soll der digitale Zwilling als Daten-, Informations- und Wissensspeicher während der gesamten Planungs- und Steuerungsphasen im Werkzeugbau agieren. In komplex ausgeprägten Versionen kann dieser mit verschiedenen Datenquellen in Echtzeit kommunizieren und bündelt somit die benötigten Informationen für die verschiedenen Planungs- und Steuerungsaufgaben. Hierbei werden Informationen nicht nur gesammelt und bereitgestellt, sondern ebenfalls der jeweilige Betrachtungsgegenstand, z. B. eine Produktionsumgebung, mathematisch als auch visuell abgebildet.

Zusammenfassend sind nachfolgend die beiden Ziele gelistet, welche mit der Erstellung eines digitalen Zwillings erreicht werden:

- Unterstützung in der Grob- und Feinplanung als auch der Steuerung eines Werkzeugbaus mit Simulationsfähigkeiten
- Speicherung von Daten, Informationen und Wissen

Beide Zielsetzungen unterstützen die Planungs- und Steuerungsvorgänge im Werkzeugbau, indem eine fundierte Entscheidungsgrundlage inklusive wirtschaftlicher Kennzahlen geschaffen wird, die es ermöglicht, als Unternehmen effizienter zu agieren. Zusätzlich bildet der digitale Zwilling als Wissensspeicher die Basis, um flexibel auf sich verändernde Umstände reagieren und Auswirkungen auf die langfristige und kurzfristige Planung abbilden zu können.

Aufgabendefinition und Systemanalyse

Nach der Zielformulierung erfolgt die Phase zur Systemanalyse und Modellformalisierung. Diese hat zum Ziel, ein konzeptionelles und formales Modell zu erstellen. Die Phase beginnt mit der Aufgabendefinition und Systemanalyse zur Präzisierung der Zielbeschreibung.[714] Erst mit der genauen Definition des Zwecks der Modellbildung, kann der notwendige Detaillierungsgrad der Abbildung des realen Systems bestimmt werden.[715] Eine zu detaillierte Darstellung führt zu einer unzureichenden Handhabbarkeit des digitalen Zwillings, wogegen eine zu grobe Abbildung der Realität zu unzureichenden Lösungen führen kann. Das zu untersuchende System stellt einen Werkzeugbau inklusive Unternehmensumfeld dar. Zum besseren Verständnis wird im Folgenden auf das Beispiel eines externen Werkzeugbaus verwiesen. Einflussfaktoren wie Energiekosten, Mitarbeiterkosten und Stahlpreise haben Einfluss auf die sich entwickelnden Kosten der Produktion. Eine detaillierte Beschreibung des Betrachtungsgegenstandes erfolgt während der Systemanalyse. Durch die Veränderung von Auftragslagen und vorhandenen dynamisch verändernden Einflussfaktoren ist die Aufgabe, mittels des Modells verschiedene definierte Szenarien zu simulieren. Mögliche Szenarien können abgebildet und in die

[714] Vgl. Gutenschwager et al. (Vorgehensweise bei Simulationsstudien), 2017, S. 144; Wenzel et al. (Simulation in der Produktion), 2008, S. 115.

[715] Vgl. Wenzel et al. (Simulation in der Produktion), 2008, S. 115.

zukünftige Planung mit einbezogen werden. Da der digitale Zwilling gleichzeitig als Wissensspeicher dient und kontinuierlich weiterentwickelt wird, ist der geplante Modellnutzen und Nutzungszeitraum nicht beschränkt. Eine besondere Anforderung an das Modell ist die Möglichkeit, über die Einsteuerung verschiedener Auftragsmixe und sich ändernder externer Einflussfaktoren verschiedene Szenarien und die sich daraus ergebenden Kosten zu simulieren.

Nach der Aufgabendefinition erfolgt die Systemanalyse. Ziel der Systemanalyse ist die Erzeugung eines konzeptionellen Modells.[716] Das *konzeptionelle Modell* stellt die reale Problemstellung abstrahiert dar. Die begründenden Faktoren für die Durchführung einer Simulationsstudie müssen im konzeptionellen Modell zu erkennen sein. Zusätzlich müssen die Eingangsgrößen, die Annahmen und die Anforderungen genannt werden. Zusammenfassend sollen im konzeptionellen Modell für den in dieser Arbeit erstellten digitalen Zwilling die in Abbildung 95 aufgeführten Elemente enthalten und beschrieben werden. Dabei wird in einen Betrachtungsgegenstand, einen Planungsgegenstand sowie zu berücksichtigende Annahmen unterteilt.

Betrachtungsgegenstand ▪ Systemgrenzen ▪ Definition und Zerlegung von Teilsystemen ▪ Logische Zusammenhänge ▪ Inputs, Outputs ▪ Detailgrad	▪ Unternehmensumgebung inkl. Produktion im Werkzeugbau
Planungsgegenstand	▪ Grobplanung ▪ Feinplanung ▪ Steuerung
Zu berücksichtigenden Annahmen und Aufgaben	▪ Empirische Datenerzeugung innerhalb einer Produktionsumgebung und Simulation von möglichen Szenarien ▪ Zielsetzung: Planungsoptimierung durch Kosten und Zeitverbesserungen ▪ Einfache Visualisierung der Ergebnisse

Abbildung 95: Formale Inhalte des konzeptionellen Modells[717]

Sämtliche durchgeführten Analysen aus dem erstem Methodikschritt vereinfachen bzw. verkürzen die hier notwendige Systemanalyse, sodass diese Aufgabe als eine Zusammenfassung und Beschreibung betrachtet werden kann. Zusätzlich sind die definierten Zielvorgaben aus dem erstem Methodikschritt zu beachten. Es ist anzumerken, dass sich der Detaillierungsgrad und der Umfang des konzeptionellen Modells abhängig vom Betrachtungsgegenstand erheblich unterscheiden können. Die Dokumentation der Systemanalyse kann in verschiedenen Arten erfolgen, wie bspw. textuell oder grafisch.[718] In dieser Arbeit wird das konzeptionelle Modell wird in schriftlicher Form aufgestellt und mit Strukturskizzen erweitert und ergänzt. Eine Übersicht des beispielhaften konzeptionellen Modells dieser Arbeit bietet Abbildung 96.

[716] Siehe auch Kapitel 5.1.2.1

[717] Eigene Darstellung

[718] In der Literatur wird auch der Begriff Systembeschreibung verwendet. Siehe Kapitel 5.1.2.1 für weitere Beschreibungen des Vorgehens.

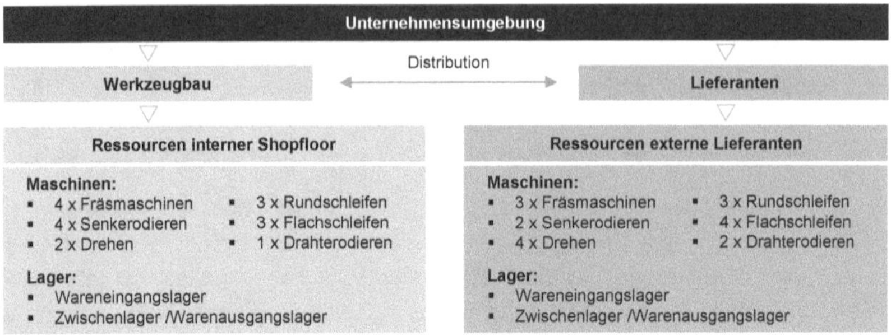

Abbildung 96: Inhalte des beispielhaften konzeptionellen Modells[719]

Datensammlung und -aufbereitung

Das konzeptionelle Modell stellt nur zunächst eine grobe Beschreibung des darzustellenden Systems dar. Im weiteren Verlauf wird dieses Modell weiter ergänzt, um es in Simulationsmodell zu überführen. Die an dieser Stelle durchgeführte Datensammlung und -aufbereitung dient unter anderem zur Unterstützung der Detaillierung des konzeptionellen Modells innerhalb der Systemanalyse und auch der Erstellung des formalen Modells.

Zur Datensammlung und -aufbereitung müssen die Aufgaben der Zieldefinition, der Informationsidentifikation, der Datenerhebung und -erfassung, der Datenstrukturierung, der statistischen Analyse und der Datennutzbarkeitsprüfung durchgeführt werden. An dieser Stelle soll nicht weiter auf das Vorgehen zur Datensammlung und -aufbereitung eingegangen werden, sondern es wird auf den detaillierten Anhang A.1 verwiesen. Auch wenn bei der späteren Durchführung des CRISP-DM ebenfalls eine Phase des Datenverständnisses und der Datenvorbereitung durchgeführt wird, handelt es sich um unterschiedliche Aufgabenschritte. Erste dient, der direkten Unterstützung innerhalb der Entwicklung des digitalen Zwillings, wogegen letztere zur Vorbereitung verschiedener Data Analytics Methoden dient. Somit müssen evtl. zwei Datenaufbereitungsphasen mit unterschiedlichen Zielen durchlaufen werden. Möglich und nicht auszuschließen ist, dass die gleichen Datensätze genutzt werden und bereits aufbereitete Daten der Datensammlung und -aufbereitung im CRISP-DM Verwendung finden.

Die in dieser Arbeit gesammelten und aufbereiteten Daten wurden aus verschiedenen Forschungsprojekten des Werkzeugmaschinenlabors WZL der RWTH Aachen extrahiert. Alle Daten sind anonymisiert und bezüglich des Komplexitätsgrades des digitalen Zwillings aufbereitet. Eine detaillierte Beschreibung der Datenaufbereitung wurde durchgeführt. Die Rohdaten entstammen verschiedenen IT-Systemen, wie bspw. ERP, BDE und LVS. Mittels der gesammelten Daten konnte das konzeptionelle Modell des digitalen Zwillings detailliert werden.

Analyse und Identifikation von Einflussfaktoren

Auch wenn durch die Datensammlung und -aufbereitung bereits Daten dem konzeptionellen Modell hinzugefügt wurden, so liegen diese jedoch noch in einer recht unstrukturierten Form

---

[719] Eigene Darstellung

vor. Besondere Bedeutung kommt daher der Analyse und Identifikation von Einflussfaktoren und Wechselbeziehungen auf den Werkzeugbaubetrieb und somit die Wertschöpfung zu. Würden diese innerhalb der Planungsschritte identifiziert und angepasst werden können, wäre es bereits in frühen Planungsschritten möglich, Anpassungen und Änderungen vorzunehmen und einen positiven Einfluss auf die Unternehmensleistung zu garantieren. Nachfolgend wird der CRISP-DM durchlaufen, um die Daten aufzubereiten und zu analysieren.

Das *Ziel* der Datenanalyse stellt die Ermittlung von signifikanten Einflussgrößen für die Produktion und somit auf die Produktionsplanung dar. Durch die Identifizierung von Wirkzusammenhängen in den Daten und die Ermittlung quantifizierbarer Ursache-Wirkungs-Zusammenhänge können Einflussfaktoren auf die Unternehmensumgebung bestimmt werden. Durch die dynamischen Verhaltensweisen von Einflussfaktoren (z. B. Personalkosten) können kurzfristige, aber auch langfristige Veränderungen in der Produktionsplanung und -steuerung nötig sein. Die Identifizierung der beschriebenen Einflussgrößen auf die Produktionsplanung ist somit unabdingbar, um eine effiziente Produktion betreiben zu können. Auch eine erste Sichtung der Daten und Beschreibung der Datenqualität kann in dieser Phase von Nutzen sein.

In der Phase der *Datenvorbereitung* müssen die relevanten Daten bestimmt werden. Sinnvoll ist es, sich an dieser Stelle zu fragen, welche Faktoren Einfluss auf ein Ziel haben können und im zweiten Schritt zu überprüfen, welche Daten die identifizierten Faktoren beschreiben. Hilfreich ist es hierbei, eine Übersicht zu erschaffen. Dargestellt werden sollten die Daten, die zur Verfügung stehen oder aus welchen Systemen die Daten ermittelt werden können und welche Anforderungen diese erfüllen sollten (z. B. ob Daten aggregiert werden müssen). Mit der Unterstützung dieser Übersicht können die Daten erhoben werden. Sind die Daten erhoben, muss die Datenqualität sichergestellt werden (Validität, Vollständigkeit, Genauigkeit etc.), welche bereits während der Phase des Geschäftsverständnisses erstmalig beurteilt wurde. Hierfür können Methoden der deskriptiven Statistik angewandt werden. Für eine erste Analyse können Zentralmaße, wie das arithmetische Mittel oder der Median, genutzt werden. Weiterhin können auch Streumaße herangezogen werden, wie Varianz und Standardabweichung, um Ausreißer oder fehlerhafte Daten zu identifizieren. Box-Plots und Streudiagramme können als Visualisierung unterstützen. Wird eine mangelnde Qualität festgestellt, müssen fehlerhafte Daten angepasst oder bereinigt werden. Häufig ist es zudem notwendig, Daten aus verschiedenen Quellen zu aggregieren. Dies ist möglich, wenn Datensets den gleichen Bezeichner aufweisen (z. B. Seriennummer Maschine).[720] Auch Formatierungsaufgaben wie die Umwandlung von nominalen in numerische Daten gehörten zum Schritt der Datenvorbereitung.

Sind die benötigten Daten vorbereitet, kann mit der Phase der Modellbildung begonnen werden. Ziel ist das Erkennen von nicht-trivialen Mustern, Trends und Zusammenhängen. Bei Zielen zur Identifikation von Einflussfaktoren steht vor allem die Beschreibung von Zusammenhängen und nicht die darauffolgende Prognose zukünftiger und unbekannter Werte im Vordergrund. Zumeist können einfache Assoziationsanalysen wie die Korrelation und Regressionsanalysen gute Erkenntnisse liefern. Zusätzlich ist es möglich, Clusteranalysen wie k-Means

[720] Vgl. IBM (CRISP-DM Guide), 2015, S. 25.

oder Klassifikationen mittels Entscheidungsbäumen durchzuführen. Für alle Anwendungen werden in der Software Orange, aber bspw. auch bei Tableau, die jeweiligen Methoden bereitgestellt. Wichtig ist, zu Beginn der Modellierungsphase ein Testdesign zu generieren. Beispielsweise können ältere Daten in einen Trainings- und einen Testdatensatz unterteilt werden. Nach der Anwendung der Data Mining Methoden kann somit die „Güte“ überprüft werden, indem die Ergebnisse aus dem Trainingsdatensatz mit dem Testdatensatz verglichen werden.

Es wird empfohlen wird die Datenanalyse in einer Data Analytics Software durchzuführen. Eine Bedienung ist aufgrund guter visueller Darstellung einfach und intuitiv. Zusätzlich sind viele durchzuführende Aufgaben durch vorgefertigte Tools in der Komplexität stark reduziert. Beispielhafte Softwarelösungen stellen hier Tableau oder Orange dar. Umfangreiche Tutorials sind online aufzufinden. Aber auch andere Softwarelösungen sind auf dem Markt verfügbar. Es wurde bewusst auf eine Bewertung der verschiedenen Programme verzichtet, da alle Programme umfangreiche Analysemethoden aufweisen. Jedoch können Tableau und Orange aufgrund deren Nutzung in verschiedenen Forschungsprojekten mit Data Analytics Bezug empfohlen werden. Im Rahmen der Forschungsprojekte am Werkzeugmaschinenlabor WZL der RWTH Aachen wurde die Software Orange genutzt, da sie gute Möglichkeiten der visuellen Darstellung und der einfachen Handhabung bietet.

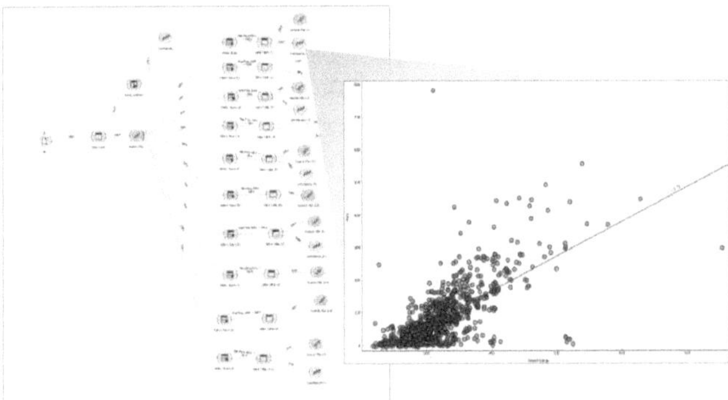

Abbildung 97: Korrelationsanalyse zwischen Werkzeugdaten und Preisgestaltung[721]

Abbildung 97 stellt beispielhaft einen Ausschnitt eines Datenflussdiagramms eines Forschungsprojektes in der Data Analytics Software Orange dar. Es beschreibt verschiedene Zusammenhänge zwischen unterschiedlichen Unternehmens- und Werkzeugkennzahlen mittels Scatterplots, einer linearen Regression sowie der Pearson Korrelationen. Als Beispiel werden die Gesamtlänge eines Werkzeuges und somit die Menge an benötigtem Material über die dadurch verursachten Kosten bzw. den Preis des Werkzeuges dargestellt. Somit könnten die regionalen Materialkosten als Einflussfaktor auf die Produktion und Produktionsplanung festgehalten werden. Es sei an dieser Stelle vermerkt, dass eine Korrelation maximal als Indiz für einen potenziellen kausalen Zusammenhang interpretiert werden kann.

[721] Auszüge aus der Data Analytics Software Orange

Für weitere Analysen wurde auf die Benchmarkingdatenbank des Werkzeugmaschinenlabors WZL der RWTH Aachen zurückgegriffen und 1.841.481 Kennzahlenwerte ausgewählt, aufbereitet und mittels Korrelationsanalysen analysiert. Verglichen wurden die Korrelationen zwischen Wertschöpfung pro Tag, die Termintreue und die Budgeteinhaltung und ausgewählten organisatorischen und technischen Faktoren. Zwei beispielhafte Ergebnisse sind zum einen, dass die Termintreue besonders mit der Anzahl und dem Automatisierungsgrad von Maschinen korreliert. Dies ist zu erwarten, da bei einer hohen Ressourcenverfügbarkeit keine Blockierzeiten auftreten, wie es auch im Zielkonflikt der Produktionsplanung beschrieben wurde. Dahingegen korrelieren die Budgeteinhaltung und die Anzahl der zur Verfügung stehenden Fertigungswerkzeuge verhältnismäßig gering. Auf Basis dieser und weiterer Forschungsaktivitäten des Werkzeugmaschinenlabors WZL der RWTH Aachen wurden nachfolgend zusätzliche Einflussfaktoren aufgelistet, die Auswirkungen auf die zeitlichen und kostenbeschreibenden Ziele ausüben und in bereits durchgeführten Data Analytics Prozessen analysiert wurden (siehe Abbildung 98). Die Praxiserfahrung des Autors bestätigt diese Identifikation.

Abbildung 98: Identifizierte Einflussfaktoren im digitalen Zwilling eines Werkzeugbaus[722]

Zusätzlich sollte in der *Evaluierungsphase* hinterfragt werden, ob die identifizierten Einflussfaktoren logisch und sinnvoll in den digitalen Zwilling integriert werden können. Auch wenn mittels der Analyse von Daten Aussagen getroffen werden, sollte mit „gesundem Menschenverstand" geprüft werden, ob die Ergebnisse und deren Ausprägungen für das eigene Projekt von Relevanz sind. Anschließend können die Einflussfaktoren in der *Bereitstellungsphase* in das konzeptionelle Modell überführt werden, um in der Simulation berücksichtigt zu werden.

Formalisierung Modell

Als nächste Aufgabe würde die Formalisierung des Modells folgen. Das formale Modell soll sicherstellen, dass eine projektfremde Person das mathematische Modell ohne weitere Vorkenntnisse und Erklärungen erstellen könnte.[723] Dies ist bei großen und äußerst komplexen Modellen notwendig, da unterschiedliche Personen involviert sind und eine neutrale und leicht verständliche Dokumentation der Informationen und Wirkbeziehungen erforderlich ist. Der hier

[722] Eigene Darstellung auf Basis von Analysen verschiedener Unternehmensdaten der WZL und IPT Benchmarkingdatenbank. Vgl. WZL; IPT (Unternehmensdatenbank „Excellence in Production"), 2020.

[723] Siehe auch Kapitel 5.1.2.1

betrachtete Kontext eines Werkzeugbaubetriebs kann in seiner Komplexität so eingestuft werden, dass ein formales Modell nicht zwingend erforderlich ist. Zudem wird angenommen, dass das konzeptionelle Modell sowie das mathematische Modell von derselben Person erstellt wird, sodass der Schritt der formalen Modellerstellung an dieser Stelle vernachlässigt werden kann. Dies gilt auch für den im Rahmen dieser Arbeit entwickelten digitalen Zwilling.

5.1.2.3 Schritt 2.B: Aggregierung digitaler Zwilling als mathematisches Modell

Abschließend wird das formale Modell oder bei Nichtausführung dessen das konzeptionelle Modell, mit allen Anforderungen und Annahmen, in ein mathematisches Modell überführt. Zudem erfolgt die Simulation der Planungsumgebung im digitalen Zwilling zur Validierung der Korrektheit. Die mathematische Abbildung des im Rahmen dieser Arbeit umgesetzten digitalen Zwillings ist in der Simulationssoftware Siemens Plant Simulation umgesetzt und wird ebenfalls exemplarisch beschrieben (siehe auch Anhang A.1).

Implementierung mathematische Modell

Die Implementierung beschreibt die Überführung des erstellten konzeptionellen bzw. formalen Modells in ein digitales Modell in einem Simulationstool. Dazu ist zunächst die Transformation des konzeptionellen bzw. formalen Modells in ein mathematisches Modell erforderlich. Das mathematische Modell beinhaltet die gleichen Informationen und Zusammenhänge wie das konzeptionelle bzw. formale Modell, jedoch in strukturierter mathematischer Form. Das konzeptionelle Modell kann bspw. eine Sammlung von verschiedenen Beschreibungen in unterschiedliche Medien sein, wohingegen das mathematische Modell die Abhängigkeiten in Form von zusammenhängenden Gleichungen beschreibt. Dabei kann gut auf den Ergebnissen der Ableitung von Einflussfaktoren und Wirkbeziehungen aufgebaut werden. Je nach eingesetzter Software zur Datenanalyse liegen bereits mathematische Formulierungen und Zusammenhänge vor. Bei der Fertigstellung des mathematischen Modells ist eine Gegenüberstellung von Anforderungen und Annahmen aus dem konzeptionellen und formalen Modell und dem mathematischen Modell zu empfehlen. So kann die Vollständigkeit des digitalen Zwillings sichergestellt werden. Auch der Abgleich mit den zu Beginn formulierten Zielen eines digitalen Zwillings ist nicht zu vernachlässigen. Es muss erkenntlich sein, dass der digitale Zwilling die gewollten Ziele erreichen kann.

Die Implementierung des mathematischen Modells erfolgt üblicherweise durch Simulationsfachleute oder Softwareexperten. Die Durchführung der Implementierung in einem Simulator wird empfohlen. Dieser stellt bereits vorgefertigte Bauteile zur Verfügung. So ist Plant Simulation bspw. objektorientiert zu programmieren. Trotzdem ist es empfehlenswert, den digitalen Zwilling durch einen Softwareexperten oder Simulationsexperten durchführen zu lassen, da systemindividuelle Ablaufregeln und logische Zusammenhänge häufig noch eigenständig programmiert werden müssen. Dennoch erleichtert ein Simulator die Arbeit erheblich, da über Attribute von Elementen, Listen und hinterlegten stochastischen Verteilungen viele Systemeigenschaften einfach nachgebildet werden können. Der Aufwand der Implementierung hängt stark vom Systemumfang ab, weshalb die bereits erwähnte Reduktion auf die wesentlichen Aspekte innerhalb des Betrachtungsgegenstandes zusätzliche Relevanz erhält. Es soll zudem erwähnt sein, dass die Wiederholung der Erstellung des digitalen Zwillings den Aufwand stark reduziert, da erstellte Komponenten innerhalb des Simulators, wie bspw. Fertigungsmaschinen, wiederverwendet werden können.

Simulation und Ergebnisanalyse

Nach der Implementierung ist es erforderlich den digitalen Zwilling zu testen und zu validieren, bevor die eigentliche Nutzung zum Erkenntnisgewinn erfolgen kann. Zum Testen und Validieren können Simulationsexperiment mit ausgewählten Datensätzen durchgeführt werden. Ein Simulationsexperiment ist die gezielte empirische Untersuchung des Modellverhaltens auf Basis wiederholter Simulationsläufe, wobei das Simulationsmodell systematisch hinsichtlich seiner Parameter oder seiner Struktur variiert werden kann.[724] Das Ziel besteht in der Identifikation von korrekten Parametern des Simulationsmodells zur Durchführung von komplexen mathematischen Operationen. Als Beispiele sind Standardabweichungen, Anzahl von Iterationen oder Rundungen zu nennen. Es lassen sich zwei Arten von Analysen bei Simulationsexperimenten unterscheiden:[725]

- **„What-if-Analysen":** Anhand einer Aufgabenstellung wird vorgegeben welche Parameterkombinationen simuliert werden sollen.
- **„How-to-achieve-Analyse":** Unter gegebenen Zielsetzungen werden so lange Parameterkonfigurationen gesucht, bis die Zielsetzungen erreicht sind.

Die erzeugten Simulationsergebnisse sind entweder bekannt sind und können verglichen werden, oder sie sind unbekannt und manuell auf ihre logische Korrektheit überprüft werden. Sind genügend historische Daten von Aufträgen eines Werkzeugbaubetriebs bekannt, so empfiehlt sich die Simulation eines definierten Zeitraums, wie bspw. eines Jahres. Die Simulationsergebnisse können vereinfachend anhand von bestimmten Kennzahlen des Werkzeugbaubetriebs, wie bspw. der gesamten Arbeitszeit, verglichen werden. Dabei können Abweichungen in einem gewissen Rahmen, welcher nicht die Aussagefähigkeit verringert, toleriert werden. Denn der entstehende Aufwand muss im Verhältnis zu der Anzahl der Simulationsläufe stehen. Aufgrund dessen sollte versucht werden, möglichst wenige Parameterkonfigurationen zur Zielerreichung durchzuführen, wobei gleichzeitig genügend Simulationsläufe zum Erstellen von verwertbaren Ergebnissen benötigt werden. Moderne Simulatoren, wie bspw. auch Plant Simulation, unterstützen hierbei, bspw. mithilfe von Funktionen zur Dokumentation oder des Vorschlags von Parametern, und vereinfachen somit die Validierung eines Simulationsmodells deutlich.

Mit dem validierten Simulationsmodell können nun Simulationen zum Erkenntnisgewinn durchgeführt werden. Im Kontext der Methodik stellt der digitale Zwilling damit ein notwendiges Hilfsmittel zum Verständnis der Produktionsplanung, zur Auslegung der intelligenten Produktionsplanungsprozesse und zur langfristigen Wissensspeicherung dar.

---

[724] Vgl. Gutenschwager et al. (Vorgehensweise bei Simulationsstudien), 2017, S. 178.

[725] Vgl. Mertens (Simulation), 1982, S. 4.

Beispielhafte Simulation eines Werkzeugbaus mit einem digitalen Zwilling

Im Folgenden wird die Planungsumgebung eines Werkzeugbaus beispielhaft mit einem digitalen Zwilling simuliert, um die technischen Möglichkeiten aufzuzeigen. Als Vorlage für die Simulation dienten mehrere reale Werkzeugbaubetriebe. Zur Simulation wurde die bereits beschriebene Simulationssoftware Siemens Plant Simulation eingesetzt. Es soll jeweils der Input in den digitalen Zwilling, die eigentliche Modellierung sowie die Ergebnisse der Simulation der Produktion beschrieben werden. Kern der Modellierung ist die Darstellung der Fertigung von Werkzeugen auf Basis der internen und externen Fertigungsressourcen sowie externen Einflüssen wie bspw. Kundenaufträge und Rohstoffpreise. Dazu wurden als Input in den digitalen Zwilling alle relevanten Faktoren aufgenommen, um die Fertigung zu beschreiben (siehe Abbildung 99).

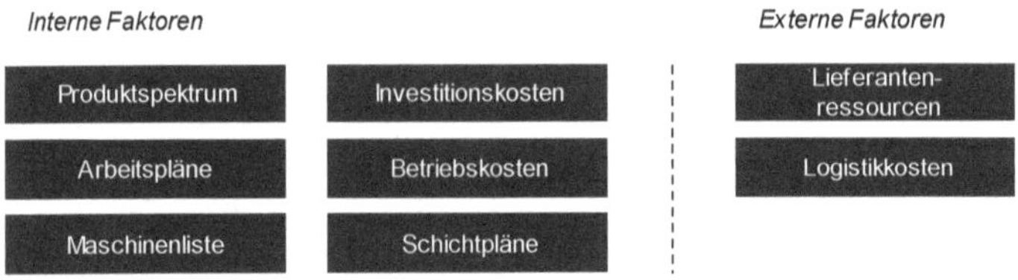

Abbildung 99: Input des digitalen Zwillings[726]

Jeder Input-Faktor beinhaltet verschiedene Daten und Informationen, um Fertigungsressourcen, ihren zeitlichen und finanziellen Zusammenhang oder Produkte in Form von Aufträgen zu beschreiben. Auf Basis des gesammelten Inputs ergibt sich in Abbildung 100 das Simulationsmodell. Eine 3D-Darstellung der Fertigungsressourcen wird ebenfalls unterstützt. Im Anhang A.3 sind weitere Darstellungen gegeben. Die Zusammenhänge zwischen einzelnen Elementen, wie bspw. zwischen Fertigungsressourcen, werden in Form von Methoden in der Simulationsumgebung programmiertechnisch beschrieben und dokumentiert. Diese beinhalten bspw. auch die fertigungstechnischen Abfolgen zur Herstellung einzelner Komponenten auf Basis der Arbeitspläne.

[726] Eigene Darstellung

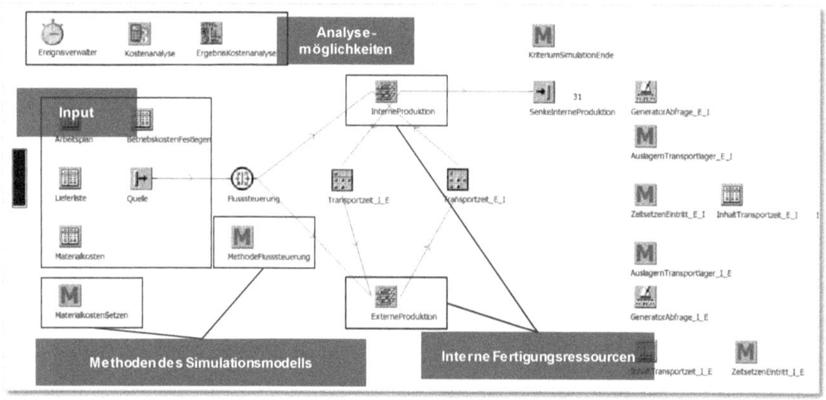

Abbildung 100: Darstellung des Simulationsmodells[727]

Das Modell stellt zum einen den statischen Ist-Zustand dar und beschreibt die Zusammenhänge. Zum anderen sind dynamische Simulationen der Fertigungsprozesse und der Prozessergebnisse auf Basis des Inputs möglich. Dabei können unterschiedliche Analysen, wie bspw. hinsichtlich der zu erwartenden Kosten, Durchlaufzeiten oder Auslastungen, durchgeführt werden (siehe Abbildung 101). Diese geben detailliert Auskunft über einzelne Fertigungsressourcen oder Aufträge. Der jeweilige Input für die dynamischen Simulationen kann aus unterschiedlichen Aufträgen für den Werkzeugbau bestehen. Oder es können Veränderungen in den Fertigungsressourcen mit Auswirkungen auf die Prozessergebnisse, wie bspw. der Ausfall einer Fertigungsmaschine, simuliert werden.

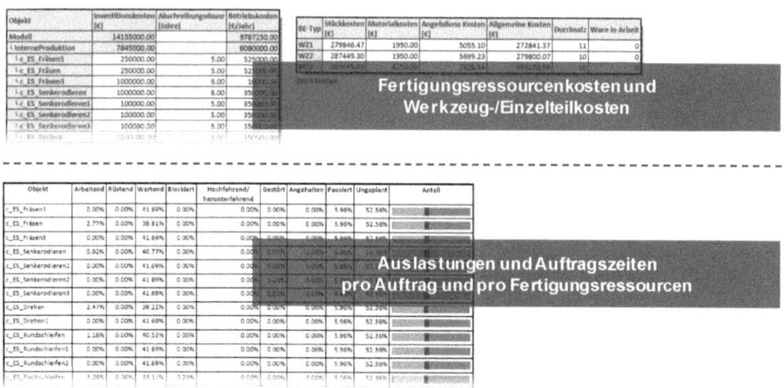

Abbildung 101: Ergebnisse der Simulation[728]

[727] Auszüge aus Siemens Plant Simulation

[728] Auszüge aus Siemens Plant Simulation

5.1.2.4 Schritt 2: Ergebnis

Das Ergebnis des zweiten Schrittes zur Entwicklung eines digitalen Zwillings innerhalb der Methodik zur Auslegung intelligenter Planungsprozesse im Werkzeugbau bilden:

- Definierte relevante Einflussfaktoren auf die Planung
- Entwickelter und validierter digitaler Zwilling zur Abbildung der aktuellen und zukünftigen Planungs- und Produktionssituation

5.2 Auslegungsphase

Die Auslegungsphase der Methodik gliedert sich in drei sequenzielle Schritte. Dabei orientiert sich die Auslegungsphase an den charakteristischen Bereichen der Planung, Organisation, Prozess und Ressource, die aus der Systembetrachtung der Planung abgeleitet wurden. Zudem liegt hierbei das Verständnis zugrunde, dass intelligente Planungsprozesse nur auf Basis optimierter Fertigungssegmenten ausgelegt werden können. Daher werden diese zuerst entwickelt. Für die Fertigungssegmente werden anschließend spezifische und anforderungsgerechte intelligenten Planungsprozesse ausgelegt. Aus diesen leiten sich abschließend befähigende und unterstützende Soft- und Hardwaresysteme ab.

5.2.1 Schritt 3: Entwicklung optimierter Fertigungssegmente

Der erste Schritt der Auslegungsphase betrachtet die Entwicklung der Planungsbereiche. Im Rahmen dieser Arbeit ist ein Planungsbereich als eine organisatorische Fertigungseinheit definiert, welche bei der Durchführung der Produktionsplanung berücksichtigt werden muss.

Um ein optimales Planungsergebnis sowie intelligente Produktionsplanungsprozesse zu ermöglichen, muss zum einen der Zielkonflikt der Planung aufgelöst werden. Zum anderen muss eine gewisse Flexibilität in der kapazitiven Ressourcenverteilung erzielt werden. Dies ist mittels flexibler Fertigungssegmente möglich. Die Auslegung optimierter Fertigungssegmente in Vorbereitung der Auslegung intelligenter Planungsprozesse gliedert sich zunächst in die organisatorische Gestaltung eines Segments hinsichtlich der Verteilung von Aufträgen mittels Segmentierungsszenarien und im zweiten Schritt in die Zuordnung von notwendigen Fertigungsressourcen sowie eine Validierung. Der entwickelte digitale Zwilling spielt hierbei eine zentrale Rolle, da dieser sowohl zur Entwicklung der Segmentierungsszenarien als auch zur Zuordnung der Fertigungsressourcen ein unterstützendes Hilfsmittel ist. Zudem kann dieser angewandt werden, um die Auslegung der Segmente zu validieren.

5.2.1.1 Schritt 3: Grundlagen

Zum besseren Verständnis des Vorgehens des dritten Schrittes werden die unterschiedlichen Auftragstypen wiederholt und das Prinzip der Segmentierung eingeführt.

Auftragsarten

In der betrieblichen Praxis produzierender Unternehmen liegen Aufträge in unterschiedlichen zeitlichen Fristen vor. Im Werkzeugbau kann dabei vereinfacht in die Kategorien *Planbar* und

Unplanbar unterschieden werden.[729] Planbar bedeutet, dass die Aufträge mit einem zeitlichen Vorlauf eingehen und dadurch systematisch geplant werden können. Unplanbar sind dahingegen solche Aufträge, die kurzfristig mit einer hohen zeitlichen Kritikalität in der Durchlaufzeit eingehen. In Abbildung 102 ist eine Übersicht des Auftragshäufigkeit und des Auftragsvolumens von planbaren und unplanbaren Aufträgen in der Branche Werkzeugbau gegeben. Es zeigt sich, dass ein Großteil der Aufträge zwar unplanbar ist, jedoch nur einen geringen Anteil an Umsatz ausmacht.

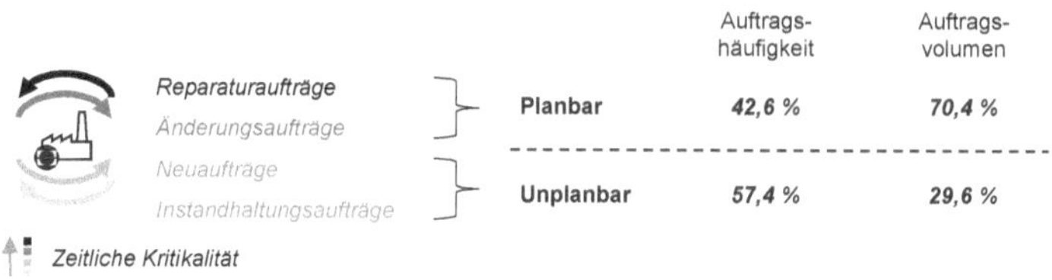

Abbildung 102: Planbare und unplanbare Aufträge im Werkzeugbau[730]

Für weitere Beschreibungen der Auftragsarten im Werkzeugbau siehe auch Kapitel 2.4.3.3.

Fertigungssegmentierung

Die Segmentierung beschreibt eine „Form der Gruppierung (Bündelung) von Unternehmensaktivitäten (…), die sich gegenüber anderen Gruppierungsalternativen durch eine – aus Sicht der Gesamtunternehmung – relativ geringe Relationenkomplexität auszeichnet“.[731] In Werkzeugbaubetrieben ist die Segmentierung zur Bildung von Fertigungssegmenten bereits ein anerkanntes Vorgehen zur Lösung des charakteristischen Zielkonflikts in der Produktionsplanung.[732] Denn die Herstellung von kundenspezifischen Werkzeugen in einer Einzel- und Kleinserie in Verbindung mit den Auftragsarten setzen eine flexible Verfügbarkeit von Fertigungsressourcen voraus. Dies ist gegensätzlich zu einer hohen Effizienz auf Basis einer Produkt- und Prozessstandardisierung. Eine Segmentierung ermöglicht die Unterteilung des Werkzeugbaubetriebs in unterschiedliche Segmente mit eigenen Zielgrößen. Die jeweiligen Ressourcen und Prozesse eines Segments können an die ideale und effiziente Erfüllung der spezifischen Ziele ausgerichtet werden. Dadurch können Werkzeugbaubetriebe eine hohe Effizienz in ihrer Wertschöpfung auf Basis eines optimierten Ressourceneinsatzes und einer Produkt- und Prozessstandardisierung.[733] Die Segmentierung kann zudem durch eine strategische Fokussierung des Unternehmens ergänzt werden. Fokussierung bezeichnet die „Konzentration des

[729] Vgl. Boos et al. (Planen und Steuern im Werkzeugbau), 2019, S. 10.

[730] Vgl. WZL; IPT (Unternehmensdatenbank „Excellence in Production“), 2020.

[731] Vgl. Höge (Organisatorische Segmentierung), 1995, S. 143.

[732] Vgl. Boos et al. (Segmentieren im Werkzeugbau), 2019, S. 8; Boos et al. (Planen und Steuern im Werkzeugbau), 2019, S. 15.

[733] Vgl. Boos et al. (Segmentieren im Werkzeugbau), 2019, S. 8.

Leistungsangebots auf die Leistungen mit dem höchsten wirtschaftlichen Beitrag zum Unternehmensergebnis."[734] Weniger lukrative Leistungen sollten langfristig nicht mehr angeboten werden. Dadurch können die Komplexität und die Varianz des Leistungsspektrums reduziert werden. Da die Fokussierung vor allem die Unternehmensstrategie und nicht die Produktionsplanung adressiert, soll sie im Rahmen dieser Arbeit nicht weiter betrachtet werden.

Bei der Segmentierung kann grundlegend in eine Ressourcenorientierung, eine Produktprogrammorientierung und eine Prozessorientierung differenziert werden.[735] Im Werkzeugbau haben sich vor allem die prozessorientierte und die produktprogrammorientierte Segmentierung etabliert.[736] Die produktprogrammorientierte Segmentierung beschreibt die Unterteilung in unterschiedliche angebotene Werkzeugtypen. Denn es werden für verschiedene Werkzeugtypen sowohl andere Kompetenzen als auch Ressourcen benötigt. Werkzeugbaubetriebe, die bspw. bspw. Spritzgießwerkzeuge und Stanz-Biegewerkzeuge herstellen, sind zumeist in zwei produktorientierte Segmente unterteilt. Aber durch eine branchenweite Fokussierung deutscher Werkzeugbaubetriebe auf einen Werkzeugtyp, konnte die Einführung einer prozessorientierten Segmentierung beobachtete werden.[737] In der prozessorientierten Segmentierung werden (Fertigungs-)Prozessarten oder auch Auftragsarten in unterteilten Segmenten zusammengefasst. Besonders die Aufteilung in planbare und unplanbare Aufträge in verschiedenen Segmenten bietet sich an, um die Erfüllung der entgegengesetzten Ziele zu ermöglichen und wird bereits in vielen Werkzeugbaubetrieben umgesetzt.

In der Literatur finden sich mehrere Vorgehen zur Durchführung einer Segmentierung und es soll besonders auf die Vorgehen nach Hensen[738] und nach Boos et al.[739] verwiesen werden, da diese als Grundlage für das Vorgehen im Rahmen dieser Arbeit dienten. Jedoch wurde wesentliche Anpassungen und Ergänzungen vorgenommen, um eine höhere Konkretheit und stärkere Adressierung der Forschungsfrage zu ermöglichen.

5.2.1.2 Schritt 3.A: Aufstellung Segmentierungsszenarien

Im ersten Teilschritt zur Gestaltung einer optimalen Organisationsstruktur werden Segmentierungsszenarien aufgestellt. Die Segmentierungsszenarien beschreiben konkret, wie die Fertigungseinheiten hinsichtlich der Aufgabenverteilung von Aufträgen und der Zuteilung von Ressourcen gestaltet sind. Bei der Entwicklung von Segmentierungsszenarien müssen zwei Aufgaben adressiert werden, welche aufeinander aufbauen und im Folgenden aufgelistet sind:[740]

---

734 Vgl. Boos et al. (Segmentieren im Werkzeugbau), 2019, S. 8.

735 Vgl. Reiß (In Prozessen denken), 1993, S. 51.

736 Vgl. Hensen (Auslegung industrieller Werkzeugbaubetriebe), 2017, S. 154.

737 Vgl. Hensen (Auslegung industrieller Werkzeugbaubetriebe), 2017, S. 154.

738 Vgl. Hensen (Auslegung industrieller Werkzeugbaubetriebe), 2017, S. 161ff.

739 Vgl. Boos et al. (Segmentieren im Werkzeugbau), 2019, S. 10ff.

740 Grundelemente zur Gestaltung von Fertigungseinheiten finden sich bei Hensen wieder und wurden an dieser Stelle weiterentwickelt sowie durch weitere inhaltliche Aufgaben ergänzt. So betrachtet Hensen lediglich die Segmentierung nach der Einteilung von Aufträgen in die Kategorien „Planbar"

- Klassifizierung des Auftrags- und Leistungsspektrums
- Aufstellung von Segmentierungsszenarien

Als erstes gilt es, das Auftrags- und Leistungsspektrums des Werkzeugbaus zu ermitteln und hinsichtlich gemeinsamer Charakteristika, wie bspw. ähnliche Auftragstypen und Fertigungsprozessfolgen, zu klassifizieren. Dies ist erforderlich, um darauf aufbauend verschiedene Segmentierungsszenarien aufzustellen, die sich nach den Charakteristika des Auftrags- und Produktspektrums richten. Das Ergebnis des ersten Teilschrittes bilden Segmentierungsszenarien, welche versuchen, die Anforderungen auf Basis der Zieldimensionen optimal zu erfüllen.

Klassifizierung des Auftrags- und Leistungsspektrums

Die Klassifizierung des Auftrags- und Leistungsspektrums verfolgt zwei Ziele. Zum einen sollen Aufträge identifiziert und Auftragsarten zugeordnet werden. Dies ist erforderlich, da die Aufträge üblicherweise unterschiedliche Zielstellungen verfolgen und dies bei der Segmentierung berücksichtigt werden muss. Zweitens sollen geeignete technologische Charakteristika identifiziert werden, die eine Optimierung des internen Leistungserstellungsprozesses befähigen sowie eine Glättung der Auftragsbearbeitung begünstigen. Dies kann bspw. durch die Bündelung von Werkzeugen mit gleichen Fertigungsprozessketten erfolgen.

Die Klassifizierung des Auftragsspektrums erfolgt durch die Einteilung von Aufträgen in ihre Planbarkeit bzw. ihre Fristigkeit. Dabei wird grundsätzlich in die beiden Bereiche Planbar und Unplanbar unterschieden.[741] Planbare Aufträge bestehen aus Neuaufträgen und Instandhaltungsaufträgen und haben zumeist einen starken Kostendruck. Zu den unplanbaren Aufträgen zählen Änderungsaufträge und Reparaturaufträge. Diese sind besonders zeitkritisch und haben einen weniger starken Kostendruck. Abbildung 103 zeigt die Zuordnung der Aufträge in die Bereiche und stellt eine Ausfüllhilfe zur Beschreibung des Auftragsspektrums dar.

und „Unplanbar". Die Betrachtung von Szenarien, Zielvorgaben, weiteren Auftragscharakteristika sowie die zukünftige Auftragsentwicklung erfolgt nicht oder nur unzureichend. Vgl. Hensen (Auslegung industrieller Werkzeugbaubetriebe), 2017, S. 161ff.

[741] Die Einteilung der Aufträge ist im Werkzeugbau üblich. Siehe auch Kapitel 5.2.1.1.

	Planbar			Unplanbar		
Auftragsart	Neuauftrag	Instand-haltungsauftrag	Summe	Änderungs-auftrag	Reparatur-auftrag	Summe
Umsatz [€]	1.689.129	50.689	1.739.818	231.561	688.723	920.284
Umsatzanteil [%]	63	2	65	9	26	35
Kosten [€]	1.412.312	48.779	1.461.091	199.856	596.221	796.077
Häufigkeit [#]	16	4	20	15	59	74
Häufigkeit [%]	17	4	21	16	63	79
Termintreue [%]	78	81	-	71	83	-
Ø Durchlaufzeit [Std.]	89	10	-	8	7	-

Abbildung 103: Ausfüllhilfe zur Klassifizierung des Auftragsspektrums[742]

Die dargestellte Ausfüllhilfe soll neben der Dokumentation des Auftragsspektrums eine erste Analyse gewährleisten, welche bei der späteren Erstellung der Segmentierungsszenarien berücksichtigt werden kann. Dabei soll identifiziert werden, welche Auftragstypen eine hohe Relevanz haben. Eine hohe Relevanz kann sich in verschiedenen Bereichen ausdrücken. Im Beispiel in Abbildung 103 wird ersichtlich, dass sowohl planbare als auch nicht planbare Aufträge eine hohe Relevanz haben (Planbar: Hoher Umsatzanteil; Unplanbar: Hohe Häufigkeit). In beiden Bereichen sind relevante Auftragstypen erkennbar. So ist erkennbar, dass Neuaufträge finanziell wichtiger als Instandhaltungsaufträge sind. Im unplanbaren Bereich des Beispiels bilden die Reparaturaufträge eine größere Gruppe als die Änderungsaufträge. Als eine erste Hypothese lässt sich daher feststellen, dass eine Aufteilung der Segmente in Planbare und Unplanbare Aufträge sinnvoll sein könnte. Eine weitere Unterteilung auf die einzelnen Auftragstypen wirkt unnötig, da die Instandhaltungsaufträge und die Änderungsaufträge jeweils eine geringe Relevanz haben und vermutlich keine sinnvolle Maschinenauslastung in einem eigenen Segment erzeugen würden.

Die anschließende Klassifizierung des Leistungsspektrums soll Aufschluss darüber geben, ob und wie eine weitere Unterteilung bspw. der Neuaufträge auf einzelne Werkzeugtypen sinnvoll ist. Dadurch kann der Prozess- und Materialfluss innerhalb des Werkzeugbaus optimiert werden und die Bearbeitung der Aufträge kann aus Planungssicht geglättet werden, da ähnliche Aufträge mit ähnlichen Bearbeitungszeiten gebündelt werden. Daher besteht das Ziel in der Identifizierung und Bündelung von Leistungen, die einen vergleichbaren Leistungserstellungsprozess besitzen. Die Erzeugnisse Werkzeuge und Werkzeugkomponenten sowie Dienstleistungen sind die Leistungen eines Werkzeugbaubetriebs. Im Folgenden soll der Fokus auf den Werkzeugen und Werkzeugkomponenten liegen. Die betrachteten Leistungserstellungsprozesse sind demnach die Fertigungsprozesse der Werkzeuge und Werkzeugkomponenten. Zur

742 Eigene Darstellung

Klassifizierung kann der Leistungserstellungsprozess betrachtet werden oder es werden die charakteristischen Eigenschaften der Leistung betrachtet. Dies ist abhängig von der Datengrundlage. Empfehlenswert ist die Betrachtung des Leistungserstellungsprozesses.

Dazu werden die Leistungserstellungsprozesse aller Leistungen standardisiert aufgenommen und verglichen. Diese sind üblicherweise in bestehenden PPS-Systemen oder als rückgemeldete Aufwände im ERP-System zu finden. In Abbildung 104 ist dazu ein Beispiel gegeben. Es werden für Werkzeugkomponenten, die im Werkzeugbau gefertigt werden, die Fertigungsprozessfolgen aufgenommen. Dabei lassen sich ähnliche Fertigungsprozessfolgen identifizieren. Diese lassen sich zu Hauptprozessfolgen zusammenfassen. Die Hauptprozessfolgen helfen bei der Bündelung von Bauteilen, die auf ähnliche bzw. gleiche Weise hergestellt werden. In dem Beispiel in Abbildung 104 können auf Basis der Fertigungsprozessfolgen vier charakteristische Hauptprozessfolgen abgeleitet werden. Bei den vier Hauptprozessfolgen lässt sich bei näherer Betrachtung feststellen, dass Hauptprozessfolgen 1 und 2 sowie 3 und 4 ähnliche Ressourcen verwenden. Dies bildet einen Indikator für eine weitere Segmentierung dieser Hauptprozessfolgen.

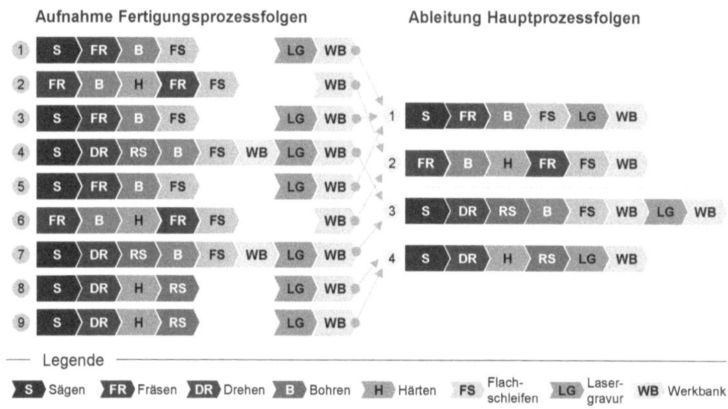

Abbildung 104: Klassifizierung von Leistungserstellungsprozessen[743]

Da in der Praxis nicht immer alle Informationen zu abgeschlossenen Leistungserstellungsprozessen vorliegen, kann eine weitere Kategorisierung des Leistungsspektrums nach den folgenden Leistungen erfolgen. Denn ähnliche Leistungen haben zumeist einen sehr vergleichbaren Leistungserstellungsprozess. Im Werkzeugbau können ähnliche Werkzeuge nach den folgenden Eigenschaften beschrieben und klassifiziert werden:

- **Werkzeugmaße** [mm]
- **Werkzeuggewicht** [kg]
- **Werkzeugtyp** [Typ]
- **Werkzeugtechnologie** [Technologie]

[743] Eigene Darstellung

- **Artikel** [Größe]
- **Artikelmaterial** [Material]
- **Kunde** [Name; Ort; Umsatzanteil]

Die Werkzeugeigenschaften dienen in der Erstellung der Segmentierungsszenarien als Anhaltspunkte für die Aufteilung von Fertigungsressourcen zu ähnlichen Werkzeugtypen.

Bei der Klassifizierung des Auftrags- und Produktspektrums kann der digitale Zwilling eingesetzt werden. Dieser enthält bereits zahlreiche Informationen zu Aufträgen und Leistungen.

Aufstellung der Segmentierungsszenarien

Auf Basis des Auftrags- und Leistungsspektrums können Segmentierungsszenarien aufgestellt werden. Die Erstellung von Segmentierungsszenarien erfolgt zweistufig, wobei jede Segmentierungsstufe ein eigenes Ziel verfolgt und jeweils eine weitere Detaillierungsebene bildet (siehe Abbildung 105). Die erste Stufe wird durch die *Auftragssegmentierung* dargestellt. Dabei wird eine Aufteilung nach der Planbarkeit der Auftragsarten zur Auflösung der strategischen und operativen Zielkonflikte vorgenommen. Die zweite Stufe erfolgt durch die *Produktsegmentierung*. Diese beschreibt die Aufteilung nach Ähnlichkeiten in Fertigungsprozessen zur Verbesserung der Fertigungseffizienz auf Basis des Leistungsspektrums. In diesem Teilschritt werden alle Segmentierungsszenarien ermittelt. Die Bewertung und Auswahl erfolgt im anschließenden Teilschritt 3.B.

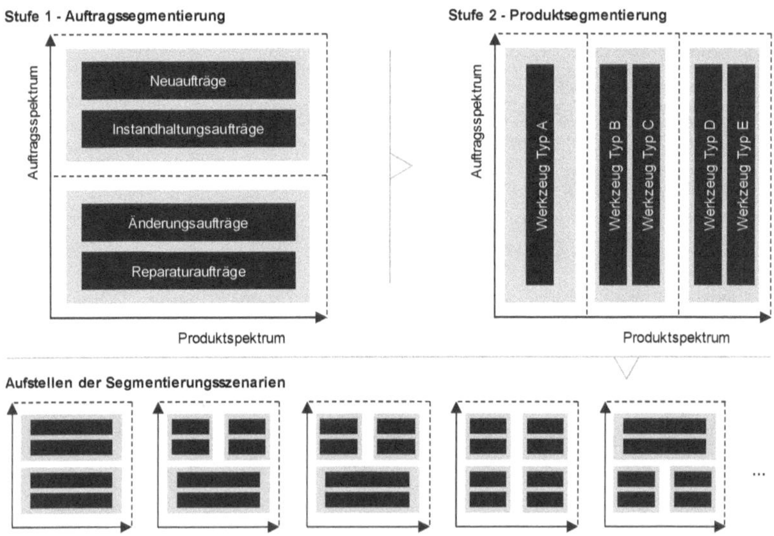

Abbildung 105: Aufstellen der Segmentierungsszenarien[744]

[744] Eigene Darstellung

Die Auflösung des Zielkonflikts der strategischen Zielvorgaben für die Produktionsplanung, welche in Schritt 1 der Methodik definiert wurden, stellt das Ziel der ersten Segmentierungsstufe dar. Hintergrund der ersten Segmentierungsstufe ist der Zielkonflikt, der zwischen den Zielvorgaben besteht. Eine hohe Kosteneffizienz durch eine hohe Auslastung, wie sie bei Neuaufträgen gefordert ist, steht in einem konträren Verhältnis zu einer schnellen Reaktionsgeschwindigkeit und hoher Flexibilität, wie sie bei Reparaturaufträgen erwartet wird. Zum besseren Verständnis der Wirkzusammenhänge der strategischen Zielvorgaben sind in Abbildung 106 die qualitativen Wirkzusammenhänge dargestellt.[745] Diese sollen als eine Orientierungshilfe bei der Gestaltung sinnvoller Segmentierungsszenarien dienen und losgelöst von den Auftragstypen betrachtet werden.

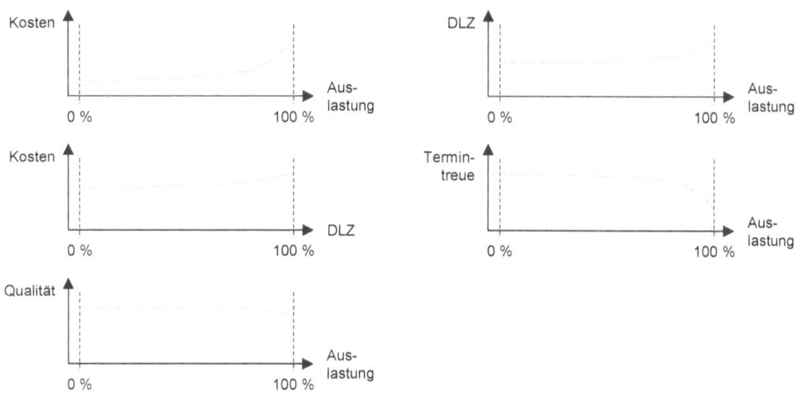

Abbildung 106: Übersicht der Zusammenhänge von Produktionszielgrößen[746]

Auf einen Zusammenhang soll an dieser Stelle gesondert eingegangen werden, da er zum Verständnis des Ziels der Kosteneffizienz essenziell ist. Wie in Abbildung 106 ersichtlich, besteht ein direkter Zusammenhang zwischen Kosten und Auslastung. Eine höhere Auslastung bedingt höhere Kosten. Jedoch führt eine höhere Auslastung zu einer besseren Kosteneffizienz, da die Kosten aus fixen und variablen Kosten bestehen. Die Fixkosten sind unabhängig von der Produktionsmenge und bestehen bspw. in Personal- und Hallenkosten. Die variablen Kosten sind abhängig von der Produktionsmenge, bspw. Materialkosten und Fremdleistungskosten. Durch die variablen Kosten steigen somit die absoluten Gesamtkosten infolge der höheren Auslastung und höheren Produktionsvolumina. Allerdings können die Fixkosten auf eine höhere Ausbringungsmenge verteilt werden, was die Produktionskosten eines einzelnen Produkts deutlich verringert.

[745] Der Autor hat sich an den logistischen Kennlinien aus der Serienproduktion nach WIENDAHL orientiert und auf die Einzel- und Kleinserienfertigung adaptiert. Dies erfolgte auf Basis von Projekterfahrungen des Autors. Vgl. Nyhuis; Wiendahl (Logistische Kennlinien), 2012, S. 178ff.

[746] Eigene Darstellung; Qualitative Darstellung auf Basis von Projekterfahrungen des Autors

Mit dem Verständnis der Wirkzusammenhänge sowie des klassifizierten Auftragsspektrums kann die *Auftragssegmentierung*, als erste Segmentierungsstufe, erfolgen. Eine vereinfachende, grundlegende Aufteilung kann sich durch die Betrachtung planbarer und unplanbarer Aufträge ergeben (siehe auch Beispiel in Abbildung 103Abbildung 104). Der planbare Bereich ist hochausgelastet, weist eine hohe Kosteneffizienz und eine hohe Termintreue auf und eignet sich für Neuaufträge und Instandhaltungsaufträge. Der unplanbare Bereich hingegen ist weniger stark ausgelastet und sieht Änderungs- und Reparaturaufträge vor. Jedoch empfiehlt es sich, die Auftragstypen hinsichtlich der aufgenommenen strategischen Zielvorgaben genauer zu analysieren und diese entsprechend aufzuteilen, sodass gemäß den Wirkzusammenhängen keine Zielkonflikte bestehen. Ob eine weitere Unterteilung auf einzelne Auftragstypen sinnvoll ist, ergibt sich durch die Bewertung der Relevanz von Auftragstypen vor allem auf Basis der Betrachtung von Häufigkeit, Durchlaufzeiten und Umsatz.

Die zweite Stufe der Segmentierung, die *Produktsegmentierung*, hat die Optimierung der internen Fertigungsprozessabläufe zum Ziel. Auf Basis der Klassifizierungsergebnisse wird die vorgenommene Aufteilung der ersten Segmentierung hinsichtlich charakteristischer Hauptprozessfolgen mit ähnlichen Ressourcenverteilungen erweitert (siehe auch Beispiel in Abbildung 104). Liegen keine Hauptprozessfolgen vor, so kann die Aufteilung nach technologischen Charakteristika wie bspw. Werkzeugtypen erfolgen. Durch die zweite Segmentierungsstufe werden der Materialfluss und die Fertigungseffizienz optimiert. Dabei kann sich ein großes Spektrum an möglichen Segmentierungsszenarien ergeben, die zunächst alle dokumentiert werden.

Die Erstellung und Dokumentation der Segmentierungsszenarien können im entwickelten digitalen Zwilling abgebildet werden. Dieses bietet anschließend vereinfachend die Möglichkeit, die Szenarien zu detaillieren und zu bewerten.

5.2.1.3 Schritt 3.B: Auslegung Fertigungssegmente

Der nächste Teilschritt zur Gestaltung der Fertigungssegmente besteht in der kapazitiven Auslegung der Fertigungssegmente. Dies bedeutet, dass jedem Fertigungssegment der Segmentierungsszenarien die benötigte Anzahl an Fertigungsressourcen zugeordnet werden. Dazu müssen vier Aufgaben sequenziell adressiert werden, die nachstehend beschrieben werden:

- Ermittlung der notwendigen Fertigungstechnologien und Kapazitäten
- Prognose zur zukünftigen Entwicklung der Auftragsarten
- Zuordnung von Betriebsmitteln zu den Segmentszenarien
- Bewertung der Segmentierungsszenarien und finale Auswahl

Bei der Durchführung der Aufgaben kann der erarbeitete digitale Zwilling zur Unterstützung und zur Vereinfachung eingesetzt werden. Das Ergebnis des Teilschrittes besteht in einem ausgewählten Segmentierungsszenario. Dabei basiert die Auswahl auf detailliert beschriebenen Segmentierungsszenarien mit zugeordneten Fertigungsressourcen sowie einer Bewertung und Abgrenzung der Segmentierungsszenarien.

Ermittlung der notwendigen Fertigungstechnologien und Kapazitäten

Zunächst müssen die aktuellen Fertigungstechnologien sowie die genauen Kapazitätsbedarfe einzelner Fertigungstechnologien für die Aufträge ermittelt werden. Das Ziel ist es, auf der Grundlage der Rückmeldung eingesetzter Fertigungsressourcen in einer definierten zeitlichen Periode zukünftig benötigte Bedarfe für Fertigungsressourcen abzuleiten. Eine solche zeitliche Periode dauert üblicherweise ein bis drei Jahre und ist abhängig von den durchgeführten Aufträgen, da sie ein repräsentatives und typisches Abbild der Auftragslage darstellen soll.

Zunächst wird auf der repräsentativen Periode der typische Ressourceneinsatz als Aufwand pro Stunde für jeden Werkzeugtyp und für jeden Auftragstyp abgeleitet (siehe Abbildung 107).

Aufwände [Std.] / Werkzeugtypen	Konstruktion			Arbeitsvorbereitung				Mech. Fertigung			Montage		Try-out			
	Simulation	Modell-erstellung	...	Planung	Lieferanten-management	CAM	...	Fräsen	Drehen	...	Vormontage	...	Musterung	Vermessung	...	Summe
Werkzeug Typ A																
Neuauftrag	2,5	3,6	...	5,4	3,0	12	...	15,0	6,2	...	14,0	...	13,1	8,2	...	...
Instandhaltungsauftrag	1,5		...	0,1	0,5	1,0	...	4,0	1,2	...	3,5	...	8,3	4,5	...	...
Änderungsauftrag	3,6		...	0,3	0,5	2,0	...	5,4	3,0	...	3,5	...	9,0	3,5	...	...
Reparaturauftrag	0	0	...	1,0	1,2	0,5	...	7,6	2,1	...	8,8	...	10,6	4,6	...	...
Werkzeug Typ B																
Neuauftrag	1,5	3,0	...	3,8	1,8	8,9	...	10,5	2,1	...	6,5	...	12,5	4,6	...	...
...	...	...	...	...	...	...	...	...	...	...	...	...	...	...	...	...

Abbildung 107: Beispielhafte Dokumentation des Fertigungstechnologieeinsatzes[747]

Die Berechnung zukünftiger notwendiger Kapazitäten erfolgt im Anschluss unter Zuhilfenahme der Anzahl an aktuellen Aufträgen in der zeitlichen Periode. Es empfiehlt sich, eine Strukturierung auf Wochenebene durchzuführen, um eine detaillierte Übersicht zu erhalten. Damit ergeben sich die Gesamtsummen des Fertigungstechnologieeinsatzes für alle Segmentierungsgruppen (siehe Abbildung 108).

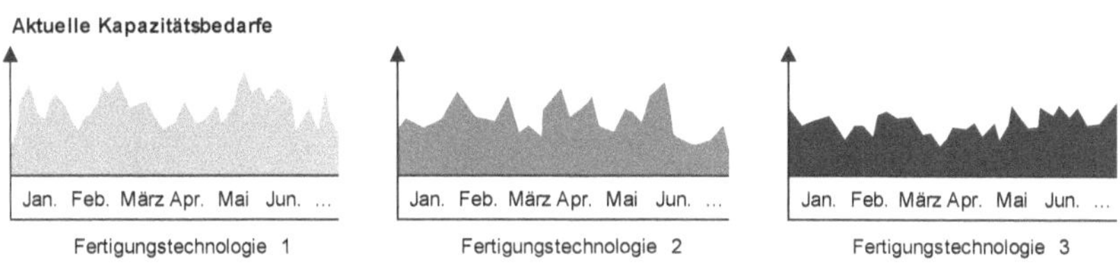

Abbildung 108: Berechnung des Ressourcenbedarfs[748]

[747] Eigene Darstellung

[748] Eigene Darstellung

Zuletzt wird noch das aktuelle Ressourcenangebot im Referenzzeitraum ermittelt. Pro Tag müssen die verfügbaren Maschinenkapazitäten und Personalstunden bestimmt werden. Ausgangsbasis ist die maximal mögliche Maschinenlaufzeit pro Jahr. Von dieser maximal möglichen Maschinenlaufzeit werden Stunden auf Basis freier Arbeitstage, Schichtmodellen, Wartungszeiten und Ausfällen abgezogen, sodass die tatsächlich zur Verfügung stehende Maschinenkapazität übrigbleibt. Für die Personalstunden wird ähnlich vorgegangen. Von der Gesamtsumme pro Jahr werden Urlaubstage und weitere Ausfälle abgezogen, sodass sich eine reale Verfügbarkeit ergibt. Für die Ermittlung des Ressourcenbedarfs und des Ressourcenangebots kann auf den digitalen Zwilling zurückgegriffen werden.

Prognose zur zukünftigen Entwicklung der Auftragsarten

Auf Basis des aktuellen Ressourceneinsatzes ist es erforderlich, Prognosen zur zukünftigen Entwicklung von Aufträgen aufzustellen, um die Korrektheit des Gesamtergebnisses des Auslegungsprozesses langfristig sicherzustellen. Dabei stehen neben der Betrachtung der Produktnachfrage in Form von Neuaufträgen auch die Entwicklung der Instandhaltungs-, Änderungs- und Reparaturaufträge im Fokus. Zur Ermittlung der Auftragsentwicklung bieten sich verschiedene Möglichkeiten. Zum einen können Experteninterviews mit dem Vertrieb und den wichtigsten Kunden durchgeführt werden. Diese können manuell in mathematische Entwicklungsmodelle überführt werden. Zum anderen können aktuelle Auftragsdaten mithilfe von Data Analytics Methoden ausgewertet werden. So ist es bspw. möglich, Regressionsmodelle zu erstellen, welche eine Indikation auf die zukünftige Nachfrageentwicklung darstellen. Als Grundvoraussetzung gilt dabei eine hohe und verlässliche Datengrundlage.

Die Prognose der zukünftigen Entwicklung der Nachfrage nach den unterschiedlichen Auftragstypen sollte in drei Szenarien erfolgen: Worst Case Szenario, Realistic Szenario und Good Case Szenario. Damit werden, den Namen entsprechend, sowohl eine positive, reale und negative Entwicklung betrachtet (siehe Abbildung 109). Gemeinsam mit dem Vertrieb und dem Management muss ein Szenario ausgewählt werden, welches ein sinnvolles Abbild der zukünftigen Realität abgibt. Die Betrachtung sollte auf Basis einzelner Quartale, Monate oder Wochen erfolgen, um eine detaillierte Übersicht über den Verlauf zu erhalten.

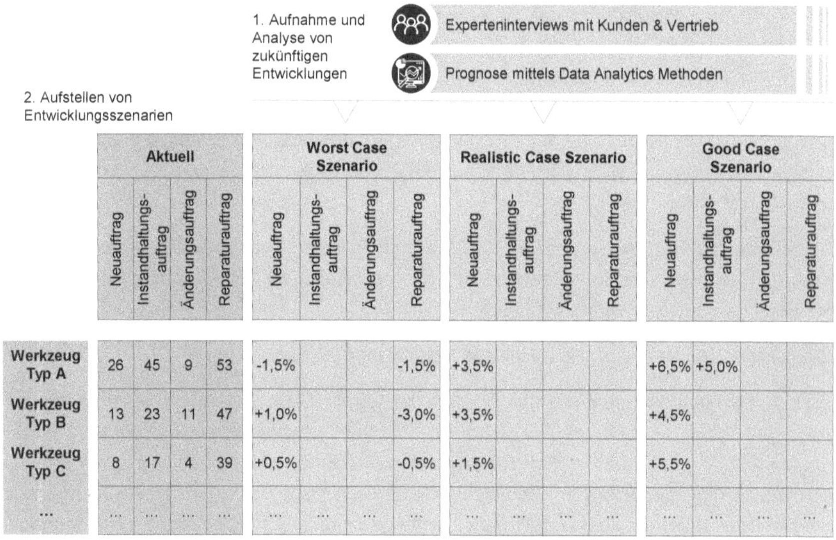

Abbildung 109: Ausfüllhilfe zur Prognose der Auftragsentwicklung[749]

Auf Basis der Prognose der zukünftigen Nachfrage ergibt sich ein Kapazitätsbedarf, welcher für die langfristig optimale Auslegung verwendet werden muss (siehe Abbildung 110).

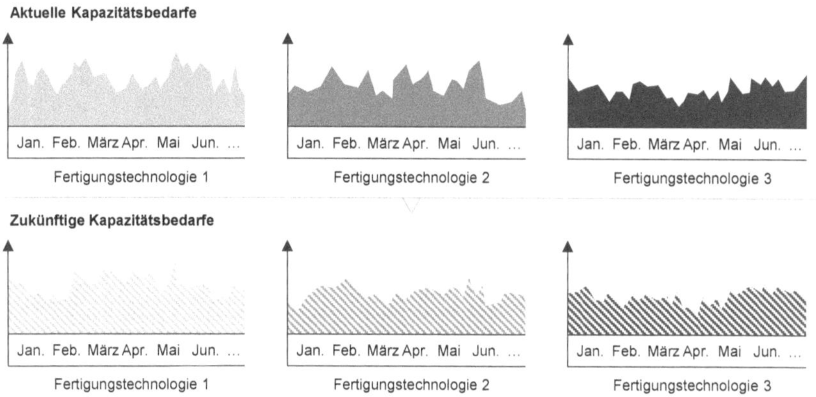

Abbildung 110: Entwicklung zukünftiger Kapazitätsbedarfe[750]

Als weitere Berechnungsgrundlage wird zudem die maximale Kapazitätsgrenze berechnet. Diese ergibt sich bei Maschinen aus der die Gesamtstunden/-minutenanzahl am Tag, da Ma-

[749] Eigene Darstellung

[750] Eigene Darstellung

schinen auch mitarbeiterunabhängig betrieben werden können. Jedoch sollten zudem geplante Wartungen und typische, ungeplante Ausfälle abgezogen werden. Vereinfachend kann dabei auch mit einem Verfügbarkeitsfaktor gearbeitet werden, wobei eine Verfügbarkeit von 95 % einen praxisnahen Wert bildet.[751] Bei Mitarbeitern ergibt sich die Verfügbarkeit aus der Anzahl an Arbeitstagen sowie der Schichtarbeitszeit. Für eine organisatorische Einheit ergibt sich die Kapazitätsgrenze anschließend aus der Anzahl an Schichten pro Arbeitstag sowie der Anzahl an Mitarbeitern pro Schicht.

Mit dem Wissen über die zukünftigen Kapazitätsbedarfe aller Fertigungsressourcen sowie den Kapazitätsgrenzen kann im Folgenden eine sinnvolle Zuteilung der Fertigungsressourcen zu den Segmentierungsszenarien erfolgen.

Zuordnung von Betriebsmitteln zu den Segmentierungsszenarien

Zunächst werden entsprechend den Beschreibungen der Segmentierungsszenarien die Aufträge gebündelt und es ergeben sich für jedes Szenario notwendige Kapazitätsbedarfe. Bei der Zuordnung von Betriebsmitteln zu den Segmentszenarien müssen alle Fertigungsressourcen, also Fertigungsmaschinen und Mitarbeiter, berücksichtigt werden.[752] Mithilfe der Methode der kleinsten Quadrate können rechnerisch die Ressourcen auf die beiden Segmente aufgeteilt werden, sodass die Anzahl der Ressourcen pro Segment minimal und die Deckung der Kapazitätsbedarfe der Segmente hingegen maximal ist. Es ergibt sich eine mathematisch optimale Anzahl an Maschinen pro Segment. Diese bestimmt die Kapazitätsgrenze, welche grafisch anzeigt, ob und wie häufig die Auslastung oberhalb der Kapazitätsgrenze gelegen hätte (siehe Abbildung 111). Auf dieser Grundlage können Über- und Unterkapazitäten berücksichtigt werden.

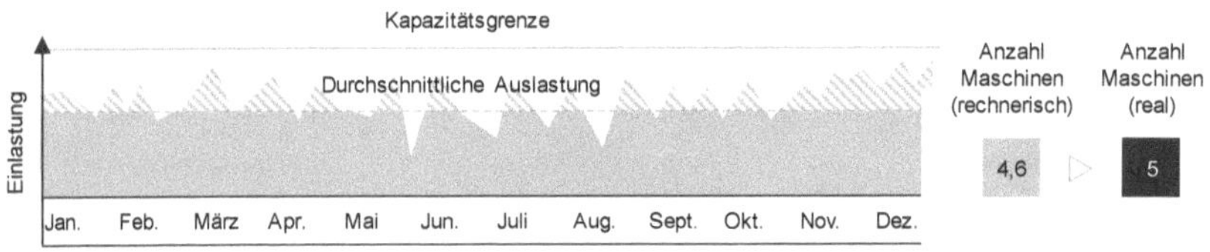

Abbildung 111: Zuordnung von Fertigungsressourcen[753]

Zuletzt können die rechnerisch ermittelten Ressourcenkapazitäten ganzzahlig aufgeteilt werden, um die einzelnen Maschinen oder Mitarbeiter real den Segmenten zuzuordnen zu können. Dadurch wird die Durchführung der Planung in der Realität deutlich vereinfacht. Allerdings führt dies auch zu Über- oder Unterkapazitäten, verringert die Flexibilität und ist daher nicht zwingend notwendig. Der Ausgleich der Über- oder Unterkapazitäten kann durch die duale

751 Vgl. Hensen (Auslegung industrieller Werkzeugbaubetriebe), 2017, S. 188.

752 Es können weitere relevante Betriebsmittel, die nicht nur unterstützend in der Wertschöpfungskette wirken, betrachtet werden. Dies können bspw. Kräne, Tuschierpressen etc. sein. An dieser Stelle werden solche Betriebsmittel nicht weiter betrachtet, da sie in der Praxis zumeist eine untergeordnete Rolle spielen und der Fokus hier auf den Fertigungsmaschinen und Mitarbeitern liegt.

753 Eigene Darstellung

Segmentierung einzelner Ressourcen optimiert werden. Hierzu wird die zur Verfügung stehende Arbeitszeit einer Fertigungsressource, bspw. pro Schicht, aufgeteilt. Eine duale Segmentierung ist sowohl bei Fertigungsmaschinen als auch bei Mitarbeitern realisierbar und führt zur notwendigen Flexibilität der Segmente. Bei der Aufteilung muss jedoch analysiert werden, welche Fertigungsmaschine und welcher Mitarbeiter sinnvoll für beide Segmente eingesetzt werden kann. Für die Fertigungsmaschinen müssen die segmentbezogenen Auftragscharakteristika betrachtet werden, bspw. Größe von Bauteilen, die eine notwendige Tischgröße einer Fertigungsmaschine bedingen. Bei Mitarbeitern kann mittels einer Qualifikationsmatrix ermittelt werden, welcher Mitarbeiter für den flexiblen Einsatz in mehreren Segmenten und in mehreren Fertigungstechnologien geeignet ist.

Eine weitere Möglichkeit, um Über- oder Unterkapazitäten zu vermeiden, besteht in der Aufteilung der betrachteten Periode in zeitliche Blöcke (siehe Abbildung 112). Besonders in Branchen mit hoher saisonaler Fluktuation von Aufträgen lassen sich vergleichbare Kapazitätsschwankungen beobachten. So wird bspw. in vielen Branchen im Sommer die Produktion verringert, sodass Reparaturaufträge reduziert werden. Hingegen werden vermehrt Neuwerkzeuge hergestellt, sodass nach der Sommerpause mit neuen Produkten gestartet werden. Eine solche Aufteilung, wie in Abbildung 112, ermöglicht ein exakteres Abbild der notwendigen Ressourcen für jeweilige zeitliche Phasen. Für jeden zeitlichen Block wird eine entsprechende Zuordnung von Ressourcen vorgenommen. Diese Zuordnung wird im Verlauf des Jahres in der Planung als Planungsgrundlage verwendet.

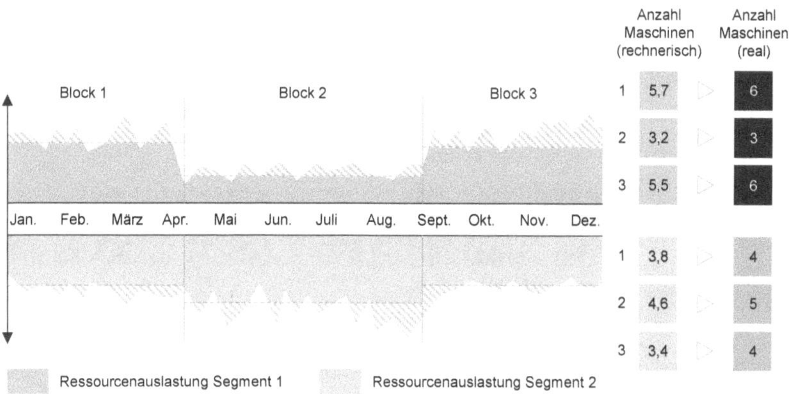

Abbildung 112: Einteilung in zeitliche Blöcke einer Fertigungstechnologie[754]

Bewertung der Segmentierungsszenarien und finale Auswahl

Die aufgestellten Segmentierungsszenarien müssen schließlich bewertet und voneinander abgegrenzt werden, sodass eine finale Auswahl der optimalen Segmentierung erfolgen kann. Zur

[754] Eigene Darstellung

Evaluierung soll der *Segmentierungsfit (S)* als Kennzahl zur Beschreibung der Leistungsfähigkeit von Segmenten berechnet und eingesetzt werden. Die Größe kann dabei einen Wert von 0 bis 10 haben (siehe Abbildung 113) und beschreibt einen unterschiedlichen Erfüllungsgrad eines Segmentierungsszenarios in Bezug gestellten Anforderungen. Dabei setzt sich der Segmentierungsfit aus den Einzelbewertungen der Bereiche *Zielkonflikt*, *Fertigungsprozess* und *Ressourcenaufteilung* zusammen.

Der Bewertungsbereich *Zielkonflikt* beschreibt, inwieweit der Zielkonflikt der Ziele der Produktionsplanung für ein einzelnes Segment aufgehoben wurde. Zur inhaltlichen Bewertung kann auf die Wirkzusammenhänge in Abbildung 106 zurückgegriffen werden. Der Bewertungsbereich *Fertigungsprozess* stellt dar, ob eine effiziente Einteilung der Fertigungsprozessketten auf unterschiedlichen Fertigungssegmenten erzielt wurde. Der Bewertungsbereich *Ressourcenaufteilung* bewertet die sinnvolle und effizienzoptimierte Zuteilung der Fertigungsressourcen auf die jeweiligen Fertigungssegmente. Neben der manuellen Bewertung der Ressourcenaufteilung bietet der digitale Zwilling ebenfalls die Möglichkeit, die Segmentierungsszenarien zu validieren. Dabei können die einzelnen Segmentierungsszenarien im digitalen Zwilling umgesetzt werden. Ein simulativer Ablauf von typischen Aufträgen ergibt eine quantifizierte Auswertung der Auslastung und deckt mögliche Unter- oder Überkapazitäten auf.

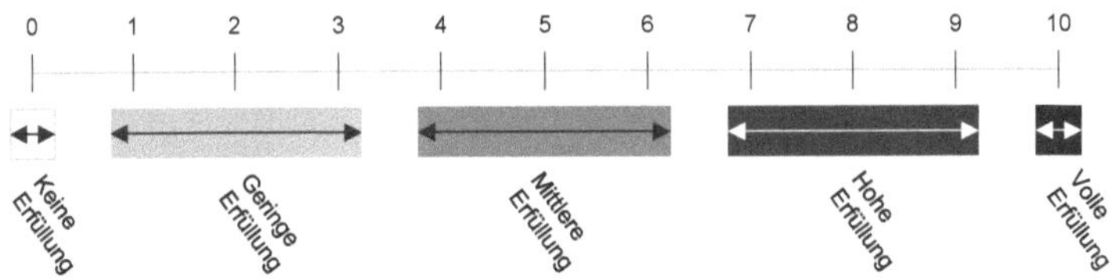

Abbildung 113: Skala zur Bewertung des Fits[755]

Zur Dokumentation der Bewertung ist in Abbildung 114 eine Ausfüllhilfe gegeben.

	Zielkonflikt		Fertigungsprozess		Ressourcenaufteilung		S.-fit
	GW	Bew.	GW	Bew.	GW	Bew.	-
Szenario 1	**2**	**7,7**	**1**	**7,0**	**1,5**	**7,0**	**7,3**
S1: Segment 1	-	8	-	7	-	10	-
S1: Segment 2	-	10	-	8	-	7	-
S1: Segment 3	-	4	-	6	-	4	-
Szenario 2	**2**	**8**	**1**	**8,2**	**1,5**	**7,5**	**7,9**
...	...	...	...	...	...	...	...

Abbildung 114: Berechnung des Segmentierungsfits für alle Szenarien[756]

[755] Eigene Darstellung

[756] Eigene Darstellung

Die Berechnung des Segmentierungsfits erfolgt anschließend auf Basis der jeweiligen Bewertungen und mithilfe der nachstehenden Formel:

$$S(b) = \frac{\sum_i \frac{\sum_j b_{ij}}{j} G_i}{\sum_i G_i}$$

- $S(b)$ Segmentierungsfit in Abhängigkeit der Bewertung
- b_{ij} Bewertung (Bew.)
- G_i Gewichtungsfaktor (GW)

Auf dieser Basis kann ein Abgleich mit den Zielkriterien für die Segmentierung erfolgen und ein sinnvolles Segmentierungsszenario ausgewählt werden. Für das gezeigte Beispiel in Abbildung 114 ergibt sich demnach, dass Szenario 2 einen höheren Fit als Szenario 1 aufweist und daher bevorzugt werden sollte.

Mit der finalen Auswahl des Segmentierungsszenarios wird Schritt 3 der Methodik final abgeschlossen. Die Segmentierung bildet im weiteren Verlauf die Grundlage der Prozessgestaltung und ist in der Praxis die Grundlage der Planung der Fertigungsressourcen.

5.2.1.4 Schritt 3: Ergebnis

Das Ergebnis des dritten Schrittes zur Entwicklung einer Organisationsstruktur innerhalb der Methodik zur Auslegung intelligenter Planungsprozesse im Werkzeugbau bildet:

- Flexible und effiziente Fertigungssegmente zur Auflösung strategischer Zielkonflikte in der Planung

5.2.2 Schritt 4: Entwicklung intelligenter Planungsprozesse

Im nächsten Schritt der Methodik werden die intelligenten Planungsprozesse ausgelegt. Dazu soll zunächst das Verständnis von intelligenten Prozessen wiederholt werden (siehe Kapitel 2.3.1.3). Demnach ist nicht der Prozess an sich intelligent, sondern das Gesamtsystem, bestehend aus Organisation, Prozess und Ressource. Dieses muss ganzheitlich hinsichtlich der Charakteristika von Intelligenz gestaltet werden. Der Prozess als wertschöpfendes Element steht dabei im Fokus und wird durch Organisation und Ressourcen befähigt. Auf Basis der erarbeiteten optimierten Fertigungssegmente, als organisatorischer Rahmen, können im Folgenden die intelligenten Planungsprozesse für jedes Fertigungssegment ausgelegt werden. Zunächst werden alle notwendigen Planungsaufgaben, die zur Erreichung der strategischen Ziele eines Fertigungssegments erforderlich sind, identifiziert. Anschließend werden die Ausprägungen der Planungsaufgaben hinsichtlich des Grads der Digitalisierung und der Planungstiefe definiert (Teilschritt 4.A). Darauf aufbauend werden die Planungsaufgaben miteinander zu einer Prozesskette verknüpft. Zuletzt ist es erforderlich, die entstandenen Planungsprozesse übergreifend mit anderen Planungsprozessen weiterer Organisationseinheiten sowie mit dem Auftragsabwicklungsprozess zu synchronisieren (Teilschritt 4.B). Erst anschließend können im nächsten Methodikschritt Planungsressourcen auf Basis der intelligenten Planungsprozesse abgeleitet werden

5.2.2.1 Schritt 4: Grundlagen

Die relevanten Grundlagen bestehen aus dem Verständnis von Regelkreisen in der Produktionsplanung sowie von Steuerungsregeln.

Regelkreis

Der grundlegenden Auslegung der Planungsprozesse dieser Arbeit liegt dabei das Verständnis von Prozessen als dynamische Regelkreise zugrunde. Regelkreise dienen dem kontinuierlichen Abgleich von Soll- und Ist-Zuständen in dynamischen Systemen. Durch den Abgleich können Differenzen erfasst und zurückgeführt werden. Auf diese Weise können Maßnahmen zum Ausgleich der Differenz entwickelt und eingeleitet werden.[757]

Die Gestaltung der Planung mit einem Regelkreis ist in wissenschaftlichen Theorien ein anerkanntes Paradigma (siehe Kapitel 3.2.2.2). Die Erzielung der produktionslogistischen Ziele gleicht einer klassischen Regelungsaufgabe. So müssen Unternehmen die Abweichungen in der realen Produktion kontinuierlich berücksichtigen und die Planung angleichen. Ein Regelkreis bildet dazu einen prozessualen Rahmen (siehe Abbildung 53).[758] Wird der Logik nach WIENDAHL gefolgt, so stellt das logistische Controlling eine Planungsaufgabe dar. Der Autor dieser Arbeit vertritt hingegen die Ansicht, dass die Funktionsinhalte des logistischen Controllings nach WIENDAHL ein fester Bestandteil der Steuerung sind. Demnach besteht die Steuerung aus der Auftragsveranlassung und der Auftragsüberwachung. Die Auftragsüberwachung übernimmt dabei den kontinuierlichen Abgleich von Soll- und Ist-Zuständen. Zu dieser Auffassung kommt auch der im Werkzeugbau verwendete Ansatz nach BOOS ET AL.[759]

Steuerungsregeln in der Fertigung

In der Steuerung werden in der Funktionsgruppe der Auftragsveranlassung Steuerungsregeln eingesetzt. Eine Übersicht von anerkannten und in der Praxis eingesetzten Steuerungsregeln mit ihrem Einfluss auf planerische Zielgrößen ist in Abbildung 115 dargestellt. Die dargestellten Pfeile indizieren einen positiven, neutralen oder negativen Einfluss auf eine Zielgröße durch den Einsatz einer Steuerungsregel.

757 Vgl. Wiendahl (Fertigungsregelung), 1997, S. 259.

758 Vgl. Wiendahl (Fertigungsregelung), 1997, S. 259.

759 Vgl. Boos et al. (Planen und Steuern im Werkzeugbau), 2019, S. 15f.

Abbildung 115: Übersicht des Einflusses der Steuerungsregeln[760, 761]

Nach der *FIFO-Regel* wird die Bearbeitungsreihenfolge der Aufträge anhand des Ankunftsdatums bestimmt.[762] Der Auftrag, der als erstes in Auftrag gegeben wurde, wird nach Abschluss des vorherigen Projektes als nächstes bearbeitet. Die Bearbeitungsreihenfolge ist dementsprechend unabhängig vom Aufwand oder der Operationszeit. Die Prioritätsregel *Kürzeste Operationszeit* (KOZ) richtet sich nach der Bearbeitungsdauer der Aufträge.[763] Nach einem abgeschlossenen Auftrag wird der Auftrag mit der niedrigsten Bearbeitungsdauer ausgeführt. Die Priorität der Auftragsbearbeitung ist unabhängig von dem Ankunftszeitpunkt. Die Folge ist, dass Aufträge mit einer langen Operationszeit mit einer geringen Priorität behandelt werden und, je nach Auftragslage, erst zu einem späten Zeitpunkt bearbeitet werden. Nach der *LOZ-Regel* (Längste Operationszeit) werden Aufträge mit einer langen Bearbeitungszeit mit erhöhter Priorität bearbeitet.[764] Dementsprechend wird unabhängig vom Ankunftszeitpunkt der Auftrag mit der größten Operationszeit als erstes bearbeitet. Das hat zur Folge, dass Aufträge mit einer niedrigen Durchlaufzeit vernachlässigt werden können. Die *Schlupfzeitregel* bestimmt die Auftragsreihenfolge anhand des Schlupfs der verschiedenen Aufträge.[765] Dieser beschreibt die Dauer bis zum geplanten Fertigstellungstermin eines Auftrags ohne die Bearbeitungszeit und die Mindestübergangszeit. Der Auftrag mit dem kleinsten Schlupf wird mit höchster Priorität bearbeitet, weil die Verspätungen bei Aufträgen mit einem geringen Schlupf im Vergleich zu einem hohen Schlupf eher zu Verzögerungen in der Fertigstellung führen können. Die *Rüstoptimale Reihenfolge* analysiert die Aufträge nach der Rüstzeit und den Rüstkosten und legt anhand dieser die Bearbeitungsreihenfolge fest.[766] Aufträge mit einer geringen oder

760 Eigene Darstellung; Verständnis des Werkzeugmaschinenlabors WZL der RWTH Aachen

761 Für eine quantitative Betrachtung siehe WIENDAHL. Vgl. Wiendahl (Fertigungsregelung), 1997, S. 303ff.

762 Vgl. Lödding (Verfahren der Fertigungssteuerung), 2016, S. 509.

763 Vgl. Lödding (Verfahren der Fertigungssteuerung), 2016, S. 517; Wannenwetsch (Integrierte Materialwirtschaft), 2014, S. 454.

764 Vgl. Wannenwetsch (Integrierte Materialwirtschaft), 2014, S. 454.

765 Vgl. Lödding (Verfahren der Fertigungssteuerung), 2016, S. 511.

766 Vgl. Lödding (Verfahren der Fertigungssteuerung), 2016, S. 514f.

nicht vorhandenen Rüstzeit und -kosten werden bevorzugt bearbeitet. Mithilfe dieser Steuerungsregel kann die Gesamtkapazität des Arbeitssystems gesteigert werden. Jedoch werden Aufträge mit einem großen Umrüstaufwand niedriger priorisiert. Dadurch werden diese verzögert bearbeitet und die Termintreue sinkt.

5.2.2.2 Schritt 4.A: Identifikation und Beschreibung Planungsaufgaben

Das Ziel des ersten Teilschrittes zur Entwicklung intelligenter Planungsprozesse besteht in der Identifikation der notwendigen Planungsaufgaben für jedes Segment in Bezug zu den übergreifenden Planungszielen.

Ableitung von Planungsebenen, -aufgaben und -tiefe

Basierend auf den strategischen Zielvorgaben aus dem ersten Methodikschritt müssen anforderungsgerecht die notwendigen Planungsebenen und -aufgaben sowie die Planungstiefe definiert werden. Dazu soll zunächst auf die Gesamtheit der Planungsaufgaben im Kontext Werkzeugbau eingegangen werden. Jede Planungsebene enthält verschiedene Aufgaben, die in Abhängigkeit der Planungstiefe in unterschiedlichen Ausprägungen vorkommen können. In Abbildung 116 ist eine Übersicht der relevantesten Planungsebenen und -aufgaben mit den jeweiligen Ausprägungen bezogen auf die Planungstiefe gegeben.

Die für den Werkzeugbau relevanten Planungsaufgaben wurden gemäß der Struktur in Abbildung 116 standardisiert erfasst und beschrieben. Diese Beschreibungen finden sich als detaillierte Steckbriefe für jede Planungsaufgabe im Anhang A.4 und sollen an dieser Stelle nicht weiter beschrieben werden. Dabei ist zudem auf Kapitel 2.1.2.2 zu verweisen, in welchem die Funktionsgruppen eingeführt wurden.

Teilgebiete	Funktionsgruppen	Funktionen	
Strategische Planung	Strategische Planung	▪ Strategische Fertigungskonzeptbetrachtung ▪ Strategische Engpassbetrachtung	
Grobplanung	Produktions-programm-planung	▪ Prognoserechnung ▪ Grobplanung ▪ Lieferterminbestimmung ▪ Kundenauftragsverwaltung ▪ Vorlaufsteuerung	
Feinplanung	Mengen-planung	▪ Bedarfsermittlung ▪ Bestandsführung ▪ Beschaffungsrechnung	
		Fertigungsaufträge	*Bestellaufträge*
	Termin- und Kapaziäts-planung	▪ Durchlaufterminierung ▪ Kapazitätsbedarfs-ermittlung und -abstimmung ▪ Reihenfolgeplanung	
Steuerung	Auftrags-veranlassung	▪ Fertigungsbelegerstellung ▪ Fertigungsauftragsfreigabe ▪ Arbeitsverteilung	▪ Bestellauftragsfreigabe ▪ Bestellschreibung
	Auftrags-überwachung	▪ Kapazitätsgruppen-überwachung ▪ Kundenauftrags-überwachung ▪ Fertigungsauftrags-überwachung	▪ Bestellauftrags-überwachung

Abbildung 116: Übersicht relevanter Planungsebenen und -aufgaben im Werkzeugbau[767]

Auf Basis des Verständnisses der Gesamtheit aller Planungsaufgaben im Kontext intelligenter Produktionsplanung im Werkzeugbau wird an dieser Stelle auf die zielgerichtete und segmentspezifische Auswahl von Planungsaufgaben eingegangen. Dazu eignet sich ein morphologischer Kasten, welcher die aufgenommenen spezifischen Ziele eines Segments aufgreift und eine Abgrenzung und Auswahl der geeigneten Planungsaufgaben zulässt (siehe Abbildung 117).

[767] Eigene und erweiterte Darstellung auf Basis des Verständnisses nach HACKSTEIN (siehe Kapitel 2.1.2.2)

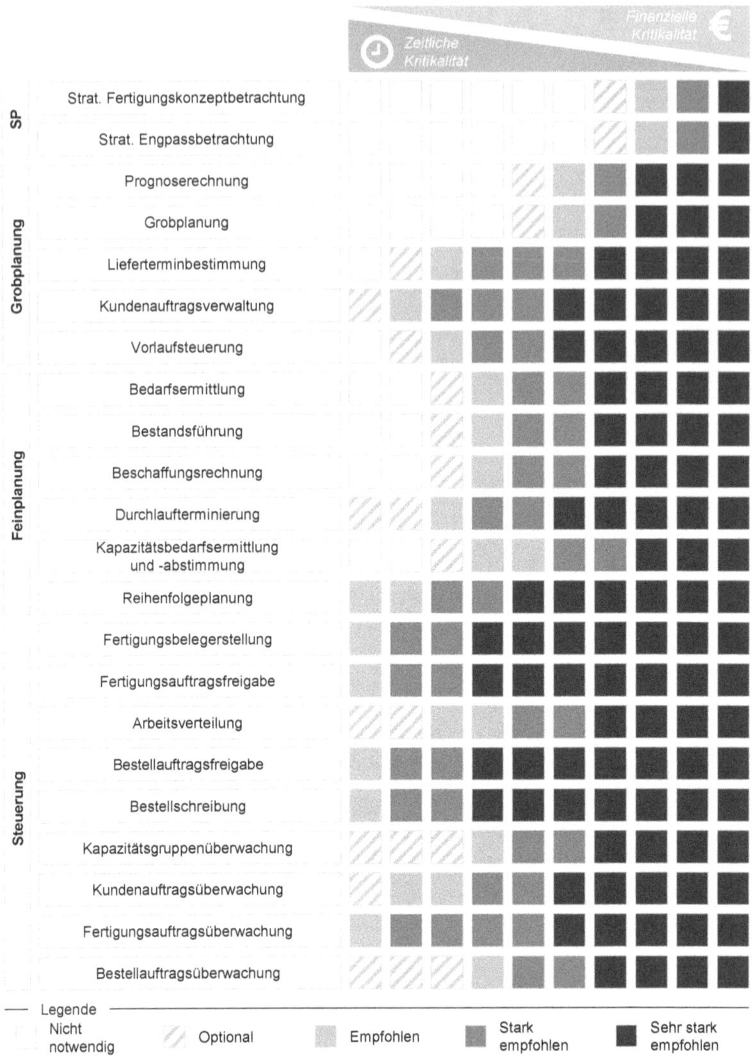

Abbildung 117: Ableitung Planungsanforderungen aus strategischen Zielvorgaben[768]

Dabei wird vorausgesetzt, dass mit der Abnahme der Kosteneffizienz auch eine Verringerung der Komplexität einhergeht. Dies ist bspw. bei Reparaturaufträgen der Fall. Diese sind gekennzeichnet von einer hohen zeitlichen Kritikalität, geringem Kostendruck und geringer Komplexität. Neuwerkzeugaufträge hingegen sind geprägt von hohem Kostendruck sowie einer

[768] Eigene Darstellung

hohen Komplexität. Im Anhang A.6 finden sich praxisnahe Beispiele für die Auswahl von Planungsaufgaben für Grundtypen der Fertigungssegmente.

Festlegung der optimalen Planungstiefe

Die beschriebenen Planungsaufgaben erfolgen indes nicht nur in unterschiedlichen Ausprägungen hinsichtlich der Digitalisierung bzw. Automatisierung. Bei Planungsaufgaben ist vor allem die Planungstiefe entscheidend. Diese beschreibt, in welchem Detaillevel der Output der Planungsaufgaben vorliegt.[769] Die Planungstiefe ist dabei unternehmensindividuell festzulegen und kann sich innerhalb eines Unternehmens für verschiedene Planungsaufgaben und für verschiedene Fertigungssegmente unterscheiden. An dieser Stelle soll daher als Hilfestellung der grundlegende Zusammenhang der Planungstiefe in Bezug auf die Gesamtkosten und die Komplexität der Aufträge im Werkzeugbau dargestellt werden.

Grundlegend gilt, dass die Steigerung der Planungstiefe zu verbesserten Gesamtkosten führt.[770] Ab einer gewissen Planungstiefe werden jedoch die Gesamtkosten deutlich erhöht.[771] Dies ist auf den zeitlichen Aufwand der Mitarbeiter bei der Arbeitsvorbereitung und die individuellen Stundenkosten zurückzuführen. Somit bedingt eine Erhöhung der Planungskosten eine lineare Erhöhung des zeitlichen Aufwands. Der Zusammenhang ist in Abbildung 118 dargestellt. Ergänzend dazu ist in Abbildung 118 die Komplexität eines Auftrags als Zusammenhang mit der Planungstiefe beschrieben.

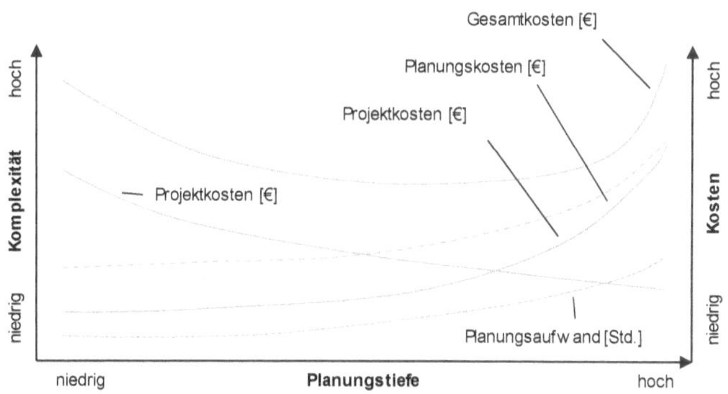

Abbildung 118: Zusammenhang der Planungstiefe und der Gesamtkosten[772]

[769] Dies gilt nicht bei allen Planungsaufgaben. Siehe Anhang A.5 für eine Übersicht der Planungsaufgaben mit einer variablen Planungstiefe.

[770] Vgl. Verworn (Planungsaktivitäten), 2007, S. 255.

[771] Vgl. Eversheim; Klocke (Werkzeugbau mit Zukunft), 1998, S. 249.

[772] Eigene Darstellung; Der grundlegende Verlauf des Zusammenhangs von Projekt- und Planungskosten orientiert sich an VERWORN, aber wurde vom Autor für den Betrachtungsbereich Werkzeugbau angepasst. Die Zusammenhänge bezüglich der Komplexität basieren auf den Praxiserfahrungen des Autors. I. A. a. Verworn (Planungsaktivitäten), 2007, S. 255.

Für die Auslegung der Planungstiefe muss vor allem unternehmensindividuell für jede Planungsaufgabe entschieden werden, welche Output-Information in welcher zeitlichen Granularität vorliegen muss.

Festlegung der Ausprägung der Digitalisierung

Die Planungsaufgaben können sich weiterhin in der Ausprägung der Digitalisierung unterscheiden, welche festgelegt werden muss. Die Ausprägungsstufen orientieren sich dabei an der anerkannten Definition von Industrie 4.0. Grundlegend lässt sich sagen, dass ein höherer Digitalisierungsgrad zu einem besseren Planungsergebnis führt. Jedoch steht dies konträr zu möglichen Kosten, sodass die Sinnhaftigkeit einer jeden Digitalisierungsstufe für jede Planungsaufgabe individuell betrachtet werden muss. Dabei müssen sowohl die Kosten für die Entwicklung als auch für die Implementierung eines Systems berücksichtigt werden. Die Kosten für den zunehmenden Digitalisierungsgrad können nur qualitativ betrachtet werden, da eine exakte Berechnung von Entwicklungs- und Implementierungskosten an dieser Stelle nicht möglich ist (siehe Abbildung 119).[773]

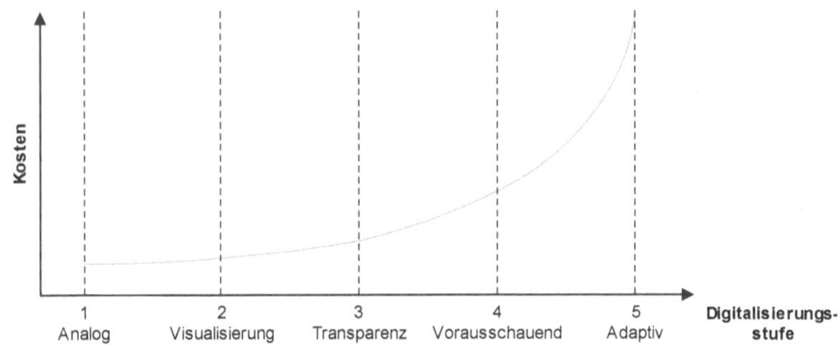

Abbildung 119: Zusammenhang der Kosten mit dem Digitalisierungsgrad[774]

Im Fokus der optimalen Definition der Ausprägung der Digitalisierung stehen besonders die Funktionalität zur Verbesserung der Durchführung einer Planungsaufgabe sowie die Planungsergebnisse. Weitere Betrachtungsaspekte stellen die strategische Kritikalität einer Planungsaufgabe und die Datenverfügbarkeit dar. Die Funktionalität der Digitalisierung sollte demnach im Vordergrund stehen. Im Folgenden wird auf die genannten Aspekte eingegangen und die Zusammenhänge zu den Digitalisierungsstufen dargestellt.

Bei der Betrachtung der Verbesserungen der Durchführung einer Planungsaufgabe müssen zum einen der Aufwand und zum anderen die Wiederholhäufigkeit fokussiert werden. Der Auf-

[773] Die funktionale Auswahl und Berechnung der Wirtschaftlichkeit von Systemen und Anwendungen wird im folgenden fünften Schritt der Methodik detailliert betrachtet.

[774] Eigene Darstellung; Qualitative Darstellung auf Basis von Projekterfahrungen des Autors

wand zur Durchführung einer Planungsaufgabe sinkt mit der Zunahme des Digitalisierungsgrads (siehe Abbildung 120).[775] Der Zusammenhang ist als exponentiell abnehmend zu bezeichnen. Demnach stellt die fünfte Stufe die höchste Aufwandsreduktion dar. Dies ist darauf zurückzuführen, dass die Planungsaufgaben in dieser Stufe autonom durchgeführt werden. In den Stufen davor werden die Tätigkeiten noch durch einen Planer umgesetzt, welcher jedoch stufenweise eine verbesserte Datengrundlage erhält, wodurch der Aufwand reduziert wird.

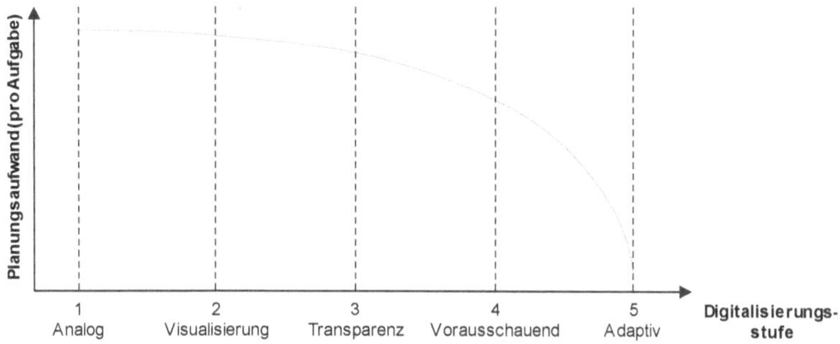

Abbildung 120: Zusammenhang des Planungsaufwands mit dem Digitalisierungsgrad[776]

Die Wiederholhäufigkeit beeinflusst ebenfalls zentral die Sinnhaftigkeit der Digitalisierungsstufe. Denn der singuläre Aufwand einer Planungsaufgabe vergrößert sich linear zur Wiederholhäufigkeit. Für die Wiederholhäufigkeit ist in Abbildung 121 ein Vorschlag erarbeitet worden, welcher einen sinnvollen Zusammenhang zur Digitalisierungsstufe darstellt.

Durch die steigenden Kosten ist es sinnvoll, die Wiederholhäufigkeit ebenfalls mit Stufen zu beschreiben. Erst ab einer Zunahme in der Wiederholhäufigkeit ergibt sich die Notwendigkeit einer höheren Digitalisierungsstufe.

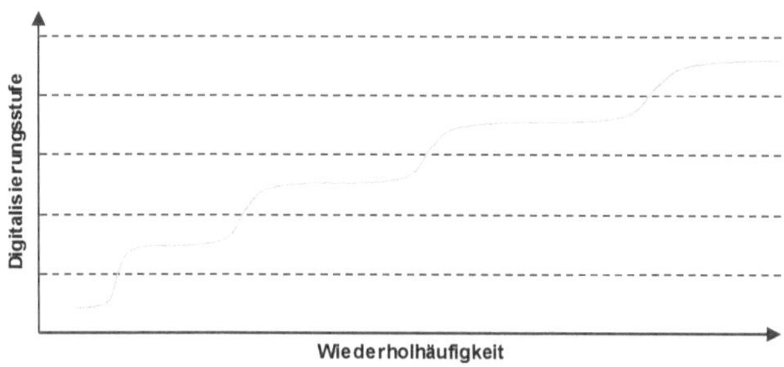

Abbildung 121: Zusammenhang der Wiederholhäufigkeit mit dem Digitalisierungsgrad[777]

---

[775] Zusätzlich zu den Stufen der Digitalisierung, gemäß dem Verständnis von Industrie 4.0 aus Kapitel 2.2.1.3, ist noch eine analoge Stufe zum Vergleich ergänzt.

[776] Eigene Darstellung; Qualitative Darstellung auf Basis von Projekterfahrungen des Autors

[777] Eigene Darstellung; Qualitative Darstellung auf Basis von Projekterfahrungen des Autors

Neben dem Aufwand einer einzelnen Planungsaufgabe und der Wiederholhäufigkeit können die Datenverfügbarkeit und die Kritikalität einer Planungsaufgabe als weitere Einflussfaktoren auf die Digitalisierungsstufe analysiert werden. So können höhere Digitalisierungsstufen nur erfüllt werden, wenn eine hohe Datenverfügbarkeit vorliegt oder mit vertretbarem Aufwand erreicht werden kann.[778] Eine hohe zeitliche Kritikalität von Planungsaufgaben rechtfertigt höhere Digitalisierungsgrade einer Planungsaufgabe, da Zeitvorteile erzielt werden können.

Durch die Zusammenhänge der Abbildung 119, Abbildung 120 und Abbildung 121 sowie der Beschreibungen soll dem Nutzer der Methodik das grundlegende Wissen und Verständnis vermittelt werden, um selbstständig den geeigneten Grad der Digitalisierung festzulegen. Mit der Definition des optimalen Digitalisierungsgrads sind die ausgewählten relevanten Planungsaufgaben hinreichend beschrieben. Auf dieser Basis müssen die Planungsaufgaben zu Prozessketten verknüpft und in die bestehenden Unternehmensprozesse integriert werden. Dies wird im folgenden Teilschritt 4.B erläutert.

5.2.2.3 Schritt 4.B: Entwicklung und Synchronisierung Planungsprozesse

Im zweiten Teilschritt zur Auslegung der intelligenten Planungsprozesse erfolgt die Zusammenführung der Planungsaufgaben zu Planungsprozessen sowie die Synchronisierung mit Auftragsabwicklungsprozessen.

Die Modellierung von Prozessen im Werkzeugbau wurde bereits von KUHLMANN umfassend für allgemeine Wertschöpfungsaufgaben beschrieben. KUHLMANN beschreibt dazu ein dreistufiges Verfahren mit einer Zunahme im Detaillierungsgrad: Modellierung der Auftragsabwicklungsebene, Modellierung der Hauptprozessebene und Modellierung der Prozessschrittebene.[779] Für die Betrachtung der Planungsaufgaben und -prozesse wird angelehnt an KUHLMANN das folgende dreistufige Verfahren vorgestellt und erläutert:[780]

- Modellierung der Planungsebenen
- Modellierung der Planungsprozesse
- Synchronisierung der Prozesse

---

778 Die Datenverfügbarkeit und die Schaffung neuer Datenerhebungs- und Anbindungskonzepte ergeben eine technische Anforderung an ein Planungssystem und werden im folgenden fünften Schritt detailliert betrachtet.

779 Vgl. Kuhlmann (Geschäftsprozesse im industriellen Werkzeugbau), 2013, S. 116ff.

780 Durch die besondere Betrachtung der Planungsaufgaben und -prozesse ergeben sich Unterschiede in der Ausführung des Vorgehens nach KUHLMANN. Die dargestellten ersten beiden Schritte orientieren sich an den ersten beiden Schritten von KUHLMANN mit dem Hinweis, dass die Gestaltung von Regelkreisen erst im zweiten Schritt erfolgt. Auf den dritten Schritt nach KUHLMANN wird zudem verzichtet, da die detaillierte Betrachtung der Prozessaufgaben im vorigen Methodikschritt bereits erfolgt ist. Die inhaltliche Thematisierung der Synchronisierung erfolgt auch bei KUHLMANN. Jedoch wird diese in diesem Anwendungskontext als einzelner Schritt herausgestellt, da diese eine höhere Bedeutung und einen größeren Arbeitsumfang hat.

Die *Modellierung der Planungsebenen* beschreibt die Strukturierung des zukünftigen Planungsprozesses auf einer übergeordneten Ebene. Auf dieser Basis werden anschließend bei der *Modellierung der Planungsprozesse* die genauen Abläufe und Regelkreise der Prozesse definiert. Bei der Modellierung der Planungsebenen und der Planungsprozesse wird weiterhin jedes Fertigungssegment zunächst separat betrachtet. Demnach wird die Methodik an dieser Stelle für jedes Fertigungssegment wiederholt angewendet. Zuletzt wird bei der *Synchronisierung der Prozesse* sichergestellt, dass in allen weiteren Geschäftsprozessen notwendige Informationen zur Verfügung gestellt werden und die neuen Prozesse sich in bestehende Meilensteine einfügen.

Modellierung der Planungsebenen

Zur Modellierung der Planungsebenen wird zunächst eine Grundstruktur mit Meilensteinen angestrebt, welche anschließend hinsichtlich der Zuteilung von Planungsaufgaben auf Organisationseinheiten weiter detailliert wird. Dabei bilden die bereits beschriebenen Planungsebenen, *strategische Planung, Grobplanung, Feinplanung und Steuerung*, eine auf den Ablauf bezogene sinnvolle Strukturierung und stellen natürliche Meilensteine für den Planungsprozess dar (siehe Abbildung 122). Neben der Struktur geben die Meilensteine dem Prozess eine Verbindlichkeit und dienen der Steuerung von Kosten und Terminen.[781] Zur Erfüllung eines Meilensteins und zur Freigabe des Prozesses können spezifische Kennzahlen, Checklisten und Aufgaben definiert werden.

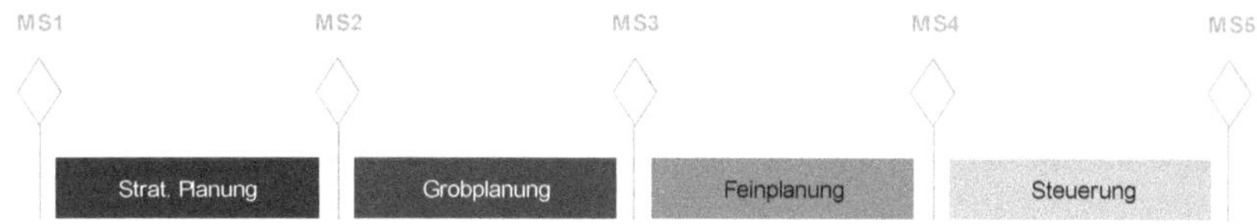

Abbildung 122: Meilensteinplan für die Prozessentwicklung[782]

Innerhalb der Meilensteine erfolgt eine weitere Strukturierung durch die notwendige und logisch sinnvolle Reihenfolge der Planungsaufgaben (siehe Abbildung 116). Die Reihenfolge ist grundsätzlich einzuhalten.

Modellierung der Planungsprozesse

Neben der groben Strukturierung durch Meilensteine muss der Planungsprozess jedes einzelnen Fertigungssegments weiter detailliert werden, um die genauen Abläufe und Verantwortlichkeiten zu definieren (siehe Abbildung 123). Zur Modellierung der Prozesslandschaft im Werkzeugbau eignet sich die Prozessmodellierungssprache aixperanto (siehe Kapitel 5.1.1.1).

[781] Vgl. Hensen (Auslegung industrieller Werkzeugbaubetriebe), 2017, S. 179; Kuhlmann (Geschäftsprozesse im industriellen Werkzeugbau), 2013, S. 119.

[782] Eigene Darstellung

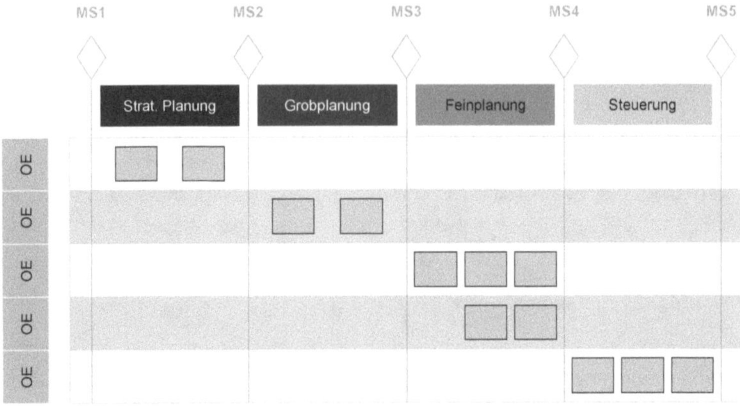

OE = Organisationseinheit

Abbildung 123: Modellierung der Planungsebenen[783]

Mittels der sogenannten Schwimmbahnen werden alle prozessbeteiligten organisatorischen Einheiten wie Abteilungen oder Personen dokumentiert. Die Zuordnung der Prozessschritte zu den organisatorischen Einheiten ist durch die horizontale Ausrichtung dieser an den Swim-Lanes der jeweiligen Einheit zu erkennen. In der Praxis wird die Arbeitsorganisation für Planungsaufgaben üblicherweise durch die Abteilung Arbeitsvorbereitung durchgeführt. Dabei zeigt die Praxis, dass die Zentralisierung von Planungsaufgaben sinnvoll ist. Idealerweise ist jeweils ein Mitarbeiter der Arbeitsvorbereitung für ein Fertigungssegment voll verantwortlich. Durch die neu gestalteten Fertigungssegmente aus dem dritten Methodikschritt wird die bestehende Aufbauorganisation nicht geändert. Es werden lediglich neue funktionale Zuteilungen geschaffen. Daher muss die hierarchische Struktur nicht weiter betrachtet werden.

Neben der Zuteilung von Verantwortlichkeiten für die Planungsaufgaben müssen die Abläufe und die Beziehungen zwischen den Planungsaufgaben in aixperanto detailliert werden. Dazu eignet sich der in Abbildung 124 dargestellte und idealisierte Ablaufplan der Planungsaufgaben.

[783] Eigene Darstellung

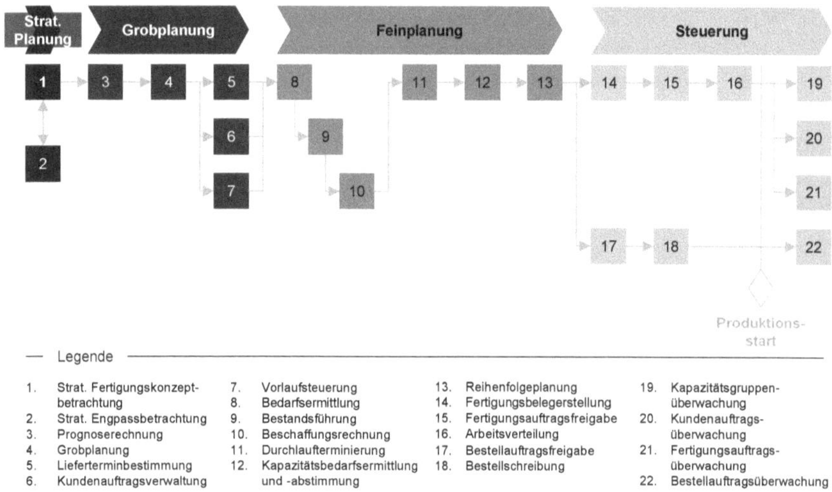

Abbildung 124: Mögliche Ablaufbeziehungen für Planungsaufgaben[784]

Neben den Beziehungen zwischen den Planungsaufgaben zum einfachen Ablauf müssen Regelkreise definiert und im Prozess implementiert werden. Die Regelkreise dienen der Rückführung von Informationen und stellen bei Abweichungen von geplanten Zuständen die Einhaltung der Zielvorgaben sicher. Die Detektion von Abweichungen erfolgt durch den kontinuierlichen Abgleich der Soll- und Ist-Zustände in der Produktion unter Berücksichtigung der Kosten, Zeit sowie der Mengen. Dieser Abgleich fällt in den Aufgabenbereich der Auftragsüberwachung, welche eine Funktionsgruppe der Steuerung darstellt (siehe Abbildung 125).

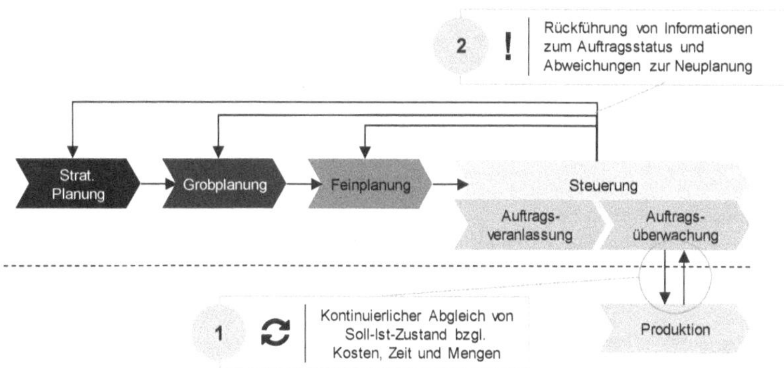

Abbildung 125: Regelkreis der Planung[785]

[784] Eigene Darstellung

[785] Eigene Darstellung

Übertragen auf die einzelnen Planungsaufgaben ergeben sich die in Abbildung 126 dargestellten Regelkreise. Zusätzlich zur Rückführung von Informationen aus der Steuerung bestehen noch weitere Regelkreise innerhalb der einzelnen Planungsebenen. Diese sind erforderlich, um Planungszustände bei Abweichungen zu korrigieren und bei zukünftigen Planungen zu berücksichtigen.

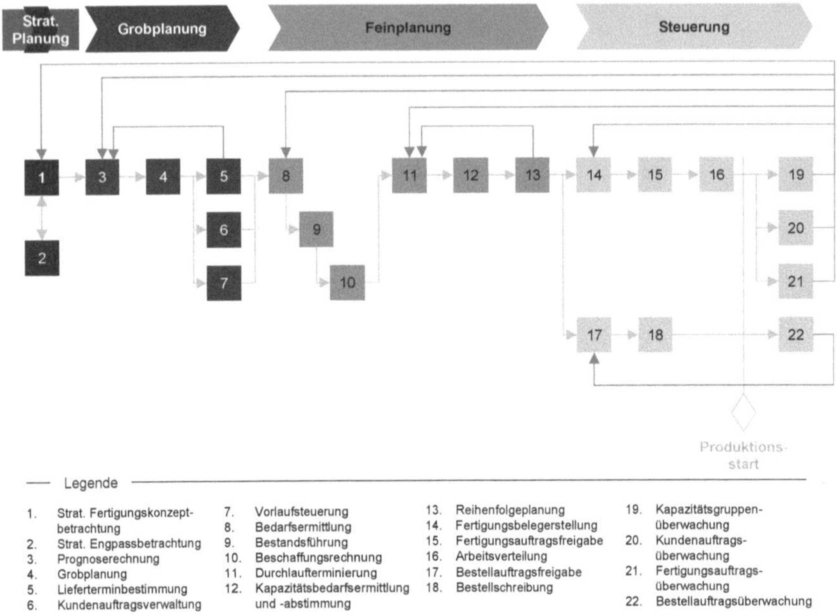

Abbildung 126: Mögliche Regelkreise für die Planungsaufgaben[786]

Neben den vorgestellten Abläufen und Beziehungen zwischen den Planungsaufgaben sind darüber hinaus noch weitere unternehmensspezifische Beziehungen und Rahmenbedingungen zu berücksichtigen. Diese bestehen bspw. in Freigaben von Produktionsplänen durch Vorgesetzte oder in der Informationsverteilung an andere Unternehmensabteilungen. Solche Beziehungen können in aixperanto durch Verknüpfungsarten dargestellt werden. Es werden die Beziehungen „Oder", „Entweder-Oder", „Und" sowie „Ja-Nein" berücksichtigt.

Synchronisierung der Planungsprozesse

Anschließend erfolgt die Synchronisierung der entwickelten Planungsprozesse mit den Auftragsabwicklungsprozessen der Fertigungssegmente sowie zwischen den Fertigungssegmenten. Ziel ist es, entlang der Durchführung eines Auftrags die notwendigen Informationen zur Verfügung zu stellen und die Planungsaufgaben in bestehenden Meilensteinen und Prozessen

[786] Eigene Darstellung

zu integrieren. Diesbezüglich beschreibt die Synchronisierung die inhaltliche und zeitliche Abstimmung der Prozessschritte im Planungs- und Auftragsabwicklungsprozess im Werkzeugbau, um eine effiziente Abwicklung ohne Verschwendung und zeitlichen Verzug zu ermöglichen. Dieser Vorgang wird grundlegend in die *horizontale Synchronisierung* und die *vertikale Synchronisierung* unterteilt. Die horizontale Synchronisierung beschreibt die inhaltliche Abstimmung von Planungsaufgaben und Schnittstellen zwischen den Fertigungssegmenten. Dahingegen dient die vertikale Synchronisierung im Werkzeugbau der Abstimmung in übergreifende Auftragsabwicklungsprozesse sowie in die Produktentwicklungsprozesse bzw. Kundenprozesse. Dabei gilt es, beide Synchronisierungsmöglichkeiten, wie nachstehend detailliert beschrieben, im Rahmen der Prozessgestaltung anzuwenden.

Die horizontale Synchronisierung verfolgt das Ziel, Synergieeffekte in den Planungsprozessen zwischen verschiedenen Fertigungssegmenten zu erreichen. Eine Übersicht der horizontalen Synchronisierungsoptionen ist in Abbildung 127 gegeben.

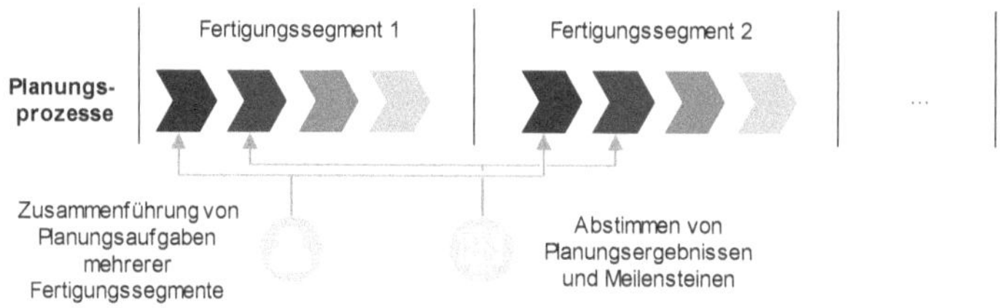

Abbildung 127: Horizontale Synchronisierung der Planungsaufgaben[787]

Für einen ganzheitlichen Überblick über den Werkzeugbau und die damit einhergehenden Synergieeffekte in der Bearbeitung von Planungsaufgaben bietet es sich an, Planungsaufgaben zentral von einem Mitarbeiter durchführen zu lassen. Besonders in kleineren Betrieben lassen sich dadurch Synergieeffekte und Einsparungen erzielen. Jedoch ist dies in der Praxis nur bei den beginnenden Planungsebenen, wie der strategischen Planung und der Grobplanung, sinnvoll. Bereits in der Feinplanung wird ein hohes Detailwissen benötigt bzw. empfohlen. Gleiches gilt für die Steuerung. So sollte die Steuerung von einem segmentspezifischen Verantwortlichen auf dem Shopfloor durchgeführt werden.

Darüber hinaus müssen die Planungsergebnisse zwischen den Fertigungssegmenten kontinuierlich abgestimmt werden, um Über- und Unterkapazitäten auszugleichen, zu informieren und fertigungssegmentübergreifend an Auftragsverteilungen zu arbeiten. Beziehungen zwischen Planungsergebnissen und Meilensteinen können auch in Planungssystemen berücksichtigt werden. Wenn daher solche Beziehungen bestehen, sollten diese erfasst werden und als Input für die Auswahl eines Planungssystems im fünften Methodikschritt dienen (siehe Kapitel 5.2.3).

Die vertikale Synchronisierung beschreibt die Integration der neuen Planungsprozesse in übergeordnete Prozesse. Dabei sollen neue Schnittstellen zu relevanten prozessbeteiligten

787 Eigene Darstellung

Entitäten geschaffen und hinsichtlich von Informationsübergaben abgestimmt werden. Eine Übersicht der vertikalen Synchronisierungsoptionen ist in Abbildung 128 gegeben.

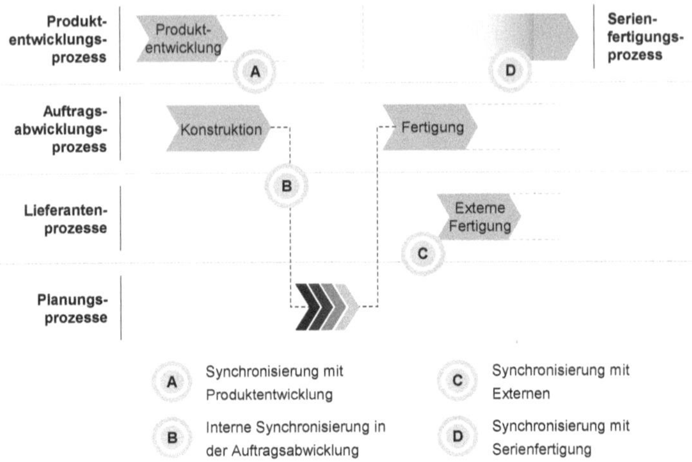

Abbildung 128: Vertikale Synchronisierung der Planungsaufgaben[788]

Die Synchronisierung mit der Produktentwicklung führt in allen Planungsaufgaben für Neuwerkzeuge zu hilfreichen Informationen zu Produkt- und Werkzeugänderungen, die entsprechend frühzeitig berücksichtigt werden können. In der internen Auftragsabwicklung müssen die anderen Abteilungen in alle Entscheidungen involviert werden. Idealweise wird dies prozessual und systemisch umgesetzt. Auch zu Lieferanten können Informationen und Daten ausgetauscht werden. So empfiehlt es sich, die Lieferanten systemisch in der Planung zu integrieren, um frühzeitig Abweichungen zu erfassen. Zur Serienfertigung bieten sich die Potenziale zu einer frühen Abstimmung von Informationen für neue Reparatur- und Instandhaltungsaufträge. Zudem können bei der Durchführung der Synchronisierung sowohl in strategischen als auch operativen Planungsaufgaben Informationen mit den Planungsmitarbeitern und -systemen der Serienfertigung ausgetauscht werden.

Mit der Synchronisierung ist die Entwicklung der Planungsprozesse abgeschlossen und es können befähigende und unterstützende Softwaresysteme gestaltet werden.

5.2.2.4 Schritt 4: Ergebnis

Das Ergebnis des vierten Schrittes zur Entwicklung der Planungsprozesse innerhalb der Methodik zur Auslegung intelligenter Planungsprozesse im Werkzeugbau bildet:

- Identifizierte notwendige Planungsaufgaben mit definiertem Digitalisierungsgrad
- Entwickelte und synchronisierte Planungsprozesse für alle Fertigungssegmente

[788] I. A. a. Schuh et al. (Synchronisierung im industriellen Werkzeugbau), 2011, S. 385ff.

5.2.3 Schritt 5: Definition unterstützender Planungsressourcen

Im fünften Schritt werden die unterstützenden Planungsressourcen definiert. Das Ziel ist es, die intelligenten Planungsprozesse durch anforderungsgerechte digitale Lösungen zu befähigen. Dazu soll ein modernes Planungssystem identifiziert werden, welches die individuellen Anforderungen in hohem Maße erfüllt. Da in der Praxis unternehmensspezifische Anforderungen bestehen und die hohen Anforderungen an die Intelligenz nicht mit Standardlösungen erfüllt werden können, müssen individuelle Lösungen erarbeitet werden. Diese werden durch ein Multi-Agenten-System abgebildet, welches erarbeitet und mit dem Planungssystem verbunden wird.

5.2.3.1 Schritt 5: Grundlagen

Im Folgenden werden verschiedene Vorgehen zur Auswahl von Softwareprozessen vorgestellt, welche als Grundlage für das Vorgehen in Teilschritt 5.A gelten. Anschließend erfolgt eine Einleitung in sogenannte Mulit-Agenten-Systeme, welche einen Lösungsbaustein zur Sicherstellung der intelligenten Produktionsplanungsprozesse bilden.

Auswahlprozesse für Softwaresysteme

Zur Auswahl von Softwaresystemen existieren verschiedene Ansätze, die auch im Rahmen dieser Arbeit betrachtet wurden. Auf die drei relevantesten wird an dieser Stelle eingegangen.

Das *3-Phasen Konzept* des Forschungsinstituts für Rationalisierung (FIR) ist ein Auswahlverfahren für Standardsoftware im Unternehmen. Das Ziel dieses Konzeptes besteht darin, die Software anhand der Organisationssituation im Unternehmen, eines Abgleichs zwischen den gewünschten Anforderungen und des vorhandenen Marktangebotes sowie einer Testphase mit anschließender Evaluation der Software auszuwählen.[789] Dementsprechend gliedert sich das 3-Phasen Konzept in die Organisationsanalyse, die Vorauswahl sowie die Endauswahl.[790] Während der Organisationsanalyse werden die unternehmensinternen sowie -externen Prozesse und Strukturen analysiert und verbessert, um vorhandene Schwachstellen durch neue IT-Systeme nicht zu verstärken. Im Rahmen der Vorauswahl werden die am Markt vorhandenen Softwaresysteme analysiert und mit den benötigten Anforderungen verglichen. Anhand einer Nutzwertanalyse werden die Anforderungen gewichtet und eine Rangliste der Softwaresysteme erstellt.[791] Daraufhin werden drei bis fünf Systeme für die Endauswahl definiert, die dann anhand von Unternehmensszenarien für den Anwendungsfall getestet werden. Nach der abschließenden Evaluation und finalen Auswahl werden weitere benötigte Feinspezifikationen mit dem Anbieter verhandelt.[792]

[789] Vgl. Roesgen; Schmidt (Auswahl von ERP-/PPS-Systemen), 2006, S. 330.

[790] Vgl. Roesgen; Schmidt (Auswahl von ERP-/PPS-Systemen), 2006, S. 343.

[791] Vgl. Roesgen; Schmidt (Auswahl von ERP-/PPS-Systemen), 2006, S. 343ff.

[792] Vgl. Roesgen; Schmidt (Auswahl von ERP-/PPS-Systemen), 2006, S. 356ff.

Das *Auswahlverfahren für Standardsoftware* nach ABTS UND MÜLDER deckt alle Auswahlphasen vom Projektstart bis hin zur Einführung der Software ab. Insgesamt gliedert sich das Verfahren in acht verschiedene Phasen.[793] Das Verfahren beginnt mit dem Projektstart, bei dem das Projekt definiert und die Ziele festgelegt werden. Anhand von diesen Zielen wird eine Geschäftsprozessanalyse für die Unternehmensstruktur durchgeführt, um Schwachstellen und Fehler aufzudecken.[794] Daraufhin werden die Prozesse optimiert und für die Nutzung einer Standardsoftware vereinheitlicht. In der nächsten Phase werden die Anforderungen an das IT-System konkretisiert bzw. festgelegt und in einem Lastenheft zusammengefasst.[795] Anhand der daraus resultierenden Anforderungen wird das Angebot auf dem Markt analysiert und eine Vorauswahl getroffen. Die ausgewählten Systeme werden mithilfe von produkt- und anbieterbezogenen Kriterien verglichen und an realen Anwendungsfällen getestet. Nach der endgültigen Softwarewahl wird der Kaufvertrag abgeschlossen und das Softwaresystem eingeführt.

Das dritte hier erläuterte *Softwareauswahlverfahren* von KLÜPFEL UND MAYER ist ein auf kleine Unternehmen spezialisiertes, dreistufiges Auswahlverfahren mit dem Ziel, drei bis fünf passende Softwarelösungen zu selektieren.[796] Grundlage des Verfahrens sind auf die Anforderungen spezifizierte Checklisten. Dazu wird während des Auswahlprozesses ein Kriterienkatalog erstellt, der bei der Evaluation der Softwarelösungen unterstützt. Allgemein gliedert sich das Verfahren in die Vorauswahl, Feinauswahl und Endauswahl.[797] In der Vorauswahl wird durch eine Marktrecherche das vorhandene Softwareangebot analysiert und auf bis zu maximal fünf Produkte eingegrenzt. Dies geschieht bspw. anhand der Auswahlkriterien Technologie und funktionale Abdeckung.[798] Nach der Vorauswahl wird in der zweiten Stufe mithilfe von Workshops und Testinstallationen eine Feinauswahl getroffen. Diese orientiert sich an den Kriterien Lösungskompetenz und Look & Feel. Mit der dritten Stufe, der Endauswahl, werden vor dem Vertragsabschluss und der Implementierung mit dem Anbieter noch Feinspezifikationen und kritische funktionale Anforderungen besprochen. Diese sind entweder in einem Pflichtenheft festgehalten oder werden mithilfe der Methode des Prototypings in der Software abgebildet. Dadurch kann eine Entscheidung zwischen zwei Systemen getroffen werden und eine Implementation der Software geplant werden.[799]

Multi-Agenten-System

In Kapitel 2.3 wurde bereits der Agent als Element zur Implementierung von Funktionen, die Intelligenz befähigen, eingeführt. Ein Agent ist, wie auch im allgemeinen Sprachgebrauch bekannt, eine Instanz, die im Auftrag eines anderen handelt oder eine Sache durchführt. Dabei

[793] Vgl. Abts; Mülder (Wirtschaftsinformatik), 2017, S. 517.
[794] Vgl. Abts; Mülder (Wirtschaftsinformatik), 2017, S. 520f.
[795] Vgl. Abts; Mülder (Wirtschaftsinformatik), 2017, S. 520ff.
[796] Vgl. Klüpfel; Mayer (Softwareauswahl in Kleinst-und Kleinbetrieben), 2007, S. 1ff.
[797] Vgl. Klüpfel; Mayer (Softwareauswahl in Kleinst-und Kleinbetrieben), 2007, S. 6.
[798] Vgl. Klüpfel; Mayer (Softwareauswahl in Kleinst-und Kleinbetrieben), 2007, S. 7f.
[799] Vgl. Klüpfel; Mayer (Softwareauswahl in Kleinst-und Kleinbetrieben), 2007, S. 8.

können einem Agenten verschiedene Eigenschaften zugesprochen werden. Nach WOOLDRIDGE UND JENNINGS gibt es zwei verschiedene Ansichten, die Eigenschaften von Agenten betreffend. Der ersten Auffassung zufolge hat ein Agent die Eigenschaften *Autonomie*, *Soziale Fähigkeiten*, *Reaktivität* und *Proaktivität* inne.[800] Ein Agent handelt somit eigenständig und wird nicht unmittelbar durch Externe gesteuert. Zudem kommuniziert er mit anderen Agenten und steht mit diesen im direkten Austausch. Über Sensoren und Aktoren kann der Agent die Umgebung wahrnehmen und sie aktiv beeinflussen oder verändern. Darauf aufbauend handelt es sich nach WOOLDRIDGE UND JENNINGS bei einem Multi-Agenten-System (MAS) um „ein System, das aus einer Anzahl von Agenten besteht, die miteinander interagieren, typischerweise durch den Austausch von Nachrichten über eine Computernetzwerk-Infrastruktur".[801] Die in dem System enthaltenen Agenten können zusätzlich unterschiedlich spezialisiert sein und handeln im Kollektiv, um ein Problem zu lösen. Die Idee ist die Verteilung von Intelligenz-Teilfähigkeiten auf interagierende kleinere Systeme.

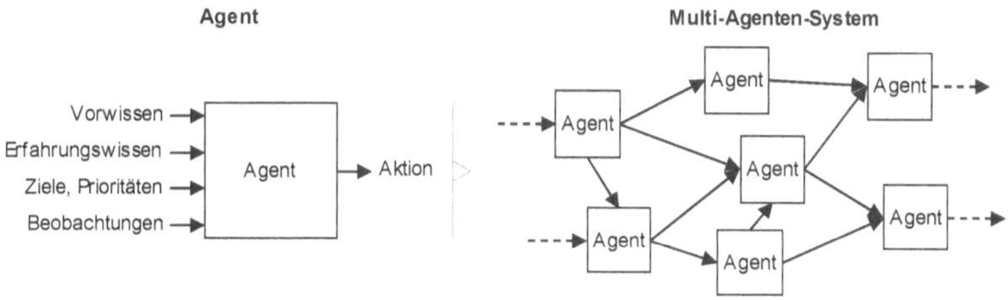

Abbildung 129: Aufbau eines Multi-Agenten-Systems[802]

Vorgehen zur Softwareentwicklung

Die Entwicklung von Software wie einem MAS ist ein komplexer Prozess, der aber in Teile zerlegt und mit speziellen Entwicklungsmethoden durchgeführt werden kann. Software-Entwicklung wird im Allgemeinen als ein Prozess definiert, der aus einer Reihe zusammenhängender Aufgaben besteht und zur Erzeugung von Software führt. Es existieren zahlreiche Software-Entwicklungsprozesse, wobei die meisten folgende vier grundlegende Aktivitäten enthalten:[803]

- **Spezifizierung:** Die Funktionalität der Software und die Anforderungen für ihren Betrieb müssen definiert werden.
- **Entwicklung und Implementierung:** Die zu entwickelnde Software muss die definierten Spezifikationen erfüllen.
- **Validierung:** Die Software muss validiert werden, um sicherzustellen, dass sie die Anforderungen des Kunden erfüllt.

[800] Vgl. Wooldridge; Jennings (Intelligent Agents), 1995, S. 124.
[801] Vgl. Wooldridge; Jennings (Intelligent Agents), 1995, S. 124.
[802] Eigene Darstellung
[803] Vgl. Sommerville (Software Engineering), 2011, S. 28.

- **Evolution:** Die Software muss sich weiterentwickeln, um den sich ändernden Kundenbedürfnissen gerecht zu werden.

Bevor in Kapitel 5.2.3.3 auf die konkrete Aufgabenbeschreibung im Zusammenhang zur Thematik dieser Arbeit eingegangen wird, sollte trotz der in sich ähnlichen Phasen der Vorgehensmodelle eine Vorgehensweise zur Umsetzung der Implementierung der Agenten und des späteren Multiagentensystems ausgewählt werden, um den späteren Erfolg sicherzustellen.

Die bereits angesprochenen unterschiedlichen Vorgehensmodelle zur Entwicklung von Software weisen unterschiedliche Eigenschaften auf und können somit verschiedenen Softwareentwicklungsprojekten zugeordnet werden. Eine genaue Definition, bei welchem IT-Projekt welche Vorgehensweise zur Entwicklung von Software genutzt werden soll, ist nicht existent. Es gibt einige Basismodelle, die für eine Vielzahl der spezifischen Entwicklungsprozesse verwendet werden. Die bekanntesten Modelle sind das Wasserfallmodell als statische Entwicklungsmethode und das SCRUM-Modell als inkrementelle bzw. agile Entwicklungsmethode.[804]

Das Wasserfallmodell, das erste von ROYCE veröffentlichte Modell der Softwareentwicklung, wurde aus allgemeineren System-Engineering-Prozessen abgeleitet. Es nimmt die grundlegenden Prozessaktivitäten Spezifikation, Entwicklung, Validierung und Evolution auf und stellt sie als getrennte Prozessphasen wie Anforderungsspezifikation, Softwareentwurf, Implementierung, Testen dar (siehe Abbildung 130).[805]

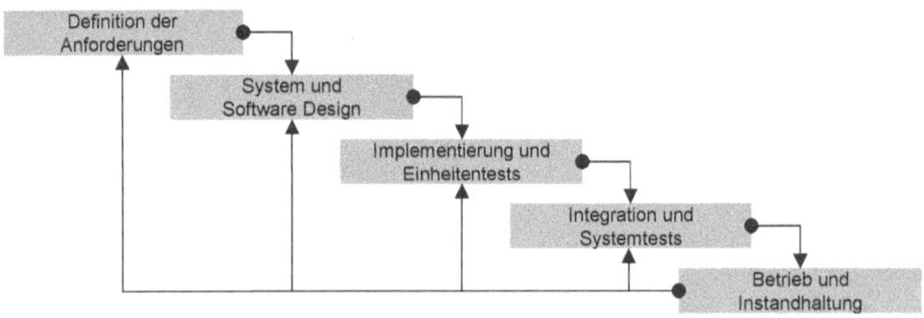

Abbildung 130: Wasserfallmodell zur Softwareentwicklung[806]

Aufgrund der Kaskadenbildung von einer Phase zur anderen wird dieses Modell als Wasserfallmodell bezeichnet. Das Wasserfallmodell ist ein Beispiel für einen plangesteuerten Prozess, da im Prinzip alle Prozessaktivitäten geplant und terminiert werden müssen, bevor mit der Arbeit begonnen werden kann. Das Modell basiert auf statischen Anforderungen an die Software, die zu Beginn des Prozesses definiert werden. Wenn Änderungen in den Anforderungen auftreten, muss der Prozess erneut begonnen werden.[807]

Ein anderes allgemeines Modell ist die inkrementelle Entwicklung. Das System wird in einer Reihe von Versionen (Inkrementen) entwickelt, wobei jede neue Version einen weiteren Teil

[804] Vgl. Sommerville (Software Engineering), 2011, S. 28.

[805] Vgl. Royce (Development of Software Systems), 1970, S. 328ff.

[806] I. A. a. Royce (Development of Software Systems), 1970, S. 329.

[807] Vgl. Hanser (Agile Prozesse), 2010, S. 4.

der Funktionalität enthält.[808] Damit ist der Prozess flexibel bzw. agil, um auf Änderungen der Anforderungen während des Entwicklungsprozesses zu reagieren.[809] Ziel der Agilität ist es, die Flexibilität und die Produktqualität zu steigern sowie die Entwicklungszeit zu verkürzen.[810]

Der SCRUM-Prozess ist, neben vielen weiteren existierenden Modellen, das populärste agile und inkrementelle Modell. SCRUM wurde von SCHWABER entwickelt und dient vor allem dazu, aus komplexen Aufgaben nützliche Produkte zu generieren. SCRUM ist eher eine Grundidee oder eine Philosophie als ein regelbasierter Prozess. Der Ansatz basiert darauf, das komplexe und dynamische Umfeld von Unternehmen durch einen flexiblen Ansatz, der aktiv auf Veränderungen im Umfeld reagieren kann, beherrschbar zu machen.[811] Der Kern, der von SCHWABER beschriebenen SCRUM-Methode, ist ein iterativer und inkrementeller Prozessrahmen. Jede Iteration kann mehrere Wochen dauern und liefert eine vollständig funktionierende Softwareversion bzw. eine Teillösung. Ein typischer Projektprozess beginnt mit der Formulierung der groben Vision des Kunden. Die Vision umfasst ungefähre Projektziele, ohne detailliert auf Anforderungen, Unterfunktionen und Arbeitsschritte einzugehen. Diese werden erst im weiteren Verlauf des Projekts spezifiziert. Erste Anforderungen aus der Kundenvision werden in priorisierter Reihenfolge im sogenannten Product Backlog festgehalten.[812] Daraufhin wird in der Sprintplanung entschieden, welche Anforderungen in welchem Sprint und in welcher Reihenfolge, also in welchen Inkrementen, umgesetzt werden. Die Entscheidungen werden im Sprint Backlog festgehalten. Ist die Sprintplanung abgeschlossen, beginnt der Sprint. In diesem sind die diskutierten Anforderungen in funktionalen Aufgaben dargestellt. Ein Sprint steht für einen Iterationsschritt des Entwicklungsprozesses. In den Iterationsschritten wird die eigentliche Entwicklungsarbeit durch das Entwicklungsteam durchgeführt. Das Ergebnis eines jeden Iterationsschrittes ist eine Erhöhung des Produktwertes. Die Iterationen werden von SCHWABER mit einer Dauer von in der Regel 30 Tagen beschrieben.[813] Der obere zweite Kreis, beschrieben mit Daily SCRUM, stellt die täglichen Inspektionen dar. Innerhalb dessen stimmen die Teammitglieder die Entwicklungsfortschritte des Prozesses ab.[814] Das Sprint Review Meeting ist der Höhepunkt eines jeden Sprints. Hier wird der Entwicklungsfortschritt präsentiert und diskutiert. Zudem wird der Entwicklungsprozess reflektiert und Probleme identifiziert.[815] SCHWABER konzentriert sich auf das Zusammenspiel aller am Entwicklungsprozess beteiligten Parteien. Durch ständige Kommunikation sollen Probleme frühzeitig erkannt und gelöst werden.[816]

[808] Vgl. Sommerville (Software Engineering), 2011, S. 33.

[809] Vgl. Abrahamsson (Agile Software Development Methods), 2002, S. 13.

[810] Vgl. Cohn (Agile Softwareentwicklung), 2010, S. 74.

[811] Vgl. Hanser (Agile Prozesse), 2010, S. 7.

[812] Vgl. Gloger; Schwaber (SCRUM), 2013, S. 127.

[813] Vgl. Gloger; Schwaber (SCRUM), 2013, S. 127.

[814] Vgl. Schwaber (Agile Project Management with SCRUM), 2004, S. 6.

[815] Vgl. Schwaber (Agile Project Management with SCRUM), 2004, S. 9.

[816] Vgl. Cohn (Agile Softwareentwicklung), 2010, S. 385.

In Rahmen der Entwicklung eines Multi-Agenten-Systems wird in dieser Arbeit der SCRUM-Prozess angewandt, um unter anderem die beschriebene Kommunikation zwischen den Parteien zu gewährleisten. Ein Großteil der heutigen Organisationen setzen in Rahmen von IT-Projekten auf agile Ansätze wie den SCRUM-Prozess, da diese sich durch die iterative Entwicklung, die intensive Kommunikation aller Beteiligten und ein frühzeitiges Kundenfeedback auszeichnen und das Ziel verfolgen, den Entwicklungsprozess schlanker und flexibler zu gestalten.[817] Somit stehen die Kundenbedürfnisse kontinuierlich im Mittelpunkt.

5.2.3.2 Schritt 5.A: Aufnahme Systemanforderungen und Auswahl System

Im ersten Teilschritt einer ganzheitlichen Systemgestaltung zur Unterstützung der Planungsprozesse werden die Systemanforderungen aufgenommen und ein geeignetes Softwaresystem systematisch ausgewählt. Dazu werden zwei Aufgaben mit jeweiligen Teilaufgaben ausgeführt:

- Aufnahme von Systemanforderungen und Erstellung Lastenheft
- Recherche, Bewertung und Auswahl des Systems

Zunächst gilt es, ein systematisches Lastenheft zu erarbeiten, welches alle relevanten Anforderungen hinsichtlich der zu erfüllenden Planungsaufgaben enthält. Dieses gilt als notwendiger Input für die anschließende Systemrecherche und -auswahl.

Aufnahme von Systemanforderungen und Erstellung Lastenheft

Bei der Aufnahme der Anforderungen an die unterstützende Systemlandschaft kann auf die bereits entwickelten Inhalte der vorigen Schritte zurückgegriffen werden. So stellen die Funktions- und Prozessbeschreibungen einen elementaren Baustein zur Aufnahme der Anforderungen dar. Darüber hinaus existieren weitere Systemanforderungen, die entsprechend mit den unterschiedlichen Anwendern des Systems aufgenommen werden müssen. Die aufgenommenen Anforderungen müssen systematisch dokumentiert werden, um einen Abgleich zu gewährleisten und sie Systemlieferanten zur Verfügung zu stellen. Das zentrale und führende Dokument stellt das Lastenheft dar. Dieses greift die wesentlichen Inhalte wieder auf und ergänzt diese um weitere Randinformationen, die notwendig für die Auswahl und Entwicklung sind. Eine geeignete Struktur gilt nach IEEE und ist in Abbildung 131 dargestellt.[818]

[817] Vgl. Kuhrmann; Linssen (Vorgehensmodelle in Deutschland), 2015, S. 13.

[818] Vgl. IEEE (ISO/IEC/IEEE 29148:2018(E)), 2018, S. 67ff.

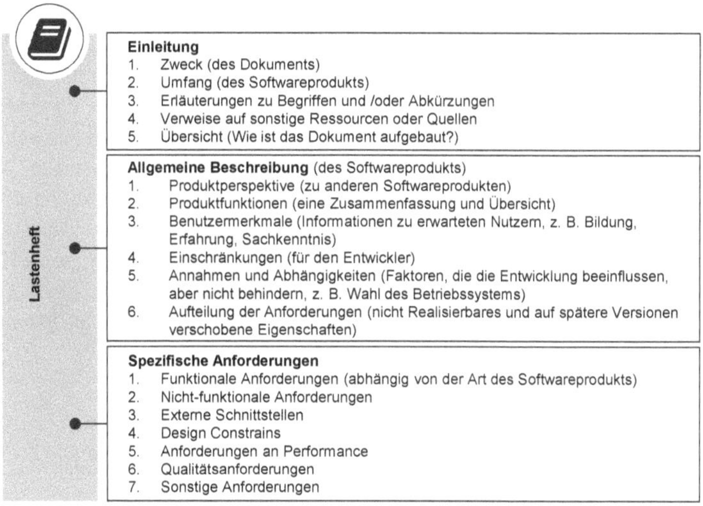

Abbildung 131: Gliederung eines Lastenhefts nach IEEE 29148:2018[819]

Die *Einleitung* beschreibt grundsätzliche Ziele, die konkrete Verwendung und gibt Erklärungen zum Lastenheft als solches. Die *allgemeine Beschreibung* setzt das zukünftige System in den Kontext des Werkzeugbaubetriebs. Es wird eine Übersicht über den Einsatzzweck, die aktuelle Systemlandschaft, den Nutzer und weitere unternehmensspezifische Rahmenbedingungen gegeben. Die *spezifischen Anforderungen* stellen dabei den inhaltlichen Kern des Lastenhefts dar. Dabei sind vor allem die funktionalen Anforderungen von zentraler Bedeutung, denn hier werden die Planungsaufgaben detailliert dokumentiert.[820] Dabei müssen jeweils der Input, die Durchführung sowie der zu erwartenden Output der Aufgabe spezifisch beschrieben werden. Weitere spezifische Anforderungen sind bspw. nicht-funktionale Anforderungen, welche übergeordnete Anforderungen in den Bereichen Wartung, Benutzbarkeit, Sicherheit, Stabilität und Weiterentwicklung beinhalten.

Die Zusammenstellung der Anforderungen an das System sollte in intensiver Zusammenarbeit mit allen Mitarbeitern erfolgen, welche direkt oder indirekt das System oder Informationen aus dem System verwenden. Zudem sollte die interne IT-Abteilung eingebunden werden, um die technischen Anforderungen detailliert zu beschreiben. Mit der Fertigstellung der inhaltlichen Erarbeitung des Lastenhefts sowie der Zusammenfassung in einem Dokument kann mit der Auswahl eines oder mehrerer Systeme begonnen werden.

Recherche, Bewertung und Auswahl des Systems

Die Auswahl des Systems erfolgt in drei Phasen, die sequenziell aufeinander folgen (siehe Abbildung 132). Die erste Phase beschreibt dazu die Identifikation potenzieller Systeme, wobei

[819] Vgl. IEEE (ISO/IEC/IEEE 29148:2018(E)), 2018, S. 67ff.

[820] Siehe auch Abbildung 134

ein erster Abgleich der Systeme mit der Anwendungsumgebung vorgenommen wird. Dies kann eine grobe Prüfung der Einsetzbarkeit zur Planung einer Einzel- und Kleinserienfertigung sein, da diese nicht von jedem Planungssystem abgedeckt wird. In der zweiten Phase werden die Systeme mit dem Lastenheft hinsichtlich ihrer Funktionalität abgeglichen. Die favorisierten Systeme werden in der dritten Phase in einer realen Umgebung getestet und es werden konkrete Angebote eingeholt. Auf der Basis der Angebote und der durchgeführten Tests kann der Auswahlprozess abgeschlossen werden, indem ein System final ausgewählt und als Einführungsempfehlung weiter detailliert wird. Wenngleich das Lastenheft die Gesamtheit aller Anforderungen enthält, können als Lösung mehrere Systeme ausgewählt werden, die in Kombination alle Anforderungen erfüllen. Ergänzend soll erwähnt werden, dass bei der Anwendung des Auswahlprozesses auch unternehmensspezifische Randbedingungen, wie bspw. die Einbindung von Steuerkreisen, berücksichtigt werden sollten.

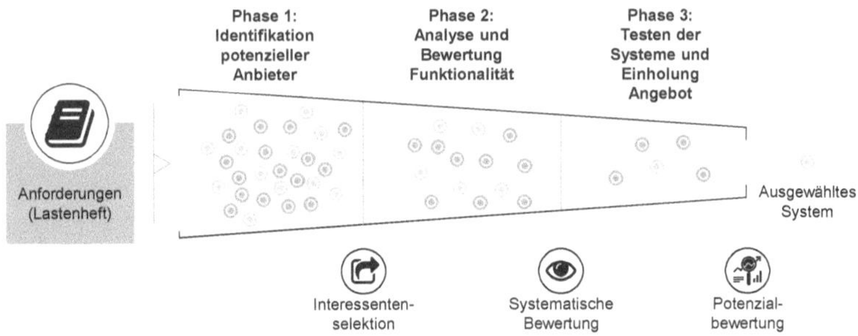

Abbildung 132: Übersicht des Auswahlprozesses[821]

In der *ersten Phase des Auswahlprozesses* erfolgt die Identifikation potenzieller Systeme durch eine umfangreiche Recherche. Ziel ist es, eine hohe Anzahl relevanter Systeme zu identifizieren. Zur Durchführung einer umfassenden Recherche existieren zahlreiche Verfahrensweisen (siehe Abbildung 133).

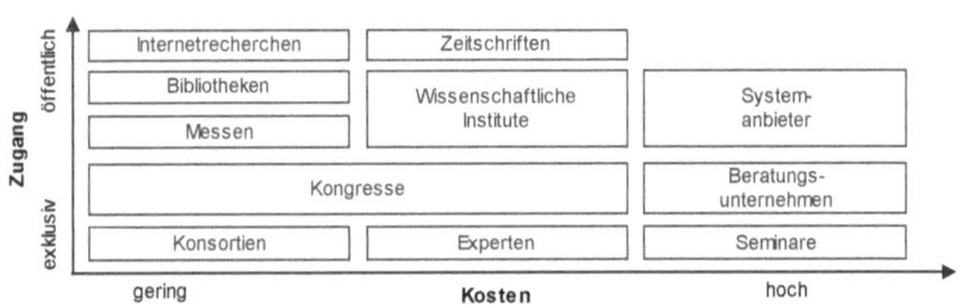

Abbildung 133: Verfahrensweisen zur Recherche von Systemen[822]

Die verschiedenen Verfahrensweisen unterscheiden sich hauptsächlich in ihrer Zugänglichkeit und den Kosten. Leicht zugänglich mit niedrigen Kosten sind bspw. Suchmaschinen im Internet oder Bibliotheken, sowie zum Teil auch Messen. Ebenfalls einen geringen Kostenaufwand,

[821] Eigene Darstellung

[822] Eigene Darstellung

dafür einen hohen Exklusivitätsgrad, weisen Know-how-Ansammlungen aus Unternehmenszusammenschlüssen auf. Bei höheren Kosten und einem exklusiveren Zugang können Informationen über Experten, Seminare oder spezialisierte Beratungsunternehmen gewonnen werden. Öffentlich und in Kombination mit hohen Kosten kann die Aufgabe der Lösungsfindung auch in Kooperation mit Systemanbietern erfolgen. Einen besonders relevanten Input bei der Recherche stellt eine Studie nach Boos et al. dar, in welcher zahlreiche aktuelle Planungssysteme für den Einsatz im Werkzeugbau untersucht und bewertet wurden.[823]

Die Bewertung der ersten Phase erfolgt anhand folgender Kriterien:

- **Branchenfokus:** Sind Charakteristika der Einzel- und Kleinserienfertigung bzw. des Werkzeugbaus für Planungsaufgaben vorhanden?
- **Rahmenbedingungen:** Bestehen Ausschlusskriterien wie bspw. in vorgegebenen Lieferantenbeziehungen?

In der *zweiten Phase des Auswahlprozesses* werden die identifizierten Systeme hinsichtlich der geforderten Funktionalitäten zur Durchführung von Planungsaufgaben analysiert und bewertet. Dazu können die in der Regel vorhandenen Funktionsbeschreibungen, Demo-Versionen oder Erfahrungsberichte der Systeme analysiert werden. Zumeist können auch durch Online-Besprechungen Einblicke in das System gewonnen werden, indem ein Mitarbeiter des Softwareherstellers die Funktionen erläutert. Solche Dienstleistungen bieten die meisten Systemhersteller an. Die Bewertung der zweiten Phase erfolgt anhand des Abgleiches und Analyse der aufgenommenen funktionalen Anforderungen mit dem Lastenheft.

Ein Vorschlag für die Bewertung der Funktionalität von Planungssystemen ist in Abbildung 134 gegeben. Die in Abbildung 134 dargestellten und beschriebenen Kriterien bilden eine Empfehlung des Autors und haben sich in der Praxis in zahlreichen Industrieprojekten bewährt. Dabei wurde auf die Betrachtung der strategischen Planung verzichtet, da dazu der bereits entwickelte digitale Zwilling eingesetzt werden kann. Jedoch wurde die Kalkulation als mögliche funktionale Bewertungskategorie ergänzt. Denn in der Praxis sind üblicherweise auch die Mitarbeiter in die Kalkulation von Aufträgen eingebunden, sodass sich in einem zentralen System Synergieeffekte ergeben können.

[823] Vgl. Boos et al. (Planen und Steuern im Werkzeugbau), 2019.

Übersichtlichkeit	▪ Einfache und verständliche Bedienführung ▪ Übersichtliche Darstellung von Planungsergebnissen ▪ Benutzer-Rollenprofile mit unterschiedlichen Befugnissen
Kalkulation	▪ Kalkulationsfunktionalitäten für neue Projekte ▪ Ähnlichkeitsvergleiche mit abgeschlossenen Projekten
Grobplanung	▪ Schnelle Darstellung der verfügbaren Kapazitäten ▪ Simulationsmöglichkeiten verschiedener Szenarien ▪ Einfache Ableitung von Handlungsoptionen
Feinplanung	▪ Schnelle Kapazitätsengpassanalyse bei Verzögerung ▪ Vor- und Rückwärtsterminierung ▪ Einfache und flexible Terminierung und Verschiebungen
Steuerung	▪ Berechnung von idealen Reihenfolgen ▪ Darstellung von spezifischen Arbeitsvorräten ▪ Einfache Zeitrückmeldung auf Projekte, Aufträge etc.
Projektmanagement	▪ Darstellung und Nachverfolgung aller Projekte und Aufträge ▪ Berechnung und Visualisierung von Kennzahlen ▪ Dokumentation von Fehlern, Wissen, Kosten, Stunden etc.

Abbildung 134: Mögliche Kriterien zur Bewertung der Funktionalität von Systemen[824]

Auf Basis des Lastenhefts und der Analyse der Systeme können die Bewertungskriterien abgeglichen und bewertet werden. Dabei wurden in einem Beispiel die vorgeschlagenen Bewertungskriterien verwendet (siehe Abbildung 135). Für die Bewertung empfehlen sich die aus Kapitel 3 bekannten Harvey-Balls, um eine vereinfachte und übersichtliche Auswertung zu ermöglichen. Den Harvey-Balls sind gemäß ihrem Erfüllungsgrad Punkte zugewiesen, welche eine Gesamtbewertung ermöglichen.

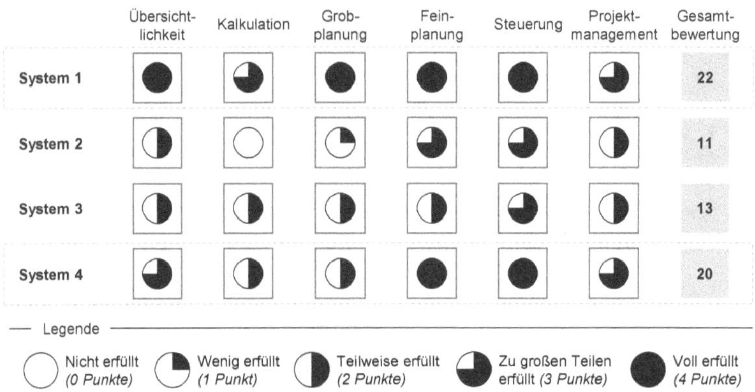

Abbildung 135: Gesamtbewertung der Systeme und finale Auswahl[825]

Anhand der Gesamtbewertung lassen sich im Beispiel zwei Systeme identifizieren, welche die Bewertungskriterien am stärksten erfüllen. Sollten sich bei einer hohen Anzahl an Systemen keine Differenzierungsmerkmale und somit keine klare Auswahl ergeben, so können an dieser

824 Eigene Darstellung

825 Eigene Darstellung

Stelle weitere Anforderungen des Lastenhefts in die Bewertung eingebunden werden. Die genannte Reihenfolge (siehe „Spezifische Anforderungen“ in Abbildung 131) stellt indes die Bedeutung der Anforderungen dar und dient dabei als Orientierungshilfe für die Auswahl weiterer Bewertungskriterien.

In der *dritten Phase des Auswahlprozesses* werden die ausgewählten Systeme weiter auf ihre Funktionalität geprüft und zusätzlich die Wirtschaftlichkeit betrachtet. Zunächst werden die Systeme durch eine Vorstellung des Systemlieferanten vor Ort getestet. Dabei sollen die Mitarbeiter, die das System zukünftig bedienen, involviert werden und das System testweise nutzen. Ziel ist, neben der reinen Betrachtung der Funktionen auch die Bedienung und Nutzerfreundlichkeit zu erfassen. Dies erhöht die Akzeptanz bei einer Einführung eines Systems.

Neben dem Testen der Funktionalität muss die Wirtschaftlichkeit betrachtet werden. Dazu werden unter Berücksichtigung von etwaigen unternehmensindividuellen Anpassungen Angebote für die Systeme bei den Systemlieferanten eingeholt. Bei diesem Schritt sollte der unternehmensinterne Einkauf involviert werden, um sowohl spezifische Rahmenbedingungen einzuhalten als auch ggf. Nachverhandlungen durchzuführen. Auf Basis der Tests und der Angebote muss eine Potenzialanalyse unter Betrachtung des zu erwartenden Nutzens und des Aufwands durchgeführt werden. Da bei den ausgewählten Systemen in der dritten Phase durch die vorigen Bewertungen sichergestellt wurde, dass sie die Anforderungen grundsätzlich erfüllen, erfolgt die weitere Bewertung durch eine Rangbildung (siehe Abbildung 136). Ziel ist es, für jedes Kriterium eines jeden Systems jeweils einen Rang festzulegen, um so eine Abgrenzung der Systeme untereinander zu erarbeiten.

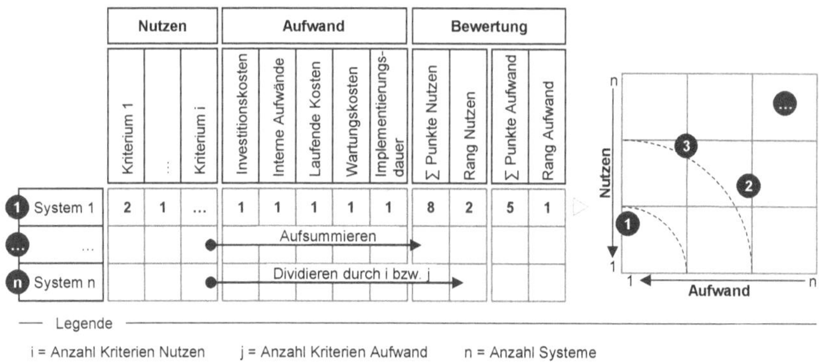

Abbildung 136: Rangbildung einzelner Systeme hinsichtlich Nutzen und Aufwand[826]

Zur Bewertung des Nutzens können grundsätzlich die bereits bekannten funktionalen Anforderungen verwendet werden (siehe Abbildung 134). Da aber in der dritten Phase die Tests mit den späteren Nutzern erfolgten, sollten ebenso nicht-funktionale Anforderungen wie die *Nutzerfreundlichkeit*, *Design*, *Stabilität und Schnelligkeit* sowie die *Integration bzw. Kopplung*

826 Eigene Darstellung

mit anderen Systeme berücksichtigt werden. Zur Bewertung des Aufwands sollten die *Investitionskosten*, die *internen Aufwände* zur Installation, *laufende Kosten* für den Betrieb, Kosten für *Wartungen und Updates* sowie die *Implementierungsdauer* betrachtet werden.

Auf Basis der Rangbildung können die Systeme abgegrenzt werden und es lässt sich eine finale Entscheidung für ein System treffen. Nach der Auswahl erfolgt die Beschaffung des Systems durch den Einkauf, was an dieser Stelle jedoch nicht weiter betrachtet wird. Die weitere Detaillierung und Implementierung des ausgewählten Systems erfolgt wiederum im sechsten Schritt der Methodik.

5.2.3.3 Schritt 5.B: Entwicklung intelligenter Funktionsumfänge

Der zweite Teilschritt der Systemgestaltung zur Unterstützung der Planungsprozesse hat die Entwicklung eines Multi-Agenten-Systems zum Ziel, welches mit den in Kapitel 5.2.3.2 recherchierten, bewerteten und ausgewählten Planungssystem(en) interagiert (siehe Abbildung 137).

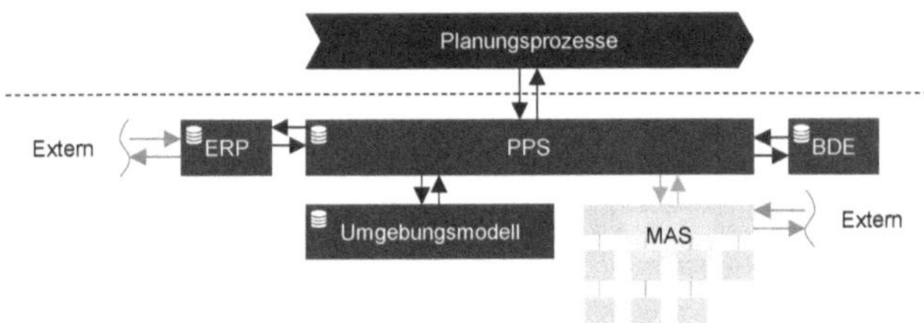

Abbildung 137: Zusammenspiel der Systeme[827]

Das MAS wird mit dem Ziel entwickelt, die Planungsaufgaben zu übernehmen, welche durch das in Kapitel 5.2.3.2 ausgewählte Planungssystem(e) nicht abgedeckt werden, aber im Rahmen der Aufnahme der Systemanforderungen bzw. im Lastenheft als notwendig definiert wurden. Mittels der somit vom MAS übernommenen Funktionen und Aufgaben wird der Prozess final zum intelligenten Prozess befähigt. Das bereits im Grundlagenteil (siehe Kapitel 5.2.3.1) beschriebene Vorgehen SCRUM wird nachfolgend dahingehend detaillierter ausgeführt und angewandt, um ein mit dem zuvor ausgewähltem Planungssystem kooperierendes MAS zu entwickeln (siehe Abbildung 138).[828]

[827] Eigene Darstellung

[828] Es ist an dieser Stelle anzumerken, dass das Ziel des Kapitels darin besteht, dem Leser und potenziellen Anwender einen Überblick über die Softwareentwicklungsmethode SCRUM zu verschaffen. Der Fokus liegt auf den Aufgaben des Projektmanagements. Es wird nicht der Anspruch auf Vollständigkeit aus IT-Sicht erhoben.

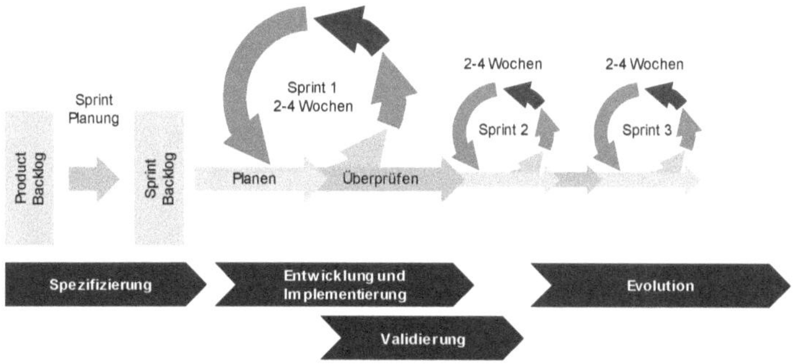

Abbildung 138: Detaillierter SCRUM-Prozess für Softwareentwicklungsprozesse[829]

Wie bereits in Kapitel 5.2.3.2 aufgearbeitet, werden in dem Product Backlog die Anforderungen in priorisierter Reihenfolge festgehalten. Da bereits ein Lastenheft besteht (siehe Kapitel 5.2.3.3), welches die Anforderungen an intelligente Planungsprozesse im Werkzeugbaubetrieb beinhaltet, kann dieses für den Entwicklungsprozess des MAS übernommen und in den Product Backlog übertragen werden. Im Rahmen der nachfolgenden Sprintplanung muss nun erarbeitet werden, welche Anforderungen im ersten Sprint umgesetzt und nach ihrer Definition in dem Sprint Backlog festgehalten werden. Die beschriebene Sprintplanung kann bereits als Teil des Spezifizierens hinsichtlich der Funktionalität der Software bzw. des/der Agenten und der Anforderungen für ihren Betrieb definiert werden. Da das Lastenheft bereits per Definition die gesamte Funktionalität, die eine Software aus Kundensicht erfüllen soll, beschreibt, kann mit der Erstellung eines Pflichtenhefts begonnen werden. Das Pflichtenheft stellt Softwarelösungen dar und beschreibt, wie die im Lastenheft gewünschten Funktionen umgesetzt werden können. Es ist somit zu definieren, welche Anforderungen an intelligente Planungsaufgaben mit welcher technischen Basis abgedeckt werden. Das Pflichtenheft stellt somit die technische Antwort auf das Lastenheft dar zur Beschreibung der Umsetzung der intelligenten Planungsprozesse. Neben Soft- und Hardware sollten auch die Schnittstellen zum Planungssystem und weiteren IT-Systemen des Werkzeugbaubetriebs sowie wie ein sinnvoller Zeitrahmen dargestellt sein.

Besteht ein konkretes Problem oder eine Anforderung, so ist die konkrete Lösung bzw. die Umsetzung der Anforderung nicht immer direkt ersichtlich. Im Anwendungsfall der Systementwicklung eines MAS kann dies ein Problem bei der Umsetzung der Anforderungen aus dem Lastenheft zu einem (Software-)Lösungsvorschlag sein. In diesem Fall kann das TRIZ-Modell zur Abstrahierung eines Problems verwendet werden, welches in Abbildung 139 dargestellt ist.[830] Das Ziel besteht darin, über eine Abstrahierung des konkreten Problems und eine darauffolgende Lösungssuche mit unterschiedlichen Werkzeugen eine abstrakte Lösung zu finden, welche sich auf die Realität zurückübertragen lässt.

---

829 Eigene Darstellung auf Basis des SCRUM-Prozesses nach SCHWABER

830 Vgl. VDI (VDI 4521 - Erfinderisches Problemlösen mit TRIZ).

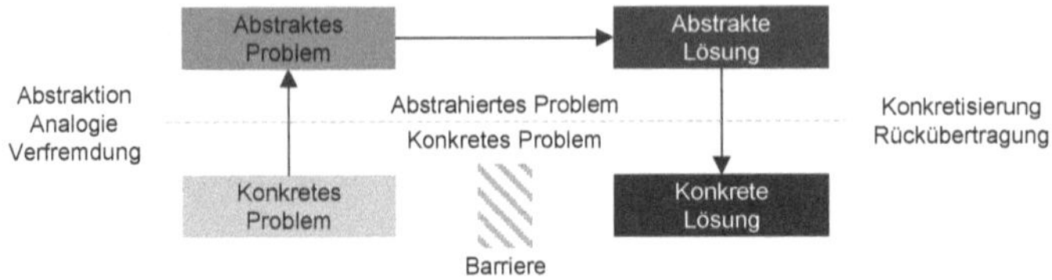

Abbildung 139: Abstrahierung eines Problems[831]

Es muss eine Problemabstraktion geschehen, welche im Kern aus einem Widerspruch entsteht. Ein solcher Widerspruch oder ein solches „standardisiertes“ Problem kann mittels bereitgestellter Werkzeuge, welche in der gängigen Literatur einzusehen sind, abstrakt gelöst werden und auf das eigentliche Problem übertragen werden.[832]

Ist das Pflichtenheft erstellt und die Spezifizierung abgeschlossen, kann als nachfolgender Schritt das Entwickeln und Implementieren innerhalb des SCRUM Sprints durchgeführt werden. Hierbei handelt es sich primär um eine Aufgabe, die IT-seitig gelöst werden muss, weshalb ihr in dieser Arbeit kein Schwerpunkt zukommt. Nichtsdestotrotz soll an dieser Stelle mittels zweier Beispiele aufgezeigt werden, welche Funktionen durch den Einsatz eines Agenten übernommen werden können.

Im Rahmen dieser Arbeit wurden mehrere beispielhafte Agenten entwickelt, die in der Lage sind, einzelne Planungsaufgaben zu übernehmen.[833] Einer dieser Agenten, welcher die Vorhersage von Kundenbestellungen durchführt, ist in Abbildung 140 dargestellt und soll im Folgenden beschrieben werden.

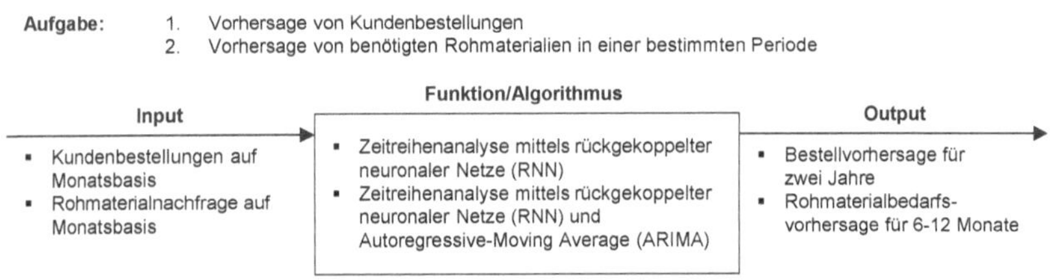

Abbildung 140: Beispiel eines Agenten zur Vorhersage von Kundenbestellungen[834]

Die Algorithmen der Agenten wurden sowohl durch frei verfügbare Datensätze als auch mittels praxisnaher Daten aus Forschungsprojekten angelernt. Grundsätzlich kann für das Erstellen

---

[831] Vgl. VDI (VDI 4521 - Erfinderisches Problemlösen mit TRIZ).

[832] Vgl. Gundlach; Nähler (Innovation mit TRIZ), 2006; Herb et al. (TRIZ), 2000; Salamatov (TRIZ), 1999.

[833] Per Definition handelt es sich bei diesen Programmen noch nicht um Agenten, da diese noch nicht vernetzt sind, und somit nicht alle Kriterien eines Agenten erfüllen (siehe Kapitel 5.2.3.1). Trotzdem wird im Folgenden von Agenten gesprochen, da die Funktionsweise ähnlich ist.

[834] Eigene Darstellung

und Trainieren von Vorhersagemodellen der in Kapitel 2.3.2.1 beschriebene Prozess, Knowledge Discovery in Databases, im Speziellen der Schritt des Data Mining und der Interpretation, angewandt werden. Aber auch ein Vorgehen nach dem CRISP-DM ist möglich (siehe Kapitel 2.3.2.2).

Nachfolgend soll zu Zwecken der Anschauung eine Prognose über die Summe der Kundenbestellungen durch den Agenten aus Abbildung 140 vorgestellt werden. Es wird nicht nochmals gesondert auf das Vorgehen des KDD oder des CRISP-DM eingegangen, da dies bereits in den Grundlagen erläutert wurde.

Ziel des Agenten war es, eine Vorhersage für Kundenbestellungen eines gleichen Produkts für ein Unternehmen für die Jahre 2018 und 2019 zu erstellen. Bei den vorhandenen Vergangenheitsdaten zum Anlernen des Modells handelt es sich um einen veröffentlichten Datensatz, der die Summe der Bestellungen des Produkts pro Monat von Januar 1985 bis Dezember 2017 listet. Bereits die visualisierte Verteilung der Bestellungen in Abbildung 141 zeigt eine hohe saisonale Dynamik bei gleichzeitigem allgemeinem Aufwärtstrend über die Erfassungsdauer. Somit ist eine hohe Komplexität in der Bestellstruktur zu erkennen.

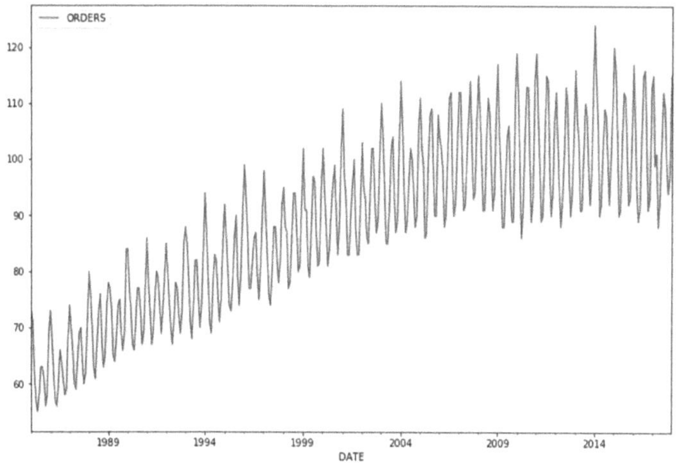

Abbildung 141: Bestellverteilung des beispielhaften Datensatzes 1985 bis 2017[835]

Sowohl die Visualisierung als auch die nachfolgenden Schritte wurden von dem Agenten 1 durchgeführt. So wurden die in Abbildung 141 gezeigten Daten, wie in Kapitel 2.3.2.1 im Rahmen des Vorgehens zum Erstellen eines Deep Learning Modells erläutert, in einen Trainingsdatensatz zum Anlernen des Modells und einen Testdatensatz zur Überprüfung des Modells aufgeteilt. Die Bestelldaten ab dem Jahr 1985 bis Dezember 2015 sind zum Antrainieren des

[835] Eigene Darstellung

Modells genutzt worden. Die verbliebenen Daten wurden bis einschließlich Dezember 2017 als Testdatensatz definiert.

Mittels des Trainingsdatensatzes wurde im Folgenden ein rekurrierendes neuronales Netzwerk mit 120 Neuronen gebaut. Diese Phase beschreibt die Anlernphase des Modells. In der anschließenden Testphase konnte mittels des angelernten neuronalen Netzes eine Bestellvorhersage für die Jahre 2015 bis 2017 durchgeführt werden. Zur Validierung der Prognose können die Ergebnisse mit den bereits existierenden realen Daten der Bestellungen aus dem Testdatensatz abgeglichen werden. Die Abbildung 142 zeigt die beschriebene Gegenüberstellung.

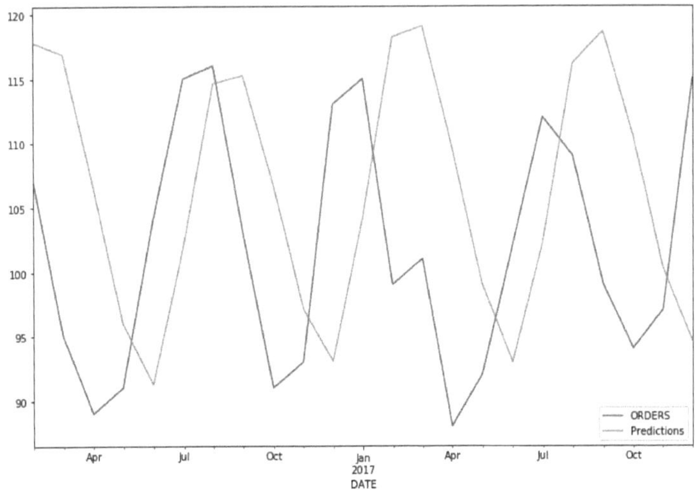

Abbildung 142: Gegenüberstellung Vorhersage durch Agenten und realen Bestelldaten[836]

Der in den realen Daten gezeigte saisonale Trend kann auch durch die Prognose abgebildet werden. Auch die Summe der Bestellungen, verdeutlicht in den Amplituden, verhält sich in einem ähnlichen Verhältnis. Zu erkennen ist jedoch eine Verschiebung des Phasenverlaufes von zwei Monaten. Zusammenfassend kann der Agent jedoch mittels des Angelernten eine passable Vorhersage generieren. Trotz der nur kurzen Beschreibung ist eine Validierung der Ergebnisse von großer Bedeutung und sollte deutlich tiefergehend als hier beschrieben werden. Ansätze und Methoden sind in Kapitel 2.3.2.1 einzusehen.

Ist die Güte des Modells nach der Testphase akzeptabel, führt der Agent die benötigte Prognose für die Jahre 2018 und 2019 durch. Abbildung 143 zeigt dieses Ergebnis des dem Agenten zugeordneten Planungsschrittes.

[836] Eigene Darstellung

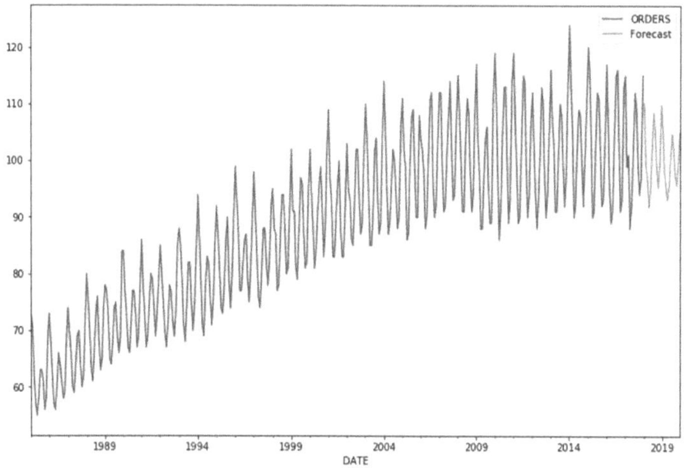

Abbildung 143: Prognose Kundenbestellungen des Agenten für 2018 und 2019[837]

Die durch den Agenten erstellte Prognose könnte, bei vollständiger Vernetzung, abschließend in das ausgewählte Planungssystem zurückgespielt werden. Der Agent hätte somit das Gesamtsystem um eine Funktion erweitert.

Ist die Entwicklungs- und Implementierungsphase abgeschlossen, muss die Software validiert bzw. getestet werden. Dies ist nicht zu verwechseln mit dem zuvor beschriebenen Schritt der Validierung des angelernten Modells in der Entwicklungs- und Implementierungsphase. In der Validierungsphase des SCRUM-Vorgehens wird das gesamte System, welches innerhalb des Sprints erarbeitet wurde, getestet.

Hierbei muss allerdings berücksichtigt werden, dass nicht erst getestet wird, wenn die Implementierungsphase abgeschlossen ist.[838] So sollte und muss auch bereits in der Entwicklungs- und Implementierungsphase getestet werden, um frühzeitig Fehler zu erkennen. Zusätzlich ist die Validierungsphase zweigeteilt. Zum einem in die Verifizierung als auch die Validierung.[839] Bei der Verifizierung muss überprüft werden, ob die jeweiligen Anforderungen, die im Pflichtenheft beschrieben sind, berücksichtigt wurden. Zudem muss überprüft werden, ob die jeweiligen Phasenwechsel in der Planung vollständig abgeschlossen wurden. Zum anderen wird bei der Validierung mittels verschiedener Tests, wie Qualitätskontrollen, Integrationstests und Feldexperimenten überprüft, ob die volle Funktionsfähigkeit gegeben ist und alle Kundenanforderungen erfüllt sind.

[837] Eigene Darstellung

[838] Vgl. van Vliet (Software Engineering), 2008, S. 13.

[839] Vgl. van Vliet (Software Engineering), 2008, S. 13f.

Der letzte und finale Schritt, der innerhalb des Softwareentwicklungsvorgehens durchgeführt werden sollte, ist die Evolutionsphase. Diese ist bei einem SCRUM-Verfahren per se durchgeführt, da die Software innerhalb eines jeden Sprints in Teilen weiterentwickelt wird. Die Ziele des nächsten Sprints sind entweder aus dem Pflichtenheft zu übernehmen oder können neu definiert werden.

5.2.3.4 Schritt 5: Ergebnis

Das Ergebnis des fünften Schrittes zur Gestaltung einer unterstützenden Systemlandschaft innerhalb der Methodik zur Auslegung intelligenter Planungsprozesse im Werkzeugbau bildet:

- Ausgewähltes System zur softwareseitigen Unterstützung der Planungsaufgaben
- Entwickelte intelligente Agenten zur Durchführung von zusätzlichen Systemaufgaben

5.3 Implementierungsphase

Die abschließende Phase, die *Implementierungsphase*, beschreibt die Umsetzung der erarbeiteten Konzepte. Das Ziel ist die Gestaltung und Strukturierung der Implementierung.

5.3.1 Schritt 6: Implementierung Auslegungskonzepte

Ziel des sechsten Methodikschrittes ist es, die erarbeiteten Auslegungskonzepte der vorigen Methodikschritte in die Unternehmenspraxis zu überführen. Dabei ist die Implementierung der Auslegungskonzepte zur intelligenten Produktionsplanung ein komplexes Vorgehen, das verschiedene Unternehmensbereiche beeinflusst. Es wird daher eine strukturierte Herangehensweise benötigt, um die angestrebten Effizienzpotenziale zu realisieren.

Zur Implementierung der ausgelegten Konzepte für die intelligenten Produktionsplanungs-prozesse wird ein integriertes Vorgehen angestrebt. Daher erfolgt in diesem abschließenden Methodikschritt keine Unterteilung in Teilschritte, da eine gemeinsame Betrachtung aller Implementierungsaufgaben erforderlich ist. Die einzelnen Auslegungsbereiche Organisation, Prozess und Ressource werden jedoch jeweils detailliert adressiert und mit Change Management und Controlling Aufgaben unterstützt.

5.3.1.1 Schritt 6: Grundlagen

In den Grundlagen zum sechsten Methodikschritt wird das Change Management vorgestellt und es werden Charakteristika des Projektmanagements beschrieben.

Change Management

Der Begriff *Change Management* beschreibt eine Sammlung an Managementtechniken zur erfolgreichen Steuerung des Unternehmenswandels hinsichtlich eines definierten Ziels.[840] Dabei gibt es verschiedene Erfolgsfaktoren, die bei der Durchführung des Wandels durch die

[840] Vgl. Lauer (Change Management), 2019, S. 3; Gattermeyer; Al-Ani (Change Management und Unternehmenserfolg), 2000, S. 14.

Managementtechniken adressiert werden müssen. Derweil gelten statische Phasen als überholt. Die Maßnahmen müssen dynamisch und flexibel sein und sich somit in ihrer Umsetzung an neue Rahmenbedingungen anpassen können.[841] Die bekannten und zentralen Erfolgsfaktoren sind Führung, Vision, Kommunikation, Partizipation, Integration, Re-Edukation, Projektorganisation, Konsultation und Evolution.[842]

Neben der Betrachtung von Change Management als eine Sammlung an Managementtechniken existieren übergeordnete Ansätze, welche ganzheitlich die Implementierung neuer strategischer Prozesse betrachten. Ein solch anwendungsorientierter und ganzheitlicher Ansatz erfolgt nach ALI-ANI UND KAßNER. Der Ansatz zur Initiierung und Umsetzung von Organisationstransformationen definiert Dimensionen, die bei einer ebensolchen zu berücksichtigen sind (siehe Abbildung 144).[843]

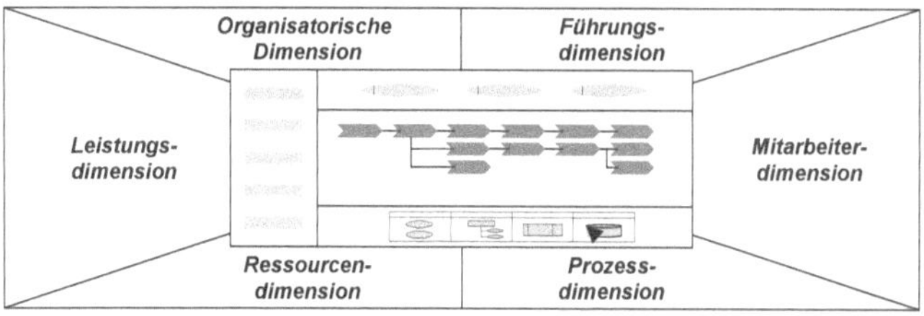

Abbildung 144: Change Management nach ALI-ANI UND KAßNER[844]

Die *organisatorische Dimension* stellt den Fokus auf der Veränderung von Organisationseinheiten einschließlich ihrer Rollen, Funktionen und Zuständigkeiten dar. Die *Führungsdimension* hingegen beschäftigt sich mit den Veränderungen der Führungsorganisation, der Führungskompetenzen und der Führungskultur. Die *Mitarbeiterdimension* fokussiert die Weiterbildung und Integration der Mitarbeiter innerhalb des Wandels. Eine weitere zu untersuchende Dimension ist die *Prozessdimension* zur Veränderung und Optimierung bestehender Prozesse bspw. durch Prozessanalysen. Die *Ressourcendimension* beschreibt die Installation neuer Hardware- und Softwareressourcen. Die letzte Dimension adressiert die *Leistung* als Ergebnis der Geschäftsprozesse und die Erzielung der Wertschöpfung.[845]

Eine Gegenüberstellung der zentralen Dimensionen mit den erarbeiteten Auslegungsbereichen der Methodik zeigt eine starke Übereinstimmung. Daher wurde der Ansatz nach ALI-ANI UND KAßNER als Orientierung verwendet. Im Rahmen der Arbeit wurden zudem weitere An-

[841] Vgl. Kauffeld; Ameln (Change Management), 2019, S. 97.

[842] Vgl. Lauer (Change Management), 2019, S. 81.

[843] Vgl. Ali-Ani; Kaßner (Change Management), 2000, S. 171.

[844] I. A. a. Schmidt et al. (Planung und Umsetzung von Change Management), 2015, S. 3.

[845] Vgl. Schmidt et al. (Planung und Umsetzung von Change Management), 2015, S. 3f.

sätze analysiert, welche die Implementierung von Prozessen, Softwaresystemen oder organisatorischen Änderungen beschreiben.[846] So können einzelne Elemente der Ansätze, die entsprechend gekennzeichnet sind, auf den vorliegenden Anwendungsfall übertragen werden.

Während der Ansatz nach ALI-ANI UND KAßNER verschiedene Dimensionen aufstellt, die berücksichtigt und adressiert werden müssen, so besteht auch das Verständnis von Change Management als ein Vorgehen. So kann Change Management auch als das strategisch durchdachte, wirkungsvolle und zielgerichtete Management von Veränderungen von einem Ausgangszustand hin zu einem Zielzustand bezeichnet. In Anlehnung an LEWIN entwickelte ORGLAND das strategische Veränderungsmodell und unterteilte es analog in drei Phasen.[847] Die erste Phase umfasst die Veranlassung von Veränderungen, der sich in der zweiten Phase das Management der Transformation anschließt. In der dritten und letzten Phase wird der Zielzustand stabilisiert. Die Stabilisierung des Zielzustandes ist im Rahmen dieses Implementierungsprozesses als nachhaltige Implementierung zu verstehen.

Im Rahmen der Methodik dieser Arbeit soll sich sowohl dem Modell nach ALI-ANI UND KAßNER als auch dem Vorgehen nach ORGLAND orientiert werden.

Projektmanagement

Die Durchführung von Projekten lässt sich in fünf sequenzielle Phasen unterteilen (siehe Abbildung 145).[848] Die Machbarkeitsstudie soll initial die Erfolgschancen prüfen. Anschließend werden die Maßnahmen des Projekts geplant, umgesetzt und abgenommen. Damit sind die Maßnahmen implementiert und die Projektergebnisse können genutzt werden. Es kann aber auch die weitere Umsetzung, wie bspw. ein Roll-out in anderen Einsatzbereichen oder die weitere Optimierung von bereits adressierten Maßnahmen, erfolgen. Begleitend dazu werden Controlling- und Steuerungsaufgaben durchgeführt.

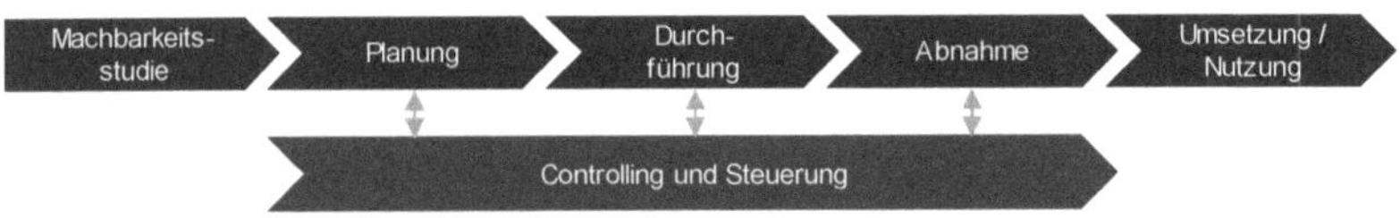

Abbildung 145: Vorgehen zum Projektmanagement[849]

[846] Vgl. Awiti et al. (Design and Implementation of Processes), 2020; Sánchez-Gordón et al. (Security in Software Implementation), 2017; Orgland (Strategic Change), 2014; Bleicher (Integriertes Management), 2011; Hoogendoorn et al. (Organizational Change), 2007; Schuh (Change Management), 2006; Wildemann (Optimierung von Prozessabläufen), 2005; Miller et al. (Beyond Planning), 2004; Hammer et al. (Business Reengineering), 2003; Sarkis (Manufacturing Strategy and Environmental Consciousness), 1995; Rowe (Design Thinking), 1994; Davenport (Process Innovation), 1993; Pümpin; Prange (Management der Unternehmensentwicklung), 1991.

[847] Vgl. Orgland (Strategic Change), 2014.

[848] Vgl. Hering (Projektmanagement), 2014, S. 5f.

[849] I. A. a. Hering (Projektmanagement), 2014, S. 6.

Die grundlegende Betrachtung und Strukturierung nach HERING wird im Rahmen dieser Arbeit für die Umsetzung der ausgelegten Konzepte im Unternehmenskontext übernommen.

St. Galler Management-Modell

Das St. Galler Management-Modell (StGMM) ist ein anerkanntes Modell zur Charakterisierung von Unternehmensaktivitäten und wird auch in der digitalen Transformation als ein Strukturelement genutzt.[850] Das StGMM dient ursprünglich als Befähiger und Ordnungsrahmen zur Umsetzung von Strategiemaßnahmen in Unternehmen. Dieses Modell differenziert dabei zwischen den drei Prozessebenen *Geschäftsprozesse*, *Unterstützungsprozesse* und *Managementprozesse*.[851] Unterstützungsprozesse sind Aufgaben, die der Befähigung von operativen Geschäftsprozessen der Zielerreichung dienen. Unter Geschäftsprozesse werden operative Aktivitäten verstanden, die mit dem System in Interaktion treten. Managementprozesse hingegen stellen Aktivitäten und Entscheidungen dar, die von strategischer Relevanz sind und oftmals den Ordnungsrahmen für die Aufbau- und Ablaufplanung einer Organisation darstellen.[852]

Das StGMM wird im Rahmen des Implementierungsvorgehens als ein Strukturelement zur Differenzierung von Prozessen eingesetzt.

5.3.1.2 Schritt 6: Strukturierung und Durchführung der Implementierung

Das integrierte Vorgehen zur ganzheitlichen Implementierung der erarbeiteten Auslegungskonzepte der vorigen Methodikschritte lässt sich in drei Kernprozesse zur Betrachtung der *Organisation*, der *Prozesse* und der *Ressourcen* unterteilen. Dabei orientiert sich das Vorgehen an der Strukturierung der internen Unternehmensprozesse am St. Galler Management-Modell und aggregiert das Verständnis von Change Management sowie der Ursachen-Wirkungs-Analyse (siehe Kapitel 5.1.1.1).[853] Zudem lassen sich die Kernprozesse in drei Phasen aufteilen, die vom Kernprozess abhängig zu unterschiedlichen Zeitpunkten beginnen können. Dabei wird zwischen den Phasen *Initiierung*, *Pilotierung* sowie *Roll-out und Optimierung* unterschieden. Dies ermöglicht, die zuvor beschriebenen Abhängigkeiten anlässlich eines effizienten Implementierungsprozesses zu berücksichtigen. Eine Übersicht über das integrierte Vorgehen ist in Abbildung 146 gegeben.

---

[850] Vgl. Sauer (Digitalisierung in Produktionsunternehmen), 2019, S. 56.

[851] Vgl. Rüegg-Stürm (Neues St. Galler Management-Modell), 2004, S. 107ff.

[852] Vgl. Rüegg-Stürm (Neues St. Galler Management-Modell), 2004, S. 107ff.; Sauer (Digitalisierung in Produktionsunternehmen), 2019, S. 56.

[853] Vgl. Rüegg-Stürm (Neues St. Galler Management-Modell), 2004, S. 107ff.

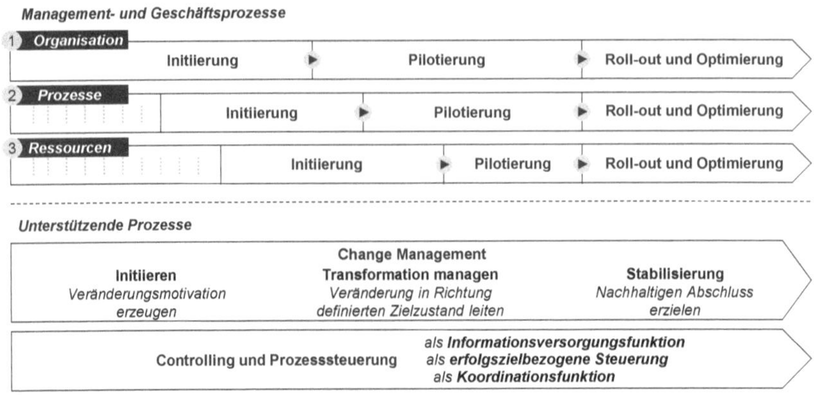

Abbildung 146: Übersicht des Implementierungsvorgehens[854]

Der Implementierungsprozess des Kernprozesses *Organisation* beginnt mit der Phase der Initiierung zeitlich früher, um die Rahmenbedingungen für die übrigen Kernprozesse zu bestimmen. Zeitversetzt beginnt folglich die Phase der Initiierung für die zwei weiteren Kernprozesse *Prozesse* und *Ressourcen*, die auf den Zwischenergebnissen der Phase Initiierung des Kernprozesses Organisation aufbauen. Den unterschiedlichen Startzeitpunkten geschuldet bestehen unterschiedliche Anfangszeitpunkte der Pilotierung. Dessen ungeachtet ist der Beginn der Phase des Roll-outs und der Optimierung. Diese sind aufgrund der hohen Interdependenzen zwischen den Kernprozessen nur zu einem festen Zeitpunkt möglich.

Die spezifischen Inhalte des Implementierungsprozesses werden ausgehend von der Funktionalität und den Anforderungen der intelligenten Planungsprozesse konzipiert. Hierzu ist es von hoher Bedeutung festzulegen, welche Bausteine zum einen die Entwicklung der Intelligenz des Gesamtsystems sicherstellen und zum anderen, welche Bausteine für einen erfolgreichen und vor allem nachhaltigen Abschluss der Implementierung dienen. Für das Abschließen der Implementierungsphase und für eine nachhaltige Implementierung der intelligenten Planungsprozesse sind zwei Elemente besonders wichtig. Der Aufbau und die Etablierung eines planungsorientierten Wissensmanagements, das sowohl den Mitarbeiter als auch die Soft- und Hardware in den Fokus stellt, ist unerlässlich. Ein weiteres Element, das zur Sicherstellung einer nachhaltigen Implementierung dient, ist die kontinuierliche Optimierung. Um diese beiden Elemente erfolgreich umzusetzen, sind zwei weitere unterstützende Prozesse, *Change Management* und *Controlling*, notwendig. Diese Prozesse begleiten den Implementierungsprozess des intelligenten Planungssystems phasenübergreifend und agieren unterstützend.

Das *Change Management* bedeutet im Rahmen dieser Methodik, dass phasenübergreifend Maßnahmen getroffen werden, die die Funktionalität des intelligenten Planungssystems sowohl kurzfristig als auch langfristig sicherstellen. Maßnahmen können dabei in *motivierende Maßnahmen* oder in *bildende Maßnahmen* unterteilt werden. *Motivierende Maßnahmen* zielen

[854] Eigene Darstellung

darauf ab, Mitarbeiter für den Wandel zu begeistern und mitzunehmen. Dies kann durch informative Veranstaltungen oder Informationsmaterial erzielt werden. Wichtig ist dabei vor allem, den Mitarbeitern des Werkzeugbaubetriebs den individuellen und persönlichen Mehrwert der neuen intelligenten Planungsprozesse aufzuzeigen. *Bildende Maßnahmen* sollen Wissen vermitteln. Dies kann bspw. durch Schulungen oder moderne Gamification-Ansätze erzielt werden. Dabei sollen mit dem Change Management nicht nur die Mitarbeiter der zu verändernden Fertigungssegmente adressiert werden. Genauso richten sich die Maßnahmen an alle Mitarbeiter im Werkzeugbau. Bei Werkzeugbaubaubetrieben sollen zudem interne weitere Abteilungen, die Schnittstellen zum Werkzeugbau haben, integriert werden. Bei externen Werkzeugbaubetrieben können wichtige externe Lieferanten oder Kunden betrachtet werden.

Das *Controlling* als weiterer unterstützender Prozess dient primär drei zentralen Funktionen. Die erste und damit wichtigste Funktion ist die erfolgszielbezogene Steuerung, die die Aktivitäten wirtschaftlich zielorientiert richtet. Zudem dient das Controlling der Informationsversorgung und der Koordinationsfunktion zwischen unterschiedlichen Verantwortlichen während des Implementierungsprozesses. Sowohl das Controlling als auch das Change Management erfüllen die Anforderungen an eine notwendige Koordinationsstelle, um einen zielgerichteten und effizienten Implementierungsprozess sicherzustellen.

Im Rahmen der Implementierung der Kernprozesse sind planungstechnische Abstimmungen hinsichtlich des zeitlichen Ablaufs zu definieren. Hierzu ist es grundlegend von hoher Bedeutung, die Abhängigkeiten zwischen den drei Kernprozessen zu bestimmen, um die Implementierungsprozesse effizient zu gestalten. Zudem gilt es, hierzu einen zentralen Verantwortlichen für die gesamte Implementierung zu definieren, um die übergeordnete Zielerreichung der Implementierung sicherzustellen. Der Gesamtverantwortliche führt zudem die Aufgaben des Change Managements und des Controllings aus. Für die jeweiligen Kernprozesse ist es empfohlen, fachspezifische Projektteams zur Implementierung der Teilergebnisse zu definieren.

Strukturierung der Kernprozesse zur Implementierung

Bevor im Folgenden die einzelnen Kernprozesse detailliert vorgestellt werden, soll auf die Strukturierung der Kernprozesse eingegangen werden. Als visuelle Strukturierung dieses Prinzips wird das Ursache-Wirkungs-Diagramm nach ISHIKAWA verwendet, um die in der praktischen Umsetzung hohen Anforderungen der Transparenz zu erfüllen.[855] Weiterhin lassen sich diese Ursache-Wirkungs-Zusammenhänge in Arbeitspakete clustern. Diese vom Fortschritt der Implementierung abhängige Clusterung führt zu einer höheren Transparenz der bereits abgeschlossenen und der bevorstehenden Arbeitspakete. Arbeitspakete stellen eine Reihe von Aufgaben aggregiert dar, die eine einheitliche Wirkung auf die Implementierung haben. Um die Wirkung dieser Arbeitspakete sicherzustellen und einen Meilenstein abzuschließen, müssen zum Abschluss jedes Arbeitspakets alle dazugehörigen Aufgaben erledigt sein.

Neben der vertikalen Implementierungsebene in Form der Ursache-Wirkungs-Darstellung ist eine horizontale Implementierungsebene angesichts der hohen Interdependenzen zwischen

[855] Für weitere Beschreibungen siehe Kapitel 5.1.1.1.

den definierten Kernprozessen notwendig. Dazu soll die Struktur des StGMM verwendet werden (siehe Kapitel 5.3.1.1). Die Unterteilung zwischen Geschäftsprozessen, Unterstützungsprozessen und Managementprozessen auf der horizontalen Ebene trägt entscheidend zur Zuweisung von Aufgaben und Kompetenzen hinsichtlich unterschiedlicher Verantwortungsfunktionen bei. Das Ursache-Wirkungs-Prinzip in Kombination mit dem Prozess-Ordnungsrahmen des StGMM wird dem Anspruch der hohen Detaillierung und hohen Transparenz mit Fokus auf einen werkzeugbauspezifischen Planungsprozess gerecht.

Kernprozess Implementierung Organisation

Der *Kernprozess der Organisation* ist als ein Managementprozess zu verstehen, der den Rahmen vorgibt und übergreifend die anderen beiden Kernprozesse koordiniert. Die Implementierung dieses Kernprozesses teilt sich in drei Phasen auf: die Phase der Initiierung, der Pilotierung und des Roll-outs bzw. der Optimierung (siehe Abbildung 147). Neben dem Managementprozess der Organisation unterstützen die Prozesse des Change Managements und des Controllings.

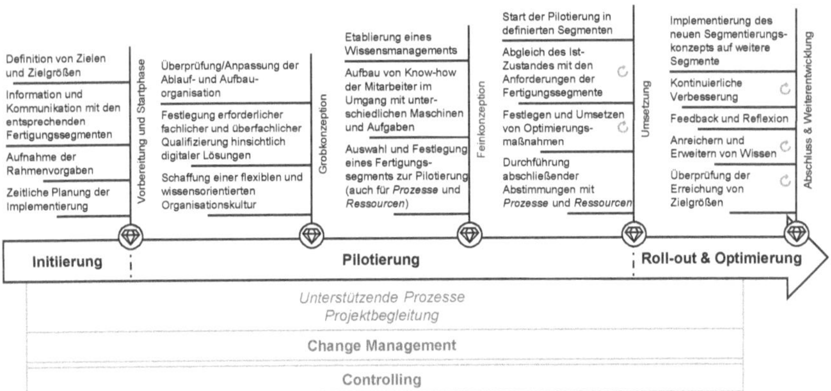

Abbildung 147: Übersicht des Kernprozesses Implementierung Organisation[856]

Zu Beginn der Phase der *Initiierung* sind die Ziele und Zielgrößen der Implementierung zu definieren. Dabei wird zwischen kurz-, mittel- und langfristig verfolgten Zielen unterschieden. Unter kurzfristiger Zielsetzung sind der Beginn der Implementierung und die Pilotierung zu verstehen. Die mittelfristige Zielsetzung setzt den Abschluss einer erfolgreichen Implementierung voraus, um das Roll-out bzw. die reale Umsetzung des Systems zu realisieren. Langfristig ist eine nachhaltige und ganzheitliche Implementierung der intelligenten Produktionsplanung anzustreben, die nicht zu einem bestimmten Zeitpunkt endet, sondern geprägt ist von kontinuierlicher Verbesserung sowie dem Anreichern und Erweitern von Daten und damit Wissen.

[856] Eigene Darstellung

Nachdem Ziele und Zielgrößen definiert sind, ist die Informationsbereitstellung und Kommunikation mit den entsprechenden Fertigungssegmenten von hoher Relevanz, um bei den Verantwortlichen und den zugehörigen Mitarbeitern Veränderungsmotivation zu erzeugen. Ist dieser Schritt erfolgreich durchgeführt worden, ist die Aufnahme von Rahmenvorgaben umso erfolgversprechender. Dies hat eine realistischere zeitliche Planung der Systemimplementierung zur Folge, wodurch zugleich der Meilenstein der Vorbereitung und Startphase erreicht ist.

Die Phase der *Pilotierung* umfasst drei zu erreichende Meilensteine. Beginnend mit der *Grobkonzeption* gilt es, die Ablauf- und Aufbauorganisation zu überprüfen und hinsichtlich der neuen Segmentierung anzupassen. Die Einführung der neuen intelligenten Planungsprozesse bedingt zusätzliche fachliche und überfachliche Qualifizierungsanforderungen, die im Schritt der Grobkonzeption festzulegen sind. Mit den gestiegenen Anforderungen an die Mitarbeiter der Fertigungssegmente hin zu mehr Flexibilität ist zu Beginn der Pilotierungsphase die Schaffung einer flexiblen und wissensorientierten Organisationskultur notwendig. Denn die stellt einen entscheidenden Faktor für den Erfolg der Implementierung und des zukünftigen Einsatzes des intelligenten Planungssystems dar.

In der *Feinkonzeption* sind die in der Grobkonzeption erarbeiteten Ergebnisse zu vertiefen. Die Etablierung eines Wissensmanagements stellt eine entscheidende Grundlage dar, um Daten und Informationen nachhaltig zu sichern und zu teilen. Der Kern des Wissensmanagements besteht dabei in dem digitalen Zwilling, welcher selbstlernend sein soll. In der organisatorischen Betrachtung müssen weitere Elemente zur operativen Bedienung und Befähigung der Mitarbeiter ergänzt werden. Die anzustrebende Flexibilität zwischen den Fertigungssegmenten bedingt den Aufbau von Know-how der Mitarbeiter im Umgang mit unterschiedlichen Maschinen und Aufgaben. Die Feinkonzeption schließt mit der Auswahl und Festlegung eines Fertigungssegments zur Pilotierung ab. Da eine ganzheitliche und gleichzeitige Umsetzung sehr komplex ist und darüber hinaus zu Verzögerungen und Problemen in der Praxis führt, sollen ein oder mehrere Fertigungssegmente für die Pilotierung ausgewählt werden. So kann bspw. die Segmentierung in der Nachtschicht oder in einer Fertigungstechnologie zunächst für bestimmte Aufgaben oder Produkte getestet werden. Dabei werden dann auch die neuen Planungsprozesse und -systeme pilotiert.

Zur Erreichung des Meilensteins *Umsetzung* ist eine erfolgreiche Umsetzung der Pilotierung in ausgewählten Segmenten oder Bereichen erforderlich. Die Pilotierung ist geprägt durch einen iterativen Prozess, der sich zusammensetzt aus dem Abgleich des Ist-Zustandes mit den Anforderungen der Fertigungssegmente und dem anschließenden Treffen und Umsetzen von Optimierungsmaßnahmen. Entspricht der Ist-Zustand dem Zielzustand, ist die Pilotierung abgeschlossen und die Umsetzung des Roll-outs einzuleiten. Der Start der Umsetzung der Pilotierung kennzeichnet zudem die zeitliche Gleichschaltung der Implementierungsvorgehen der weiteren Kernprozesse.

In der dritten und letzten Phase der Implementierung finden das *Roll-out und die Optimierung* statt. Hierbei sollen die Erkenntnisse aus der Pilotierung auf den restlichen Werkzeugbau übertragen werden. Eine Überprüfung der Zielerreichung gibt entscheidende Hinweise hinsichtlich der noch offenen Punkte und der damit verbundenen Aufgaben. Die Erarbeitung der Problemfelder erfolgt mithilfe des Prinzips der kontinuierlichen Verbesserung, um im darauffolgenden Feedbackgespräch Optimierungen abzuleiten und umzusetzen.

Kernprozess Implementierung Prozess

Der Kernprozess zur Implementierung der neuen intelligenten Planungsprozesse gliedert sich ebenfalls in die drei Phasen (siehe Abbildung 148). In der Phase der Initiierung des *Kernprozesses Prozesse* werden analog zur Organisation implementierungsrelevante Zielgrößen der Planungsprozesse von betroffenen Fertigungssegmenten definiert. Im nächsten Schritt erfolgt die Aufnahme von Rahmenvorgaben, um die zeitliche Planung der Prozessimplementierung in Abhängigkeit des Kernprozesses Organisation durchzuführen.

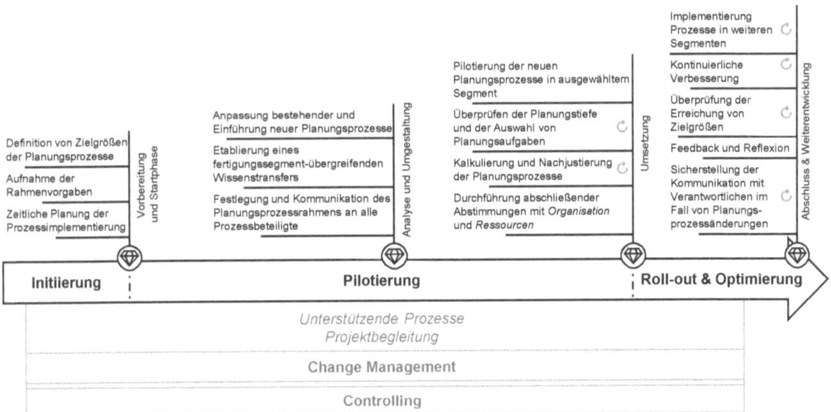

Abbildung 148: Übersicht des Kernprozesses Implementierung Prozess[857]

Die Phase der *Pilotierung* teilt sich in zwei Meilensteine auf. Zu Beginn erfolgt die *Analyse und Umgestaltung* der Planungsprozesse. Zunächst werden die bestehenden und die neuen Planungsprozesse abgeglichen und es erfolgt eine interne Einführung in die neuen Prozesse. In dieser Phase wird zudem die Schaffung eines organisationalen Wissensmanagements innerhalb des Kernprozesses *Prozesse* durch die Etablierung eines fertigungssegment-übergreifenden Wissenstransfers vertieft. Der Meilenstein wird mit der Kommunikation des Planungsprozessrahmens mit allen externen Prozessbeteiligten erreicht. Der Abschluss dieses Meilensteins kennzeichnet den Beginn der Pilotierungsphase des Kernprozesses Ressourcen.

Die nachfolgende *Umsetzung* ist geprägt durch einen Regelkreis zur Optimierung der Planungsaufgaben und -prozesse. Die Pilotierung beschreibt die Befolgung der neuen Prozesse in einem ausgewählten Fertigungssegment, in welchem zeitgleich das neue Organisationskonzept pilotiert wird. Nach der Pilotierung der neuen Planungsprozesse in einem ausgewähl-

[857] Eigene Darstellung

ten Fertigungssegment erfolgen das Überprüfen der Planungstiefe sowie die Auswahl der Planungsaufgaben. Nachfolgend werden die Planungsprozesse gegebenenfalls angepasst und es findet erneut eine Durchführung der Planungsaufgabe sowie der Prüfung statt. Abschließend erfolgt die gemeinsame Abstimmung der Pilotierung mit den Verantwortlichen der anderen Kernprozesse und dem Gesamtverantwortlichen der Implementierung.

Damit startet die *Phase des Roll-outs und der Optimierung*. Es werden nun für die weiteren Segmente die neuen Planungsprozesse in die Praxis übertragen. Dabei werden bei der Implementierung ebenso die Planungstiefe und die Aufgabenauswahl sowie die Prozesscharakteristik an sich überprüft und ggf. angepasst. Neben der direkten Optimierung innerhalb der Implementierung soll eine iterative kontinuierliche Verbesserung ermöglicht werden. Dazu muss ein geeigneter Prozess inklusive Verantwortlichkeiten installiert werden. Nach der Implementierung erfolgt die Überprüfung der gesetzten Ziele und der angestrebten Prozessreife und es findet eine Feedbackrunde zur Reflexion statt. Die Implementierung auf der Ebene des Kernprozesses Prozess endet mit der Sicherstellung der wiederkehrenden Kommunikation mit Prozess- und Planungsverantwortlichen von Prozessplanungsänderungen. Dieser Meilenstein steht im Hinblick auf die Zielerreichung und Weiterentwicklung in engem Zusammenhang mit dem Kernprozess der Ressource, worauf im Folgenden detailliert eingegangen wird.

Kernprozess Implementierung Ressourcen

Die Implementierung des *Kernprozesses Ressourcen* ist im strukturellen Aufbau vergleichbar mit denen der Organisation und der Prozesse (siehe

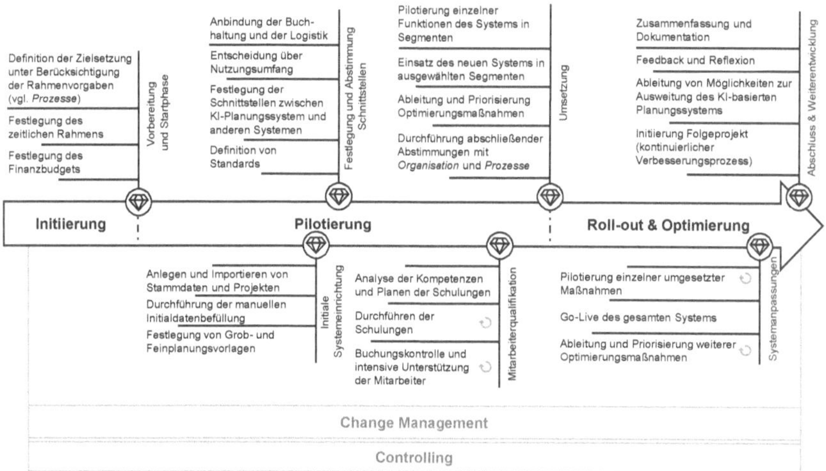

149). Um dem technisch erforderlichen Detailniveau des unterstützenden und intelligenten Planungssystems gerecht zu werden, ist eine höhere Zahl an Meilensteinen und Aufgaben erforderlich. Die Beschaffung des neuen Planungssystems bzw. der externen Entwicklung von intelligenten Agenten muss vor der Implementierung durch den Einkauf erfolgen. Ebenso muss die Installation erfolgt sein.

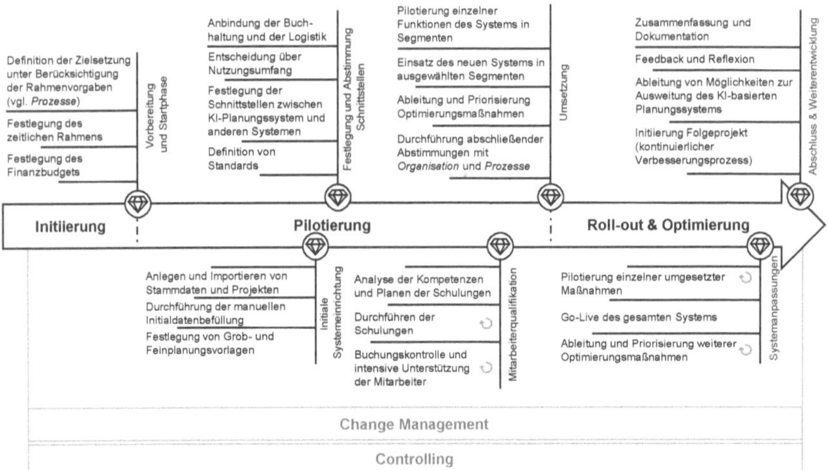

149: Übersicht des Kernprozesses Implementierung Ressourcen[858]

Die Phase der *Initiierung* beginnt mit der Definition der Zielsetzung unter Berücksichtigung der Ziele und Rahmenvorgaben des Kernprozesses Prozesse. Da einige Optimierungen im Planungssystem durch externe oder interne Dienstleister durchgeführt werden, ist es empfehlenswert, ein Finanzbudget zu bestimmen.

Die anschließende *Pilotierung* enthält vier zu erreichende Meilensteine: initiale Systemeinrichtung, Festlegung und Abstimmung Schnittstellen, Mitarbeiterqualifikation sowie die Umsetzung. Die *initiale Systemeinrichtung* bedingt die Durchführung einer manuellen Initialdatenbefüllung des Systems mit Stammdaten sowie historischen Projektdaten. Diese sind erforderlich, um bei der späteren Pilotierung die intelligenten Funktionen anzulernen und zu testen. Anschließend können produkt- und prozessspezifische Daten und Informationen hinterlegt werden und es können prozessspezifische Vorlagen wie bspw. Arbeitspläne erstellt werden. Auf dieser Grundlage können Vorlagen für die Grob- und Feinplanung im System erstellt werden.

Für den nächsten Meilenstein sind *Schnittstellen festzulegen und abzustimmen.*[859] Dazu wird auf den bereits definierten Nutzungs- und Funktionsumfängen aufgebaut. Grundsätzlich ist eine Anbindung an ein Buchhaltungssystem zu berücksichtigen. Die Anbindung der Logistik-

[858] Eigene Darstellung

[859] Der digitale Zwilling als lernende Wissensdatenbank wird im Folgenden vereinfacht als Teil des Planungssystems angesehen und nicht gesondert beschrieben.

prozesse ist ebenso unerlässlich, um einen durchgängigen Informationsfluss zu gewährleisten. In der Praxis sind das Buchhaltungs- und Logistiksystem durch ein ganzheitliches ERP-System abgebildet. Diese Anbindung innerhalb des Kernprozesses Ressourcen erfolgt auf Softwareebene durch IT-Fachleute. Nachdem die Anbindung abgeschlossen ist, muss über den vereinbarten Nutzungsumfang der Interaktion zwischen dem neuen Planungssystem und den weiteren Unternehmenssystemen entschieden werden. Dies wurde zwar bereits in der Ressourcenauslegung aus der Planungsperspektive mit betrachtet. Aber an dieser Stelle müssen die beteiligten Abteilungen mitberücksichtigt und involviert werden. Auf dieser Grundlage erfolgt die Einrichtung von Schnittstellen zur KI-basierten Durchführung von Planungsaufgaben, um bspw. automatisiert Bestellungen im ERP-System freizugeben. Abschließend werden Standards hinsichtlich des Datenaustauschs der Systeme definiert, um bspw. systemübergreifend Daten zu erheben.

Im nächsten Arbeitspaket steht die *Mitarbeiterqualifikation* hinsichtlich des neuen Planungssystems im Fokus. Hierzu ist die Planung und Durchführung von Schulungen unerlässlich, um alle Mitarbeiter, die mit Planungsaufgaben betraut sind, zu befähigen. Dies bedingt die Erarbeitung eines Konzeptes, das die Nutzergruppen unterteilt, um notwendige Kenntnisse zu aggregieren. Die notwendigen Kenntnisse werden wiederum in Abhängigkeit des zeitlichen Horizonts in Basisanforderung und mittelfristige Anforderung unterteilt bzw. priorisiert. Dies soll den Mitarbeitern ermöglichen, sich sukzessive mit dem Planungssystem vertraut zu machen und sie nicht zu überfordern. Die in dieser Anfangsphase adressierten Nutzer sind primär die Mitarbeiter der Arbeitsvorbereitung und müssen unterweisen werden. Im Anschluss an die Durchführung von Schulungen erfolgt die Buchungskontrolle. Neben der Schulung der Mitarbeiter zur Bedienung des Planungssystems müssen auch alle weiteren Mitarbeiter im Werkzeugbau bzgl. der Rückmeldung von Daten geschult werden. Dazu werden die Funktionen zur Buchung von Aufträgen freigeschaltet. Durch die intensive Unterstützung der Mitarbeiter lassen sich frühzeitig Schwierigkeiten im Umgang mit dem System erkennen. Das Feedback, das im Austausch mit den Nutzern der Buchungsfunktionen entsteht, dient dem Ableiten wichtiger Optimierungspotenziale, wie bspw. Nachschulungen im Umgang mit dem Buchungssystem.

Auf dieser Wissensgrundlage erfolgt die *Umsetzung* zur Pilotierung der Planungsaufgaben. Wie bei den vorigen Kernprozessen fokussiert die Systempilotierung ein ausgewähltes Fertigungssegment. Zunächst werden einzelne Funktionen und anschließend das gesamte System pilotiert. Die Aufteilung in einzelne Funktionen ist für die Erzielung der Intelligenz notwendig. So können gezielt Funktionen auf Basis der historischen Daten manuell angelernt werden. Dazu ist die Zusammenarbeit mit externen oder internen Spezialisten empfehlenswert, um sinnvolle Datensets für das Training zusammenzustellen und die Ergebnisse logisch korrekt zu interpretieren. Auf Basis der Pilotierungen werden Probleme erfasst und Maßnahmen zur Optimierung abgeleitet. Da diese programmiertechnisch umgesetzt werden müssen, kann nicht einfach eine Iteration erfolgen, da diese Maßnahmen zeit- und kostentechnisch geplant werden müssen. Die Umsetzung erfolgt durch den externen Systemanbieter oder die interne IT. Es erfolgt eine Priorisierung und die zukünftigen Änderungen werden mit den Verantwortlichen der Kernprozesse sowie dem Gesamtverantwortlichen abgestimmt.

Damit schließt die Pilotierungsphase und es erfolgt die Phase *des Roll-outs und der Optimierung*. Einleitend werden die aufgenommenen Maßnahmen zur Anpassung des Systems geprüft. Dazu werden zunächst die einzelnen umgesetzten Maßnahmen pilotiert und ggf. weiter optimiert. Anschließend erfolgt der sogenannte Go-Live des Systems in allen Fertigungssegmenten. Die Automatisierung von Aufgaben durch intelligente Funktionen ist dabei noch nicht befähigt. Zwar wurden einzelne Funktionen im Rahmen der Pilotierung trainiert. Jedoch diente dies vor allem zum Testen und Optimieren. Das System lernt sich dann im Betrieb an und entwickelt kontinuierlich seine Intelligenz. Ebenso schließt sich eine weitere Optimierung an, bei der wieder Maßnahmen definiert und priorisiert werden. Die relevantesten Maßnahmen werden programmiertechnisch umgesetzt.

Der letzte Meilenstein beschreibt die Erzielung eines nachhaltigen *Abschlusses*. Es sollen Schulungsunterlagen und -nachweise sowie Arbeitsanleitungen im Rahmen der Dokumentation zusammengefasst werden. Um die Ergebnisse und die Zusammenarbeit zum Projektabschluss zu bewerten, ist eine Reflexion in Form einer Feedbackbesprechung von besonderer Wichtigkeit. Diese fungiert als entscheidender Befähiger, um KI-basierte Planungssysteme auszuweiten und Ideen für Folgeprojekte zu generieren.

Wie einleitend erläutert, ist die Implementierung der intelligenten Planungsprozesse zunächst abgeschlossen. Um jedoch eine intelligente Funktionalität zu erreichen, ist die Datenaufnahme und damit das Entwickeln von Wissen weiterhin zu verfolgen. Das Anreichern und Erweitern von Wissen und die Sicherstellung einer nachhaltigen Weiterentwicklung der KI-Lösung stellt einen iterativen Prozess dar, der durch die Schaffung einer flexiblen und wissensorientierten Organisationskultur und durch Etablierung eines Wissensmanagements und den Aufbau von Know-how erreicht wird. Mithilfe dieses offenen Endes des Implementierungsprozesses wird berücksichtigt, dass nach Abschluss der initialen Implementierung eine kontinuierliche Erweiterung und Entwicklung folgt.

5.3.1.3 Schritt 6: Ergebnis

Das Ergebnis des sechsten Schrittes zur Beschreibung der Implementierung der erarbeiteten Konzepte innerhalb der Methodik zur Auslegung intelligenter Planungsprozesse im Werkzeugbau bildet:

- Implementierte Konzepte der Auslegungsphase zu den Bereichen Organisation, Prozess und Ressource

5.4 Integration der Methodikschritte und Zwischenfazit

In Kapitel 4 und Kapitel 5 wurde das ganzheitliche Verständnis intelligenter Produktionsplanungsprozesse vorgestellt und es wurden einzelne Lösungsbausteine zur Analyse, Auslegung und Implementierung vorgestellt. Integriert ergeben die Methodikschritte die Methodik zur Auslegung intelligenter Produktionsplanungsprozesse im Werkzeugbau (siehe Abbildung 150).

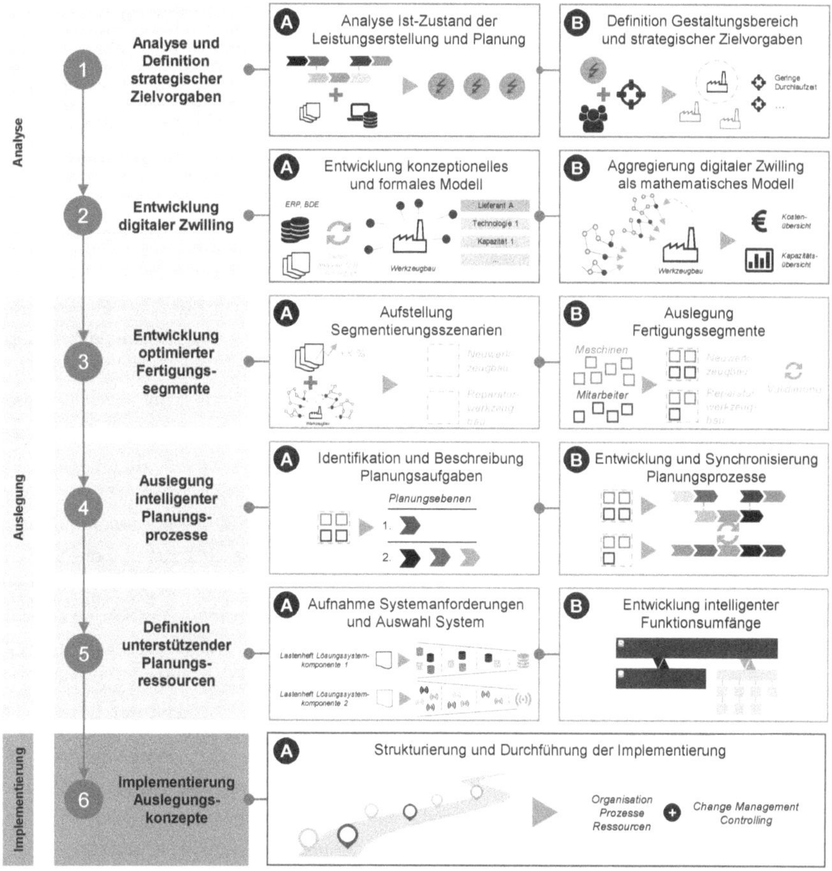

Abbildung 150: Methodik zur Auslegung intelligenter Produktionsplanungsprozesse[860]

Die *Analysephase* erzeugt für den Anwender ein umfassendes Verständnis für die aktuelle Situation des Werkzeugbaubetriebs. Dies ist erforderlich, um die Auslegung sinnvoll durchführen zu können und anwendungsgerechte Lösungen zu erarbeiten. Dazu wird im ersten Schritt der Werkzeugbau hinsichtlich seiner Prozesseffizienz analysiert und bewertet. Zudem werden mit der Analyse von Wettbewerbern und Kunden relevante Zielgrößen ermittelt. Auf dieser Grundlage können Potenzialbereiche innerhalb eines Betriebs ermittelt werden und Zielgrößen für die intelligente Produktionsplanung definiert werden. Diese sind erforderlich, um eine anforderungsgerechte Lösungsfindung zu ermöglichen. Ein weiterer Baustein zur Erfassung der Ist-Situation besteht in der Entwicklung eines digitalen Zwillings. Dieser soll nicht nur bei

[860] Eigene Darstellung

der Auslegung der intelligenten Planungsprozesse unterstützen. Er soll ebenso als ein dynamisches Element die kontinuierliche Wissensspeicherung sicherstellen. So sollen nach der erfolgreichen Implementierung im digitalen Zwilling die relevanten Prozessdaten des Werkzeugbaus gespeichert werden und die Mitarbeiter in der Durchführung ihrer Aufgaben unterstützen. Zur Entwicklung des digitalen Zwillings werden die relevanten Systemelemente identifiziert und beschrieben. Diese werden anschließend programmiertechnisch in einem Simulationsmodell zusammengefasst, welches auf seine Korrektheit geprüft wird.

Die *Auslegungsphase* beschreibt die Auslegung der intelligenten Produktionsplanungsprozesse. Dazu erfolgt die Aufteilung in die drei Auslegungsbereiche Organisation, Prozess und Ressource, welche als Lösungshypothese dieser Arbeit gilt. Zunächst wird die Organisation hinsichtlich der Lösung der charakteristischen Zielkonflikte der Produktionsplanung optimiert. Dazu werden flexible und kapazitiv ausgelegte Fertigungssegmente gebildet. Diese richten sich nach den vorher bestimmten Zielgrößen aus dem ersten Methodikschritt. Diese Zielgrößen werden wiederum in der folgenden Prozessauslegung berücksichtigt. Aus der Gesamtheit aller Planungsaufgaben werden die notwendigen Aufgaben ausgewählt und für die unternehmensindividuelle Anwendung spezifiziert. Zudem erfolgt die Synchronisierung mit weiteren internen Unternehmensbereichen und externen Partnern. Zur Umsetzung der automatisierten und intelligenten Planungsaufgaben werden im nächsten Methodikschritt digitale Softwaresysteme ausgewählt und entwickelt. Auf Grundlage der Anforderungen der intelligenten Planungsprozesse wird systematisch das System ausgewählt, welches die größte Abdeckung der Anforderungen erzielt. Für die weiteren Funktionen wird ein Multi-Agenten-System entwickelt. Ein oder mehrere Agenten bilden eine oder mehrere intelligente Funktionsanforderungen ab.

In der *Implementierungsphase* werden die erarbeiteten Konzepte für die Gestaltung der Organisation, der Prozesse und der Ressourcen in die Praxis überführt. Dazu werden die drei Auslegungsbereiche sowohl individuell als auch übergeordnet betrachtet und der Anwender wird zur Implementierung befähigt. Begleitet wird das Implementierungsvorgehen von Change Management und Controlling Aufgaben, die den Erfolg der Implementierung sicherstellen.

6 Verifizierung anhand von Fallbeispielen

In Kapitel 5 wurde das Vorgehen zur Entwicklung von intelligenten Produktionsplanungsprozessen im Werkzeugbau detailliert in drei Phasen und sechs Schritten beschrieben. Auf Basis der beschriebenen Methodik folgt die Verifizierung anhand von zwei Fallbeispielen. Die Verifizierung adressiert die letzten beiden Phasen der angewandten Forschung nach ULRICH (vgl. Kapitel 1.5) und schließt den Forschungsprozess ab.

Das übergeordnete Ziel eines Forschungsprozesses ist die bessere Beherrschung der Realität mittels dessen Ergebnissen.[861] Das bedeutet, dass in der Verifizierung mehrere Teilziele verfolgt werden müssen:[862]

- Sicherstellung der Anwendung in der Praxis mit unterschiedlichen Unternehmensrandbedingungen
- Sicherstellung der Verbesserung der Produktionsplanung
- Sicherstellung der Erzeugung von Intelligenz in der Produktionsplanung

Als erstes Teilziel soll die Praxistauglichkeit der Methodik überprüft werden. Dazu muss in der Verifizierung überprüft werden, inwiefern die Bestandteile der Methodik bei Unternehmen mit unterschiedlichen Charakteristika, wie Mitarbeitergröße, Produktspektrum, Prozessablauf, eingesetzt werden können. Ist dieses Teilziel erfüllt, so muss überprüft werden, ob eine Verbesserung der Praxis hinsichtlich der Produktionsplanung sowohl in der Durchführung der Produktionsplanungsaufgaben als auch im Planungsergebnis vorliegt. Um die Verbesserung der Praxis in den Forschungskontext der Intelligenz zu setzen, muss ebenfalls überprüft werden, ob Charakteristika von Intelligenz bzw. von intelligenten Prozessen erzeugt wurden und diese zu einer Verbesserung des Status quo geführt haben.

Die Verifizierung der Methodik erfolgt anhand von zwei Fallbeispielen bei der igus GmbH und bei einem weiteren Unternehmen. In beiden Fallbeispielen wurde die Methodik in Bezug auf eine konkrete Ausgangssituation und Problemstellung angewendet (siehe Abbildung 151).

[861] Vgl. Kubicek (Heuristischer Bezugsrahmen), 1976, S. 7.

[862] Während ULRICH die Verifizierung nicht weiter detailliert, so folgt der Autor der Sichtweise nach KUBICEK, dass der Forschungsprozess eine Verbesserung der Praxis auf Basis der Forschungsergebnisse sicherstellen muss. Dabei müssen die Teilziele in der Gesamtheit verifiziert sein, um eine Verbesserung der Praxis sicherzustellen.

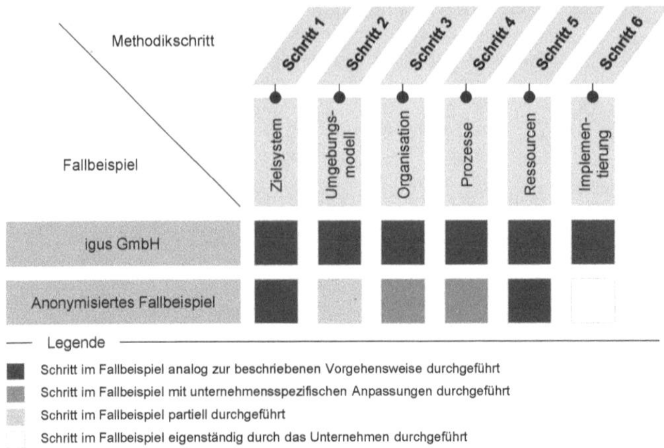

Abbildung 151: Anwendung der entwickelten Methodik in Fallbeispielen[863]

Über beide Fallbeispiele konnten alle Methodikschritte sowie die darin beschriebenen Instrumente mindestens einmal angewendet und die Methodik somit vollständig verifiziert werden.

6.1 Fallbeispiel 1: igus GmbH

Das Unternehmen igus GmbH, nachfolgend igus genannt, gilt als weltweit führender Anbieter von Energieketten und Gleitlagern aus Kunststoff. Mit Hauptsitz und Stammwerk in Köln sowie Firmenstandorten in mehreren Ländern beschäftigt igus rund 4.000 Mitarbeiter und erwirtschaftete im Jahr 2018 einen Umsatz von 748 Millionen Euro.[864] Neben den Kernprodukten Energieketten und Gleitlagern versteht sich das Unternehmen als innovativer Dienstleister für kundenindividuelle Fragestellungen. Dazu zählen die Fertigung von kundenindividuellen Spritzgussartikeln, die Entwicklung neuer Kunststoffe sowie der Übertrag der eigenen Fähigkeiten auf neue Produktbereiche wie bspw. Robotertechnik aus Kunststoff. Ein großer Fokus von igus liegt auf der stetigen Verbesserung der internen Spritzgussproduktion. Als zentraler Befähiger der Produktion gilt das Tochterunternehmen iform GmbH, nachfolgend iform genannt, welches die Versorgung der Spritzgussproduktion mit kundenspezifischen Werkzeugen sicherstellt und somit ein interner Werkzeugbau ist. Zudem wird durch iform die Wartung und Instandhaltung der Werkzeuge übernommen. Die iform unterhält einen eigenen Maschinenpark und beschäftigt erfahrene Werkzeugmechaniker. Über das eigene Lieferantennetzwerk, welches Komponenten fertigt, unterstützt es seine Kunden auch, für bestimmte Fertigungstechnologien, als verlängerte Werkbank.

[863] Eigene Darstellung

[864] Vgl. Bundesanzeiger (Geschäftsbericht igus), 2020.

M Ein hohes Umsatzwachstum mit steigendem Kosten- und Zeitdruck in der Serienproduktion hat auch im Werkzeugbau zu neuen Herausforderungen geführt. Da es vermehrt zu Engpässen in der termingerechten Fertigstellung von Werkzeugen kam, wurde gemeinsam mit igus und iform das Zielbild eines „Weltklasse Werkzeugbaus" entwickelt. Das Zielbild beschreibt Gestaltung des zukünftigen Werkzeugbaus und umfasst mehrere Handlungsfelder von Strategie und Maschinenauswahl hin zu Prozessentwicklung und Layoutgestaltung. Ein großes Handlungsfeld besteht in der Entwicklung der effizienten Produktionsplanung, um die aktuellen und zukünftigen Anforderungen umsetzen zu können.

Der Autor dieser Arbeit hat im Rahmen seiner Tätigkeit als wissenschaftlicher Mitarbeiter am Lehrstuhl für Produktionssystematik des Werkzeugmaschinenlabors WZL der RWTH Aachen ein bilaterales Projekt mit igus durchgeführt. Ziel war die strategische Neuausrichtung von iform, dem internen Werkzeugbaus von igus. Ein besonderer Fokus lag auf der Gestaltung einer optimierten Planung zur Sicherstellung der gesamtwirtschaftlichen Effizienz.

6.1.1 Ausgangssituation

Die iform stellt als Tochterunternehmen und interner Werkzeugbau von igus das Bindeglied zwischen der Produktentwicklung und der Serienfertigung dar. Die iform deckt, mit ihren ca. 70 Mitarbeitern, kompetenzseitig die gesamte Wertschöpfungskette des Werkzeugbaus ab. Es werden sowohl neue Werkzeuge und Werkzeugeinsätze für die Serienproduktion von igus gefertigt als auch Reparaturen und Serviceaufträge durchgeführt.

Organisatorisch war der Werkzeugbau vor Projektbeginn in zwei Fertigungssegmente segmentiert, die sich jeweils auf einen Produktbereich, den Energiekettenbereich und den Gleitlagerbereich, fokussierten. Die Segmentierung galt sowohl für administrative und vorbereitende Tätigkeiten, wie die Konstruktion oder die Planung, als auch für die Fertigung, Montage, Try-out und Qualitätssicherung. In der Fertigung wurden alle Fertigungsverfahren bedient.

In beiden Bereichen herrschte eine hohe Auftragslast von je mehreren Hundert Neu- und Reparaturaufträgen pro Jahr. Die hohe Anzahl an Aufträgen führte bei gleichzeitiger Nichtauslastung der Maschinen in beiden Segmenten zu einer geringen Termintreue und äußerst geringer Transparenz bei der Nachverfolgung und Statusermittlung von Aufträgen, zurückzuführen vor allem auf eine unzureichende Produktionsplanung.

6.1.2 Anwendung der Methodik

Im Rahmen des gemeinsamen Projekts zur Neugestaltung der Planung bei der iform GmbH wurden alle Schritte der Methodik angewendet, um eine anforderungsgerechte und effiziente Planung zu etablieren.

Schritt 1: Analyse und Definition strategische Zielvorgaben

Der Methodik folgend wurde zunächst wurden die im ersten Schritt 1.A beschriebenen Analyse-Methoden angewendet. Ziel war es, den Ist-Zustand des Werkzeugbaus bezüglich der Durchführung und der Ergebnisse der Planung aufzunehmen und auf dieser Grundlage unternehmensspezifische Zieldimensionen zu definieren.

Mithilfe einer umfassenden Auftragsdatenanalyse wurde ein hoher zeitlicher Verzug von Aufträgen aufgedeckt. Ursächlich waren die ineffiziente Auslastung der Fertigungsressourcen und lange Liegezeiten durch eine unausgereifte und veraltete Planung. Auf Basis eines Benchmarkings des Werkzeugbaus mit vergleichbaren Spritzgusswerkzeugbaubetrieben zeigten sich weiterhin deutliche Defizite in Produktionskosten, Termintreue sowie in technologischen Fertigungseigenschaften. Aufgrund der hohen Kompetenz der Mitarbeiter gab es jedoch hohe Potenziale zur Verbesserung. Zur Aufnahme der Kundenbedürfnisse wurden mit den Kunden des Werkzeugbaus Einzelinterviews durchgeführt. Dazu wurde ein standardisierter Fragebogen für igus entworfen und verwendet. Die Kunden des internen Werkzeugbaus waren aus dem Bereich der Produktentwicklung für komplett neue Produkte, dem Vertrieb für neue Aufträge zu bestehenden Produkten und der Serienspritzgussproduktion für Reparaturen und Instandhaltungen. Aus den Einzelinterviews aus den Bereichen Produktentwicklung und Vertrieb ergaben sich sehr geringe Produktionskosten, hohe fachliche Kompetenz und eine hohe Qualität als vorrangige Kundenanforderungen. Für die Kunden aus der Serienspritzgussproduktion konnten vorrangig kurze Durchlaufzeiten sowie eine hohe Flexibilität erfasst werden. Weiterhin wurden, gemeinsam mit der Geschäftsführung, die strategischen Ziele aufgenommen, die vergleichbar mit den Anforderungen der Kunden sind:

- **Hohe Kosteneffizienz:** Eine hohe Kosteneffizienz setzt dabei eine hohe Auslastung der Fertigungsressourcen voraus.
- **Kurze Durchlaufzeiten:** Kurze Durchlaufzeiten benötigen geringe Auslastungen, um Wartezeiten zu reduzieren.
- **Hohe Flexibilität**: Eine hohe Flexibilität für kundenindividuelle Aufträge bedingt die kurzfristige Verfügbarkeit von Ressourcen.

Schritt 2: Entwicklung digitaler Zwilling

Anschließend wurde der zweite Schritt der Methodik durchgeführt und ein ganzheitliches, digitales Modell des Werkzeugbaus aufgebaut. Auf Basis von historischen ERP-Daten wurden alle relevanten Objekte des Werkzeugbaus identifiziert. Diese bestanden aus den Mitarbeitern für die vorgeschalteten Aufgaben in der Werkzeugherstellung wie Konstruktion und CAM-Programmierung sowie aus Fertigungsmaschinen in der mechanischen Fertigung. Die Mitarbeiter in der mechanischen Fertigung wurden nicht betrachtet, da die Maschinen den kapazitiven Engpass bildeten und für das Modell von höherer Relevanz waren. Die Mitarbeiter der Montage und des Try-outs wurden allerdings berücksichtigt. Dazu wurden die Wirkzusammenhänge von Aufträgen, Kosten und notwendigen Ressourcen bzw. Kapazitäten der einzelnen Ressourcen definiert und in dem Modell abgebildet. Diese Wirkzusammenhänge beschreiben die Kosten- und Auslastungsentwicklung für alle relevanten Aufträge für alle betrachteten Fertigungsressourcen. Aus Gründen der Praxisanwendung wurde das Tabellenkalkulationsprogramm Microsoft Excel sowie die zugehörige Programmiersprache Visual Basic zur Gestaltung des digitalen Zwillings eingesetzt. Der digitale Zwilling ermöglichte quantifizierte Aussagen über aktuelle Engpässe und bildete die Grundlage für die spätere Auslegung. Neben der Auslegung der Produktionsplanung konnte der digitale Zwilling auch projektübergreifend für weitere Aufgaben, wie bspw. zur Neugestaltung des Maschinenparks, eingesetzt werden.

Schritt 3: Entwicklung optimierter Fertigungssegmente

Aus den Anforderungen der Kunden des Werkzeugbaus und den strategischen Zielen ergab sich die Notwendigkeit zur Segmentierung, um die Zielgrößen zu adressieren und die Korrelation zwischen hoher Kosteneffizienz, kurzen Durchlaufzeiten und hoher Flexibilität aufzulösen. Mithilfe des digitalen Zwillings konnten im Folgenden die Fertigungssegmente von iform entwickelt werden. Das Auftragsspektrum wurde analysiert und klassifiziert. Es ergab sich eine charakteristische Aufteilung in planbare und unplanbare Aufträge. Im weiteren Vorgehen wurden die Fertigungsprozesse betrachtet. So ergaben sich charakteristische Prozessketten, die grundsätzlich produktübergreifend waren. Dies stand im konträren Zusammenhang mit der vorherrschenden Segmentierung in die zwei Hauptproduktgruppen. Es konnten jedoch Hauptprozessfolgen gebildet werden, die sich grundsätzlich voneinander unterschieden, bspw. für Rundteile im Vergleich zu eckigen Teilen.

Auf Basis der Klassifizierungen konnten zahlreiche Segmentierungsszenarien aufgestellt werden. Den Szenarien wurden die notwendigen Fertigungsressourcen zugeordnet. Dabei erfolgte die Aufteilung der Kapazitäten gemäß der Berechnung der notwendigen Stundenbedarfe von Aufträgen für Mitarbeiter und Fertigungsmaschinen auf Basis des digitalen Zwillings. In der Berechnung wurde die zukünftige Entwicklung der Nachfrage der Aufträge auf Basis einer Prognose des Vertriebs berücksichtigt. Mit der Berechnung des Segmentierungsfits konnten die folgenden drei Fertigungssegmente ermittelt werden, welche die Zielvorgaben am weitesten erfüllen:

- **Neuwerkzeugbau:** Der Neuwerkzeugbau verfolgt das Ziel der hohen Auslastung bei gleichzeitig kundengerechten Durchlaufzeiten, um so ein ideales Verhältnis aus schneller Marktverfügbarkeit und geringen Kosten zu schaffen.
- **Reparaturwerkzeugbau:** Der Reparaturwerkzeugbau sichert die interne Spritzgussproduktion durch flexible und schnelle Bearbeitung von Reparaturaufträgen. Dahingegen ist der Maschinenpark vor allem auf eine geringere Auslastung ausgelegt und beplant, um entsprechend schnell auf Reparaturen zu reagieren.
- **Fastline:** Die Fastline ist ein vom Neuwerkzeugbau separates Segment, welches ebenfalls den Bau von Neuwerkzeugen fokussiert. Jedoch handelt es sich hierbei um ausgewählte Werkzeuge für standardisierte Produkte, welche jedoch besonders zeitkritisch sind. Daher ist dieses Segment auf eine Hauptprozessfolge ausgerichtet und setzt vermehrt auf geringe Durchlaufzeiten als auf eine höhere Auslastung und geringere Kosten.

Schritt 4: Entwicklung intelligenter Planungsprozesse

Auf Basis der abgeschlossenen Segmentierung wurden für jedes Segment neue Planungsprozesse entwickelt. Einleitend wurden die jeweiligen Zielvorgaben der Segmente betrachtet und notwendige Planungsaufgaben ausgewählt. Anschließend wurden Prozessketten gebildet über die Verknüpfung von Planungsaufgaben innerhalb der Segmente:

- **Neuwerkzeugbau:** Für den Neuwerkzeugbau mit dem Ziel der hohen Ressourcenauslastung zur Sicherstellung der Kosteneffizienz wurde auf alle Planungsebenen gesetzt.

Aufträge können und sollen entsprechend langfristig geplant werden. In der Steuerung wird grundsätzlich auf die Priorisierung aus der Feinplanung gesetzt, welche für jede Schicht den Arbeitsvorrat bestimmt. Innerhalb des Arbeitsvorrats einer Schicht können die Mitarbeiter jedoch selbstständig Umplanungen für bspw. Rüstoptimierungen durchführen. Abweichungen werden über Regelkreise in die höheren Planungsebenen zurückgeführt und eingeplant.

- **Reparaturwerkzeugbau:** Der Reparaturwerkzeugbau setzt aufgrund des hohen Zeitdrucks lediglich auf die Steuerung, sodass Planungsaufwände reduziert werden. Dies ist aufgrund der geringen Komplexität der Aufträge möglich. In der Steuerung wird eine am Endkundenbedarf orientierte Priorisierung durchgeführt, um eine Liefertermintreue der Serienartikel zu gewährleisten. Über die Gesamtheit der Aufträge werden zudem Aufgaben der strategischen Planung durchgeführt, um langfristig die Effizienz des Fertigungssegments zu analysieren und zu optimieren.
- **Fastline:** Die Fastline nutzt zur Planung der Durchführung von Standardwerkzeugen die Feinplanung sowie die Steuerung als Planungsebenen. In der Feinplanung werden standardisierte Arbeitsvorgänge eingesetzt, um die Planung zu vereinfachen und zu beschleunigen. Die Steuerung verwendet konsequent das FIFO-Prinzip, um eine Liefertermintreue zu gewährleisten.

Grundsätzlich ist jeweils ein Mitarbeiter der Arbeitsvorbereitung einem Segment zugeordnet und übernimmt alle dem Segment zugeordneten Planungsaufgaben der Strategischen, Grob- und Feinplanung. Die Aufgaben der Steuerung werden von den Schichtleitern der Segmente und mit Unterstützung von ihren Teamleitern durchgeführt. Abschließend wurden die Prozesse hinsichtlich der Durchführung der Planungsaufgaben zwischen den Segmenten synchronisiert. Ziel war es, einen geordneten Austausch der Mitarbeiter zu erzielen, um Synergieeffekte bei Planungsaufgaben zu erzielen und einen Informationsaustausch über Kapazitäten und Engpässen zu gewährleisten.

Schritt 5: Definition unterstützender Planungsressourcen

Zur Unterstützung der definierten Produktionsplanungsprozesse wurde ein Lastenheft mit ganzheitlichen Anforderungen gestaltet. Berücksichtigt wurde dabei auch das bestehende ERP-System. Dieses war jedoch nicht in der Lage, die Anforderungen an die Produktionsplanungsaufgaben zu erfüllen und dient lediglich zur buchhalterischen Abrechnung von Aufträgen. Daher sieht die Gesamtarchitektur ein Zusammenspiel aus dem bestehenden ERP, einem neuen PPS-System, einem neuen BDE-System sowie von einzelnen Agenten vor. Die Agenten adressieren die Aufgaben zur automatisierten Kalkulation von einfachen Werkzeugen für standardisierte Produkte sowie die Aggregierung und Aufbereitung von Planungsdaten für übergeordnete Controlling-Aufgaben. Während das ERP-System bereits vorhanden war, wurden das PPS-System und das BDE-System in einem Auswahlprozess bestimmt. Dazu wurde eine Vielzahl von marktüblichen Lösungen in mehreren Phasen gemäß der Methodik betrachtet und bewertet. Entschieden wurde sich für ein PPS-System und ein BDE-System von einem Systemlieferanten. Zur Erfüllung weiterer Anforderungen wurden individuelle Programmierungen von Zusatzfunktionen vorgenommen. Da weiterhin nicht alle Funktionsumfänge des Lastenhefts erfüllt wurden, programmierte die unternehmensinterne IT-Abteilung weitere Funktionen in Form von Agenten. Die Funktionsumfänge bestanden vor allem in einem automatisierten Kalkulator für Standardprodukte. Übertragen auf die drei Fertigungssegmente ergibt sich ein unterschiedlicher und anforderungsgerechter Systemeinsatz:

- **Neuwerkzeugbau:** Der Neuwerkzeugbau setzt durchgehend auf das PPS-System zur Ausübung der Produktionsplanungsaufgaben in allen Planungsebenen. Das BDE-System stellt dabei die Aufnahme und Verarbeitung von Daten aus der Fertigung sicher. Diese Aufgabenteilung des PPS- und BDE-Systems gilt auch für die anderen Fertigungssegmente im Werkzeugbau.
- **Reparaturwerkzeugbau:** Der Reparaturwerkzeugbau verwendet das PPS-System in einer vereinfachten Form. Zur Unterstützung der Planungsaufgaben der Steuerung werden Auftragsvorlagen zur Erfassung von standardisierten Fehlerklassen angelegt, welche übernommen werden können. Die Planung der Reihenfolge ergibt sich aus den Endkundenbedarfen und Lieferterminen. Das PPS-System stellt daher die Dokumentation und digitale Erfassung der Aufträge sicher und unterstützt bei der Analyse von Abweichungen.
- **Fastline:** Die Fastline wird systemseitig ebenfalls durch das PPS-System unterstützt. Zusätzlich werden die beschriebenen Agenten zur Automatisierung der Kalkulation von Standardprodukten eingesetzt.

Schritt 6: Implementierung Auslegungskonzepte

Das entwickelte ganzheitliche Konzept zur Produktionsplanung wurde im igus Werkzeugbau unter intensiver Berücksichtigung von Change-Management-Maßnahmen umgesetzt. Die Umsetzung der drei Auslegungsbereiche Organisation, Prozess und Ressourcen erfolgte gemäß der Vorgabe des Methodikschrittes zeitlich leicht versetzt.

Zur Umsetzung der organisatorischen Veränderungen wurde ein besonderer Fokus auf die Mitarbeiter gelegt. Zwar wurden die neuen Fertigungssegmente im Rahmen des Projekts durch das Projektteam, bestehend aus internen Werkzeugbau-Mitarbeitern und externen Beratern, erarbeitet, jedoch wurden alle Mitarbeiter in den Umsetzungsprozess integriert. So wurde jedem Mitarbeiter die Wahl ermöglicht, seinen zukünftigen Arbeitsplatz in den neuen Fertigungssegmenten und damit verbundenen Aufgaben frei zu wählen. In individuellen Mitarbeitergesprächen wurden die neuen Wünsche besprochen und es wurden Entwicklungspläne erarbeitet, um die Mitarbeiter für neue Positionen zu qualifizieren.

Mit der Umsetzung der Fertigungssegmentierung wurden ebenfalls die neuen Produktionsplanungsprozesse implementiert. Dazu wurde in Schulungen den Mitarbeitern der Arbeitsvorbereitung und weiteren Mitarbeitern, die mit Planungsaufgaben betraut sind, die neuen Prozesse vermittelt. Daraufhin erfolgte die Durchführung der Planung gemäß den definierten Prozessen. Hierbei wurde genau betrachtet, inwieweit bspw. die Planungstiefe oder die Informationsverfügbarkeit ausreichend ist.

Nach der Beschaffung der neuen Systeme wurden diese initial mit allen relevanten Daten, wie Stammdaten der Fertigungsressourcen, befüllt. Anschließend erfolgte eine intensive Schulung durch den externen Systemlieferanten der Mitarbeiter, die Planungsaufgaben direkt im System durchführen. Im Weiteren folgten interne Schulungen für alle Mitarbeiter mit dem Ziel, die Funktionen der Rückmeldung und Auftragsweiterleitung verständlich zu machen. Gestartet wurde dabei zunächst im Neuwerkzeugbau, um das System und die Schnittstellen zu testen. Anschließend erfolgte der Einsatz in den weiteren Fertigungssegmenten. Bei der Implementierung wurde den Nutzern die Rolle der kontinuierlichen Entwickler zugeschrieben. D. h., dass sie alle Fehlfunktionen oder Verbesserungsvorschläge sammeln und weitergeben sollten. Diese wurden vom Systemlieferanten umgesetzt.

6.1.3 Ergebnisbewertung und Interpretation

Die Anwendung der Methodik bei der iform GmbH, dem internen Werkzeugbau der igus GmbH, war erfolgreich. Die übergeordneten Zielsetzungen des Unternehmens konnten mithilfe der Durchführung der Methodik im Rahmen des gemeinsamen Projekts erreicht werden. Das Ergebnis besteht in einer optimierten und effizienten Produktionsplanung, welche den Praxisanforderungen gerecht wird.

Durch den ersten Methodikschritt konnte sowohl ein ganzheitliches Verständlich der Ist-Situation erzielt werden als auch bestehende Potenziale identifiziert werden. Besonders vor dem Hintergrund des internen Werkzeugbaus mit weniger externen Schnittstellen zeigte das Benchmarking einen hohen Effekt, den internen Projektpartnern eine offene und transparente Bewertung bzw. Einordnung in den Markt zu geben. Der digitale Zwilling vereinfachte das Verständnis der komplexen internen Unternehmensumgebung und ermöglichte die quantifizierte Analyse und Klassifizierung der Einflussgrößen auf die Planung. Auf dieser Grundlage konnten valide Aussagen über die Szenarien der Fertigungssegmentierung getroffen werden. Eine Schwierigkeit bestand in der Aufbereitung der Daten, da diese aus einer Vielzahl von Systemen in unterschiedlichen Formaten extrahiert wurden. Die Aufteilung der Fertigung im Werkzeugbau auf drei Fertigungssegmente mit unterschiedlichen Zielvorgaben war demnach die logische Schlussfolgerung der vorigen Analysen. Ebenfalls ging aus den Analysen und den grundlegenden Zielvorgaben die Definition von notwendigen und relevanten Planungsaufgaben hervor. Die Verknüpfung der Planungsaufgaben zu Planungsprozessen sowie die Integration der Prozesse in übergeordnete Auftragsabwicklungsprozesse schufen den essenziellen Bestandteil der Intelligenz der Produktionsplanung. Diese fokussieren eine anforderungsgerechte Planungs- und Digitalisierungstiefe, welche von Softwaresystemen befähigt wurden. Bei der Definition der idealen Planungstiefe sollten zwingend alle Mitarbeiter, die Planungsaufgaben durchführen, integriert werden. Das gleiche gilt für die Festlegung der idealen Digitalisierungsstufe. Die anschließende Auswahl von geeigneten digitalen Systemen basierte entsprechend auf den Prozessbeschreibungen. Zu bemerken ist dabei die hohe Kompetenz externer Systemhäuser für individuelle Programmierungen, sodass die Entwicklung zusätzlicher Funktionen relativ autonom erfolgte. Nur bei internen Programmierungen für weitere Funktionsumfänge in Form von Agenten wurde das Vorgehen gemäß der Methodik angewendet. Das Vorgehen zur Implementierung ließ sich in der Praxis ohne Einschränkungen anwenden. Der besondere Fokus auf dem Change-Management gilt intern als Erfolgsfaktor für die erfolgreiche Umsetzung des neuen Planungskonzepts. Über die Implementierung hinaus ist die Entwicklung einer effizienten Produktionsplanung bei igus bzw. iform nicht abgeschlossen. Durch das Projekt und die Methodik konnte eine einsatzbereite und anforderungsgerechte Produktionsplanung entwickelt und implementiert werden sowie eine optimale Grundlage geschaffen werden, auf deren Basis sich eine intelligente Produktionsplanung entwickeln kann. Dies bezieht sich weiterhin auf alle drei betrachteten Auslegungsbereiche, die sich im weiteren Praxisverlauf optimieren und anpassen.

Das Fallbeispiel zeigte anschaulich die gesamte intensive Durchführung der Methodik mit allen Teilaspekten der Methodikschritte. Das positive Ergebnis der Praxis gibt dabei einen Indikator für den Nutzwert und die Anwendbarkeit der Methodik.

6.2 Fallbeispiel 2: Anonymisiertes Fallbeispiel

Das betrachtete Unternehmen des zweiten Fallbeispiels ist ein international agierendes Familienunternehmen für Produkte aus dem Bereich der Sanitär- und Heizungstechnik.[865] Weltweit beschäftigt die Unternehmensgruppe mehrere tausend Mitarbeiter an zahlreichen Produktions-, Entwicklungs- und Vertriebsstandorten. Der Hauptsitz des Unternehmens liegt in Nordrhein-Westfalen.

Der Autor dieser Arbeit hat im Rahmen seiner Tätigkeit als wissenschaftlicher Mitarbeiter am Lehrstuhl für Produktionssystematik der RWTH Aachen ein bilaterales Projekt mit dem Unternehmen durchgeführt. Konkret wurde mit dem internen Werkzeugbaubetrieb des Unternehmens die Optimierung der Produktionsplanung gestaltet. Im Vergleich des aufgestellten Reifegradmodells der Produktionsplanung (siehe Kapitel 1.2) wurde im Projekt nicht die Stufe der intelligenten Produktionsplanung angestrebt, sondern es wurde eine fortgeschrittene digital vernetzte Planung als Ziel gesetzt, da sich das Unternehmen noch auf der analogen Stufe befand. Dabei wurden wesentliche Methodikschritte dieser wissenschaftlichen Arbeit erfolgreich angewendet, wie im Folgenden nach einer kurzen Vorstellung der Ausgangssituation dargelegt wird.

6.2.1 Ausgangssituation

An einem der Produktionsstandorte des Unternehmens wird ein interner Werkzeugbau für Druckguss-Werkzeuge mit 35 Mitarbeitern betrieben. Neben der Neufertigung von Druckgusswerkzeugen für die eigene Serienproduktion werden auch zahlreiche andere Betriebsmittel für die Serienproduktion, wie bspw. Lehren für die Qualitätskontrolle, Bauteile für Automatisierungsanlagen oder Vorrichtungen hergestellt. Darüber hinaus werden Reparatur- und Instandhaltungsaufträge für Werkzeuge durchgeführt.

865 Das betrachtete Unternehmen möchte aus unternehmenspolitischen Gründen nicht namentlich genannt werden. Daher wurden alle Beschreibungen, die auf das Unternehmen schließen lassen, anonymisiert.

Durch eine stark wachsende Auftragslage in der Serienproduktion stiegen auch die kapazitiven und zeitlichen Anforderungen an den Werkzeugbau. Als direkter Befähiger der Serienproduktion waren Reparaturaufträge von hoher Dringlichkeit und wurden bevorzugt behandelt. Dies hatte zur Folge, dass die Herstellung von Neuwerkzeugen teilweise stark verzögert wurde. Die schwache Termintreue ist neben der hohen Anzahl an Aufträgen auch auf unklare und intransparente Prozesse sowie mangelnde Systemunterstützung zurückzuführen. Es wurde lediglich mit einem ERP-System gearbeitet, welches jedoch unzureichend für die Planung der Werkzeugbauprojekte geeignet war und daher nur zur Rückmeldung und Abrechnung von Aufträgen genutzt wurde. Das Projektziel bestand daher in der Entwicklung eines ganzheitlichen Ansatzes innerhalb der Produktionsplanung zur Verbesserung der Termintreue und Transparenz.

6.2.2 Anwendung der Methodik

Im Rahmen des bilateralen Projekts wurden die ersten fünf Schritte der Methodik angewandt. Es wurde dabei ein ganzheitliches Planungskonzept erarbeitet, während die Implementierung eigenständig durch das Unternehmen durchgeführt wurde. Der digitale Zwilling wurde im Rahmen der Anwendung der Methodik lediglich partiell abgebildet, da die Komplexität der Umgebung des Werkzeugbaus als gering eingestuft wurde und der Aufwand höher als der Nutzen gewesen wäre. Zudem wurden die Methodikschritte 3 und 4 in einer geringeren Detailtiefe durchgeführt.

Schritt 1: Analyse und Definition strategischer Zielvorgaben

Zu Beginn des Projekts wurde gemäß dem ersten Schritt der Methodik der Ist-Zustand des internen Werkzeugbaus ermittelt und es wurden die strategischen Vorgaben an die Produktionsplanung definiert. So wurden ein ganzheitliches Benchmarking, eine Auftragsdatenanalyse sowie Befragungen der Anspruchsgruppen des Werkzeugbaus durchgeführt. Die Analyse der Ist-Situation der Produktionsplanung im internen Werkzeugbau zeigte deutliche Schwächen hinsichtlich der Termintreue und Flexibilität. Eilaufträge aus der Produktion sorgten für Umplanungen bei den Fertigungsressourcen, was wiederum zum Verzug bei langfristigeren Neuprojekten führte. Allgemein war die Durchführung und Dokumentation der Aufträge sehr unsystematisch und hat zu hohen Liegezeiten und einer schwachen Termintreue geführt.

Zur Erfassung der Kundenanforderungen wurden Einzelinterviews mit verschiedenen Kunden des Werkzeugbaus durchgeführt. Aus diesen Einzelinterviews wurden mehrere Anforderungen abgeleitet. Besonders aus der Serienproduktion wurde eine hohe Verlässlichkeit des Werkzeugbaus gefordert. Diese kann durch die Termintreue und durch die Transparenz erreicht werden. Diese Anforderungen wurden von der Produktentwicklung und der Geschäftsführung gestützt und durch die Anforderung an eine hohe Kosteneffizienz für Neuwerkzeuge ergänzt. Damit ergaben sich die strategischen Zielvorgaben:

- **Hohe Termintreue:** Eine hohe Termintreue setzt eine konsequente Abarbeitung von Aufträgen voraus.
- **Hohe Transparenz:** Eine hohe Transparenz kann durch eine hohe Termintreue positiv beeinflusst werden und ist auch auf digitale Hilfsmittel zur Prozessvisualisierung zurückzuführen.
- **Hohe Kosteneffizienz:** Eine hohe Kosteneffizienz, besonders für Neuaufträge, setzt dabei eine hohe Auslastung der Fertigungsressourcen voraus.

Schritt 2: Entwicklung digitaler Zwilling

Im Rahmen des bilateralen Projekts wurde der zweite Schritt zur Entwicklung des digitalen Zwillings nicht betrachtet. Dies ist darauf zurückzuführen, dass der Werkzeugbau aufgrund seiner eigenen Wertschöpfungstiefe und Verordnung in der internen Supply Chain des Unternehmens über wenige Schnittstellen verfügt. Daher wurde zur Aufwandsreduktion auf die Durchführung des Schrittes verzichtet. Es wurden jedoch Teilmodelle des internen Maschinenparks und der Mitarbeiter aufgestellt, um spätere Segmentierungsberechnungen zu unterstützen. Dazu wurde eine Vielzahl an historischen Daten zur Auftragsabwicklung aus dem ERP-System extrahiert und in ein mathematisches Modell überführt. Dieses bildete einfache Beziehungen ab und bot die Möglichkeit für einfache Simulationen von Kapazitäten, Aufträgen und Auslastungen. Auf die Integration des digitalen Zwillings bspw. in einen Regelkreis wurde verzichtet, da einige relevante Funktionen zur Wissensgenerierung von einem Planungssystem erfüllt wurden, welches im späteren Schritt 5 ausgewählt wurde.

Schritt 3: Entwicklung optimierter Fertigungssegmente

Die Anwendung des dritten Methodikschrittes beschreibt die Entwicklung der Fertigungssegmente. Auf Basis der konträren Zielvorgaben für unterschiedliche Auftragstypen wurde eine Segmentierung des Werkzeugbaus im anonymisierten Unternehmen angeregt. Da Engpässe und Zielkonflikte vor allem an Fertigungsmaschinen auftraten, war der Betrachtungsbereich auf den Bereich der mechanischen Fertigung beschränkt. Die Konstruktionsabteilung wurde daher aus dem Betrachtungsbereich herausgenommen. Die mechanische Fertigung wurde zur Lösung des Zielkonflikts zwischen Neuaufträgen und Reparaturaufträgen in zwei Fertigungssegmente aufgeteilt:

- **Neuwerkzeugbau:** Das erste Segment fokussiert Neuaufträge sowohl für Werkzeuge als auch für Vorrichtungen. Daher gilt das Segment als gut planbar und schafft durch die hohe Auslastung eine gute Kosteneffizienz.
- **Reparaturwerkzeugbau:** Das zweite Segment sieht die Bearbeitung von Reparatur- und Änderungsaufträgen für Werkzeuge und Vorrichtungen vor. Es ist daher weniger gut planbar, aber soll eine hohe Flexibilität sowie die Produktivität der Serienproduktion gewährleisten.

Den beiden Fertigungssegmenten wurden entsprechend Fertigungsmaschinen sowie Mitarbeiter zugeordnet. Zur Durchführung wurde das entwickelte Modell der Fertigungsressourcen verwendet. Es war möglich, verschiedene Aufteilungsoptionen zu simulieren und die optimale

Aufteilung der Fertigungsressourcen zu ermitteln. Neben der Betrachtung der rein quantitativen Ressourcen wurden auch qualitative Anforderungen der Fertigungsressourcen aufgenommen und in der Berechnung berücksichtigt. Da in gewissen Fertigungstechnologien keine klare kapazitive Aufteilung der Maschinen vorgenommen werden konnte, wurden die Maschinen virtuell jeweils anteilig auf die Segmente verteilt. Zudem wurden Maschinen und Mitarbeiter definiert, welche übergreifend in beiden Segmenten arbeiten können. Diese sind zwar weiterhin einem Segment zugeteilt, können jedoch bei Bedarfsspitzen das andere Segment unterstützen. Zudem wurde vorgesehen, dass verschiedene Mitarbeiter durch die Segmente rotieren, um Know-how aufzubauen und ebenfalls weiter flexibilisiert zu werden.

Schritt 4: Entwicklung intelligente Fertigungsprozesse

Im folgenden vierten Schritt wurde ein neuer optimierter und ganzheitlicher Auftragsabwicklungsprozess für den Werkzeugbau definiert. Der Kern des Auftragsabwicklungsprozesses wird durch einen Planungsprozess mit drei Planungsebenen gebildet. Dazu wurde auf Basis des Vorgehens der Methodik die Grob- und Feinplanung sowie die Steuerung als notwendige Ebenen definiert. Eine übergeordnete strategische Planung wird durch die Werkzeugbauleitung abseits der Planung durchgeführt und konnte in der Prozessentwicklung vernachlässigt werden. Die Grobplanung soll für jegliche Neuaufträge eingesetzt werden, jedoch nicht bei Reparatur- und Änderungsaufträgen. Die Reparatur- und Änderungsaufträge werden nur bei komplexeren Arbeitsumfängen in der Feinplanung berücksichtigt. Ansonsten werden für Reparaturen und Änderungen über definierte Prozesspläne nur Steuerungsaufgaben vorgenommen. Dies gewährleistet einen kurzen Planungsprozess und eine schnelle Bearbeitung. Bei Neuaufträgen wird weiterhin die Feinplanung sowie die Steuerung durchgeführt. Grundsätzlich gilt in beiden Fertigungssegmenten ein FIFO-Prinzip bei der Bearbeitung von Aufträgen. Das FIFO-Prinzip ermöglicht die von den Kunden des Werkzeugbaus geforderte Termintreue. Zudem wird eine gewisse Transparenz gegeben, da so die aktuelle und zukünftige Bearbeitungsreihenfolge eines Auftrags definiert ist und dem Kunden mitgeteilt werden kann. Darüber hinaus besteht die Möglichkeit eines Eilauftrags. Der Eilauftrag richtet sich nach einer abteilungsübergreifenden und im gesamten Werk gültigen Priorisierungsliste für bestimmte wichtige Produkte, deren Produktion garantiert werden muss. Zur Planung der anteilig verteilten Maschinen gilt, dass Reparaturaufträge bevorzugt werden. Da die Aufteilung auf Stundenbasis in einer Schicht erfolgt, kann dadurch dennoch sichergestellt werden, dass Neuaufträge weiterhin in einer Schicht bearbeitet werden können. Die Stufen zur Gestaltung intelligenter Bearbeitung der Planungsaufgaben waren weniger hoch ausgeprägt und beschrieben zumeist die digitale Abbildung der Aufgaben.

Schritt 5: Definition unterstützende Planungsressourcen

Auf Basis der definierten Planungsprozesse wurde mit der Auswahl eines geeigneten digitalen Systems, gemäß dem beschriebenen Vorgehen aus dem fünften Methodikschritt, gestartet. Es wurden die unternehmensspezifischen Anforderungen im Rahmen eines Lastenheftes aufgenommen. Dabei wurde zudem das bereits bestehende ERP-System des Unternehmens berücksichtigt. Dies war jedoch nicht geeignet, um die komplexen Aufträge des Werkzeugbaus zu erfassen und zu beplanen. Das ERP-System sollte aber weiterhin zur buchhalterischen

Abrechnung der Aufträge eingesetzt werden. Dem systematischen Prozess zur Auswahl eines Planungssystems, wurden diverse Planungssysteme identifiziert. Diese wurden hinsichtlich der Erfüllung der Anforderungen sowie der Integration in den Werkzeugbau bewertet. Auf dieser Grundlage konnte ein PPS-System identifiziert werden und zur Beschaffung vorgeschlagen werden. Da das System einen Großteil der Anforderungen des Werkzeugbau abbildet, wurde auf die Entwicklung von Agenten verzichtet. Jedoch wurden funktionale Änderungen und Anpassungen des Systems mit dem Lieferanten definiert.

Schritt 6: Implementierung Auslegungskonzepte

Die abschließende Implementierung des neuen Planungskonzeptes wurde im Rahmen des Projekts nicht vollständig betrachtet, sondern von dem anonymisierten Unternehmen selbstständig durchgeführt. Es wurde jedoch gemeinsam ein detaillierter Umsetzungsplan entworfen, welcher auf der Struktur des Methodikschrittes aufbaut. Dabei wurde vorgesehen, dass die Segmentierung nur virtuell durchgeführt wird. Dies bedeutet, dass die Aufteilung im PPS-System hinterlegt ist und bei der Durchführung der Planungsaufgaben berücksichtigt wird. Die Mitarbeiter werden flexibel je nach Aufwand den Fertigungssegmenten bzw. den Maschinen zugewiesen.

6.2.3 Ergebnisbewertung und Interpretation

Die Anwendung der Methodik im Werkzeugbau des anonymisierten Unternehmens war in Bezug auf die eingesetzten Schritte erfolgreich. So konnten die vor dem Projekt aufgestellten Zielsetzungen erreicht werden und effiziente Produktionsplanungsprozesse wurden ganzheitlich gestaltet.

Der erste Methodikschritt zur Analyse der Ist-Situation der Produktionsplanung deckte die Schwächen im Werkzeugbau des anonymisierten Unternehmens auf. Besonders durch den Vergleich mit weiteren Unternehmen mithilfe des Benchmarkings konnten die internen Projektteilnehmer die Situation ihres Betriebs ganzheitlich verstehen und geeignete Ziele formulieren. Im zweiten Methodikschritt wurde mit Verweis auf den Aufwand nur ein kleiner Teil der Fertigungsressourcen des Werkzeugbaus quantitativ in Form eines digitalen Zwillings aufgenommen. Dies unterstützte die folgenden Auslegungsaufgaben. Bei der Auslegung der Ressourcen wurden alle drei Bereiche, also Organisation, Prozess und Ressourcen betrachtet. Zur organisatorischen Auslegung wurden erfolgreich zwei Fertigungssegmente gebildet. Dem Vorgehen der Methodik folgend wurden die Betriebsmittel aufgeteilt. Dabei wurden zudem Maschinen auf beide Segmente aufgeteilt und es wurden Mitarbeiter zur flexiblen Bedienung von Auslastungsspitzen eingeteilt. Ebenso wurden den Fertigungssegmenten notwendige Planungsaufgaben zugeordnet. Besonders durch den intensiven Austausch im Projektteam mit internen Mitarbeitern der Planungsabteilung konnten effiziente und sinnvolle Planungstiefen definiert werden. Bei der Bestimmung der Regeln für Priorisierungen zeigte es sich als sinnvoll, auch übergeordnete strategische Inhalte, wie eine werksweite Priorisierungsregel, zu integrieren. Zudem wurde sichtbar, dass mitunter nicht jede Planungsaufgabe einen hohen Digitalisierungsgrad benötigt, sondern dass sich mit der Methodik eine Art Entwicklungsplan einzelner Planungsaufgaben definieren ließ. Bei der Auswahl eines geeigneten Planungssystems wurde zur besseren internen Vermarktung eines potenziellen neuen Systems eng mit weiteren Abteilungen des Gesamtkonzerns zusammengearbeitet. Diese Abteilungen sollten perspektivisch ebenfalls das Planungssystem einsetzen, sodass sich hier kostenseitige Synergien ergaben. Die Implementierung wurde projektseitig nicht begleitet. Jedoch wurde vorbereitend ein Umsetzungsplan entworfen, welcher sich an dem Implementierungsvorgehen des sechsten Methodikschrittes orientiert.

Dieses Fallbeispiel zeigte, dass die Methodik auch mit unterschiedlichen Zielvorgaben bzgl. des Grads der Intelligenz zu einer für das Unternehmen effizienten Produktionsplanung führt. Darauf aufbauend kann das Unternehmen sich weiterentwickeln und intelligente Elemente ergänzen.

6.3 Kritische Reflexion der Praxisanwendung

Die beiden beschriebenen Fallbeispiele bei der igus GmbH und dem anonymisierten Unternehmen zeigen, dass die erarbeitete Methodik zur Gestaltung intelligenter Produktionsplanungsprozesse in der Praxis angewendet werden kann und zu einer messbaren Optimierung der aktuellen Produktionsplanung bei den Unternehmen führt.

Die Analysephase führte zu einem hohen Verständnis der aktuellen Ist-Situation in den Werkzeugbaubetrieben, welche als relevante Wissengrundlage für die spätere Auslegung gilt. Die aufgenommenen charakteristischen Ziele der Produktionsplanung geben wiederum den Rahmen der Auslegung vor. Der digitale Zwilling hat sich als umfassendes Hilfsmittel bewährt, um sowohl den Ist-Zustand aufzunehmen und zu verstehen als auch um die folgende Auslegung zu begleiten und zu vereinfachen. Darüber hinaus konnte der digitale Zwilling sinnvoll als Wissensspeicher in der Produktionsplanung integriert werden. Der Aufwand für die Modellierung ist jedoch als hoch zu bewerten, sodass hier die Empfehlung ist, nur bei einer höheren Komplexität den Schritt in der Gesamtheit durchzuführen. Eine hohe Komplexität drückt sich in einer Vielzahl an Schnittstellen und zu betrachtenden Objekten im Netzwerk aus. In einer Reduktion des Schrittes können bspw. lediglich die eigenen Wertschöpfungsobjekte betrachtet und modelliert werden.

Die erfolgreiche Durchführung der Auslegungsphase bewies die angenommene enge Verzahnung der Elemente Organisation, Prozess und Ressource und bestätigt demnach die Arbeitshypothese der ganzheitlichen Auslegung der Produktionsplanungsprozesse durch die begleitende Betrachtung der Organisation und der Ressourcen. Die organisatorische Aufteilung der Zielvorgaben erwies in der Praxis das enorme Potenzial zur Lösung des Zielkonflikts der Planung. Zudem konnte eine Reduktion der Planungsaufwände aufgrund weniger Umplanungen sowie klarer Verantwortlichkeiten bei der Bearbeitung von Aufträgen beobachtet werden. Der digitale Zwilling war hierbei eine effiziente Unterstützung, um quantitativ und managementtauglich Szenarien zu entwerfen und zu validieren. Die Auslegung der Prozesse zeichnete sich in der Praxis besonders durch die Integration der Mitarbeiter aus. So zeigte sich, dass in offenen Workshops Mitarbeiter sehr gut in den Auslegungsprozess integriert werden können. Besonders die stufenweise Beschreibung einzelner Planungsaufgaben und die Auswahl der geeigneten Stufe zur Digitalisierung wurden in der Praxis erfolgreich angenommen. Die Auswahl der Ressourcen ist ein sehr effizienter und praxisnaher Prozess, der auch vonseiten des Einkaufs der Validierungspartner sowie der Software-Lieferanten angenommen wurde. Ähnliches gilt für die Entwicklung einzelner Agenten für zusätzliche Funktionen, die durch Software-Lieferanten durchgeführt wurde.

Die Implementierungsphase zeichnete sich besonders durch die Mitarbeiter-Zentrierung aus, welche durch das begleitende Change Management sichergestellt wurde. Eine weitere Erkenntnis ist, dass die unternehmensindividuellen Rahmenbedingungen zwingend in der Durchführung der Teilprozesse zur Implementierung integriert werden müssen. Dieses ist problemlos möglich, da der beschriebene Implementierungsleitfaden entsprechend ganzheitlich und breit gefasst ist.

Es sei auf Basis der Verifizierung ebenfalls anzumerken, dass jeder Methodikschritt vor der Durchführung auf den jeweiligen Unternehmenskontext überprüft werden muss. So können sich Unterschiede ergeben, da Unternehmen mitunter eigene Vorgehensweisen und Grundlagen haben, welche verwendet und in der Methodik genutzt werden sollten. Dies können bspw. Methoden zur Prozessaufnahme, Modellierungen der Unternehmensumwelt oder auch unternehmensinterne Beschreibungen von Planungsaufgaben sein.

Werden darüber hinaus die in Kapitel 3.1.2 aufgestellten Anforderungen betrachtet, so ergibt sich, dass diese vollumfänglich von der erarbeiteten Methodik erfüllt werden. Hinsichtlich der Anforderungen an den Gestaltungsbereich der Methodik konnte nachgewiesen werden, dass die digitale Vernetzung und die Intelligenz entwickelt, implementiert und zu einer Verbesserung des Status quo in der Produktionsplanung geführt haben. Dies wurde im fokussierten Unternehmenskontext der Branche Werkzeugbau durchgeführt. Daher wurden die Anforderungen an den Betrachtungsbereich, welcher durch die Unikatfertigung und die Unternehmensrandbedingungen beschrieben wurde, erfüllt. Durch die Validierung an zwei unterschiedlichen Werkzeugbaubetrieben konnte die Übertragbarkeit sichergestellt werden. Die Anforderungen Anwendbarkeit, Konkretheit und Praktikabilität wurden ebenso durch die positiven Ergebnisse der Validierung bestätigt. Bei der Betrachtung der Auslegung zeigte sich, dass sich das angenommene Zusammenspiel der Produktionsplanungsprozesse mit einer unterstützenden Organisation und befähigenden Ressourcen als richtig erwies.

Damit haben beide Fallbeispiele verdeutlicht, dass die Methodik zur Auslegung intelligenter Produktionsplanungsprozesse erfolgreich in der Praxis angewendet werden kann. Auf Grundlage der Validierung ist somit anzunehmen, dass die Methodik bei weiteren Unternehmen der Branche Werkzeugbau anwendbar ist. Darüber hinaus ist der Einsatz der Methodik auch bei Unternehmen anderer Branchen mit einer Einzel- und Kleinserienfertigung möglich. Da alle aufgestellten Anforderungen an die Methodik erfüllt wurden, kann abschließend bestätigt werden, dass die Forschungsfrage dadurch gelöst und das Ziel dieser Arbeit erreicht wurde.

7 Zusammenfassung und Ausblick

Die Unternehmen der Branche Werkzeugbau kämpfen aktuell mit steigenden Planungskomplexitäten und -aufwänden, was auf drei wesentliche Gründe zurückzuführen ist (siehe Kapitel 1.1). Neben einer zunehmenden Komplexität in der globalen Supply Chain von Werkzeugbaubetrieben (1) wachsen auch die Anforderungen an die zu fertigenden Produkte, was wiederum zu höheren Anforderungen an das Werkzeug und die Fertigungsprozesse führt (2). Begleitet werden diese Herausforderungen von einem sich verschärfenden Zeit- und Kostendruck für Werkzeugbaubetriebe (3). Vor allem europäische Werkzeugbaubetriebe können kaum mit den Faktorkosten internationaler Werkzeugbaubetriebe mithalten und sind gezwungen, die Standortnachteile mit hoher Effizienz in ihren Wertschöpfungsprozessen auszugleichen.[866] Einen wesentlichen Stellhebel bildet dabei die Produktionsplanung. Diese ist vielfältigen Rahmenbedingungen ausgesetzt, welche sich aufgrund der beschriebenen Herausforderungen verschärfen (siehe Kapitel 2.4.5.1). Die Unternehmen kommen den Anforderungen nach einer effizienten und anforderungsgerechten Produktionsplanung nur bedingt nach. So sind branchenweit eine geringe Termintreue, hohe Liegezeiten und viele Eilaufträge zu dokumentieren. Somit ist festzustellen, dass keine ausreichende Gestaltung und Weiterentwicklung der Produktionsplanung im Hinblick die Anforderungen erfolgt. Dies ist in mehreren Dimensionen erkennbar. Organisatorisch werden Fertigungssegmente mit konträren Zielen belegt, was zu Umplanungen, kapazitiven Engpässen und mangelnder Flexibilität führt. Planungsprozesse sind häufig unsystematisch, wenig dokumentiert und nicht vernetzt, was Intransparenz und Ineffizienz fördert. Zur Unterstützung der Planungsprozesse werden vielfach veraltete und nicht anforderungsgerechte Produktionsplanungssysteme eingesetzt. Die Praxis braucht jedoch eine effiziente und zukunftsorientierte Produktionsplanung. Diese ist gekennzeichnet von intelligenten Produktionsplanungsprozessen (siehe Kapitel 1.2). Von diesem Zielzustand sind die Werkzeugbaubetriebe noch entfernt und es fehlt Wissen für die selbstständige Weiterentwicklung. Der Handlungsbedarf aus der Praxis besteht daher in einem anwendergerechten Leitfaden, welcher Unternehmen der Branche Werkzeugbau befähigt, intelligente Produktionsplanungsprozesse auszulegen. Die Analyse wissenschaftlicher Forschungsansätze offenbarte einen Handlungsbedarf aus der Theorie. So erfüllt kein betrachteter Forschungsansatz die Anforderungen an eine ganzheitliche Lösung für intelligente Produktionsplanungsprozesse im Werkzeugbau (siehe Kapitel 3.3).

Auf Basis der Defizite aus Theorie und Praxis wurde ein Zielzustand für intelligente Produktionsplanungsprozesse im Werkzeugbau hergeleitet, welcher die notwendigen Eigenschaften und Lösungselemente der Produktionsplanung beschreibt. Zusammen mit dem Vorgehen zur Planungs- und Prozessgestaltung konnte ein Ordnungsrahmen skizziert werden, welcher einen ganzheitlichen Rahmen zur Lösungsfindung bietet. Das Ergebnis der folgenden

[866] Darüber hinaus bieten sich dem Werkzeugbau auch weitere Potenziale zur Differenzierung wie bspw. das Anbieten neuer digitaler Dienstleistungen. Dies wurde im Rahmen der Arbeit nicht näher untersucht und es sei auf die Inhalte nach Boos et al. verwiesen. Vgl. Boos et al. (Digitale Transformation), 2019.

Lösungsfindung ist ein anwendungsgerechter und praxisnaher Leitfaden, welcher, aufgeteilt in mehrere Phasen und Schritte, die Auslegung intelligenter Produktionsplanungsprozesse im Werkzeugbau beschreibt.

Die erste Phase, die Analysephase, hat zum Ziel, alle relevanten Informationen und Zielvorgaben für die Auslegung der Produktionsplanungsprozesse zur Verfügung zu stellen. Dementsprechend beginnt die Methodik im ersten Schritt mit der Analyse des Ist-Zustands der Produktionsplanung und definiert deren zukünftige strategische Zielvorgaben. Um die Voraussetzungen der Produktionsplanung hinsichtlich aller Teilnehmer am Wertschöpfungsprozess zu erfassen und quantifiziert zu beschreiben, wird im folgenden zweiten Schritt ein digitaler Zwilling entwickelt. Dieser beinhaltet die Wirkzusammenhänge und -beziehungen zwischen allen planungsrelevanten Objekten, beschreibt den aktuellen Zustand des Werkzeugbaubetriebs und bildet langfristig eine Art Wissensspeicher für die Produktionsplanung. Die zweite Phase, die Gestaltungsphase, hat die Zielsetzung, die intelligenten Produktionsplanungsprozesse auszulegen. Dazu wird als Rahmen eine optimierte Organisation hinsichtlich der strategischen Zielvorgaben abgestimmter und flexibler Fertigungssegmente gestaltet. Jedem Fertigungssegment werden relevante Planungsaufgaben zugewiesen und in ihrem idealen Digitalisierungsgrad beschrieben. Die Planungsaufgaben werden anschließend zu Prozessketten verknüpft und die Schnittstellen zu anderen Prozessen werden ermittelt. Zur weiteren Befähigung der Prozesse werden Softwaresysteme ermittelt bzw. entwickelt. Die abschließende dritte Phase, die Implementierungsphase, zielt auf die ganzheitliche Umsetzung des erarbeiteten Konzepts der Produktionsplanung ab. Die adressierten Auslegungsbereiche Organisation, Prozess und Ressource werden sowohl ganzheitlich integriert sowie individuell betrachtet. Es ergeben sich individuelle Implementierungsvorgehen, welche die Integration der neuen Produktionsplanung in der Praxis sicherstellen.

Die entwickelte Methodik wurde in zwei Fallbeispielen bei Unternehmen der Branche Werkzeugbau validiert. Das erste Fallbeispiel beschreibt den Methodikeinsatz beim internen Werkzeugbaubetrieb der igus GmbH in Köln. Das zweite Fallbeispiel ist ein anonymisiertes Projektbeispiel bei einem weiteren internen Werkzeugbaubetrieb mit Fokus auf Druckgusswerkzeugen. Die zu Beginn definierten Anforderungen an eine Methodik zur Lösung des Praxis- und Theoriedefizits konnten sichergestellt werden. Daher gilt die Methodik unter der Berücksichtigung der Rahmenbedingungen als allgemeingültig (siehe Kapitel 4.2). Werkzeugbaubetriebe erhalten somit einen anwendungsorientierten Leitfaden zur ganzheitlichen Auslegung ihrer intelligenten Produktionsplanungsprozesse. Die Unternehmen können damit weitere Effizienzpotenziale in ihrer Wertschöpfung heben und auf die sich stetig ändernden und herausfordernden Rahmenbedingungen in ihrer Unternehmensumwelt reagieren.

Der wissenschaftliche Beitrag zur Produktionsforschung besteht in der Beschreibung des zukünftigen Zielzustandes der Produktionsplanungsprozesse im Werkzeugbau sowie des anwendungsorientierten Leitfadens zur Erreichung dieses Zustands. Dabei wurde erstmals die Intelligenz als zentraler Lösungsansatz mit charakteristischen Eigenschaften auf alle Produktionsplanungsaufgaben und -prozesse übertragen. Eine weitere Neuerung besteht in der Vernetzung zahlreicher intelligenter Planungsaufgaben zu einem Gesamtbild, welches zudem ein ganzheitliches Zusammenspiel aus organisatorischen Voraussetzungen und befähigenden Systemelementen ist.

Die weitere Forschung und praxisnahe Entwicklung von Lösungen sieht die schrittweise Weiterentwicklung hin zur selbststeuernden Produktionsplanung mit direkter Kontrolle von Fertigungsressourcen zur Umsetzung von Planungsmaßnahmen vor.[867] Diese autonome Produktionsplanung und -steuerung mit dem Einsatz von Künstlicher Intelligenz ist zukünftig zwingend notwendig, um eine effiziente Wertschöpfung unter sich ändernden Randbedingungen sicherstellen zu können. Dies gilt sowohl für die Branche Werkzeugbau als auch für die Serienproduktion.[868] Unabhängig von der Tatsache, dass neue Anwendungen im Bereich der Künstlichen Intelligenz große Sprünge zur Steigerung der Effizienz von technischen wertschöpfenden Prozessen, aber auch von indirekten administrativen Prozessen versprechen, gehen mit der Integration und Nutzung dieser Technologien auch Risiken einher.[869] Diese bestehen vor allem im Schutz persönlicher Daten und dem Verständnis der algorithmus-basierten Ergebnisfindung. Dies gilt besonders für die Branche Werkzeugbau mit ihren manuellen und mensch-zentrierten Fertigungsaufgaben.

Weiterer Forschungsbedarf besteht zudem in der Einbindung von solchen intelligenter Produktionsplanungs- und Steuerungssystemen in unternehmensübergreifende Wertschöpfungsnetzwerke und eine ganzheitliche Auslegung und Optimierung hinsichtlich Effizienz und Nachhaltigkeit.[870] In Ergänzung ergibt sich langfristig die folgende zukünftige Forschungsfrage:[871, 872]

Zukünftige Forschungsfrage

Wie wird der menschliche Mitarbeiter in der Fabrik der Zukunft eingesetzt, wenn die Wertschöpfungsprozesse durch eine selbststeuernde Produktionsplanung und -steuerung sowie vernetzte Fertigungsmaschinen vollständig automatisiert sind?

Während diese grundlegende Fragestellung in automatisierten Serienproduktionen eine höhere Relevanz hat, so ist im Werkzeugbau weiterhin mittelfristig mit einem Mitarbeitereinsatz in der Fertigung, der Montage und dem Try-out zu rechnen. Dies ist auf das hohe Fachwissen

[867] Vgl. Boos et al. (Planen und Steuern im Werkzeugbau), 2019, S. 32f.

[868] Vgl. Scherwitz et al. (Digitale Transformation der PPS), 2020, S. 255; Hatiboglu et al. (KI im Produktionsumfeld), 2019, S. 22f.

[869] Vgl. Mazzola; Hofmann (Bevormundung durch Maschinen), 2020; Knorre et al. (Big-Data-Debatte), 2020, S. 201ff.

[870] Vgl. Voigt et al. (Nachhaltige industrielle Wertschöpfung), 2018, S. 341f.

[871] Eine Übersicht aktueller Studien und Prognosen des Einflusses von KI auf die Wirtschaft findet sich in der Abhandlung von APT UND PRIESACK. Vgl. Apt; Priesack (KI und Arbeit), 2019, S. 226f.

[872] Auch in populärwissenschaftlicher Literatur werden die neuen technischen Möglichkeiten sowie ihre Einwirkung auf die Wirtschaft und den Arbeitsmarkt kontrovers diskutiert. Vgl. Morozov (Smarte neue Welt), 2013; Brynjolfsson et al. (Second Machine Age), 2018; Zuboff (Zeitalter des Überwachungskapitalismus), 2018; Staab (Digitaler Kapitalismus), 2019; Li et al. (AI Superpowers), 2019.

erfahrener Werkzeugmacher zurückzuführen sowie die durch die Unikatfertigung wenig verketteten und manuellen Fertigungsprozesse. Dennoch darf diese zukünftige Forschungsfrage nicht vernachlässigt werden, sondern der Werkzeugbau muss auch hier langfristig eine forschungs- und anwendungsorientierte Lösung erarbeiten.

8 Anhang

A.1. Digitaler Zwilling – Simulationssoftware

Zur Umsetzung des digitalen Zwillings wird ein Simulationswerkzeug bzw. eine Software benötigt, in welcher ein System und dessen beschreibende mathematischen Zusammenhänge implementiert und beschrieben werden kann. Um spätere Erläuterungen zu vereinfachen, wird die Software *Plant Simulation* von Siemens vorgestellt, da diese im Rahmen dieser Arbeit eingesetzt wurde. Zu betonen ist jedoch, dass es verschiedene Softwareprogramme gibt, um eine Unternehmensumgebung mathematisch abzubilden und Simulationen durchzuführen. Weitere vergleichbare Softwaretools sind bspw. Flexsim, AnyLogic, Process-Simulator und Microsoft Visio. Plant Simulation wurde jedoch gewählt, da es eine der bekanntesten und umfangreichsten Simulationssoftware darstellt und in der Industrie weit verbreitet ist.

Plant Simulation ist ein diskretes Ergebnissimulationswerkzeug, mit welchem digitale Modelle, in diesem Fall eines Produktionssystems, erstellt werden können.[873] Mithilfe des Modells können die Eigenschaften eines Systems untersucht werden, bevor reale Produktionssysteme aufgebaut werden. Es ist möglich, Experimente und „Was-wäre-wenn"-Szenarien durchzuführen. Mit Plant Simulation können Produktionssysteme, Materialflüsse, Ressourcennutzungen und logistische Prozesse modelliert und simuliert werden. Die genutzte Skriptsprache ist SimTalk. Plant Simulation stellt als Software bereits die wichtigsten Objekte, also die Bausteine zur Erstellung eines Simulationsmodells, zur Verfügung. Die jeweiligen Objekte können unterschiedlichen Klassen zugeordnet werden.[874] Jedem Objekt oder Baustein eines Simulationsmodells können wiederum gewisse Attribute, also Eigenschaften zugeordnet werden. Im Objekt Netzwerk wird das Simulationsmodell visuell dargestellt. Dies kann sowohl in 2D oder auch 3D passieren.

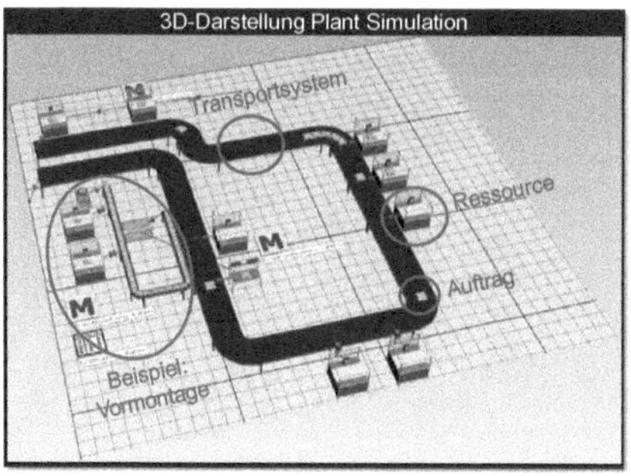

Abbildung 152: Darstellung Ausschnitt eines Produktionssystems in Plant Simulation[875]

[873] Vgl. Siemens (Plant Simulation), 2020.

[874] Vgl. Eley (Simulation in der Logistik), 2012, S. 33f.

[875] Auszug aus Siemens Plant Simulation

Abbildung 152 zeigt beispielhaft eine Produktionslinie inklusive Ressourcen (blau), Transportsystem (schwarz) und Werkstückträgern mit Aufträgen (gelb) in 3D. Materialflussbausteine, Informationsflussbausteine, Ressourcen oder Oberflächenbausteine können angelegt und für den Nutzer visualisiert werden.[876] Der Übersicht halber können Unternetzwerke in bestehende Netzwerke eingebettet werden, was besonders bei großen Simulationsvorgängen sinnvoll ist. Die später durchgeführten Simulationsläufe, bei welchen z. B. Aufträge durch ein Produktionssystem laufen, kann der Benutzer in Echtzeit, in Zeitlupe oder im Zeitraffer optisch begutachten. Zusammenfassend bietet Plant Simulation umfangreiche Funktionen, um komplexe und große Systeme effizient zu modellieren und zu analysieren.[877]

[876] Vgl. Eley (Simulation in der Logistik), 2012, S. 34ff.

[877] Vgl. Bangsow (Manufacturing Simulation with Plant Simulation), 2010, S. VI.

A.2. Digitaler Zwilling – Datensammlung und -aufbereitung

Die Datensammlung und -aufbereitung stellt einen erheblichen Anteil des Projektumfanges zur Entwicklung eines Simulationsmodells dar und kann bis zu 50 % der Arbeitsleistung ausmachen.[878] Wie in Kapitel 5.1.2.1 beschrieben, erfolgen die Schritte der Datensammlung und -aufbereitung parallel zur Systemanalyse, Modellformalisierung und Implementierung. Eine vollkommen unabhängige Bearbeitung ist so gut wie nicht möglich. Die Arbeitsschritte sind eng miteinander verknüpft. So ergeben sich „Art und Umfang der erforderlichen Daten (...) aus Aufgabenspezifikation und Konzeptmodell, während umgekehrt die Beschaffbarkeit von Daten das Konzeptmodell beeinflussen kann".[879] In der Literatur werden auch Ansätze genannt, ein Modell vollkommen auf die zu Beginn eines Projektes gesammelten Daten zu stützen.[880] An dieser Stelle wird aber der iterative und verknüpfte Ansatz zwischen den Phasen der Datensammlung und -aufbereitung und der Systemanalyse betrachtet.

Wichtig zu differenzieren ist die Unterscheidung zwischen Daten und Informationen. Angelehnt an die Begriffe aus der Informationstechnik nach der ISO/IEC 2382 bestehen Daten aus „Zeichen mit Regeln zu ihrer Nutzung" (Syntax).[881] Informationen werden durch Daten repräsentiert, sind zweckgebunden und haben keine kontextbezogene Bedeutung (Semantik). Angelehnt an die Daten- und Informationsdefinition wird in der Literatur ein Ansatz verfolgt, die Datensammlung und -aufbereitung hinsichtlich der Informationsgewinnung zu erweitern, um die Entwicklung eines digitalen Zwillings nutzenorientiert zu unterstützen. Dabei kann das Vorgehen zur Datensammlung und -aufbereitung in die *Zieldefinition*, *Informationsidentifikation*, *Datenerhebung*, *Datenerfassung*, *Datenstrukturierung*, *statische Analyse* und *Datennutzbarkeitsprüfung* unterschieden werden.[882] Nachfolgende Erläuterungen basieren auf GUTENSCHWAGER ET AL.[883], KUHNT UND WENZEL[884] und JODIN ET AL.[885].

Innerhalb der *Zieldefinition* wird die Aufgabenspezifikation aus dem Vorgehensmodell analysiert und die Ziele für die Informationsgewinnung abgeleitet, wobei hier das Ziel der objektive Informationsbedarf ist, sprich der theoretische Informationsbedarf, also die „Art, Menge und Beschaffenheit von Informationen".[886] Mittels der *Informationsidentifikation* werden die potenziell nutzbaren Informationen mittels einer Informationsbedarfsanalyse und einer Informationsangebotsanalyse ermittelt. Es wird hierdurch überprüft, ob und welche Quellen den gewünschten Informationsbedarf decken können. Stimmen Informationsbedarf und -angebot überein,

[878] Vgl. Rabe et al. (Simulation in Produktion), 2008, S. 44; Košturiak; Gregor (Simulation von Produktionssystemen), 1995, S. 108.

[879] Vgl. Rabe et al. (Simulation in Produktion), 2008, S. 52.

[880] Vgl. Hering et al. (Vorgehensweise zur Modellbildung), 1989.

[881] Vgl. ISO (ISO/IEC 2382), 2015.

[882] Vgl. Jodin et al. (Informationsgewinnung in der Logistik), 2009, S. 5.

[883] Vgl. Gutenschwager et al. (Vorgehensweise bei Simulationsstudien), 2017, S. 159ff.

[884] Vgl. Kuhnt; Wenzel (Information Acquisition for Modelling and Simulation), 2010.

[885] Vgl. Jodin et al. (Informationsgewinnung in der Logistik), 2009, 5 ff.

[886] Vgl. Gutenschwager et al. (Vorgehensweise bei Simulationsstudien), 2017, S. 160.

kann die Planung der *Datenerhebung* beginnen, innerhalb derer die relevanten Informationsquellen und das Datenerhebungsverfahren ausgewählt und die Erhebung vorbereitet wird. Dabei müssen häufig Daten aus verschiedenen IT-Systemen gesammelt, aufbereitet und aggregiert werden. Nachfolgend werden einige wichtige Datenquellen aufgelistet:[887]

Produktionsplanung und -steuerung (PPS)	▪ Stammdaten ▪ Erzeugnisstrukturdaten ▪ Arbeitsplandaten ▪ Betriebsmitteldaten	▪ Bewegungsdaten ▪ Lagerbestände ▪ Bedarfe ▪ Aufträge
Enterprise Resource Planning (ERP)	▪ Finanz- und Rechnungsdaten	▪ Personaldaten
Betriebsdatenerfassung (BDE)	▪ Personaleinsatzdaten ▪ Maschinendaten ▪ Fertigungshilfsmitteldaten	▪ Prozessdaten ▪ Qualitätsdaten
Lagerverwaltungssystem (LVS)	▪ Materialdaten ▪ Mengendaten	▪ Lagerortdaten
Warehouse Management System (WMS)	▪ Erweiterung des LVS um Steuerungsdaten	
Manufacturing Execution System (MES)	▪ Detaillierung PPS und ERP	
Data Warehouses (DWH)	▪ Sammlung von Daten	
Supply Chain Management System (SCM)	▪ Lieferantendaten	▪ Bestellinformationen

Tabelle 5: Systeme als Ursprung der Daten

Des Weiteren ist die Gruppe der CAx Systeme nicht zu vernachlässigen. Diese sind unter anderem für Layoutdaten, Konstruktionsdaten, Arbeitsplan- und Prozessdaten und Qualitätsdaten von besonderer Bedeutung.[888] Zusätzlich existieren analoge Informationen, welche nicht aus IT-Systemen entnommen werden können, wie bspw. technische Detailinformationen und organisatorische Ablaufinformationen. Diese müssen manuell erfasst und digitalisiert werden. Während der Datenerhebung werden die Daten erhoben und geprüft und die Erhebung an sich hinsichtlich Vollständigkeit und Korrektheit validiert. Diese müssen mit dem vorher definierten Informationsbedarf abgeglichen werden, um die Vollständigkeit sicherzustellen. Nachfolgend finden in der *Datenstrukturierung* aufgabenspezifische Formatierungsvorgänge, Fehlerbereinigungen und Plausibilitätsprüfungen statt. Zur weiteren Aufbereitung der Daten hin zu potenziell nutzbaren Eingangsdaten können in der Phase der *statistischen Analyse* deskriptive oder induktive Verfahren der Statistik angewendet werden, um die Datenqualität zu beurteilen und eine Auswahl an geeigneten Eingangsdaten für die Simulation auszuwählen und bereitzustellen. Final sollte eine *Datennutzbarkeitsanalyse* durchgeführt werden.

[887] Vgl. Gutenschwager et al. (Vorgehensweise bei Simulationsstudien), 2017, S. 161ff.

[888] Vgl. Gutenschwager et al. (Vorgehensweise bei Simulationsstudien), 2017, S. 164ff.

A.3. Digitaler Zwilling – Beispielhaftes Simulationsmodell

Nachfolgend sind in Abbildung 153, Abbildung 154 und Abbildung 155 weitere Informationen und Darstellungen des beschriebenen Simulationsmodells aus Kapitel 5.1.2.3 dargestellt.

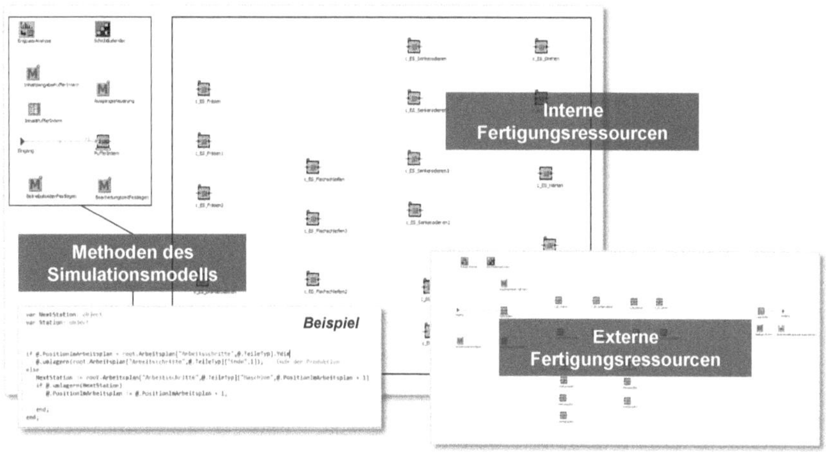

Abbildung 153: Darstellung und Vernetzung der Fertigungsressourcen[889]

Die Fertigungsressourcen sind jeweils mit allen einzelnen Maschinen dargestellt. Dabei enthält eine Maschine alle relevanten Informationen zu den Dimensionen Kosten und Zeit. Zudem können auch externe Fertigungsressourcen mit entsprechenden Aufwänden für die Lieferung berücksichtigt werden.

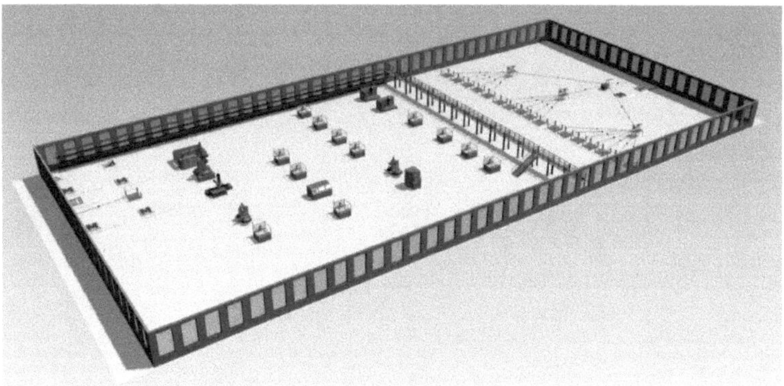

Abbildung 154: 3D-Visualisierung des Simulationsmodells[890]

[889] Auszug aus Siemens Plant Simulation

[890] Auszug aus Siemens Plant Simulation

Auch 3D-Visualisierungen der Fertigungsressourcen und des Produktionsablaufs können innerhalb der Software entwickelt werden. Diese sind durch eine hohe Anzahl von Standardelementen in Siemens Plant Simulation einfach zu implementieren.

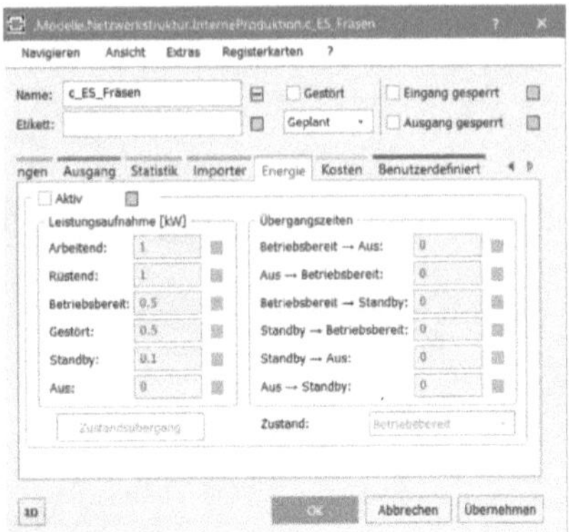

Abbildung 155: Einstellungen im Simulationsmodell[891]

Zudem können zahlreiche Einstellungen innerhalb des Simulationsmodells bzgl. der Prozessabläufe vorgenommen werden.

[891] Auszug aus Siemens Plant Simulation

A.4. Steckbriefe der Planungsaufgaben im Werkzeugbau

Im Folgenden sind die detaillierten Steckbriefe der Planungsaufgaben im Werkzeugbau aufgeführt. Die allgemeinen Beschreibungen sowie die Ein- und Ausgänge sind aus bestehender Literatur abgeleitet. Die weiteren inhaltlichen Felder bilden einen Vorschlag des Autors.

Bezeichnung	**Strategische Fertigungskonzeptbetrachtung**		
Beschreibung	▪ Strategische Betrachtung der vorhandenen Fertigungskonzeption mit Fokus auf dem idealen Einsatz von Fertigungstechnologien und -ressourcen ▪ Überprüfung und ggf. Anpassung der langfristig verfügbaren Kapazitäten		
Input	▪ Marktanalyse ▪ Absatzverläufe	▪ Fertigungsressourcenangebot ▪ Auslastungsberichte	
Output	▪ Angepasstes Fertigungskonzept		
Planungshorizont	*Entfällt*	Verantwortung	GF, Vertrieb, PM, AV
Ausprägungen nach Digitalisierungsgrad	1 I Visualisierung	Zusammenführung aller Daten von digitalen Produktionssystemen sowie Marktdaten	
	2 I Transparenz	Darstellung von Fehlern und Verzögerungen aufgrund ineffizienter Fertigungskonzeption	
	3 I Vorausschauend	Automatisierte Entwicklung optimierter Fertigungskonzepte	
	4 I Adaptiv	*Entfällt*	

Abbildung 156: Strat. Planung – Steckbrief Strategische Fertigungskonzeptbetrachtung

Bezeichnung	**Strategische Engpassbetrachtung**		
Beschreibung	▪ Strategische und kontinuierliche Betrachtung von Engpässen in der Fertigung sowie Ableitung von Handlungsmaßnahmen zur Vermeidung		
Input	▪ Auftragsberichte ▪ Auslastungsberichte		
Output	▪ Optimierungsmaßnahmen		
Planungshorizont	*Entfällt*	Verantwortung	GF, Vertrieb, PM, AV
Ausprägungen nach Digitalisierungsgrad	1 I Visualisierung	Zusammenführung aller Daten von digitalen Produktionssystemen	
	2 I Transparenz	Darstellung von Zusammenhängen von Engpässen	
	3 I Vorausschauend	Automatisierte strategische Optimierung von Engpässen auf Basis prognostizierter Produktionsdaten	
	4 I Adaptiv	*Entfällt*	

Abbildung 157: Strat. Planung – Steckbrief Strategische Engpassbetrachtung

Bezeichnung	Prognoserechnung		
Beschreibung	▪ Prognoserechnung zur Absatzmenge verschiedener Erzeugnisse in einer definierten Periode (Primärbedarf) ▪ Prognoserechnung für Teile, Gruppen und Werkstoffe (Sekundärbedarf)		
Input	▪ Marktanalyse ▪ Absatzverläufe	▪ Kundenaufträge ▪ Gewinn- und Umsatzplanung	
Output	▪ Vorläufiges Produktionsprogramm		
Planungshorizont	3-6 Monate	Verantwortung	GF, Vertrieb, PM, AV
Ausprägungen nach Digitalisierungsgrad	1 I Visualisierung	Geordnete Datendarstellung und Strukturierung des Produktionsprogramms	
	2 I Transparenz	Wirkzusammenhänge zwischen Primärbedarfen und Sekundärbedarfen werden gebildet	
	3 I Vorausschauend	Erstellung von Prognosen für aktuelle Primär- und Sekundärbedarfe	
	4 I Adaptiv	Automatisierte Prognosen Optimierung und Anpassung an verändernde Bedarfe	

Abbildung 158: Grobplanung – Steckbrief Prognoserechnung[892]

Bezeichnung	Grobplanung		
Beschreibung	▪ Überprüfung, ob das Produktionsprogramm zu einer ausgeglichenen Belastung aller Kapazitäten (Maschine, Personal, Betriebsmittel, Hilfsmittel, Material) auf möglichst (hohem) effizientem Niveau führt ▪ Grobtermin- und Grobkapazitätsplanung		
Input	▪ Vorläufiges Produktionsprogramm ▪ Konstruktionserzeugnisse: Schätzung verdichteter Daten	▪ Standarderzeugnisse: Stücklisten-/Arbeitsplandaten	
Output	▪ Vorläufiges Produktionsprogramm		
Planungshorizont	3-6 Monate	Verantwortung	GF, Vertrieb, PM, AV
Ausprägungen nach Digitalisierungsgrad	1 I Visualisierung	Darstellung der einzelnen benötigten Kapazitäten	
	2 I Transparenz	Verknüpfung der einzelnen Kapazitäten für eine Gesamtbetrachtung	
	3 I Vorausschauend	Vorausschauende Grobplanung auf Basis der Verknüpfungen	
	4 I Adaptiv	Automatisierte Überprüfung und Anpassung der Grobplanung in Echtzeit, bspw. an kurzfristige Kapazitätsschwankungen	

Abbildung 159: Grobplanung – Steckbrief Grobplanung[893]

892 Vgl. Schuh; Roesgen (Aufgaben der PPS), 2006, S. 40; Domschke et al. (Produktionsplanung), 1997, S. 19; Büdenbender (Ganzheitliche Produktionsplanung und -steuerung), 1991, S. 16; Hackstein (Produktionsplanung und -steuerung), 1984, S. 9ff.

893 Vgl. Schuh; Roesgen (Aufgaben der PPS), 2006, S. 40; Hackstein (Produktionsplanung und -steuerung), 1984, S. 10.

Bezeichnung	Lieferterminbestimmung		
Beschreibung	▪ Im Rahmen der Angebotserarbeitung und der Auftragsbestätigung wird der verbindliche Liefertermin ermittelt ▪ Vergleich von Bestelldaten mit den Angebotsdaten und Überprüfung auf ihre technische Realisierbarkeit		
Input	▪ Vorläufiges Produktionsprogramm ▪ Kundenaufträge	▪ Gewinn- und Umsatzplanung	
Output	▪ Auftragsbestätigung ▪ Liefertermin	▪ Produktionsprogramm	
Planungshorizont	*Entfällt*	Verantwortung	GF, Vertrieb, PM, AV
Ausprägungen nach Digitalisierungsgrad	1 I Visualisierung	Visualisierung der relevanten Liefertermindaten	
	2 I Transparenz	Verknüpfung der Bestelldaten mit der technischen Realisierbarkeit und weiteren relevanten Daten	
	3 I Vorausschauend	Prognostizierung von Lieferterminen aktueller Projekte und von zukünftigen	
	4 I Adaptiv	Selbstoptimierende Lieferterminbestimmung und Anpassung an unvorhergesehene Ereignisse	

Abbildung 160: Grobplanung – Steckbrief Lieferterminbestimmung[894]

Bezeichnung	Kundenauftragsverwaltung		
Beschreibung	▪ Verarbeitung der Angebote sowie Auftragseingänge, -änderungen, -annullierungen und -fertigmeldungen ▪ Versanddisposition		
Input	▪ Auftragsbestätigung ▪ Produktionsprogramm		
Output	▪ Überarbeitetes Produktionsprogramm		
Planungshorizont	*Entfällt*	Verantwortung	GF, Vertrieb, PM, AV
Ausprägungen nach Digitalisierungsgrad	1 I Visualisierung	Visualisierung des Auftragsstands, der Änderungen und Annullierungen	
	2 I Transparenz	Ermittlung von Wirkzusammenhängen zwischen den Auftragsvariablen und der Fertigmeldung	
	3 I Vorausschauend	Prognostizierung von Angebot, Auftragsänderungen und Fertigstellungszeiten	
	4 I Adaptiv	Automatisierte Optimierung und Veränderung der Aufträge und Einarbeitung von Auftragsänderungen und Kundenbedürfnissen	

Abbildung 161: Grobplanung – Steckbrief Kundenauftragsverwaltung[895]

[894] Vgl. Schuh; Roesgen (Aufgaben der PPS), 2006, S. 61; Hackstein (Produktionsplanung und -steuerung), 1984, S. 10.

[895] Vgl. Hackstein (Produktionsplanung und -steuerung), 1984, S. 10.

Bezeichnung	**Vorlaufsteuerung**		
Beschreibung	▪ Planung und Kontrolle der auftragsabhängigen Arbeiten in der Arbeitsplanung		
Input	▪ *Entfällt*		
Output	▪ *Entfällt*		
Planungshorizont	▪ *Entfällt*	Verantwortung	GF, Vertrieb, PM, AV
Ausprägungen nach Digitalisierungsgrad	1 I Visualisierung	Darstellung der auftragsabhängigen Arbeiten und Planung	
	2 I Transparenz	Erstellung von Verknüpfungen zwischen Parametern der Arbeiten und der Planung	
	3 I Vorausschauend	Prognostizierung der Planung für Änderungen an den Arbeiten und für zukünftige Arbeiten	
	4 I Adaptiv	Automatisierte Erstellung, Anpassung und Weiterentwicklung sowie Kontrolle der Planung	

Abbildung 162: Grobplanung – Steckbrief Vorlaufsteuerung[896]

Bezeichnung	**Bedarfsermittlung**		
Beschreibung	▪ Mengen- und terminmäßige Bestimmung des Bruttobedarfs an Baugruppen, Teilen, Werkstoffen (Sekundärbedarf) sowie Hilfs- und Betriebsstoffe (Tertiärbedarf) abgeleitet ▪ Unter Berücksichtigung des Lagerbestandes wird der Nettobedarf ermittelt (Bruttosekundärbedarf minus fortgeschriebene/auf Lager gehaltene Bestände)		
Input	▪ Eingegangene Kundenaufträge ▪ Produktionsprogramm	▪ Verbrauchsgesteuert ▪ Lagerbestand	
Output	▪ Bedarf		
Planungshorizont	3-6 Monate	Verantwortung	PM, AV
Ausprägungen nach Digitalisierungsgrad	1 I Visualisierung	Digitale Darstellung des Bruttobedarfs und des Lagerbestands	
	2 I Transparenz	Ermittlung Wirkzusammenhang zwischen Bruttobedarf und dem benötigten Lagerbestand	
	3 I Vorausschauend	Vorausplanung des Lagerbestands und des Bedarfs für zukünftige Aufträge	
	4 I Adaptiv	Automatisierte Anpassung des Lagerbestands und Ermittlung des Nettobestands	

Abbildung 163: Feinplanung – Steckbrief Bedarfsermittlung

896 Vgl. Hackstein (Produktionsplanung und -steuerung), 1984, S. 10.

Bezeichnung	Bestandsführung		
Beschreibung	▪ Erfassung von Lagerzu- und -abgängen und Verbuchung von diesen		
Input	▪ Interne Materialwirtschaft		
Output	▪ Lagerbestand		
Planungshorizont	*Entfällt (Kontinuierlich)*	Verantwortung	PM, AV
Ausprägungen nach Digitalisierungsgrad	1 I Visualisierung	Visualisierung der Lagerzu- und -abgänge und Verbuchungen	
	2 I Transparenz	Ermittlung von Wirkzusammenhängen für Bestandszu- und -abnahme	
	3 I Vorausschauend	Prognostizierung von Bestandsänderungen	
	4 I Adaptiv	Automatisierte Verbuchung und Anpassung der Lagerbestände	

Abbildung 164: Feinplanung – Steckbrief Bestandsführung[897]

Bezeichnung	Beschaffungsrechnung		
Beschreibung	▪ Gruppierung und Zusammenfassung verschiedener Bedarfe gleichen Materials innerhalb eines Zeitraumes. Menge, Qualität und Termin einer Bestellung werden unter Optimierungsgesichtspunkten festgelegt		
Input	▪ Bedarf		
Output	▪ Bestellaufträge ▪ Aufträge an die Eigenfertigung		
Planungshorizont	*Entfällt (Kontinuierlich)*	Verantwortung	PM, AV
Ausprägungen nach Digitalisierungsgrad	1 I Visualisierung	Darstellung der verschiedenen Bedarfe gleicher Materialien	
	2 I Transparenz	Ermittlung des Zusammenhangs zwischen Menge, Qualität und Termin und deren Festlegung für die Bestellung	
	3 I Vorausschauend	Vorausplanung und Optimierung der Bestellung	
	4 I Adaptiv	Automatisierte Optimierung und Festlegung von Menge, Qualität und Termin	

Abbildung 165: Feinplanung – Steckbrief Beschaffungsrechnung[898]

897 Vgl. Hackstein (Produktionsplanung und -steuerung), 1984, S. 11.

898 Vgl. Schuh; Roesgen (Aufgaben der PPS), 2006, S. 57; Domschke et al. (Produktionsplanung), 1997, S. 14; Hackstein (Produktionsplanung und -steuerung), 1984, S. 12.

Bezeichnung	Durchlaufterminierung		
Beschreibung	▪ Ermittlung der Start- und Endtermine der Aufträge anhand von Bearbeitungs- und Übergangszeiten ▪ Erstellen von zeitlichen Zusammenhängen zwischen Arbeitsaufträgen		
Input	▪ Liefertermine ▪ Produktionsprogramm	▪ Arbeitsplan ▪ Kapazitätsangebot	
Output	▪ Produktionsprogramm (terminierte Arbeitsaufträge		
Planungshorizont	1-4 Wochen	Verantwortung	AV
Ausprägungen nach Digitalisierungsgrad	1 I Visualisierung	Visualisierung der Bearbeitungs- und Übergangszeiten	
	2 I Transparenz	Erstellung der zeitlichen Zusammenhänge in und zwischen den Arbeitsaufträgen	
	3 I Vorausschauend	Prognostizieren eines Start- und Endzeitpunkts der Aufträge sowie der zeitlichen Einordnung mehrerer Aufträge	
	4 I Adaptiv	Automatisierte Erstellung und Optimierung der Terminplanung	

Abbildung 166: Feinplanung – Steckbrief Durchlaufterminierung[899]

Bezeichnung	Kapazitätsbedarfsermittlung und -abstimmung		
Beschreibung	▪ Ermittlung des Kapazitätsbedarfs der einzelnen Kapazitäten oder Kapazitätsgruppen aus den terminierten Arbeitsvorgängen für eine Planungsperiode ▪ Die Kapazitätsabstimmung stellt eine gleichmäßige Auslastung ohne oder nur mit minimaler Verschiebung der Auftragsendterminierung her (Belastungsspritzen abbauen)		
Input	▪ Produktionsprogramm (terminierte Arbeitsaufträge) ▪ Arbeitsplan		
Output	▪ Produktionsprogramm ▪ Kapazitätsplanung		
Planungshorizont	1-4 Wochen	Verantwortung	AV
Ausprägungen nach Digitalisierungsgrad	1 I Visualisierung	Darstellung des Kapazitätsbedarf und der Auslastung	
	2 I Transparenz	Bildung von Verbindungen zwischen den einzelnen Kapazitätsgruppen und der Auslastung	
	3 I Vorausschauend	Vorausplanung von Kapazitätsbedarf für aktuelle und zukünftige Projekte	
	4 I Adaptiv	Automatisierte Optimierung und Veränderung der Kapazitätsplanung an aktuelle Entwicklungen	

Abbildung 167: Feinplanung – Steckbrief Kapazitätsbedarfsermittlung und -abstimmung[900]

899 Vgl. Schuh; Roesgen (Aufgaben der PPS), 2006, S. 46; Domschke et al. (Produktionsplanung), 1997, S. 16; Hackstein (Produktionsplanung und -steuerung), 1984, S. 13.

900 Vgl. Schuh; Roesgen (Aufgaben der PPS), 2006, S. 47ff.; Domschke et al. (Produktionsplanung), 1997, S. 16; Hackstein (Produktionsplanung und -steuerung), 1984, S. 13.

Bezeichnung	Reihenfolgeplanung		
Beschreibung	▪ Festlegung der Reihenfolge der zur Bearbeitung an den Kapazitätseinheiten anstehenden Arbeitsvorgänge nach ausgewählten Kriterien		
Input	▪ Produktionsprogramm		
Output	▪ Produktionsprogramm mit definierter Produktionsreihenfolge		
Planungshorizont	1-2 Wochen	Verantwortung	Produktionssteuerung
Ausprägungen nach Digitalisierungsgrad	1 I Visualisierung	Visualisierung der anstehenden Arbeitsvorgänge	
	2 I Transparenz	Schaffung von Zusammenhängen zwischen Kapazitätseinheiten und zu bearbeitenden Arbeitsvorgängen	
	3 I Vorausschauend	Vorausplanung der Produktionsreihenfolge	
	4 I Adaptiv	Echtzeitfähige sowie automatisierte Erstellung und Optimierung der Produktionsreihenfolge	

Abbildung 168: Feinplanung – Steckbrief Reihenfolgeplanung[901]

Bezeichnung	Fertigungsbelegerstellung		
Beschreibung	▪ Akkumulation aller für die Produktion benötigten Daten (Terminkarte, Lohn- und ggf. Rückmeldescheine, Materialscheine, Zeichnungen etc.)		
Input	▪ Produktionsprogramm ▪ Interne Datensammlung (z. B. BDE)		
Output	▪ Fertigungsbeleg		
Planungshorizont	1-2 Wochen	Verantwortung	AV, Produktionsleiter
Ausprägungen nach Digitalisierungsgrad	1 I Visualisierung	*Entfällt*	
	2 I Transparenz	*Entfällt*	
	3 I Vorausschauend	*Entfällt*	
	4 I Adaptiv	*Entfällt*	

Abbildung 169: Steuerung – Steckbrief Fertigungsbelegerstellung[902]

[901] Vgl. Schuh; Roesgen (Aufgaben der PPS), 2006, S. 54; Domschke et al. (Produktionsplanung), 1997, S. 16; Hackstein (Produktionsplanung und -steuerung), 1984, S. 13.

[902] Vgl. Schuh; Roesgen (Aufgaben der PPS), 2006, S. 56; Hackstein (Produktionsplanung und -steuerung), 1984, S. 16.

Bezeichnung	Fertigungsauftragsfreigabe		
Beschreibung	▪ Überprüfung der Terminsituation der Arbeitsauftragsreihenfolge in einem definierten Zeithorizont und Freigabe der Aufträge nach der Überprüfung der Verfügbarkeit aller benötigten Ressourcen		
Input	▪ Produktionsprogramm mit definierter Produktionsreihenfolge		
Output	▪ Auftragsfreigabebestätigung		
Planungshorizont	1-2 Wochen	Verantwortung	AV, Produktionsleiter
Ausprägungen nach Digitalisierungsgrad	1 I Visualisierung	Darstellung der Terminsituation der Arbeitsauftragsreihenfolge und der benötigten Ressourcen	
	2 I Transparenz	Entwicklung eines Wirkzusammenhangs zwischen der Terminsituation und den benötigten Ressourcen	
	3 I Vorausschauend	*Entfällt*	
	4 I Adaptiv	Automatisierte Überprüfung und Freigabe der Aufträge	

Abbildung 170: Steuerung – Steckbrief Fertigungsauftragsfreigabe[903]

Bezeichnung	Arbeitsverteilung		
Beschreibung	▪ Koordination der Arbeitsaufträge zu den Ressourcen/Betriebsmittel für das kommende Zeitintervall – Aufgrund dessen wird der Materialfluss der Arbeitsaufträge durch die Produktion durch die Aktivierung der Transportsysteme sichergestellt		
Input	▪ Produktionsreihenfolge		
Output	▪ Logistikanweisungen		
Planungshorizont	1-2 Wochen	Verantwortung	AV, Produktionsleiter
Ausprägungen nach Digitalisierungsgrad	1 I Visualisierung	Darstellung der Arbeitsaufträge und vorhandenen Ressourcen	
	2 I Transparenz	Ermittlung von Wirkzusammenhängen zwischen den Ressourcen und den Arbeitsaufträgen	
	3 I Vorausschauend	Prognostizierung des Materialflusses für die Arbeitsaufträge	
	4 I Adaptiv	Selbstoptimierung und Anpassung des Transportsystems und des Materialflusses anhand der Arbeitsaufträge	

Abbildung 171: Steuerung – Steckbrief Arbeitsverteilung[904]

903 Vgl. Schuh; Roesgen (Aufgaben der PPS), 2006, S. 55; Hackstein (Produktionsplanung und -steuerung), 1984, S. 16.

904 Vgl. Hackstein (Produktionsplanung und -steuerung), 1984, S. 16.

Bezeichnung	Bestellauftragsfreigabe		
Beschreibung	▪ Angebotseinholung und Bewertung inklusive Auswahl eines Lieferanten ▪ Überprüfung der Terminsituation der Arbeitsauftragsreihenfolge und Freigabe von Bestellungen, deren Inhalt in einem definierten Zeithorizont benötigt werden.		
Input	▪ Bestellaufträge ▪ Aufträge an die Eigenfertigung		
Output	▪ Bestellfreigabe		
Planungs-horizont	*Entfällt*	Verantwortung	Einkauf
Ausprägungen nach Digitalisierungs-grad	1 I Visualisierung	*Entfällt*	
	2 I Transparenz	*Entfällt*	
	3 I Vorausschauend	*Entfällt*	
	4 I Adaptiv	*Entfällt*	

Abbildung 172: Steuerung – Steckbrief Bestellauftragsfreigabe[905]

Bezeichnung	Bestellschreibung		
Beschreibung	▪ Verfassen der im Rahmen der Bestellauftragsfreigabe definierten Anforderungen in einer detaillierten Bestellung		
Input	▪ Bestellfreigabe ▪ Bestellaufträge	▪ Aufträge an die Eigenfertigung	
Output	▪ Bestellung		
Planungshorizont	*Entfällt*	Verantwortung	Einkauf
Ausprägungen nach Digitalisierungsgrad	1 I Visualisierung	*Entfällt*	
	2 I Transparenz	*Entfällt*	
	3 I Vorausschauend	*Entfällt*	
	4 I Adaptiv	*Entfällt*	

Abbildung 173: Steuerung – Steckbrief Bestellschreibung[906]

[905] Vgl. Schuh; Roesgen (Aufgaben der PPS), 2006, S. 58; Domschke et al. (Produktionsplanung), 1997, S. 14.

[906] Vgl. Schuh; Roesgen (Aufgaben der PPS), 2006, S. 58; Domschke et al. (Produktionsplanung), 1997, S. 14.

Bezeichnung	Kapazitätsgruppenüberwachung		
Beschreibung	▪ Kontrolle der Kapazitätseinheiten ▪ Erfassung und Übermittlung aller Veränderungen von Warteschlangensituationen im Produktionsprozess und der aktuellen Belegsituation von Ressourcen ▪ Erfassung von Wareneingangsmeldungen		
Input	▪ Produktionssteuerungssystem		
Output	▪ Abweichungsmeldungen zur Produktionsreihenfolgeplanung		
Planungshorizont	*Entfällt*	Verantwortung	Produktionsleiter
Ausprägungen nach Digitalisierungsgrad	1 I Visualisierung	Visualisierung der Veränderungen im Produktionsprozess	
	2 I Transparenz	Kombination der Veränderungen und der Belegsituation von Ressourcen	
	3 I Vorausschauend	Prognostizierung von Veränderungen im Produktionsprozess	
	4 I Adaptiv	Automatisierte Überwachung und Auswertung der Kapazitätseinheiten	

Abbildung 174: Steuerung – Steckbrief Kapazitätsgruppenüberwachung[907]

Bezeichnung	Kundenauftragsüberwachung		
Beschreibung	▪ Verwaltung der Kundenaufträge. Verantwortlich für Auskünfte hinsichtlich des Abarbeitungsgrads, des Auftragsstatus (z.B.: freigegeben, storniert) und der Auftragspriorität des jeweiligen Kundenauftrags		
Input	▪ Produktionsprogramm		
Output	▪ Meldung über verspätete Liefertermine		
Planungshorizont	*Entfällt*	Verantwortung	Produktionsleiter
Ausprägungen nach Digitalisierungsgrad	1 I Visualisierung	Darstellung des Auftragszustands und der Priorität des Auftrags	
	2 I Transparenz	*Entfällt*	
	3 I Vorausschauend	*Entfällt*	
	4 I Adaptiv	*Entfällt*	

Abbildung 175: Steuerung – Steckbrief Kundenauftragsüberwachung[908]

907 Vgl. Hackstein (Produktionsplanung und -steuerung), 1984, S. 16; Schuh; Roesgen (Aufgaben der PPS), 2006, S. 40.

908 Vgl. Schuh; Roesgen (Aufgaben der PPS), 2006, S. 40; Hackstein (Produktionsplanung und -steuerung), 1984, S. 16.

Bezeichnung	Fertigungsauftragsüberwachung		
Beschreibung	▪ Verwaltung und Auskunftgabe über den Ausführungszustand eines Auftrages zu einem gegebenen Zeitpunkt und den dazugehörigen Ausschussmengen ▪ Unterstützung bei Planabweichungen in der Produktion		
Input	▪ Produktionsprogramm		
Output	▪ Meldung über verspätete Arbeitsaufträge		
Planungshorizont	*Entfällt*	Verantwortung	Produktionsleiter
Ausprägungen nach Digitalisierungsgrad	1 I Visualisierung	Darstellung des Ausführungszustands und der Ausschussmengen	
	2 I Transparenz	Ermittlung von Wirkzusammenhängen zwischen Planabweichungen und dem Ausführungszustand	
	3 I Vorausschauend	Prognostizierung von Planabweichungen in der Produktion	
	4 I Adaptiv	Automatisierte Unterstützung in Echtzeit bei Planabweichungen in der Produktion	

Abbildung 176: Steuerung – Steckbrief Fertigungsauftragsüberwachung[909]

Bezeichnung	Bestellauftragsüberwachung		
Beschreibung	▪ Verwaltung und Auskunftgabe über den Ausführungszustand einer Bestellung und den Bestellstatus		
Input	▪ Bestellung		
Output	▪ Meldungen über verspätete Bestellungen		
Planungshorizont	*Entfällt*	Verantwortung	Einkauf
Ausprägungen nach Digitalisierungsgrad	1 I Visualisierung	Visualisierung des Ausführungszustands	
	2 I Transparenz	*Entfällt*	
	3 I Vorausschauend	*Entfällt*	
	4 I Adaptiv	*Entfällt*	

Abbildung 177: Steuerung – Steckbrief Bestellauftragsüberwachung

[909] Vgl. Schuh; Roesgen (Aufgaben der PPS), 2006, S. 40; Hackstein (Produktionsplanung und -steuerung), 1984, S. 16.

A.5. Übersicht von Planungsaufgaben mit variabler Planungstiefe

Innerhalb der Produktionsplanung bestehen Aufgaben mit einer variablen Planungstiefe. Die Planungstiefe beschreibt dabei die zeitliche als auch inhaltliche Detaillierung des Ergebnisses der Aufgabe. Eine höhere Planungstiefe verursacht in der Durchführung der Aufgabe höhere zeitliche Aufwände und ist daher in Bezug zur Notwendigkeit festzulegen. In Abbildung 178 sind die Planungsaufgaben mit variabler Planungstiefe in schwarzer Schrift dargestellt.

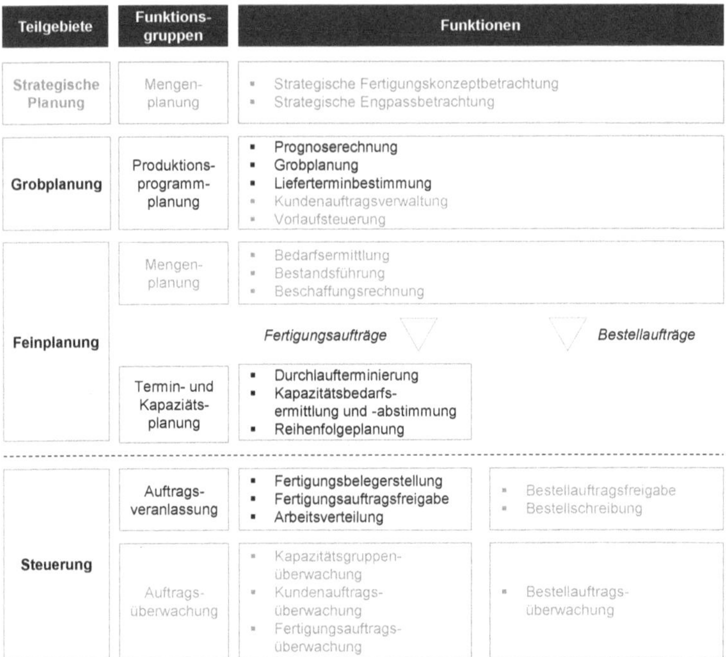

Abbildung 178: Übersicht von Planungsaufgaben mit variabler Planungstiefe[910]

[910] Eigene Darstellung

A.6. Planungsaufgabenauswahl zu Grundtypen der Segmentierung

Nachstehend wird eine Orientierungshilfe mit vorausgewählten Planungsaufgaben für die relevantesten Fertigungssegmente, dem *Neuwerkzeugbau* und dem *Reparaturwerkzeugbau*, dargestellt (siehe Abbildung 179 und Abbildung 180).

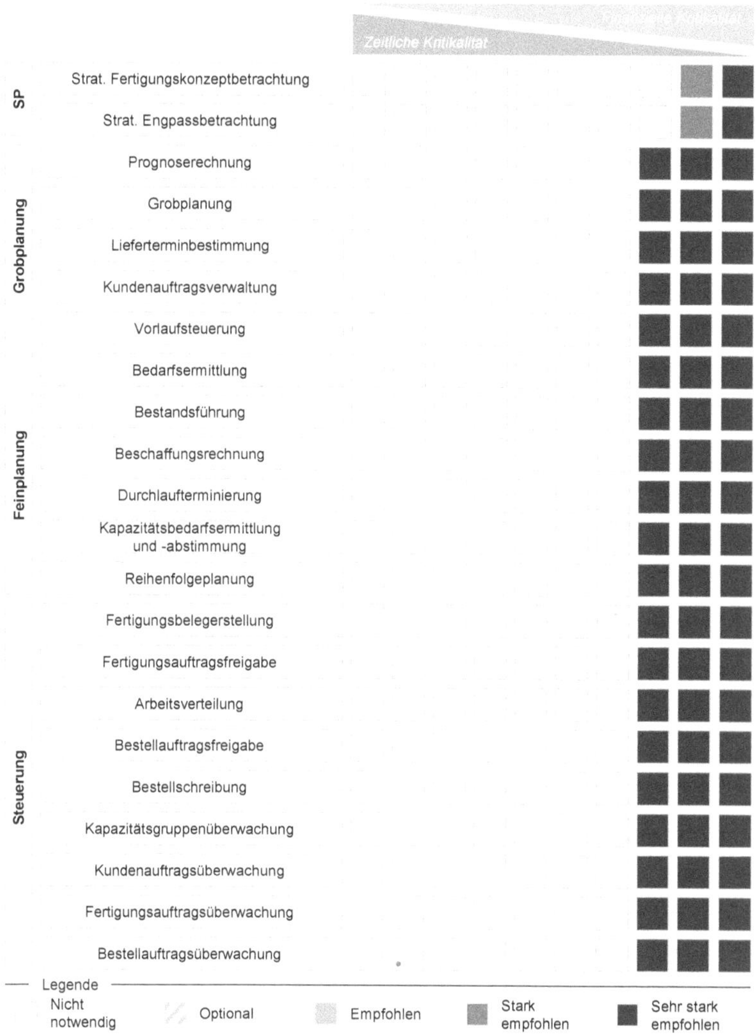

Abbildung 179: Vorauswahl Planungsaufgaben für das Segment Neuwerkzeugbau[911]

[911] Eigene Darstellung; Vorauswahl auf Basis von Projekterfahrungen des Autors

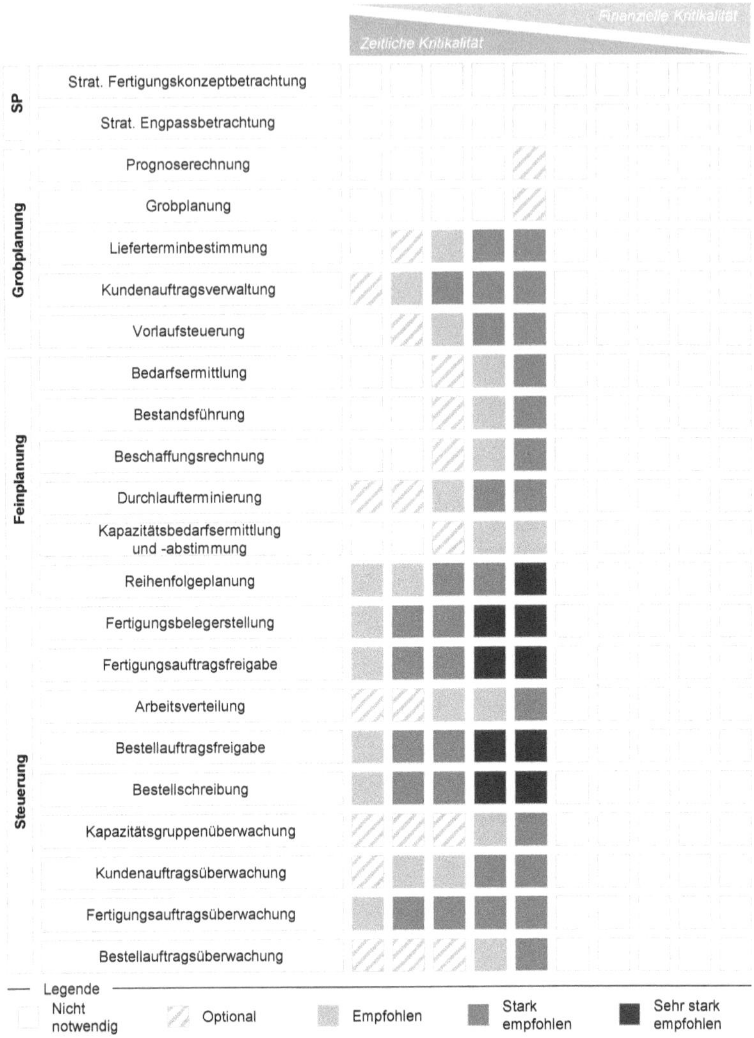

Abbildung 180: Vorauswahl Planungsaufgaben für das Segment Reparaturwerkzeugbau[912]

912 Eigene Darstellung; Vorauswahl auf Basis von Projekterfahrungen des Autors

9 Literaturverzeichnis

Abrahamsson, P. (Agile Software Development Methods):
Agile Software Development Methods. Review and analysis. (Reihe: VTT publications, Bd. 478). Espoo: VTT, 2002.

Abts, D.; Mülder, W. (Wirtschaftsinformatik):
Grundkurs Wirtschaftsinformatik. Eine kompakte und praxisorientierte Einführung. 9. Aufl. Wiesbaden: Springer Vieweg, 2017.

acatech (Cyber-Physical Systems):
Cyber-Physical Systems. (Reihe: acatech POSITION PAPER). Berlin: Springer, 2011.

acatech (Smart Service Welt):
Smart Service Welt. Umsetzungsempfehlungen für das Zukunftsprojekt Internetbasierte Dienste für die Wirtschaft. München: acatech, 2014.

Adkins, G.; Pooch, U. W. (Computer Simulation):
Computer Simulation. A Tutorial. In: Computer. 10. Jg., 1977, Nr. 4, S. 12-17.

Ahlström, P. (Research Process):
The Research Process. In: Karlsson, C. (Hrsg.) Research Methods for Operations Management. 2. Aufl. London, New York: Routledge Taylor & Francis, 2016, S. 46-77.

Aigner, D.; Lovell, C. A. K.; Schmidt, P. (Production Function Models):
Formulation and Estimation of Stochastic Frontier Production Function Models. In: Journal of econometrics. 5. Jg., 1977, Nr. 6, 21-37.

Ali-Ani, A.; Kaßner, S. (Change Management):
Change Management. Initiierung und Umsetzung von Organisationstransformationen. In: Fink, D. (Hrsg.) Management Consulting Fieldbook. München: Vahlen, 2000, S. 171-191.

Alpar, P.; Grob, H.-L.; Weimann, P.; Winter, R. (Anwendungsorientierte Wirtschaftsinformatik):
Anwendungsorientierte Wirtschaftsinformatik. Strategische Planung, Entwicklung und Nutzung von Informations- und Kommunikationssystemen. 4. Aufl. Wiesbaden: Springer Vieweg, 2005.

Alpaydin, E. (Maschinelles Lernen):
Maschinelles Lernen. München: Oldenbourg, 2008.

Appelfeller, W.; Feldmann, C. (Digitale Transformation):
Die digitale Transformation des Unternehmens. Systematischer Leitfaden mit zehn Elementen zur Strukturierung und Reifegradmessung. Wiesbaden: Springer Gabler, 2018.

Apt, W.; Priesack, K. (KI und Arbeit):
KI und Arbeit. Chance und Risiko zugleich. In: Wittpahl, V. (Hrsg.) Künstliche Intelligenz. Berlin, Heidelberg: Springer, 2019, S. 221-238.

Ashton, K. (That "Internet of Things" Thing):
That "Internet of Things" Thing. In: RFID Journal. 22. Jg., 2009, Nr. 7, S. 97-114.

Aurich, J. C.; Ilsen, R.; Mert, G.; Kirsch, B. (Nachhaltigkeit in der Produktion):
Nachhaltigkeit in der Produktion. Aufgabenstellungen und Lösungsansätze. In: Hauff, M. von; Nguyen, T. (Hrsg.) Fortschritte in der Nachhaltigkeitsforschung: Nomos, 2018, S. 233-251.

Awiti, J.; Vaisman, A. A.; Zimányi, E. (Design and Implementation of Processes):
Design and Implementation of ETL Processes using BPMN and relational Algebra. Data & Knowledge Engineering, 101837. In: Data & Knowledge Engineering. 129. Jg., 2020.

Backlund, A. (The Definition of System):
Definition of System. In: Kybernetes. 29. Jg., 2000, Nr. 4, S. 444-451.

Balci O (Acceptability and Credibility of Simulation):
How to Assess the Acceptability and Credibility of Simulation Results. In: MacNair, E.; Musselman, K. (Hrsg.) Proceedings of the 21st Conference on Winter Simulation. New York: Association for Computing Machinery, 1989, S. 62-71.

Bangsow, S. (Manufacturing Simulation with Plant Simulation):
Manufacturing Simulation with Plant Simulation and SimTalk. Usage and Programming with Examples and Solutions. Berlin: Springer, 2010.

Bankhofer, U.; Vogel, J. (Datenanalyse und Statistik):
Datenanalyse und Statistik. Eine Einführung für Ökonomen im Bachelor. Wiesbaden: Gabler, 2008.

Bauernhansl, T. (Vierte Industrielle Revolution):
Die Vierte Industrielle Revolution. Der Weg in ein wertschaffendes Produktionsparadigma. In: Bauernhansl, T.; Hompel, M. ten; Vogel-Heuser, B. (Hrsg.) Industrie 4.0 in Produktion, Automatisierung und Logistik. Anwendung, Technologien, Migration. Wiesbaden: Springer Vieweg, 2014, S. 5-35.

Bauernhansl, T. (Datenbasierte Produktionsoptimierung):
Datenbasierte Produktionsoptimierung. Entwicklungsfelder für produzierende Unternehmen. In: wt Werkstattstechnik online. 108. Jg., 2018, Nr. 3, S. 107-196.

Bauernhansl, T.; Hompel, M. ten; Vogel-Heuser, B. (Industrie 4.0 in Produktion, Automatisierung und Logistik):
Industrie 4.0 in Produktion. Anwendung, Technologien, Migration. (Reihe: SpringerLink). Wiesbaden: Springer Vieweg, 2014.

Bauernhansl, T.; Krüger, J.; Reinhart, G.; Schuh, G. (WGP-Standpunkt: Industrie 4.0):
WGP-Standpunkt: Industrie 4.0. Darmstadt: WGP Wissenschaftliche Gesellschaft für Produktionstechnik e. V., 2016.

Bauernhansl, T.; Miehe, R. (Industrielle Produktion):
Industrielle Produktion. Historie, Treiber und Ausblick. In: Bauernhansl, T. (Hrsg.) Fabrikbetriebslehre 1. Berlin, Heidelberg: Springer Berlin Heidelberg, 2020, S. 1-33.

BCG (AI Transformations):
The Next Frontier in Digital and AI Transformations: Boston Consulting Group (BCG); BCG Henderson Institute, 2019.

Becker, T. (Prozessoptimierung):
Prozesse in Produktion und Supply Chain optimieren. 2. Aufl. Berlin: Springer, 2008.

Begovic, A. (Smart Services im Werkzeugbau):
Datenbasiertes Wissensmanagement für Smart Services im Werkzeugbau. Dissertation. (Reihe: Ergebnisse aus der Produktionstechnik, Bd. 10). 1. Aufl. Aachen: Apprimus, 2018.

Belitz, H.; Eickelpasch, A. (Deutsche Industrie im Wandel):
Die deutsche Industrie im Wandel. Erfolgsfaktoren und künftige Herausforderungen. In: Vierteljahrshefte zur Wirtschaftsforschung. 84. Jg., 2015, Nr. 1, S. 5-11.

Bellman, R. (Introduction to Artificial Intelligence):
An Introduction to Artificial Intelligence. Can Computers Think? San Francisco: Boyd & Fraser, 1978.

Berens, W.; Delfmann, W. (Quantitative Planung):
Quantitative Planung. Konzeption, Methoden und Anwendungen. Stuttgart: Schäffer-Poeschel, 1994.

Bilsing, A. (Technologische Leistungsfähigkeit):
Kennzahlengestützte Bewertung der technologischen Leistungsfähigkeit der Fertigung im Werkzeug- und Formenbau. Dissertation. (Reihe: Berichte aus der Produktionstechnik, Bd. 11). Aachen: Shaker, 2007.

Binder, V.; Kantowsky, J. (Technologiepotentiale):
Technologiepotentiale. Dissertation. (Reihe: DUV). Wiesbaden: Deutscher Universitätsverlag, 1996.

Binner, H. F. (Ganzheitliches Prozessmanagement):
Methoden-Baukasten für ganzheitliches Prozessmanagement. Systematische Problemlösungen zur Organisationsentwicklung und -gestaltung. Wiesbaden: Springer Gabler, 2016.

Bleicher, K. (Integriertes Management):
Das Konzept Integriertes Management. 8. Aufl. Frankfurt am Main: Campus, 2011.

BMWi (Potenziale Industrie 4.0 im Mittelstand):
Erschließen der Potenziale der Anwendung von ‚Industrie 4.0‘ im Mittelstand. Studie im Auftrag des Bundesministeriums für Wirtschaft und Energie (BMWi). Berlin: Bundesministerium für Wirtschaft und Energie (BMWi), 2015.

BMWi (Industrie 4.0 und Digitale Wirtschaft):
Industrie 4.0 und Digitale Wirtschaft. Impulse für Wachstum, Beschäftigung und Innovation. Berlin: Bundesministerium für Wirtschaft und Energie (BMWi), 2015.

Bolte, K. M.; Kappe, D.; Neidhardt, F. (Entwicklungstendenzen der Gesellschaft):
Entwicklungstendenzen von der Ständegesellschaft bis zur Gegenwart. In: Bolte, K. M.; Kappe, D.; Neidhardt, F. (Hrsg.) Soziale Ungleichheit. Beiträge zur Sozialkunde. (Reihe: Beiträge zur Sozialkunde). Wiesbaden: VS Verlag für Sozialwissenschaften, 1975, S. 37-48.

Boos, W. (Modulare Werkzeuge):
Methodik zur Gestaltung und Bewertung von modularen Werkzeugen. Dissertation. (Reihe: Produktionssystematik, Bd. 1). Aachen: Apprimus, 2008.

Boos, W.; Kelzenberg, C.; Goertz, D.; Busch, M. (Strukturkrise bewältigen):
Strukturkrise bewältigen. In: FORM+Werkzeug. 29. Jg., 2020, Nr. 1, S. 24-25.

Boos, W.; Kelzenberg, C.; Goertz, D.; Haase, B. (Digitale Systemunterstützung):
Digitale Systemunterstützung. Planung und Steuerung. In: werkzeug&formenbau. 30. Jg., 2020, Nr. 1, S. 56-57.

Boos, W.; Kelzenberg, C.; Goertz, D.; Schweins, J. (Wettbewerbsfähig durch Industrie 4.0):
Wettbewerbsfähig durch Industrie 4.0. In: Digital Manufacturing. 12. Jg., 2020, Nr. 2, S. 40-41.

Boos, W.; Kelzenberg, C.; Helbig, J.; Graberg, T. (Erfolgsfaktor Termintreue):
Erfolgreiche Planung und Steuerung. Erfolgreiche Planung und Steuerung im Werkzeugbau. In: FORM+Werkzeug. 28. Jg., 2019, Nr. 4, S. 50-51.

Boos, W.; Kelzenberg, C.; Helbig, J.; Graberg, T. (Auftragsabwicklung 4.0):
Auftragsabwicklung 4.0. Strategien im Werkzeugbau. In: FORM+Werkzeug. 29. Jg., 2020, Nr. 2, S. 32-33.

Boos, W.; Kelzenberg, C.; Helbig, J.; Graberg, T.; Busch, M.; Schweins, J. (Nachhaltigkeit im Werkzeugbau):
Wettbewerbsfaktor Nachhaltigkeit. Ein Differenzierungsmerkmal für den Werkzeugbau. Aachen: Werkzeugmaschinenlabor WZL der RWTH Aachen; WBA Aachener Werkzeugbau Akademie GmbH, 2020.

Boos, W.; Kelzenberg, C.; Lange, J. de; Goertz, D.; Ebbecke, C. (Segmentieren im Werkzeugbau):
Erfolgreich Fokussieren und Segmentieren im Werkzeugbau. 1. Aufl. Aachen: Werkzeugmaschinenlabor WZL der RWTH Aachen; WBA Aachener Werkzeugbau Akademie GmbH, 2019.

Boos, W.; Kelzenberg, C.; Lange, J. de; Goertz, D.; Hajn, A. (Aufträge auf Shopfloor priorisieren):
Aufträge priorisieren. In: Digital Manufacturing. 11. Jg., 2019, Nr. 2, S. 10-11.

Boos, W.; Kelzenberg, C.; Lange, J. de; Schultes, T.; Busch, M. (Erfolgreich Lieferanten managen):
Erfolgreich Lieferanten managen im Werkzeugbau. 1. Aufl. Aachen: Werkzeugmaschinenlabor WZL der RWTH Aachen; WBA Aachener Werkzeugbau Akademie GmbH, 2018.

Boos, W.; Kelzenberg, C.; Lange, J. de; Stracke, F. (Datenbasierte Dienstleistungen):
Datenbasierte Dienstleistungen. Werkzeugbau als Lösungslieferant. In: werkzeug&formenbau. 29. Jg., 2019, Nr. 5, S. 58-59.

Boos, W.; Kelzenberg, C.; Prümmer, M.; Goertz, D.; Boshof, J.; Horstkotte, R.; Ochel, T. (Tooling in Germany):
Tooling in Germany 2020. Aachen: Werkzeugmaschinenlabor WZL der RWTH Aachen; WBA Aachener Werkzeugbau Akademie GmbH, 2020.

Boos, W.; Kelzenberg, C.; Wiese, J.; Ebbecke, C.; Busch, M.; Haase, B. (Planen und Steuern im Werkzeugbau):
Erfolgreich Planen und Steuern im Werkzeugbau. Aachen: Werkzeugmaschinenlabor WZL der RWTH Aachen; WBA Aachener Werkzeugbau Akademie GmbH, 2019.

Boos, W.; Kelzenberg, C.; Wiese, J.; Goertz, D.; Boshof, J.; Busch, M.; Kessler, N. (Digitale Transformation):
Digitale Transformation. Im Werkzeugbau. 1. Aufl. Aachen: Werkzeugmaschinenlabor WZL der RWTH Aachen; WBA Aachener Werkzeugbau Akademie GmbH, 2019.

Boos, W.; Kelzenberg, C.; Wiese, J.; Stracke, F.; Ebbecke, C.; Graberg, T.; Jakubowski, S.; Lapper, S. (Intelligente Werkzeuge und datenbasierte Geschäftsmodelle):
Intelligente Werkzeuge und datenbasierte Geschäftsmodelle. 1. Aufl. Aachen: Werkzeugmaschinenlabor WZL der RWTH Aachen, 2019.

Boos, W.; Pitsch, M.; Kelzenberg, C.; Salmen, M.; Wiese, J.; Lange, J. de (Erfolgreich Kalkulieren):
Erfolgreich Kalkulieren im Werkzeugbau. 1. Aufl. Aachen: Werkzeugmaschinenlabor WZL der RWTH Aachen; WBA Aachener Werkzeugbau Akademie GmbH, 2015.

Boos, W.; Pitsch, M.; Salmen, M.; Begovic, A.; Kuhlmann, T. (Erfolgreich Planen):
Erfolgreich Planen im Werkzeugbau. 1. Aufl. Aachen: Werkzeugmaschinenlabor WZL der RWTH Aachen; WBA Aachener Werkzeugbau Akademie GmbH, 2015.

Boos, W.; Salmen, M.; Begovic, A.; Kelzenberg, C.; Stracke, F. (Smart Tooling):
Smart Tooling. 1. Aufl. Aachen: Werkzeugmaschinenlabor WZL der RWTH Aachen, 2016.

Boos, W.; Salmen, M.; Hensen, T.; Schippers, M.; Wiese, J.; Schultes, T. (Erfolgreich Performance Messen):
Erfolgreich Performance Messen. Im Werkzeugbau. 1. Aufl. Aachen: Werkzeugmaschinenlabor WZL der RWTH Aachen; WBA Aachener Werkzeugbau Akademie GmbH, 2017.

Boos, W.; Salmen, M.; Kelzenberg, C.; Johannsen, L.; Helbig, J.; Ebbecke, C. (Tooling in Germany):
Tooling in Germany 2018. 2. Aufl. Aachen: Werkzeugmaschinenlabor WZL der RWTH Aachen; WBA Aachener Werkzeugbau Akademie GmbH, 2018.

Boos, W.; Salmen, M.; Kelzenberg, C.; Lange, J. de; Stracke, F. (Agile Tool Development):
Corporate Tooling. Agile Tool Development. 1. Aufl. Aachen: Werkzeugmaschinenlabor WZL der RWTH Aachen; WBA Aachener Werkzeugbau Akademie GmbH, 2017.

Boos, W.; Salmen, M.; Kelzenberg, C.; Stark, M.; Schultes, T.; Graberg, T. (World of Tooling):
World of Tooling 2018. 2. Aufl. Aachen: Werkzeugmaschinenlabor WZL der RWTH Aachen; WBA Aachener Werkzeugbau Akademie GmbH, 2018.

Boos, W.; Salmen, M.; Stark, M.; Wiese, J.; Rittstieg, F.; Schultes, T.; Busch, M. (Flexible Tooling Organization):
Corporate Tooling. Flexible Tooling Organization. 1. Aufl. Aachen: Werkzeugmaschinenlabor WZL der RWTH Aachen; WBA Aachener Werkzeugbau Akademie GmbH, 2017.

Boysen, N. (Variantenfließfertigung):
Variantenfließfertigung. Dissertation. (Reihe: Betriebswirtschaftliche Forschung zur Unternehmensführung, Bd. 49). 1. Aufl. Wiesbaden: Deutscher Universitätsverlag, 2005.

Brambring, F. (Steigerung der Datenintegrität in der Produktionssteuerung):
Datenintegrität der Produktionssteuerung. Apprimus Verlag; IIF - Institut für Industriekommunikation und Fachmedien GmbHAachen, 2017.

Brand, L. (Internet der Dinge):
Internet der Dinge. Perspektiven für die Logistik. (Reihe: Zukünftige Technologien, Bd. 80). Düsseldorf, 2009.

Braun, C. (Modellierung der Unternehmensarchitektur):
Modellierung der Unternehmensarchitektur. Weiterentwicklung einer bestehenden Methode und deren Abbildung in einem Meta-Modellierungswerkzeug. Dissertation. Berlin: Logos, 2007.

Braz, A. C.; Mello, A. M. de; Vasconcelos Gomes, L. A. de; Souza Nascimento, P. T. de (Bullwhip Effect in Supply Chains):
The Bullwhip Effect in Closed-loop Supply Chains. A systematic literature review. In: Journal of Cleaner Production. 202. Jg., 2018, S. 376-389.

Brecher, C.; Kozielski, S. (Produktionstechnik für Hochlohnländer):
Integrative Produktionstechnik für Hochlohnländer. In: Gausemeier, J.; Wiendahl, H.-P. (Hrsg.) Wertschöpfung und Beschäftigung in Deutschland. Acatech Workshop, Hannover, 14. September 2010. (Reihe: acatech Diskutiert). Berlin, Heidelberg: Springer, 2011, S. 47-68.

Brosze, T. (Wandlungsfähige Produktionssysteme):
Kybernetisches Management wandlungsfähiger Produktionssysteme. Dissertation. (Reihe: Edition Wissenschaft - Apprimus, Bd. 104). 1. Aufl. Aachen: Apprimus, 2011.

Brucker-Kley, E.; Kykalová, D.; Keller, T. (Prozessintelligenz):
Prozessintelligenz. Business-Process-Management-Studie - Status quo und Erfolgsmuster. Berlin: Springer Open, 2018.

Brunhuber, E. (Druckgußfertigung):
Praxis der Druckgußfertigung. 4. Aufl. Berlin: Schiele & Schön, 1991.

Brunner, E.; Munzel, U. (Nichtparametrische Datenanalyse):
Nichtparametrische Datenanalyse. Unverbundene Stichproben. (Reihe: Statistik und ihre Anwendungen). 2. Aufl. Berlin: Springer, 2013.

Bruns, M. (Systemtechnik):
Systemtechnik. Ingenieurwissenschaftliche Methodik zur interdisziplinären Systementwicklung. Berlin: Springer, 1991.

Brynjolfsson, E.; McAfee, A.; Henzler, H. A. (Second Machine Age):
The Second Machine Age. Wie die nächste digitale Revolution unser aller Leben verändern wird. Kulmbach: Plassen, 2018.

Büdenbender, W. (Ganzheitliche Produktionsplanung und -steuerung):
Ganzheitliche Produktionsplanung und -steuerung. Konzepte für Produktionsunternehmen mit kombinierter kundenanonymer und kundenbezogener Auftragsabwicklung. (Reihe: FIR + IAW Forschung für die Praxis, Bd. 33). Berlin: Springer, 1991.

Bundesanzeiger (Geschäftsbericht igus):
igus Geschäftsbericht 2018: Bundesanzeiger. Geprüft: 18.07.2021, 2020.

Busch, M.; Lange, J. de; Kelzenberg, C.; Schuh, G. (Predictive Maintenance):
Achieving Process Efficiency and Stability in Serial Production through an innovative Service System based on Predictive Maintenance. In: Schmitt, R.; Schuh, G. (Hrsg.) Advances in Production Research. Cham: Springer International, 2019, S. 657-666.

Buxmann, P.; Schmidt, H. (Grundlagen der Künstlichen Intelligenz):
Grundlagen der Künstlichen Intelligenz und des Maschinellen Lernens. In: Buxmann, P.; Schmidt, H. (Hrsg.) Künstliche Intelligenz. Berlin, Heidelberg: Springer, 2019, S. 3-19.

Buxmann, P.; Schmidt, H. (Ökonomische Effekte von KI):
Ökonomische Effekte der Künstlichen Intelligenz. In: Buxmann, P.; Schmidt, H. (Hrsg.) Künstliche Intelligenz. Berlin, Heidelberg: Springer, 2019, S. 21-37.

Buzacott, J. A.; Corsten, H.; Gössinger, R.; Schneider, H. (Produktionsplanung und -steuerung):
Produktionsplanung und -steuerung. Grundlagen, Konzepte und integrative Entwicklungen. (Reihe: Lehr- und Handbücher der Betriebswirtschaftslehre). München: Oldenbourg, 2010.

Cadavid, J. P. U.; Lamouri, S.; Grabot, B.; Pellerin, R.; Fortin, A. (Machine Learning applied in PPC):
Machine Learning in Production Planning and Control. A State-of-the-Art in the Era of Industry 4.0. In: Journal of Intelligent Manufacturing. 31. Jg., 2020, Nr. 6, S. 1531-1558.

Camp, R. C. (Benchmarking):
Benchmarking. München: Carl Hanser, 1994.

Caspari, V. (Ökonomie und Wirtschaft):
Ökonomie und Wirtschaft. Die Geschichte des ökonomischen Denkens. Berlin: Springer Gabler, 2018.

Chapman, P.; Clinton, J.; Kerber, R.; Khabaza, T.; Reinartz, T.; Shearer, C. R.; Wirth, R. (CRISP-DM 1.0):
CRISP-DM 1.0. Step-by-Step Data Mining Guide: CRISP-DM Consortium, 2000.

Cios, K. J.; Pedrycz, W.; Swiniarski, R. W.; Kurgan, L. A. (Data Mining):
Data Mining. Boston, MA: Springer US, 2007.

Cisek, R.; Habicht, C.; Neise, P. (Gestaltung wandlungsfähiger Produktionssysteme):
Wandlungsfähige Produktionssysteme. In: ZWF Zeitschrift für wirtschaftlichen Fabrikbetrieb. 97. Jg., 2002, Nr. 9, S. 441-445.

Cleve, J.; Lämmel, U. (Data Mining):
Data Mining. München: De Gruyter Oldenbourg, 2014.

Cohn, M. (Agile Softwareentwicklung):
Agile Softwareentwicklung. Mit SCRUM zum Erfolg! München: Pearson, 2010.

Corsten, H.; Gössinger, R. (Produktionswirtschaft):
Produktionswirtschaft. Einführung in das industrielle Produktionsmanagement. (Reihe: Lehr- und Handbücher der Betriebswirtschaftslehre). 12. Aufl. München: Oldenbourg, 2009.

Dangelmaier, W. (Theorie der Produktionsplanung und -steuerung):
Theorie der Produktionsplanung und -steuerung. Berlin: Springer, 2009.

Dangelmaier, W. (Produktionstheorie):
Produktionstheorie 2. Statische Konstruktionen. (Reihe: VDI-Buch). Berlin: Springer, 2017.

Davenport, T. H. (Process Innovation):
Process Innovation. Reengineering Work through Information Technology. Boston: Harvard Business School, 1993.

Dawes, J. (Scale Points):
Do Data Characteristics Change According to the Number of Scale Points Used? An Experiment Using 5-Point, 7-Point and 10-Point Scales. In: Journal of International Business Studies. 50. Jg., 2008, Nr. 1, S. 61-77.

Dean, J. (Big Data, Data Mining and Machine Learning):
Big Data, Data Mining and Machine Learning. Value Creation for Business Leaders and Practitioners. (Reihe: Wiley and SAS business series). Hoboken: Wiley, 2014.

Deutsche Institut für Normung e. V. (DIN IEC 60050-351):
DIN IEC 60050-351. Berlin, 2014.

Domschke, W.; Scholl, A.; Voß, S. (Produktionsplanung):
Produktionsplanung. Ablauforganisatorische Aspekte. (Reihe: Springer-Lehrbuch). 2. Aufl. Berlin: Springer, 1997.

Dörmer, J. (Produktionsprogrammplanung):
Produktionsprogrammplanung bei variantenreicher Fließproduktion. Wiesbaden: Springer Gabler, 2013.

Drexl, A.; Fleischmann, B.; Günther, H.-O.; Stadtler, H.; Tempelmeier, H. (Kapazitätsorientierte PPS-Systeme):
Konzeptionelle Grundlagen kapazitätsorientierter PPS-Systeme. (Reihe: Manuskripte aus den Instituten für Betriebswirtschaftslehre der Universität Kiel, Bd. 315). Kiel: Institut für Betriebswirtschaftslehre, 1993.

Duden (Stichwort „Benchmarking"):
Stichwort „Benchmarking". https://www.duden.de/rechtschreibung/Benchmarking: Duden. Geprüft: 18.07.2021, 2021.

Duden (Stichwort „Intelligenz"):
Stichwort „Intelligenz". https://www.duden.de/rechtschreibung/Intelligenz: Duden. Geprüft: 18.07.2021, 2021.

Dumitrescu, R. (Chancen für den Standort):
Die Chancen für den Standort nutzen. In: Sendler, U. (Hrsg.) Industrie 4.0 grenzenlos. Berlin, Heidelberg: Springer, 2016, S. 201-216.

Dyckhoff, H. (Betriebliche Produktion):
Betriebliche Produktion. Theoretische Grundlagen einer umweltorientierten Produktionswirtschaft. (Reihe: Springer-Lehrbuch). 2. Aufl. Berlin: Springer, 1994.

Ebert, C. (Requirements Engineering):
Systematisches Requirements Engineering. 6. Aufl. Heidelberg: dpunkt, 2019.

Edwards, J. E.; Thomas, M. D.; Rosenfeld, P.; Booth-Kewley, S. (Organizational Surveys):
How to Conduct Organizational Surveys. A Step-by-Step Guide. Thousand Oaks: SAGE Publications, 1996.

Ehrlenspiel, K.; Meerkamm, H. (Integrierte Produktentwicklung):
Integrierte Produktentwicklung. Denkabläufe, Methodeneinsatz, Zusammenarbeit. 1. Aufl. München: Carl Hanser, 2013.

Eigner, M.; Apostolov, H.; Schäfer, P. (Nachhaltige Produktentwicklung):
Nachhaltige Produktentwicklung im Zeitalter der vierten industriellen (R)evolution. In: Hauff, M. von; Nguyen, T. (Hrsg.) Fortschritte in der Nachhaltigkeitsforschung: Nomos, 2018, S. 253-271.

Eley, M. (Einführung in die Simulation):
Einführung in die Simulation. In: Eley, M. (Hrsg.) Simulation in der Logistik. (Reihe: Springer-Lehrbuch). Berlin, Heidelberg: Springer, 2012, S. 3-31.

Eley, M. (Simulation in der Logistik):
Simulation in der Logistik. (Reihe: Springer-Lehrbuch). Berlin: Springer, 2012.

Encyclopædia Britannica (Stichwort „Artificial Intelligence“):
Stichwort „Artificial Intelligence“: Encyclopædia Britannica. Geprüft: 18.07.2021, 1991.

Erol, S.; Sihn, W. (Intelligent Production Planning):
Intelligent Production Planning and Control in the Cloud. Towards a Scalable Software Architecture. In: Procedia CIRP. 62. Jg., 2017, S. 571-576.

Ertel, W. (Grundkurs Künstliche Intelligenz):
Grundkurs Künstliche Intelligenz. Eine praxisorientierte Einführung. 1. Aufl. Wiesbaden: Vieweg+Teubner, 2008.

Euen, B. (Intelligenz und kognitive Kompetenzen):
Intelligenz und kognitive Kompetenzen. Das Zusammenspiel von allgemeinen kognitiven Fähigkeiten und Schulleistungen in den Domänen Lesen, Mathematik und Naturwissenschaften am Ende der Grundschulzeit. Norderstedt: Books on Demand, 2015.

Eversheim, W. (Flexible Produktionssysteme):
Flexible Produktionssysteme. In: Frese, E. (Hrsg.) Handwörterbuch der Organisation. (Reihe: Enzyklopädie der Betriebswirtschaftslehre, Bd. 2). 3. Aufl. Stuttgart: Poeschel, 1992, S. 2058-2066.

Eversheim, W.; Klocke, F. (Werkzeugbau mit Zukunft):
Werkzeugbau mit Zukunft. Strategie und Technologie. (Reihe: VDI-Buch). Berlin: Springer, 1998.

Eysenck, H. (A new view of human intelligence):
Human Intelligence. In: British Journal of Educational Psychology. 56. Jg., 1986, Nr. 1, S. 106-108.

Fandel, G. (Begriff, Ausgestaltung und Instrumentarium der Unternehmensplanung):
Unternehmensplanung. In: Journal of Business Economics. 53. Jg., 1983, Nr. 5, S. 479-508.

Fasel, D.; Meier, A. (Big Data):
Big Data. Grundlagen, Systeme und Nutzungspotenziale. (Reihe: Edition HMD). Wiesbaden: Springer Vieweg, 2016.

Fayyad, U.; Piatetsky-Shapiro, G.; Smyth, P. (From Data Mining to Knowledge Discovery in Databases):
Knowledge Discovery in Databases. In: AI Magazine. 17. Jg., 1996, Nr. 3, S. 37-54.

Ferstl, O. K.; Sinz, E. J. (Modellierung von Geschäftsprozessen):
Der Ansatz des Semantischen Objektmodells (SOM) zur Modellierung von Geschäftsprozessen. In: Wirtschaftsinformatik. 37. Jg., 1995, Nr. 3, S. 209-220.

Fleisch, E. (Netzwerkunternehmen):
Das Netzwerkunternehmen. Strategien und Prozesse zur Steigerung der Wettbewerbsfähigkeit in der "Networked economy". (Reihe: Business engineering). Berlin: Springer, 2001.

Fleischmann, B.; Meyr, H. (Advanced Planning Systems):
Planning Hierarchy, Modeling and Advanced Planning Systems. In: Kok, A. G. de; Graves, S. C. (Hrsg.) Supply Chain Management. Design, Coordination and Operation. (Reihe: Handbooks in operations research and management science, Bd. 11). Amsterdam, Boston: Elsevier, 2003, S. 457-523.

Fleischmann, B.; Stadtler, H.; Grunow, M.; Meyr, H.; Sürie, C. (Planning in Supply Chains):
Advanced Planning in Supply Chains. Berlin: Springer, 2012.

Frick, L. (Geschäftsmodelle im Werkzeugbau):
Erfolgreiche Geschäftsmodelle im Werkzeugbau. Dissertation. (Reihe: Berichte aus der Produktionstechnik, Bd. 5). Aachen: Shaker, 2006.

Fricke, K. (Digitaltechnik):
Digitaltechnik. Lehr- und Übungsbuch für Elektrotechniker und Informatiker. (Reihe: Viewegs Fachbücher der Technik). 5. Aufl. Wiesbaden: Vieweg, 2007.

Friedli, T.; Schuh, G. (Grenzen der Wettbewerbsfähigkeit):
Einleitung. In: Friedli, T.; Schuh, G. (Hrsg.) Wettbewerbsfähigkeit der Produktion an Hochlohnstandorten. Berlin, Heidelberg: Springer, 2012, S. 1-26.

Friedli, T.; Schuh, G. (Wettbewerbsfähigkeit der Produktion):
Wettbewerbsfähigkeit der Produktion an Hochlohnstandorten. Berlin: Springer, 2012.

Funke, J. (Was ist Intelligenz?):
Was ist Intelligenz? (Reihe: Beck'sche Reihe C.-H.-Beck-Wissen, Bd. 2088). 3. Aufl. München: Beck, 2009.

Furnham, A. (Psychology Ideas):
50 Psychology Ideas You Really Need To Know. London: Quercus, 2009.

Gabler Wirtschaftslexikon (Stichwort „Vernetzung"):
Stichwort „Vernetzung". https://wirtschaftslexikon.gabler.de/definition/vernetzung-47008: Gabler Wirtschaftslexikon. Geprüft: 18.07.2021, 2021.

Gabriel, R.; Gluchowski, P.; Pastwa, A. (Data Warehouse and Data Mining):
Data Warehouse and Data Mining. (Reihe: Informatik). 1. Aufl. Herdecke: W3L, 2011.

Gadatsch, A.; Landrock, H. (Big Data):
Big Data für Entscheider. Entwicklung und Umsetzung datengetriebener Geschäftsmodelle. (Reihe: essentials). Berlin: Springer Vieweg, 2017.

Gälweiler, A. (Unternehmensplanung):
Unternehmensplanung. Frankfurt am Main: Herder & Herder, 1974.

Gardner, H. (Multiple Intelligences):
Frames of Mind. The Theory of Multiple Intelligences. New York: Basic Books, 2011.

Gattermeyer, W.; Al-Ani, A. (Change Management und Unternehmenserfolg):
Change Management und Unternehmenserfolg. Grundlagen, Methoden und Praxisbeispiele. Wiesbaden: Gabler, 2000.

Geiger, M. J. (Multikriterielle Ablaufplanung):
Multikriterielle Ablaufplanung. (Reihe: Produktion und Logistik). Wiesbaden: Deutscher Universitätsverlag, 2005.

Geisberger, E.; Broy, M. (agendaCPS):
agendaCPS. Integrierte Forschungsagenda Cyber-Physical Systems. (Reihe: acatech STUDIE, Bd. 1). Berlin: Springer, 2012.

Gentsch, P. (Künstliche Intelligenz):
Künstliche Intelligenz für Sales, Marketing und Service. Mit AI und Bots zu einem Algorithmic Business - Konzepte, Technologien und Best Practices. Wiesbaden: Springer Gabler, 2018.

Giehler, F. (Planungsproduktivität im Werkzeugbau):
Erhöhung der Planungsproduktivität am Beispiel der Auftragsabwicklung im Werkzeugbau. Dissertation. (Reihe: Ergebnisse aus der Produktionstechnik Produktionssystematik, Bd. 16). 1. Aufl. Aachen: Apprimus, 2010.

Gigch, J. P. (System Design Modeling):
System Design Modeling and Metamodeling. Boston: Springer, 1991.

Gloger, B.; Schwaber, K. (SCRUM):
SCRUM. Produkte zuverlässig und schnell entwickeln. 4. Aufl. München: Carl Hanser, 2013.

Goeldel, H. (Gestaltung der Planung):
Gestaltung der Planung. Konzeptioneller Ansatz und Fallstudien. Dissertation. (Reihe: Gabler Edition Wissenschaft). Wiesbaden: Deutscher Universitätsverlag, 1997.

Görz, G.; Wachsmuth, I. (Einleitung zur Künstlichen Intelligenz):
Einleitung. In: Görz, G. (Hrsg.) Handbuch der Künstlichen Intelligenz. 2. Aufl. Bonn: Addison-Wesley, 1995, S. 1-13.

Govindan, K.; Shaw, M.; Majumdar, A. (Social Sustainability):
Social Sustainability Tensions in Multi-Tier Supply Chain. A Systematic Literature Review towards Conceptual Framework
Development. In: Journal of Cleaner Production. 279. Jg., 2021.

Grabmeier, J.; Hagl, S. (Statistik):
Statistik. Grundwissen und Formeln. (Reihe: TaschenGuide). 3. Aufl. Freiburg: Haufe, 2016.

Grodzicki, M. J.; Skrzypek, J. (Cost-Competitiveness in Value Chains):
Cost-Competitiveness and Structural Change in Value Chains. Vertically-integrated analysis of the European automotive sector. In: Structural Change and Economic Dynamics. 55. Jg., 2020, S. 276-287.

Gulden, A. G. (Wertorientierte Gestaltung kundenindividueller Kleinserienproduktion):
Wertorientierte Gestaltung kundenindividueller Kleinserienproduktion. Dissertation. (Reihe: Produktionssystematik, Bd. 9). Aachen: Apprimus, 2009.

Gundlach, C.; Nähler, H. T. (Innovation mit TRIZ):
Innovation mit TRIZ. Konzepte, Werkzeuge, Praxisanwendungen. 1. Aufl. Düsseldorf: Symposion, 2006.

Günther, H.-O.; Tempelmeier, H. (Produktion und Logistik):
Produktion und Logistik. (Reihe: Springer-Lehrbuch). 6. Aufl. Berlin: Springer, 2009.

Gutenberg, E. (Grundlagen der Betriebswirtschaftslehre):
Grundlagen der Betriebswirtschaftslehre. (Reihe: Enzyklopädie der Rechts- und Staatswissenschaft). Berlin: Springer, 1951.

Gutenschwager, K.; Rabe, M.; Spieckermann, S.; Wenzel, S. (Grundlagen von Simulationen):
Begriffliche Grundlagen, Einordnung und Anwendungsbereiche. In: Gutenschwager, K.; Rabe, M.; Spieckermann, S.; Wenzel, S. (Hrsg.) Simulation in Produktion und Logistik. Berlin, Heidelberg: Springer Vieweg, 2017, S. 7-49.

Gutenschwager, K.; Rabe, M.; Spieckermann, S.; Wenzel, S. (Vorgehensweise bei Simulationsstudien):
Vorgehensweise bei der Durchführung von Simulationsstudien. In: Gutenschwager, K.; Rabe, M.; Spieckermann, S.; Wenzel, S. (Hrsg.) Simulation in Produktion und Logistik. Berlin, Heidelberg: Springer Vieweg, 2017, S. 141-218.

Haberfellner, R. (Systems Engineering):
Systems Engineering. Grundlagen und Anwendung. 12. Aufl. Zürich: Orell Füssli, 2012.

Hackstein, R. (Produktionsplanung und -steuerung):
Produktionsplanung und -steuerung (PPS). Ein Handbuch für die Betriebspraxis. 1. Aufl. Düsseldorf: Verband Deutsche Ingenieure (VDI), 1984.

Hackstein, R. (Produktionsplanung und -steuerung):
Produktionsplanung und -steuerung (PPS). Ein Handbuch für die Betriebspraxis. 2. Aufl. Düsseldorf: Verband Deutsche Ingenieure (VDI), 1989.

Hahn, D.; Klausmann, W. (Betriebswirtschaftliche Planung):
Entwicklung der betriebswirtschaftlichen Planung. In: Szyperski, N. (Hrsg.) Handwörterbuch der Planung. (Reihe: Enzyklopädie der Betriebswirtschaftslehre, Bd. 9). Stuttgart: Poeschel, 1989, S. 406-420.

Hammer, M.; Champy, J.; Künzel, P. (Business Reengineering):
Business Reengineering. Die Radikalkur für das Unternehmen. 7. Aufl. Frankfurt am Main: Campus, 2003.

Han, J.; Kamber, M.; Pei, J. (Data Mining):
Data Mining. Concepts and Techniques. 3. Aufl. Amsterdam: Elsevier, 2012.

Hanser, E. (Agile Prozesse):
Agile Prozesse. Von XP über SCRUM bis MAP. (Reihe: eXamen.press). Berlin: Springer, 2010.

Hatiboglu, B.; Schuler, S.; Bildstein, A.; Hämmerle, M. (KI im Produktionsumfeld):
Einsatzfelder von Künstlicher Intelligenz im Produktionsumfeld. Kurzstudie. Stuttgart, 2019.

Hauptvogel, A. (Cyber-physische Feinplanung):
Bewertung und Gestaltung von cyber-physischer Feinplanung. Dissertation. (Reihe: Ergebnisse aus der Produktionstechnik Produktionssystematik, Bd. 6). 1. Aufl. Aachen: Apprimus, 2015.

Häusler, J. (Planung als Zukunftsgestaltung):
Planung als Zukunftsgestaltung. Voraussetzungen, Methodik und Formen der Planung in soziotechnischen Systemen. (Reihe: Fortschrittliche Unternehmensführung, Bd. 1). Wiesbaden: Gabler, 1970.

Headrick, D. R. (Technology):
Technology. A World History. Oxford: Oxford University Press, 2009.

Heinen, E. (Entscheidungsorientierte Betriebswirtschaftslehre):
Entwicklungstendenzen in der entscheidungsorientierten Betriebswirtschaftslehre. In: Die Unternehmung. 25. Jg., 1971, Nr. 2, S. 89-99.

Heinrich, B.; Linke, P.; Glöckler, M. (Grundlagen Automatisierung):
Grundlagen Automatisierung. Sensorik, Regelung, Steuerung. Wiesbaden: Springer Vieweg, 2015.

Hensen, T. (Auslegung industrieller Werkzeugbaubetriebe):
Strategische Auslegung industrieller Werkzeugbaubetriebe. Dissertation. (Reihe: Produktionssystematik, Bd. 21). 1. Aufl. Aachen: Apprimus, 2017.

Herb, R.; Herb, T.; Kohnhauser, V. (TRIZ):
TRIZ. Der systematische Weg zur Innovation. Landsberg/Lech: Moderne Industrie, 2000.

Hering, E. (Projektmanagement):
Projektmanagement für Ingenieure. (Reihe: essentials). Wiesbaden: Springer Vieweg, 2014.

Hering, E.; Hermann, A.; Kronmüller, E. (Vorgehensweise zur Modellbildung):
Prinzipielle Vorgehensweise zur Modellbildung. In: Hering, E.; Hermann, A.; Kronmüller, E. (Hrsg.) Unternehmenssimulation mit dem PC. Prinzipielle Vorgehensweise zur Modellbildung. Wiesbaden: Vieweg+Teubner, 1989, S. 183-185.

Herrmann, T. (Kreatives Prozessdesign):
Kreatives Prozessdesign. Konzepte und Methoden zur Integration von Prozessorganisation, Technik und Arbeitsgestaltung. 1. Aufl. Berlin: Springer, 2012.

Höge, R. (Organisatorische Segmentierung):
Organisatorische Segmentierung. Ein Instrument zur Komplexitätshandhabung. Dissertation. (Reihe: Gabler Edition Wissenschaft). Wiesbaden: Deutscher Universitätsverlag, 1995.

Hohmann, D. (Methoden der Unternehmensentwicklung):
Methoden der Unternehmensentwicklung. Corporate Governance von Veränderungsprozessen am Beispiel von Akquisitionen. Dissertation. (Reihe: Springer Gabler Research). Wiesbaden: Springer Gabler, 2012.

Holmes, J.; Rutherford, T. D.; Fitzgibbon, S. (Automotive tool, die and mould industry):
Innovation in the Automotive Tool, Die and Mould Industry. A Case Study of the Windsor-Essex Region. In: Wolfe, D.; Lucas, M. (Hrsg.) Global Networks and Local Linkages. The Paradox of Cluster Development in an Open Economy. Papers originally presented at the 6th annual conference of the Innovation Systems Research Network. Montreal: McGill-Queen, 2005.

Homans, G. C. (The Strategy of Industrial Sociology):
Industrial Sociology. In: The American journal of sociology. 54. Jg., 1949, Nr. 4, S. 330-337.

Hoogendoorn, M.; Jonker, C. M.; Schut, M. C.; Treur, J. (Modeling Centralized Organization of Organizational Change):
Organizational Change. In: Computational and Mathematical Organization Theory. 13. Jg., 2007, Nr. 2, S. 147-184.

Hopp, W.; Spearman, M. (Factory Physics):
Factory Physics. (Bd. 2). New York: McGraw-Hill, 2008.

Horváth, P. (Controlling):
Controlling. (Reihe: Vahlens Handbücher der Wirtschafts- und Sozialwissenschaften). 5. Aufl. München: Vahlen, 1994.

IBM (IBM SPSS Modeler CRISP-DM Guide):
CRISP-DM Guide, 2015. https://public.dhe.ibm.com/software/analytics/spss/documentation/modeler/15.0/de/CRISP-DM.pdf, Stand: 18.07.2021

IEEE (ISO/IEC/IEEE 29148:2018(E)):
ISO/IEC/IEEE 29148:2018(E). New York: Institute of Electrical and Electronics Engineers, Inc, 2018.

ISO (ISO/IEC 2382):
ISO/IEC 2382: ISO/IEC JTC 1 Information technology, 2015.

Jacobs, F. R.; Weston, F. C. (Enterprise Resource Planning (ERP)):
Enterprise Resource Planning. A brief History. In: Journal of Operations Management. 25. Jg., 2007, Nr. 2, S. 357-363.

Jasperneite, J. (Internet und Automation):
Internet und Automation. Was hinter Begriffen wie Industrie 4.0 steckt. Fraunhofer IOSB, 2012. http://www.computer-automation.de/steuerungsebene/steuern-regeln/artikel/93559/0/, Stand: 18.07.2021

Jeziorek, O. (Trichtermodell):
Das Trichtermodell. In: Jeziorek, O. (Hrsg.) Lean Production. Vergleich mit anderen Konzepten zur Produktionsplanung und -steuerung. (Reihe: Fortschritte der CIM-Technik). Wiesbaden: Vieweg+Teubner, 1994, S. 41-53.

Jodin, D.; Kuhnt, S.; Wenzel, S. (Informationsgewinnung in der Logistik):
Methodennutzungsmodell zur Informationsgewinnung in großen Netzen der Logistik. In: Buchholz, P.; Clausen, U. (Hrsg.) Große Netze der Logistik. Berlin, Heidelberg: Springer, 2009, S. 1-18.

Joiner Associates (Cause and Effect Diagrams:):
Cause and Effect Diagrams. Plain and SimpleLearning and Application Guide. Madison: Joiner Associates, 1995.

Kagermann, H.; Lukas, W.-D.; Wahlster, W. (Industrie 4.0):
Industrie 4.0. Mit dem Internet der Dinge auf dem Weg zur 4. industriellen Revolution. In: VDI Nachrichten, 2011, Nr. 13

Kagermann, H.; Wahlster, W.; Helbig, J. (Zukunftsprojekt Industrie 4.0):
Umsetzungsempfehlungen für das Zukunftsprojekt Industrie 4.0. Abschlussbericht des Arbeitskreises Industrie 4.0. Deutschlands Zukunft als Produktionsstandort sichern. München: acatech, 2013.

Kauffeld, S.; Ameln, F. von (Change Management):
Change Management. In: Zeitschrift für Angewandte Organisationspsychologie. 50. Jg., 2019, Nr. 2, S. 97-99.

Kay, R.; Holz, M.; Kranzusch, P. (Mittelstand im globalen Wettbewerb):
Mittelstand im globalen Wettbewerb. Internationalisierung als unternehmerische und wirtschaftspolitische Herausforderung. (Reihe: Arbeitskreis Mittelstand). Bonn: Friedrich-Ebert-Stiftung, 2014.

Kelzenberg, C. (Datenstrukturmodell im Werkzeugbau):
Datenstrukturmodell für den digitalen Schatten der Auftragsabwicklung von Werkzeugbaubetrieben. Dissertation. (Reihe: Ergebnisse aus der Produktionstechnik). 1. Aufl. Aachen: Apprimus, 2020.

Kemper, H.-G.; Pedell, B.; Schäfer, H. (Vernetzte Produktionssysteme):
Management vernetzter Produktionssysteme. Innovation, Nachhaltigkeit und Risikomanagement. 1. Aufl. München: Vahlen, 2012.

Kern, W. (Handwörterbuch der Produktionswirtschaft):
Produktionswirtschaft. (Reihe: Enzyklopädie der Betriebswirtschaftslehre, Bd. 7). Stuttgart: Poeschel, 1979.

Kett, I. W.; Schewe, G. (Management Skills):
Management Skills. Beziehungen nutzen, Probleme lösen, effektiv kommunizieren. 1. Aufl. Wiesbaden: Gabler, 2010.

Keuper, F. et al. (Digitalisierung und Innovation):
Digitalisierung und Innovation. Planung - Entstehung - Entwicklungsperspektiven. Wiesbaden: Springer, 2013.

Kistner, K.-P. (Produktions- und Kostentheorie):
Produktions- und Kostentheorie. (Reihe: Physica-Lehrbuch). 2. Aufl. Heidelberg: Physica, 1993.

Kleinemeier, M. (Unternehmenssteuerungs-Netzwerke):
Von der Automatisierungspyramide zu Unternehmenssteuerungs-Netzwerken. In: Vogel-Heuser, B.; Bauernhansl, T.; Hompel, M. ten (Hrsg.) Handbuch Industrie 4.0. Band 2: Automatisierung. (Reihe: Springer Reference Technik). 2. Aufl. Wiesbaden: Springer, 2017, S. 219-226.

Kletti, J.; Schumacher, J. (Anforderungen an die Produktion):
Die Anforderungen an die perfekte Produktion. In: Kletti, J.; Schumacher, J. (Hrsg.) Die perfekte Produktion. Berlin, Heidelberg: Springer, 2014, S. 1-7.

Klir, G. J. (Systems Science):
Facets of Systems Science. (Reihe: International Federation for Systems Research International Series on Systems Science and Engineering, Bd. 7). Boston: Springer US, 1991.

Klocke, F.; Arntz, K. (Technologien für den Werkzeugbau):
Fertigungstechnologien für komplexe Geometrien. Technologien für den Werkzeug- und Formenbau von morgen. In: Formwerk: Lösungen für den Werkzeug-, Formen und Prototypenbau, 2005, Nr. 3, S. 18-23.

Klotzbach, C. (Industrieller Werkzeugbau):
Gestaltungsmodell für den industriellen Werkzeugbau. Dissertation. (Reihe: Berichte aus der Produktionstechnik, Bd. 1). Aachen: Apprimus, 2007.

Klüpfel, S.; Mayer, T. (Softwareauswahl in Kleinst-und Kleinbetrieben):
Checkliste und Kriterienkatalog zur Unterstützung der Softwareauswahl in Kleinst-und Kleinbetrieben: Bundesministerium für Wirtschaft und Technologie, 2007.

Knorre, S.; Müller-Peters, H.; Wagner, F. (Big-Data-Debatte):
Die Big-Data-Debatte. Chancen und Risiken der digital vernetzten Gesellschaft. (Reihe: Research), 2020.

Komorek, N. J. (Kollaborative Wertschöpfung):
Gestaltungsmodell für kollaborative Wertschöpfung im industriellen Werkzeugbau. Dissertation. (Reihe: Produktionssystematik, Bd. 31). 1. Aufl. Aachen: Apprimus, 2014.

Kornwachs, K.; König, W. (Wissen und Wissensintegration):
Werte, Wissen und Wissensintegration in den Technikwissenschaften. Systematische und historische Betrachtungen. In: Kornwachs, K. (Hrsg.) Technologisches Wissen. Berlin, Heidelberg: Springer, 2010, S. 63-80.

Kornwachs, K.; Spur, G.; Hubig, C. (Technisches Wissen):
Technisches Wissen. Entstehung, Methoden, Strukturen. Eine Einführung. In: Kornwachs, K. (Hrsg.) Technologisches Wissen. Berlin, Heidelberg: Springer, 2010, S. 11-14.

Košturiak, J.; Gregor, M. (Simulation von Produktionssystemen):
Simulation von Produktionssystemen. Wien: Springer, 1995.

Kranzusch, P.; Icks, A.; Levering, B.; Pasing, P. (Herausforderungen für den Mittelstand):
Herausforderungen für den Mittelstand. Update der Unternehmersicht 2019. (Reihe: IfM-Materialien, Bd. 279). Bonn: Institut für Mittelstandsforschung (IfM) Bonn, 2019.

Krcmar, H. (Informationsmanagement):
Informationsmanagement. 6. Aufl. Berlin: Springer, 2015.

Kreutzer, R. T.; Sirrenberg, M. (Künstliche Intelligenz verstehen):
Künstliche Intelligenz verstehen. Grundlagen, Use-Cases und unternehmenseigene KI-Journey, 2019.

Kröger, S.; Bauer, H.; Reinhart, G. (Änderungsauswirkungen in der Produktion):
Kostenstruktur zur Bewertung von Änderungsauswirkungen in der Produktion. In: ZWF Zeitschrift für wirtschaftlichen Fabrikbetrieb. 114. Jg., 2019, Nr. 9, S. 530-534.

Krüger, J.; Fleischer, J. (WGP-Standpunkt: KI in der Produktion):
WGP-Standpunkt: KI in der Produktion. Künstliche Intelligenz erschließen für Unternehmen. Darmstadt: WGP Wissenschaftliche Gesellschaft für Produktionstechnik e. V., 2019.

Kubicek, H. (Heuristischer Bezugsrahmen):
Heuristische Bezugsrahmen und heuristisch angelegte Forschungsdesign als Elemente einer Konstruktionsstrategie empirischer Forschung. (Reihe: Institut für Unternehmungsführung im Fachbereich Wirtschaftswissenschaft der Freien Universität Berlin, Bd. 16). Berlin: Institut für Unternehmungsführung, 1976.

Kuhlmann, K. K. (Geschäftsprozesse im industriellen Werkzeugbau):
Methodik zur Gestaltung von Geschäftsprozessen im industriellen Werkzeugbau. Dissertation. 1. Aufl. Aachen: Apprimus, 2013.

Kuhlmann, T. B. (Corporate Tooling):
Corporate Tooling. Dissertation. (Reihe: Edition Wissenschaft - Apprimus, Bd. 1). 1. Aufl. Aachen: Apprimus, 2017.

Kuhn, T. S. (Struktur wissenschaftlicher Revolutionen):
Die Struktur wissenschaftlicher Revolutionen. 2. Aufl. Frankfurt am Main: Suhrkamp, 1988.

Kühn, T. (Leistungssysteme im Werkzeugbau):
Lebenszyklusorientierte Leistungssysteme im Werkzeugbau. Dissertation. (Reihe: Edition Wissenschaft - Apprimus, Bd. 15). 1. Aufl. Aachen: Apprimus, 2016.

Kuhnt, S.; Wenzel, S. (Information Acquisition for Modelling and Simulation):
Information Acquisition for Modelling and Simulation of Logistics Networks. In: Journal of Simulation. 4. Jg., 2010, Nr. 2, S. 109-115.

Kuhrmann, M.; Linssen, O. (Vorgehensmodelle in Deutschland):
Vorgehensmodelle in Deutschland. Nutzung von 2006 - 2013 im Überblick. In: 39. WI-MAW Rundbrief, 2015.

Kurgan, L.; Musilek, P. (Knowledge Discovery and Data Mining Process Models):
A Survey of Knowledge Discovery and Data Mining Process Models. In: The Knowledge Engineering Review. 21. Jg., 2006, Nr. 1, S. 1-24.

Lackes, R. (Neuronale Netze):
Neuronale Netze. https://wirtschaftslexikon.gabler.de/definition/neuronale-netze-41065: Gabler Wirtschaftslexikon. Geprüft: 18.07.2021, 2020.

Langefors, B. (Essays on Infology):
Essays on Infology. Summing up and Planning for the Future. Lund, 1995.

Lanza, G.; Ferdows, K.; Kara, S.; Mourtzis, D.; Schuh, G.; Váncza, J.; Wang, L.; Wiendahl, H.-P. (Global Production Networks):
Global Production Networks. Design and Operation. In: CIRP annals, manufacturing technology. 68. Jg., 2019, Nr. 2, S. 823-841.

Lauer, T. (Change Management):
Change Management. Grundlagen und Erfolgsfaktoren. 3. Aufl. Berlin: Springer, 2019.

Laufenberg, L. (Integrierte Projektgestaltung):
Methodik zur integrierten Projektgestaltung für die situative Umsetzung des simultaneous engineering. Dissertation. (Reihe: Berichte aus der Produktionstechnik, Bd. 9). Aachen: Shaker, 1996.

Law, A. M. (Simulation Modeling and Analysis):
Simulation Modeling and Analysis. 5. Aufl. New York: McGraw-Hill, 2015.

Law, A. M.; Kelton, W. D. (Simulation Modeling and Analysis):
Simulation Modeling and Analysis. (Reihe: Industrial Engineering and Management Science). 2. Aufl. New York: McGraw-Hill, 1991.

Lehmann, M. R. (Industrielle Kalkulation):
Die industrielle Kalkulation. (Reihe: Bücherei für Industrie und Handel, Bd. 7). Berlin: Späth & Linde, 1925.

Lehner, F. (Positionierung der Wirtschaftsinformatik):
Grundfragen und Positionierung der Wirtschaftsinformatik. In: Lehner, F.; Hildebrand, K. (Hrsg.) Wirtschaftsinformatik. Theoretische Grundlagen. München: Carl Hanser, 1995, S. 1-72.

Li, K.; Haas, J. W.; W. Haas, J. (AI Superpowers):
AI Superpowers. China, Silicon Valley und die neue Weltordnung. Frankfurt am Main: Campus, 2019.

Liebowitz, J. (Big Data and Business Analytics):
Big Data and Business Analytics. Boca Raton: CRC, 2013.

Linacre, J. M. (Optimizing Rating Scale Category Effectiveness):
Rating Scale. In: Journal of Applied Measurement. 3. Jg., 2002, Nr. 1, S. 85-106.

Lödding, H. (Verfahren der Fertigungssteuerung):
Verfahren der Fertigungssteuerung. Grundlagen, Beschreibung, Konfiguration. (Reihe: VDI-Buch). 3. Aufl. Wiesbaden: Springer Vieweg, 2016.

Lowenthal, J. N. (Reengineering the Organization):
Reengineering the Organization. A Step-by-Step Approach to Corporate Revitalization. Milwaukee: ASQC Quality, 1994.

Mag, W. (Planung):
Planung. In: Bitz, M.; Dellmann, K.; Domsch, M. E.; Egner, H.; Baetge, J. (Hrsg.) Vahlens Kompendium der Betriebswirtschaftslehre. 3. Aufl. München: Vahlen, 1993.

Mainzer, K. (Was ist KI?):
Einführung. Was ist KI? In: Mainzer, K. (Hrsg.) Künstliche Intelligenz. Wann übernehmen die Maschinen? (Reihe: Technik im Fokus). Berlin, Heidelberg: Springer, 2016, S. 1-6.

März, L.; Krug, W. (Kopplung von Simulation und Optimierung):
Kopplung von Simulation und Optimierung. In: März, L.; Krug, W.; Rose, O.; Weigert, G. (Hrsg.) Simulation und Optimierung in Produktion und Logistik. Berlin, Heidelberg: Springer, 2011, S. 41-45.

März, L.; Krug, W.; Rose, O.; Weigert, G. (Simulation und Optimierung in Produktion und Logistik):
Vorwort und Einleitung. In: März, L.; Krug, W.; Rose, O.; Weigert, G. (Hrsg.) Simulation und Optimierung in Produktion und Logistik. Berlin, Heidelberg: Springer, 2011.

Mattern, F.; Flörkemeier, C. (Vom Internet der Computer zum Internet der Dinge):
Internet der Dinge. In: Informatik-Spektrum. 33. Jg., 2010, Nr. 2, S. 107-121.

Mazzola, G.; Hofmann, G. R. (Bevormundung durch Maschinen):
Die Bevormundung der Menschen durch Maschinen muss verhindert werden. Gastkommentar von Prof. Mazzola und Prof. Hofmann. Zürich: Neue Zürcher Zeitung, 2020.

McCarthy, J.; Minsky, M. L.; Rochester, N.; Shannon, C. E. (Proposal on AI):
A Proposal for the Dartmouth Summer Research Project on Artificial Intelligence. New Hampshire: Dartmouth College, 1955.

McKinsey; VDMA (Zukunftsperspektive deutscher Maschinenbau):
Zukunftsperspektive deutscher Maschinenbau. Erfolgreich in einem dynamischen Umfeld agieren: McKinsey; Verband Deutscher Maschinen- und Anlagenbau (VDMA) e.V, 2014.

Meier, C. (Echtzeitfähige Produktionsplanung und -regelung):
Echtzeitfähige Produktionsplanung und -regelung in der Auftragsabwicklung des Maschinen- und Anlagenbaus. Dissertation. (Reihe: Edition Wissenschaft - Apprimus, Bd. 117). 1. Aufl. Aachen: Apprimus, 2013.

Meise, V. (Ordnungsrahmen zur prozessorientierten Organisationsgestaltung):
Ordnungsrahmen zur prozessorientierten Organisationsgestaltung. Modelle für das Management komplexer Reorganisationsprojekte. Dissertation. (Reihe: Studien zur Wirtschaftsinformatik, Bd. 10). Hamburg: Kovac, 2001.

Menges, G.; Michaeli, W.; Mohren, P. (Spritzgießwerkzeuge):
Spritzgießwerkzeuge. Auslegung, Bau, Anwendung. 6. Aufl. München: Carl Hanser, 2007.

Mertens, P. (Simulation):
Simulation. (Reihe: Sammlung Poeschel, Bd. 61). 2. Aufl. Stuttgart: Poeschel, 1982.

Miller, J. G.; Miller, J. L. (Applications of Living Systems Theory):
Living Systems Theory. In: Systems Practice. 8. Jg., 1995, Nr. 1, S. 19-45.

Miller, S.; Wilson, D.; Hickson, D. (Beyond Planning):
Beyond Planning. In: Long Range Planning. 37. Jg., 2004, Nr. 3, S. 201-218.

Möller, K.; Drees, A. (Produktionsstandort Deutschland):
Heutige und zukünftige Paradigmen des Produktionsstandorts Deutschland. Zusammenfassung und Schlussfolgerungen. In: Gausemeier, J.; Wiendahl, H.-P. (Hrsg.) Wertschöpfung und Beschäftigung in Deutschland. Acatech Workshop, Hannover, 14. September 2010. (Reihe: acatech Diskutiert). Berlin, Heidelberg: Springer, 2011, S. 19-33.

Morozov, E. (Smarte neue Welt):
Smarte neue Welt. Digitale Technik und die Freiheit des Menschen. 1. Aufl. München: Karl Blessing, 2013.

Moyne, J. (Big Data Analytics for Smart Manufacturing):
Big Data Analytics for Smart Manufacturing. Case Studies in Semiconductor Manufacturing. In: Processes. 5. Jg., 2017, Nr. 4, S. 1-39.

Müller, M. (Planung als Prozess und System):
Planung als Prozess und System. Eine Typologie. (Reihe: Forschungsberichte für die Unternehmungspraxis, Bd. 3). Zürich: Industrielle Organisation, 1974.

Negnevitsky, M. (Artificial Intelligence):
Artificial Intelligence. A Guide to Intelligent Systems. 2. Aufl. Harlow: Addison-Wesley, 2005.

Neuhausen, J. (Gestaltung modularer Produktionssysteme):
Methodik zur Gestaltung modularer Produktionssysteme für Unternehmen der Serienproduktion. Dissertation. Aachen, 2001.

Niebler, P.; Lindner, D. (Datenbasiert entscheiden):
Datenbasiert entscheiden. Ein Leitfaden für Unternehmer und Entscheider. (Reihe: essentials). Wiesbaden: Springer, 2019.

Nyhuis, P. (Produktionssysteme):
Wandlungsfähige Produktionssysteme. Heute die Industrie von morgen gestalten. Hannover: Garbsen, 2008.

Nyhuis, P. et al. (Herausforderungen der PPS):
Aktuellen Herausforderungen der Produktionsplanung und -steuerung mittels Industrie 4.0 begegnen. Studienergebnisse. Garbsen: PZH, 2016.

Nyhuis, P.; Wiendahl, H.-P. (Logistische Kennlinien):
Logistische Kennlinien. Grundlagen, Werkzeuge und Anwendungen. (Reihe: VDI-Buch). 3. Aufl. Berlin: Springer, 2012.

Orgland, M. Y. (Strategic Change):
Initiating, Managing and Sustaining Strategic Change. Learning from the Best: Palgrave Macmillan, 2014.

Parry, G.; Newnes, L.; Huang, X. (Goods, Products and Services):
Goods, Products and Services. In: Parry, G.; Angelis, J.; Macintyre, M. (Hrsg.) Service Design and Delivery. New York: Springer US, 2011, S. 19-29.

Pastoors, S. (Markt für nachhaltige Produkte):
Einleitung in die nachhaltige Produktentwicklung. In: Scholz, U.; Pastoors, S.; Becker, J. H.; Hofmann, D.; van Dun, R. (Hrsg.) Praxishandbuch Nachhaltige Produktentwicklung. Berlin, Heidelberg: Springer, 2018, S. 1-8.

Patzak, G. (Systemtechnik):
Systemtechnik. Planung komplexer innovativer Systeme. Grundlagen, Methoden, Techniken. Berlin: Springer, 1982.

Picot, A.; Reichwald, R.; Wigand, R. T. (Grenzenlose Unternehmung):
Die grenzenlose Unternehmung. Information, Organisation und Management; Lehrbuch zur Unternehmensführung im Informationszeitalter. 4. Aufl. Wiesbaden: Gabler, 2001.

Pinedo, M. (Planning and Scheduling):
Planning and Scheduling in Manufacturing and Services. 2. Aufl. Dordrecht: Springer, 2009.

Pitsch, M. (Kompetenzfeldbasierte Vernetzung):
Kompetenzfeldbasierte Vernetzung von Werkzeugbaustandorten. Dissertation. (Reihe: Produktionssystematik). 1. Aufl. Aachen: Apprimus, 2014.

Plato (The Republic):
The Republic: CreateSpace Independent Publishing Platform, 2013.

Pohl, K.; Böckle, G.; Linden, F. (Software Product Line Engineering):
Software Product Line Engineering. Foundations, Principles, and Techniques. Berlin: Springer, 2005.

Poole, D. L.; Mackworth, A. K. (Artificial Intelligence):
Artificial Intelligence. Foundations of computational agents. New York: Cambridge University Press, 2010.

Popper, K. (Logik der Sozialwissenschaften):
Die Logik der Sozialwissenschaften. In: Adorno, T. W.; Dahrendorf, R. (Hrsg.) Der Positivismusstreit in der deutschen Soziologie. (Reihe: Soziologische Texte, Bd. 58). 4. Aufl. Darmstadt, Neuwied: Luchterhand, 1975, S. 103-124.

Pritschow, G.; Duelen, G.; Bender, K. (Steuerung von Produktionssystemen):
Steuerung von Produktionssystemen. In: Eversheim, W.; Schuh, G. (Hrsg.) Produktion und Management. Betriebshütte. 7. Aufl. Berlin, Heidelberg: Springer, 1996, S. 73-102.

Probst, J. (Leancontrolling):
Leancontrolling. Schnelle Controllinglösung für die Praxis. (Reihe: Praxislösungen). Kissing: WEKA, 2003.

Pümpin, C.; Prange, J. (Management der Unternehmensentwicklung):
Management der Unternehmensentwicklung. Phasengerechte Führung und der Umgang mit Krisen. (Reihe: St. Galler Management-Konzept, Bd. 2). Frankfurt am Main: Campus, 1991.

PWC (2016 Global Industry 4.0 Survey):
2016 Global Industry 4.0 Survey. Industry 4.0: Building the Digital Enterprise, 2016.

Rabe, M.; Spieckermann, S.; Wenzel, S. (Simulation in Produktion):
Verifikation und Validierung für die Simulation in Produktion und Logistik. Berlin: Springer, 2008.

Rau, K.-H. (Unternehmungsplanung):
Gestaltung der Unternehmungsplanung. (Reihe: Betriebswirtschaftliche Forschungsergebnisse). Berlin: Duncker & Humblot, 1985.

Redlich, T.; Wulfsberg, J. P. (Wertschöpfung in der Bottom-up-Ökonomie):
Wertschöpfung in der Bottom-up-Ökonomie. (Reihe: VDI-Buch). Berlin: Springer, 2011.

Reihlen, M. (Entwicklungsfähige Planungssysteme):
Entwicklungsfähige Planungssysteme. Grundlagen, Konzepte und Anwendungen zur Bewältigung von Innovationsproblemen. Dissertation. (Reihe: Gabler Edition Wissenschaft). Wiesbaden: Deutscher Universitätsverlag, 1997.

Reinhart, G. (Produktion von Morgen):
Der Mensch in der Produktion von Morgen. In: Reinhart, G. (Hrsg.) Handbuch Industrie 4.0. Geschäftsmodelle, Prozesse, Technik. München: Carl Hanser, 2017, S. 51-88.

Reinhart, G. (Handbuch Industrie 4.0):
Einführung. Einführung in das Handbuch Industrie 4.0. In: Reinhart, G. (Hrsg.) Handbuch Industrie 4.0. Geschäftsmodelle, Prozesse, Technik. München: Carl Hanser, 2017, S. I-XL.

Reiß, M. (In Prozessen denken):
In Prozessen denken. Schlankes Management ist prozessbasiertes Management. In: Gabler's Magazin, 1993, S. 49-54.

Rich, E. (Artificial Intelligence):
Artificial Intelligence. (Reihe: McGraw-Hill series in artificial intelligence). New York: McGraw-Hill, 1983.

Richter, A.; Gačić, T.; Kölmel, B.; Waidelich, L. (Künstliche Intelligenz und Anwendungsfelder):
Künstliche Intelligenz und potenzielle Anwendungsfelder im Marketing. In: Deutscher Dialogmarketing Verband (Hrsg.) Dialogmarketing Perspektiven 2018/2019. Wiesbaden: Springer, 2019, S. 31-52.

Richter, M. (Güte von Beschreibungsmodellen):
Zur Güte von Beschreibungsmodellen. Eine erkenntnistheoretische Untersuchung. (Reihe: Ilmenauer Schriften zur Betriebswirtschaftslehre, Bd. 8). Ilmenau: proWiWi, 2009.

Rieper, B. (Betriebswirtschaftliche Entscheidungsmodelle):
Betriebswirtschaftliche Entscheidungsmodelle. Grundlagen. Herne: Neue Wirtschafts-Briefe, 1992.

Rindermann, H. (Intelligenz):
Intelligenz. In: Friedman, H. S.; Schustack, M. W.; Rindermann, H. (Hrsg.) Persönlichkeitspsychologie und differentielle Psychologie. (Reihe: Persönlichkeitspsychologie). 2. Aufl. München: Pearson Studium, 2004, S. 372-396.

Rindermann, H. (Internationale Schulleistungsstudien):
Was messen internationale Schulleistungsstudien? In: Psychologische Rundschau. 57. Jg., 2006, Nr. 2, S. 69-86.

Robinson, S. (Conceptual Modeling for Simulation):
Conceptual Modeling for Simulation. Issues and Research Requirements. In: Perrone, L. F.; Lawson, B. G. (Hrsg.) Proceedings of the 2006 Winter Simulation Conference (WSC). Monterey, 2006, S. 792-800.

Roesgen, R.; Schmidt, C. (Auswahl von ERP-/PPS-Systemen):
Auswahl und Einführung von ERP-/PPS-Systemen. In: Schuh, G. (Hrsg.) Produktionsplanung und -steuerung. Berlin, Heidelberg: Springer, 2006, S. 330-376.

Rogers, G.; Bottaci, L. (Modular Production Systems):
Modular Production Systems. A New Manufacturing Paradigm. In: Journal of Intelligent Manufacturing. 8. Jg., 1997, Nr. 2, S. 147-156.

Ropella, W. (Synergie als Ziel):
Synergie als strategisches Ziel der Unternehmung. Dissertation. (Reihe: Mensch und Organisation, Bd. 17). Berlin: de Gruyter, 1989.

Rost, D. H. (Intelligenz):
Intelligenz, Hochbegabung, Vorschulerziehung, Bildungsbenachteiligung. Münster: Waxmann, 2010.

Rouse, M.; Burke, J.; Burns, E. (Artificial Neural Network):
Artificial Neural Network. SearchEnterpriseAI, 2020. https://searchenterpriseai.techtarget.com/definition/neural-network, Stand: 18.07.2021

Rowe, P. G. (Design Thinking):
Design Thinking. 5. Aufl. Cambridge: MIT Press, 1994.

Royce, W. (Development of Software Systems):
Managing the Development of Large Software Systems. In: IEEE (Hrsg.) Proceedings of IEEE WESCON: The Institute of Electrical and Electronics Engineers, 1970, S. 328-388.

Rüegg-Stürm, J. (Neues St. Galler Management-Modell):
Das neue St. Galler Management-Modell. In: Dubs, R.; Rüegg-Stürm, J. (Hrsg.) Einführung in die Managementlehre. (Bd. 1). Bern: Haupt, 2004, S. 65-134.

Runkler, T. A. (Data-Mining-Prozess):
Data-Mining-Prozess. In: Runkler, T. A. (Hrsg.) Data Mining. Methoden und Algorithmen intelligenter Datenanalyse. (Reihe: Computational intelligence). Wiesbaden: Vieweg+Teubner, 2010, S. 1-3.

Russell, S. J.; Norvig, P. (Artificial Intelligence):
Artificial Intelligence. A Modern Approach. (Reihe: Prentice-Hall series in artificial intelligence). 3. Aufl. Boston: Pearson, 2010.

Saeger, A. de (Ishikawa Diagramm):
The Ishikawa Diagram. Material, Method, Machine, Mother Nature, Measure, Men. (Reihe: Management & Marketing, Bd. 5): 50Minutes, 2015.

Salamatov, Y. (TRIZ):
TRIZ. The Right Solution at the Right Time - A Guide to Innovative Problem Solving, 1999.

Salmen, M. (Digital vernetzter Shopfloor):
Gestaltungsmodell für den digital vernetzten Shopfloor im Werkzeugbau. Dissertation. (Reihe: Edition Wissenschaft - Apprimus, Bd. 39). 1. Aufl. Aachen: Apprimus, 2016.

Sánchez-Gordón, M.-L.; Colomo-Palacios, R.; Sánchez, A.; Amescua Seco, A. de; Larrucea, X. (Security in Software Implementation):
Towards the Integration of Security Practices in the Software Implementation Process of ISO/IEC 29110: A Mapping. In: Stolfa, J.; Stolfa, S.; O'Connor, R. V.; Messnarz, R. (Hrsg.) Systems, Software and Services Process Improvement. 24th European Conference Euro-SPI 2017. (Reihe: Communications in Computer and Information Science, Bd. 748). Cham: Springer, 2017, S. 3-14.

Sargent, R. G. (Verification and Validation of Simulation Models):
Verification and Validation of Simulation Models. In: Johansson, B.; Jain, S. (Hrsg.) Proceedings of the 2010 Winter Simulation Conference. Baltimore, 2010.

Sarkis, J. (Manufacturing Strategy and Environmental Consciousness):
Manufacturing Strategy and Environmental Consciousness. In: Technovation. 15. Jg., 1995, Nr. 2, S. 79-97.

Sauer, C. R. (Digitalisierung in Produktionsunternehmen):
Digitalisierung in einem Produktionsunternehmen. Modellbildung und Methoden für die Einführung von einem Manufacturing Execution System (MES). Norderstedt: Books on Demand, 2019.

Sauermann, F.; Hagemann, M.; Prote, J.-P.; Schuh, G. (Databased Prediction):
Control Loop for a Databased Prediction of Order-specific Transition Times. In: Wulfsberg, J. P.; Hintze, W.; Behrens, B.-A. (Hrsg.) Production at the leading edge of technology. Berlin, Heidelberg: Springer Berlin Heidelberg, 2019, S. 463-472.

Schanz, S. (Wissenschaftstheoretische Grundfragen):
Wissenschaftstheoretische Grundfragen der Führungsforschung. In: Kieser, A.; Reber, G. (Hrsg.) Handwörterbuch der Führung. (Reihe: Enzyklopädie der Betriebswirtschaftslehre, Bd. 10). Stuttgart: Poeschel, 1987, S. 2039-2047.

Schelp, J. (Modellierung mehrdimensionaler Datenstrukturen):
Modellierung mehrdimensionaler Datenstrukturen analyseorientierter Informationssysteme. (Reihe: Gabler Edition Wissenschaft). Wiesbaden: Deutscher Universitätsverlag, 2000.

Scherwitz, P.; Bank, L.; Roth, S.; Theumer, P. (Digitale Transformation in der Produktionsplanung und -steuerung):
Digitale Transformation der PPS. Ergebnisse einer gemeinsamen Studie der produktionstechnischen Institute Fraunhofer IGCV, IFA, IPMT und WZL. In: ZWF Zeitschrift für wirtschaftlichen Fabrikbetrieb. 115. Jg., 2020, Nr. 4, S. 252-256.

Schmidt, F.; Bonk, S.; Fecht, H. (Vollständige Planung und Umsetzung von Change Management):
Planung und Umsetzung von Change Management, 2015. https://www.ppmb.de/portal/daten/change_management_w5_modell.pdf, Stand: 18.07.2021

Schmidt-Schauß, M.; Sabel, D. (Einführung in die Methoden der Künstlichen Intelligenz):
Methoden der Künstlichen Intelligenz. Goethe-Universität Frankfurt am MainFrankfurt am Main, 2013.

Schneider, D.; Seelmeyer, U. (Der Einfluss der Algorithmen):
Einfluss der Algorithmen. In: Sozial Extra. 42. Jg., 2018, Nr. 3, S. 21-24.

Schomburg, E. (EDV-gestützte PPS-Systeme):
Entwicklung eines betriebstypologischen Instrumentariums zur systematischen Ermittlung der Anforderungen an EDV-gestützte Produktionsplanungs- und -steuerungssysteme im Maschinenbau. Dissertation. Aachen: RWTH Aachen University, 1980.

Schuh, G. (Aachener PPS-Modell):
Aachener PPS-Modell. In: Schuh, G. (Hrsg.) Produktionsplanung und -steuerung. Berlin, Heidelberg: Springer, 2006, S. 11-27.

Schuh, G. (Change Management):
Change Management. Prozesse strategiekonform gestalten. Berlin: Springer, 2006.

Schuh, G. (Operative Exzellenz im Werkzeugbau):
Operative Exzellenz im Werkzeug- und Formenbau. 1. Aufl. Aachen: Apprimus, 2010.

Schuh, G. (Einführung in die PPS):
Einführung. In: Schuh, G.; Stich, V. (Hrsg.) Produktionsplanung und -steuerung 1. Berlin, Heidelberg: Springer, 2012, S. 3-7.

Schuh, G.; Anderl, R.; Gausemeier, J.; Hompel, M. ten; Wahlster, W. (Industrie 4.0 Maturity Index):
Industrie 4.0 Maturity Index. Die digitale Transformation von Unternehmen gestalten. (Reihe: acatech STUDIE). München: Herbert Utz, 2017.

Schuh, G.; Boos, W.; Kelzenberg, C.; Lange, J. de; Stracke, F.; Helbig, J.; Boshof, J.; Ebbecke, C. (Industrie 4.0: Implement it!):
Industrie 4.0: Implement it! Ein Leitfaden zur erfolgreichen Implementierung von Industrie 4.0-Lösungen. 1. Aufl. Aachen: Werkzeugmaschinenlabor WZL der RWTH Aachen, 2018.

Schuh, G.; Boos, W.; Kuhlmann, K. K. (Synchronisierung im industriellen Werkzeugbau):
Synchronisierung im industriellen Werkzeugbau. In: Brecher, C.; Klocke, F. (Hrsg.) Wettbewerbsfaktor Produktionstechnik. AWK Aachener Werkzeugmaschinen-Kolloquium 2011. Aachen: Shaker, 2011, S. 373-405.

Schuh, G.; Boos, W.; Pitsch, M.; Salmen, M.; Hensen, T.; Kuhlmann, T.; Rittstieg, F. (Fast Forward Tooling):
Fast forward tooling. 1. Aufl. Aachen: WBA Aachener Werkzeugbau Akademie GmbH, 2015.

Schuh, G.; Brosze, T.; Brandenburg, U.; Cuber, S.; Schenk, M.; Quick, J.; Schmidt, C.; Helmig, J.; Schürmeyer, M. (Grundlagen der PPS):
Grundlagen der Produktionsplanung und -steuerung. In: Schuh, G.; Stich, V. (Hrsg.) Produktionsplanung und -steuerung 1. Berlin, Heidelberg: Springer, 2012, S. 9-293.

Schuh, G.; Diels, F.; Ortlieb, C. (Agile Produktentwicklung):
Agile Produktentwicklung. In: Brecher, C.; Klocke, F.; Schmitt, R.; Schuh, G. (Hrsg.) Internet of Production für agile Unternehmen. AWK Aachener Werkzeugmaschinen-Kolloquium 2017. 1. Aufl. Aachen: Apprimus, 2017, S. 31-49.

Schuh, G.; Giehler, F. (Valuation of Planning-Tasks):
Valuation of Planning-Tasks in Order Processing. In: Zäh, M. (Hrsg.) 3rd International Conference on Changeable, Agile, Reconfigurable and Virtual Production (CARV 2009), Munich, Germany, October 5th-7th, 2009. Book of Abstracts. München: Herbert Utz, 2009, S. 781-789.

Schuh, G.; Kelzenberg, C.; Lange, J. de; Busch, M. (Production Planning through AI):
Development of Production Planning through the Empowerment of Artificial Intelligence: ai4i – Artificial Intelligence for Industries, 2019.

Schuh, G.; Kelzenberg, C.; Stracke, F. (Zeit- und kostenoptimierter Serienanlauf von Werkzeugen):
Digitale unterstützter Serienanlauf von Werkzeugen. Digitale Prozessunterstützung zur Reduktion des Aufwands und der Durchlaufzeit von Korrekturschleifen. In: wt Werkstattstechnik online. 108. Jg., 2018, Nr. 11, S. 796-801.

Schuh, G.; Kelzenberg, C.; Wiese, J.; Ochel, T. (Digital Shadow for Knowledge Management):
Data Structure of the Digital Shadow for Systematic Knowledge Management Systems in Single and Small Batch Production. In: Procedia CIRP. 84. Jg., 2019, S. 1094-1100.

Schuh, G.; Kuhlmann, K.; Pitsch, M.; Kühn, T. (Unplanbares planbar machen):
Unplanbares planbar machen. Prozessbeherrschung durch Fertigungssegmentierung. In: FORM+Werkzeug. 22. Jg., 2013, Nr. 3, S. 10-11.

Schuh, G.; Meier, C. (Echtzeitfähige Produktionsplanung und -regelung):
Echtzeitfähige Produktionsplanung und -regelung. In: ZWF Zeitschrift für wirtschaftlichen Fabrikbetrieb. 106. Jg., 2011, Nr. 12

Schuh, G.; Potente, T.; Thomas, C.; Hauptvogel, A. (Cyber-physische Systeme):
Steigerung der Kollaborationsproduktivität durch cyber-physische Systeme. In: Bauernhansl, T.; Hompel, M. ten; Vogel-Heuser, B. (Hrsg.) Industrie 4.0 in Produktion, Automatisierung und Logistik. Anwendung, Technologien, Migration. Wiesbaden: Springer Vieweg, 2014, S. 277-295.

Schuh, G.; Prote, J.-P.; Molitor, M.; Cremer, S. (Internet of Production):
Internet of Production. Steigerung des Wertschöpfungsanteils durch domänenübergreifende Kollaboration. In: Vogel-Heuser, B.; Bauernhansl, T.; Hompel, M. ten (Hrsg.) Handbuch Industrie 4.0. Produktion, Automatisierung und Logistik. (Reihe: Springer Nachschlage Wissen). Wiesbaden: Springer, 2020, S. 1-34.

Schuh, G.; Reinhart, G. (Data Mining Definitions):
Data Mining Definitions and Applications for the Management of Production Complexity. In: Procedia CIRP. 81. Jg., 2019, S. 874-879.

Schuh, G.; Roesgen, R. (Aufgaben der PPS):
Aufgaben. In: Schuh, G. (Hrsg.) Produktionsplanung und -steuerung. Berlin, Heidelberg: Springer, 2006, S. 28-80.

Schuh, G.; Rudolf, S.; Riesener, M.; Dölle, C.; Schloesser, S. (Product Production Complexity Research):
Product Production Complexity. Developments and Opportunities. In: Procedia CIRP. 60. Jg., 2017, S. 344-349.

Schuh, G.; Salmen, M.; Jussen, P.; Riesener, M.; Zeller, V.; Hensen, T.; Begovic, A.; Birkmeier, M.; Hocken, C.; Jordan, F.; Kantelberg, J.; Kelzenberg, C.; Kolz, D.; Maasem, C.; Siegers, J.; Stark, M.; Tönnes, C. (Geschäftsmodell-Innovation):
Geschäftsmodell-Innovation. In: Reinhart, G. (Hrsg.) Handbuch Industrie 4.0. Geschäftsmodelle, Prozesse, Technik. München: Carl Hanser, 2017, S. 3-29.

Schuh, G.; Salmen, M.; Kelzenberg, C.; Lange, J. de (Tool Making Using Industry 4.0 Technologies):
Integration of Tool Making into Agile Product Development Using Industry 4.0 Technologies and Additive Manufacturing Technologies. PICMET'18 : Portland International Conference on Management of Engineering and Technology. In: PICMET (Hrsg.) 2018 Proceedings of PICMET '18: Technology Management for Interconnected World. Honolulu HI Hawaii USA PICMET'18. Piscataway: IEEE, 2018, S. 1457-1466.

Schuh, G.; Schmidt, C. (Produktionsmanagement):
Produktionsmanagement. Handbuch Produktion und Management 5. (Reihe: VDI-Buch). 2. Aufl. Wiesbaden: Springer Vieweg, 2014.

Schuler GmbH (Handbuch der Umformtechnik):
Handbuch der Umformtechnik. Berlin: Springer, 1996.

Schultes, T. K. (Digitale Vernetzung mit Lieferanten):
Gestaltungsmodell zur digitalen Vernetzung von Werkzeugbaubetrieben mit Lieferanten. Dissertation. (Reihe: Ergebnisse aus der Produktionstechnik). 1. Aufl. Aachen: Apprimus, 2020.

Schütte, R. (Ordnungsmäßige Referenzmodellierung):
Grundsätze ordnungsmäßiger Referenzmodellierung. Dissertation. (Reihe: Neue betriebswirtschaftliche Forschung, Bd. 233). Wiesbaden: Gabler, 1998.

Schwaber, K. (Agile Project Management with SCRUM):
Agile Project Management with SCRUM. (Reihe: Microsoft Professional). Redmond: Microsoft, 2004.

Schweitzer, M.; Küpper, H.-U. (Produktions- und Kostentheorie):
Produktions- und Kostentheorie. Grundlagen und Anwendungen. 2. Aufl. Wiesbaden: Gabler, 1997.

Sendler, U. (Industrie 4.0 in Deutschland):
Die Initiative in Deutschland. In: Sendler, U. (Hrsg.) Industrie 4.0 grenzenlos. Berlin, Heidelberg: Springer, 2016, S. 53-70.

Sendler, U. (Einleitung in Industrie 4.0):
Einleitung. In: Sendler, U. (Hrsg.) Industrie 4.0 grenzenlos. Berlin, Heidelberg: Springer, 2016, S. 3-15.

Siemens (Plant Simulation):
Plant Simulation. Produktübersicht, 2020. https://www.plm.automation.siemens.com/de/products/tecnomatix/manufacturing-simulation/material-flow/plant-simulation.shtml#lightview-close, Stand: 22.06.2020

Siepmann, D.; Graef, N. (Industrie 4.0):
Industrie 4.0. Grundlagen und Gesamtzusammenhang. In: Roth, A. (Hrsg.) Einführung und Umsetzung von Industrie 4.0. Grundlagen, Vorgehensmodell und Use Cases aus der Praxis. Wiesbaden: Springer Gabler, 2016, S. 17-82.

Sihn, W.; Sunk, A.; Nemeth, T.; Kuhlang, P.; Matyas, K. (Produktion und Qualität):
Produktion und Qualität. Organisation, Management, Prozesse. (Reihe: Praxisreihe Qualitätswissen). München: Carl Hanser, 2016.

Smith, A. (Wealth of Nations):
The Wealth of Nations. An Inquiry into the Nature and Causes of the Wealth of Nations. Reprint from 1776. (Reihe: Wordsworth classics of world literature). Ware: Wordsworth Editions, 2012.

Smith, S. (Knowledge-based Production Management):
Knowledge-based Production Management Approaches, Results and Prospects. In: Production Planning & Control. 3. Jg., 1992, Nr. 4, S. 350-380.

Sommerville, I. (Software Engineering):
Software Engineering. 9. Aufl. Boston: Pearson, 2011.

Sonntag, S. (Gutenberg-Produktionsfunktion):
Die Gutenberg-Produktionsfunktion. Eigenschaften und technische Fundierung. Dissertation. (Reihe: Gabler Edition Wissenschaft). 1. Aufl. Wiesbaden: Deutscher Universitätsverlag, 2004.

Spennemann, F. (Organisationsstrukturen im Werkzeugbau):
Gestaltung von Organisationsstrukturen im Werkzeugbau. Dissertation. (Reihe: Berichte aus der Produktionstechnik, Bd. 14). Aachen: Shaker, 2001.

Spur, G. (Produktion):
Produktion. In: Grote, K.-H.; Engelmann, F.; Beitz, W.; Syrbe, M.; Beyerer, J.; Spur, G. (Hrsg.) Das Ingenieurwissen. Entwicklung, Konstruktion und Produktion. Berlin, Heidelberg: Springer Berlin Heidelberg, 2014, S. 101-157.

Staab, P. (Digitaler Kapitalismus):
Digitaler Kapitalismus. Markt und Herrschaft in der Ökonomie der Unknappheit. (Reihe: Sonderdruck Edition Suhrkamp). 1. Aufl. Berlin: Suhrkamp, 2019.

Stachowiak, H. (Allgemeine Modelltheorie):
Allgemeine Modelltheorie. Wien: Springer, 1973.

Stachowiak, H. (Der Modellbegriff in der Erkenntnistheorie):
Modellbegriff in der Erkenntnistheorie. In: Zeitschrift für allgemeine Wissenschaftstheorie. 11. Jg., 1980, Nr. 1, S. 53-68.

Statistisches Bundesamt (Außenhandelssaldo Deutschland):
Außenhandelssaldo Deutschland. Berlin, 2019.

Statistisches Bundesamt (Bruttowertschöpfung prod. Gewerbe):
Bruttowertschöpfung produzierendes Gewerbe. Berlin, 2019.

Sternberg, R. J. (Successful Intelligence):
Successful Intelligence. How Practical and Creative Intelligence Determine Success in Life. New York: Plume, 1997.

Sternberg, R. J. (The Theory of Successful Intelligence):
Theory of Successful Intelligence. In: Interamerican Journal of Psychology. 39. Jg., 2005, Nr. 2, S. 189-202.

Sternberg, R. J. (Successful Intelligence):
https://www.youtube.com/watch?v=ow05B4bjGWQ&feature=youtu.be, Stand: 18.09.2020

Stremme, U. (Internationales strategisches Produktionsmanagement):
Internationales strategisches Produktionsmanagement. Dissertation. (Reihe: Controlling-Schriften, Bd. 23). Frankfurt am Main: Lang, 2000.

Taylor, F. W.; Roesler, R. (Grundsätze wissenschaftlicher Betriebsführung):
Die Grundsätze wissenschaftlicher Betriebsführung. Paderborn: Salzwasser, 2013.

Tempelmeier, H. (Modellierung logistischer Systeme):
Modellierung logistischer Systeme. (Reihe: Fachwissen Logistik). Wiesbaden: Springer Vieweg, 2018.

Teubner, R. A. (Organisations- und Informationssystemgestaltung):
Organisations- und Informationssystemgestaltung. Theoretische Grundlagen und integrierte Methoden. (Reihe: Informationsmanagement und Controlling). Wiesbaden: Deutscher Universitätsverlag, 1999.

Tomczak, T. (Forschungsmethoden):
Forschungsmethoden in der Marketingwissenschaft. Ein Plädoyer für den qualitativen Forschungsansatz. In: Marketing ZFP. 14. Jg., 1992, Nr. 2, S. 77-87.

Toutenburg, H.; Knöfel, P. (Six Sigma):
Six Sigma. Methoden und Statistik für die Praxis. 2. Aufl. Berlin: Springer, 2009.

Ulrich, H. (Systembegriff):
Der allgemeine Systembegriff. In: Baetge, J. (Hrsg.) Grundlagen der Wirtschafts- und Sozialkybernetik. Betriebswirtschaftliche Kontrolltheorie. (Reihe: Moderne Lehrtexte). Wiesbaden: VS, 1975, S. 33-39.

Ulrich, H. (Management):
Management. (Reihe: Unternehmung und Unternehmungsführung, Bd. 13). Bern: Haupt, 1984.

Ulrich, H.; Probst, G. J. B. (Ganzheitliches Denken und Handeln):
Anleitung zum ganzheitlichen Denken und Handeln. Ein Brevier für Führungskräfte. 4. Aufl. Bern: Haupt, 1995.

Ulrich, P.; Hill, W. (Wissenschaftstheoretische Grundlagen):
Wissenschaftstheoretische Grundlagen der Betriebswirtschaftslehre. In: Wirtschaftswissenschaftliches Studium: WiSt: Zeitschrift für Studium und Forschung. 5. Jg., 1976, Nr. 7, S. 304-309.

van Duin, S.; Bakhshi, N. (Artificial Intelligence):
Artificial Intelligence. Deloitte Whitepaper: Deloitte, 2018.

van Vliet, H. (Software Engineering):
Software Engineering. Principles and Practice. (Reihe: Safari Books Online). 3. Aufl. Hoboken: Wiley, 2008.

VBW (Dienstleistungspotenziale):
Dienstleistungspotenziale im Rahmen von Industrie 4.0: VBW, 2014.

VDI (VDI 3633 - Simulation von Logistik):
VDI 3633 - Simulation von Logistik-, Materialfluss- und Produktionssystemen. Düsseldorf: Verband Deutsche Ingenieure (VDI)

VDI (VDI 4465 - Entwurf Modellierung und Simulation):
VDI 4465 - Entwurf Modellierung und Simulation. Düsseldorf: Verband Deutsche Ingenieure (VDI)

VDI (VDI 4521 - Erfinderisches Problemlösen mit TRIZ):
VDI Standard 4521 - Erfinderisches Problemlösen mit TRIZ. Düsseldorf: Verband Deutsche Ingenieure (VDI)

VDI (VDI 2815 - Produktionsplanung):
VDI 2815 - Begriffe für die Produktionsplanung und -steuerung. Düsseldorf: Verband Deutsche Ingenieure (VDI), 1978.

VDI/VDE (Cyber-Physical Systems):
Cyber-Physical Systems. Chancen und Nutzen aus Sicht der Automation. Thesen und Handlungsfelder. Düsseldorf: Verband Deutsche Ingenieure (VDI), 2013.

VDI/VDE (Potenziale der Künstlichen Intelligenz):
Potenziale der Künstlichen Intelligenz im produzierenden Gewerbe in Deutschland. Düsseldorf: Verband Deutsche Ingenieure (VDI), 2018.

VDMA (Präzisionswerkzeuge 2018):
Präzisionswerkzeuge 2018. Präzisionswerkzeuge erreichten 2018 neues Rekordniveau. Frankfurt am Main, 2019.

VDMA (Produktionsrückgang 2020):
Produktionsrückgang 2020. Maschinenbau rechnet 2020 mit Produktionsrückgang von zwei Prozent. Frankfurt am Main, 2019.

VDMA (Statistisches Handbuch):
Statistisches Handbuch. Statistisches Handbuch für den Maschinenbau (Ausgabe 2020). VDMA: Frankfurt am Main, 2020.

VDMA (Präzisionswerkzeuge 2019):
Präzisionswerkzeuge 2019. Präzisionswerkzeuge 2019: Sieben Prozent Produktionsrückgang. Frankfurt am Main, 2020.

Verworn, B. (Planungsaktivitäten):
Die Rolle und Bedeutung von Planungsaktivitäten während der frühen Phasen. In: Herstatt, C.; Verworn, B. (Hrsg.) Management der frühen Innovationsphasen. Grundlagen, Methoden und neue Ansätze. 2. Aufl. Wiesbaden: Gabler, 2007, S. 249-261.

Vogel-Heuser, B.; Bauernhansl, T.; Hompel, M. ten (Handbuch Industrie 4.0):
Handbuch Industrie 4.0. Band 2: Automatisierung. (Reihe: Springer Reference Technik). 2. Aufl. Wiesbaden: Springer, 2017.

Voigt, K.-I.; Kiel, D.; Müller, J. M.; Arnold, C. (Nachhaltige industrielle Wertschöpfung):
Industrie 4.0 aus Perspektive der nachhaltigen industriellen Wertschöpfung. In: Bär, C.; Grädler, T.; Mayr, R. (Hrsg.) Digitalisierung im Spannungsfeld von Politik, Wirtschaft, Wissenschaft und Recht. (Reihe: Wissenschaft und Recht, Bd. 2). Wiesbaden: Springer Gabler, 2018, S. 331-343.

Volling, T. (Auftragsbezogene Planung):
Auftragsbezogene Planung bei variantenreicher Serienproduktion. Wiesbaden: Gabler, 2009.

Wannenwetsch, H. (Integrierte Materialwirtschaft):
Integrierte Materialwirtschaft, Logistik und Beschaffung. (Reihe: Springer-Lehrbuch). 5. Aufl. Wiesbaden: Springer Vieweg, 2014.

Weiser, M. (The Computer for the 21st Century):
Computer for the 21st Century. In: Scientific American. 265. Jg., 1991, Nr. 3, S. 94-104.

Wenzel, S.; Weiß, M.; Collisi-Böhmer, S.; Pitsch, H.; Rose, O. (Simulation in der Produktion):
Qualitätskriterien für die Simulation in Produktion und Logistik. Berlin: Springer, 2008.

Westkämper, E.; Löffler, C. (Einführung in Strategien der Produktion):
Einführung. In: Westkämper, E.; Löffler, C. (Hrsg.) Strategien der Produktion. Berlin, Heidelberg: Springer, 2016, S. 1-11.

Wieland, U.; Fischer, M. (Data-Mining-Projekte in Produktionsprozessen):
Zur methodischen Vorbereitung von Data-Mining-Projekten im Kontext diskreter Produktionsprozesse, 2013.

Wiendahl, H.-P. (Belastungsorientierte Fertigungssteuerung):
Belastungsorientierte Fertigungssteuerung. Grundlagen, Verfahrensaufbau, Realisierung. München: Carl Hanser, 1987.

Wiendahl, H.-P. (Fertigungsregelung):
Fertigungsregelung. Logistische Beherrschung von Fertigungsabläufen auf Basis des Trichtermodells. 2. Aufl. München: Carl Hanser, 1997.

Wiendahl, H.-P. (Erfolgsfaktor Logistikqualität):
Erfolgsfaktor Logistikqualität. Vorgehen, Methoden und Werkzeuge zur Verbesserung der Logistikleistung. (Reihe: VDI-Buch). 2. Aufl. Berlin: Springer, 2002.

Wiendahl, H.-P. (Betriebsorganisation für Ingenieure):
Betriebsorganisation für Ingenieure. 8. Aufl. München: Carl Hanser, 2014.

Wildemann, H. (Prozessmanagement):
Logistik und Prozessmanagement. Organisation und Methoden. (Reihe: TCW, Bd. 19). 2. Aufl. München: TCW, Transfer-Centrum-Verlag GmbH, 2001.

Wildemann, H. (Optimierung von Prozessabläufen):
Prozessklinik. Bereichsübergreifende Optimierung von Prozessabläufen in Unternehmen. München: Lehrstuhl für Betriebswirtschaftslehre Unternehmensführung Logistik und Produktion, 2005.

Winter, R. (Integration Decisions):
An Architecture Model for Supporting Application Integration Decisions. In: Tagungsband zum. Naples, 16-21 June 2003, 2003, S. 2188-2200.

Wirth, R.; Hipp, J. (CRISP-DM):
CRISP-DM. Towards a standard process model for data mining. In: Mackin, N. (Hrsg.) Proceedings of the Fourth International Conference on the Practical Application of Knowledge Discovery and Data Mining. 11th-13th April 2000, Crowne Plaza Midland Hotel, Manchester, UK. Blackpool, Lancashire: Practical Application Co, 2000, S. 29-40.

Wooldridge, M.; Jennings, N. R. (Intelligent Agents):
Intelligent Agents. Theory and Practice. The Knowledge Engineering Review. In: The Knowledge Engineering Review. 10. Jg., 1995, Nr. 2, S. 115-152.

Worthmann, H. (Einleitung in die Praktische Intelligenz):
Einleitung. In: Worthmann, H. (Hrsg.) Praktische Intelligenz und die Zweiteilung des Wissens. Stuttgart: J.B. Metzler, 2019, S. 1-9.

WZL; IPT (Unternehmensdatenbank „Excellence in Production"):
Unternehmensdatenbank „Excellence in Production". Aachen: Werkzeugmaschinenlabor WZL der RWTH Aachen; Fraunhofer-Institut für Produktionstechnologie IPT, 2020.

Xin, G. (Intelligent Process Planning):
An Intelligent Process Planning Method Based on Feature-based History Machining Data for Aircraft Structural Parts. In: Procedia CIRP. 56. Jg., 2016, S. 585-589.

Ziskoven, H. (Getaktete Fertigung im Werkzeugbau):
Methodik zur Gestaltung und Auftragseinplanung einer getakteten Fertigung im Werkzeugbau. Dissertation. (Reihe: Edition Wissenschaft - Apprimus, Bd. 17). 1. Aufl. Aachen: Apprimus, 2013.

Zschocke, D. (Modellbildung):
Modellbildung in der Ökonomie. Modell - Information - Sprache. (Reihe: Vahlens Handbücher der Wirtschafts- und Sozialwissenschaften). München: Vahlen, 1995.

Zuboff, S. (Zeitalter des Überwachungskapitalismus):
Das Zeitalter des Überwachungskapitalismus. Frankfurt am Main: Campus, 2018.

In der Reihe **Ergebnisse aus der Produktionstechnik** zuletzt erschienen:

Busch, Max:
Intelligente Produktionsplanungsprozesse im Werkzeugbau
ISBN: 978-3-98555-095-1
Erscheinungsdatum: 14.07.2022

Eßer, Bastian:
Analyse des Betriebsverhaltens von Kugelgewindetrieben unter statischen axialen Betriebslasten
ISBN: 978-3-98555-065-4
Erscheinungsdatum: 11.07.2022

Fölling, Carsten:
Komplexitätsbeherrschung durch hybride Montageplanung
ISBN: 978-3-98555-090-6
Erscheinungsdatum: 30.06.2022

Schulz, Martin:
Optimierung des Temperaturfeldes beim Laserstrahlhärten
ISBN: 978-3-98555-078-4
Erscheinungsdatum: 23.06.2022

Ays, Johanna:
Kontextbasierte Integration agiler und plangetriebener Entwicklungsprozesse
ISBN: 978-3-98555-087-6
Erscheinungsdatum: 23.06.2022

Ebade Esfahani, Matthias:
Ontologie der Fabrikplanung mit Hilfe von Building Information Modeling (BIM)
ISBN: 978-3-98555-084-5
Erscheinungsdatum: 07.06.2022

Maslo, Semir:
Simulation of the Dynamic Vibration Behaviour and Spindle Speed Optimization During the Milling Process of Turbomachinery Components
ISBN: 978-3-98555-082-1
Erscheinungsdatum: 25.05.2022

Schmitz, Seth:
Datenbasierte Beschreibung der Prozessperformance in der Auftragsabwicklung
ISBN: 978-3-98555-079-1
Erscheinungsdatum: 19.05.2022

Goertz, David:
Gestaltungsmodell für eine vernetzte adaptive Montage im Werkzeugbau
ISBN 978-3-98555-072-2
Erscheinungsdatum: 05.05.2022

Scholz, Paul:
Applikation maschinell lernender Systeme in der vernetzten adaptiven Produktion
ISBN 978-3-98555-069-2
Erscheinungsdatum: 28.04.2022

Edition Wissenschaft
Apprimus

Wollbrink, Moritz:
Methodik zur Integration pulverbettbasierter additiver Fertigungstechnologien in Fertigungsprozessketten
ISBN 978-3-98555-070-8
Erscheinungsdatum: 22.04.2022

Menges, Alexander:
Bewertung von Produktvarianten mittels Process Data Mining
ISBN 978-3-98555-066-1
Erscheinungsdatum: 13.04.2022

Krauß, Jonathan:
Optimizing Hyperparameters for Machine Learning Algorithms in Production
ISBN 978-3-98555-020-3
Erscheinungsdatum: 13.04.2022

Schwenzer, Max:
Closing the Loop of Model Predictive Force Control in Milling with Ensemble Kalman Filtering
ISBN 978-3-98555-057-9
Erscheinungsdatum: 11.04.2022

Gützlaff, Andreas:
Entscheidungsprozess zur kontinuierlichen Gestaltung von Produktionsnetzwerken
ISBN 978-3-98555-058-6
Erscheinungsdatum: 22.03.2022

Patzwald, Marc:
Entwicklung von Technologiestrategien in einem volatilen Unternehmensumfeld
ISBN 978-3-98555-044-9
Erscheinungsdatum: 16.03.2022

Ochs, Jelena Katherina:
Model-Based Process Prediction for Predictive-Reactive Scheduling in Automated Stem Cell Production
ISBN 978-3-98555-059-3
Erscheinungsdatum: 22.04.2022

Fränken, Bastian:
Standortrollen in Produktionsnetzwerken
ISBN 978-3-98555-052-4
Erscheinungsdatum: 13.04.2022

Schäfer, Alexander:
Werkzeugseitiger Einsatz von NiTi-FGL zur Verbesserung der dynamischen Prozessstabilität bei der Fräsbearbeitung
ISBN 978-3-98555-060-9
Erscheinungsdatum: 11.04.2022

Grünebaum, Timm:
Methodik zur Gestaltung von Technologieketten und Prozessfolgen nach lebensphasenübergreifend ökologisch-ökonomischen Kriterien
ISBN 978-3-98555-043-2
Erscheinungsdatum: 24.03.2022

Hardt, Marvin:
Modeling the Material Behavior under Metal Cutting Conditions
ISBN 978-3-98555-045-6
Erscheinungsdatum: 16.03.2022

Buschhoff, Clemens:
Beitrag zur Qualitätssicherung beim in-situ Tape-Legen komplexer Laminate
ISBN 978-3-98555-047-0
Erscheinungsdatum: 14.03.2022

Edition Wissenschaft
Apprimus

MIX
Papier | Fördert gute Waldnutzung
FSC® C083411

Zeitfracht Medien GmbH
Ferdinand-Jühlke-Straße 7
99095 Erfurt, Deutschland
produktsicherheit@kolibri360.de